人工
智能

科学与技术丛书

TensorFlow
深度学习

深入理解人工智能算法设计

龙良曲◎编著
Long Liangqu

清华大学出版社
北京

内 容 简 介

　　人工智能是近年来全球最为火热的研究领域之一，尤其是随着深度学习算法研究的突破，人工智能技术被应用到图片识别、机器翻译、语音助手、自动驾驶等一系列领域中，取得了前所未有的智能水平。深度学习算法涵盖的内容非常前沿和广袤，国内外出版的相关书籍并不算多，有些侧重于理论层面的推导，有些侧重于框架 API 的介绍，鲜有能结合深度学习算法原理和实战讲解的教材。为了使读者能够深刻理解深度学习算法精髓，本书以探索问题式叙述风格展开，从最简单的人工智能问题入手，一步步地引导读者分析和解决并发现新的问题，重温当年算法设计人员的探索之路。本书介绍了深度学习算法所需要的基础数学理论、TensorFlow 框架的基本使用方法、回归问题、分类问题、反向传播算法、梯度下降算法、过拟合、全连接网络、卷积神经网络、循环神经网络、自编码器、生成对抗网络、强化学习、迁移学习等主流和前沿知识。针对每个算法或模型，本书均详细分析了采用 TensorFlow 框架的实现方法，并基于多个常见的经典数据集进行了算法模型的实战，如基于 MNIST 和 CIFAR10 数据集的图片识别实战、基于 IMDB 数据集的文本分析实战、基于动漫头像数据集的图片生成实战和基于 OpenAI Gym 环境的平衡杆游戏实战等。通过原理与实战结合的方式，读者可最大限度地理解算法理论，同时提升工程实现能力。

　　本书可作为高等院校人工智能课程的教材，也可供从事人工智能、深度学习算法研究与开发人员自学或参考。

图书在版编目（CIP）数据

　　TensorFlow 深度学习：深入理解人工智能算法设计/龙良曲编著.—北京：清华大学出版社，2020.5
（2024.1重印）
　　（人工智能科学与技术丛书）
　　ISBN 978-7-302-55333-5

　　Ⅰ．①T…　Ⅱ．①龙…　Ⅲ．①人工智能－算法　Ⅳ．①TP18

　　中国版本图书馆 CIP 数据核字（2020）第 062788 号

责任编辑：盛东亮　钟志芳
封面设计：李召霞
责任校对：时翠兰
责任印制：丛怀宇

出版发行：清华大学出版社
　　　　　网　　　址：https://www.tup.com.cn，https://www.wqxuetang.com
　　　　　地　　　址：北京清华大学学研大厦 A 座　　　　　　邮　　编：100084
　　　　　社 总 机：010-83470000　　　　　　　　　　　　　邮　　购：010-62786544
　　　　　投稿与读者服务：010-62776969，c-service@tup.tsinghua.edu.cn
　　　　　质量反馈：010-62772015，zhiliang@tup.tsinghua.edu.cn
　　　　　课件下载：https://www.tup.com.cn，010-83470236
印 装 者：三河市铭诚印务有限公司
经　　销：全国新华书店
开　　本：186mm×240mm　　**印　张：**26　　　　　　　　**字　　数：**582 千字
版　　次：2020 年 8 月第 1 版　　　　　　　　　　　　　　**印　　次：**2024 年 1 月第 8 次印刷
印　　数：12501～14000
定　　价：89.00 元

产品编号：085791-01

前 言
PREFACE

这是一本面向人工智能,特别是深度学习初学者的图书,本书旨在帮助更多的读者了解、喜欢并进入人工智能行业中,因此作者试图从人工智能中的简单问题入手,一步步地提出设想、分析以及实现方案,重温当年科研工作者的探索之路,让读者身临其境地感受算法设计思想,从而掌握分析和解决问题的方法。这种方式对读者的基础知识要求较少,读者在学习本书的过程中会自然而然地了解算法的相关背景知识,体会到知识是为了解决问题而生的,避免出现为了学习而学习的窘境。

尽管作者试图将读者的基础要求降到最低,但是人工智能不可避免地需要使用正式化的数学符号推导,其中涉及少量的概率与统计、线性代数、微积分等数学知识,一般要求读者对这些数学知识有初步印象或了解即可。比起理论基础,需要有少量的编程经验,特别是Python语言编程经验,因为本书更侧重于实用性,而不是堆砌公式。

本书共15章,第1~3章主要介绍人工智能的初步认知,并引出相关问题;第4、5章主要介绍TensorFlow相关基础,为后续算法实现铺垫;第6~9章主要介绍神经网络的核心理论和共性知识,让读者理解深度学习的本质;第10~15章主要介绍常见的算法与模型,让读者能够学有所用。

在本书的编写过程中,很多英文词汇尚无法在业界找到一个共识翻译名,因此作者备注翻译的英文原文,供读者参考,同时也方便日后阅读相关英文文献时,不至于感到陌生。

尽管每天都有深度学习相关算法论文的发表,但是作者相信,深度学习的核心思想和基础理论是共通的。本书已尽可能地涵盖其中基础、主流并且前沿的算法知识,但是仍然有很多算法无法涵盖,读者学习完本书后,可以自行搜索相关方向的研究论文或资料,进一步学习。

深度学习是一个非常前沿和广袤的研究领域,鲜有人士能够对每个研究方向都有深刻的理解。作者自认才疏学浅,略懂皮毛,同时也限于时间和篇幅关系,难免出现理解偏差之处,恳请读者指出,作者将及时修正,不胜感激。

龙良曲

2020 年 3 月

目 录

CONTENTS

人工智能绪论

我们需要的是一台可以从经验中学习的机器。——阿兰·图灵

1.1 人工智能简介

信息技术是人类历史上的第三次工业革命,计算机、互联网、智能家居等技术的普及极大地方便了人们的日常生活。通过编程的方式,人们可以将提前设计好的交互逻辑交给机器重复且快速地执行,从而将人们从简单枯燥的重复劳动工作中解脱出来。但是对于需要较高智能水平的任务,如人脸识别、聊天机器人、自动驾驶等任务,很难设计明确的逻辑规则,传统的编程方式显得力不从心,而人工智能(Artificial Intelligence,AI)是有望解决此问题的关键技术。

随着深度学习算法的崛起,人工智能在部分任务上取得了类人甚至超人的智力水平,如围棋上 AlphaGo 智能程序已经击败人类最强围棋专家之一柯洁,在 Dota2 游戏上 OpenAI Five 智能程序击败冠军队伍 OG,同时人脸识别、智能语音、机器翻译等实用的技术已经进入到人们的日常生活中。现在的生活处处被人工智能所环绕,尽管目前能达到的智能水平离通用人工智能(Artificial General Intelligence,AGI)还有一段距离,但仍坚定地相信人工智能时代已经来临。

接下来将介绍人工智能、机器学习、深度学习的概念以及它们之间的联系与区别。

1.1.1 人工智能

人工智能是让机器获得像人类一样具有思考和推理机制的智能技术,这一概念最早出现在 1956 年召开的达特茅斯会议上。这是一项极具挑战性的任务,人类目前尚无法对人脑的工作机制有全面、科学的认知,希望能制造达到人脑水平的智能机器无疑是难于上青天。即使如此,在某个方面呈现出类似、接近甚至超越人类智能水平的机器被证明是可行的。

如何实现人工智能是一个非常广袤的问题。人工智能的发展主要经历过三个阶段,每个阶段都代表了人们从不同的角度尝试实现人工智能的探索足迹。早期,人们试图通过总结、归纳出一些逻辑规则,并将逻辑规则以计算机程序的方式实现,来开发出智能系统。但是这种显式的规则往往过于简单,并且很难表达复杂、抽象的概念和规则。这一阶段被称为推理期。

20 世纪 70 年代,科学家们尝试通过知识库加推理的方式解决人工智能,通过构建庞大复杂的专家系统来模拟人类专家的智能水平。这些明确指定规则的方式存在一个最大的难题,就是很多复杂、抽象的概念无法用具体的代码实现。例如人类对图片的识别、对语言的理解过程,根本无法通过既定规则模拟。为了解决这类问题,一门通过让机器自动从数据中学习规则的研究学科诞生了,称为机器学习,并在 20 世纪 80 年代成为人工智能中的热门学科。

在机器学习中,有一门通过神经网络来学习复杂、抽象逻辑的方向,称为神经网络。神经网络方向的研究经历了两起两落。2012 年开始,由于效果极为显著,应用深层神经网络技术在计算机视觉、自然语言处理、机器人等领域取得了重大突破,部分任务甚至超越了人类智能水平,开启了以深层神经网络为代表的人工智能的第三次复兴。深层神经网络有一个新名字,称为深度学习。一般来讲,神经网络和深度学习的本质区别并不大,深度学习特指基于深层神经网络实现的模型或算法。人工智能、机器学习、神经网络和深度学习之间的关系如图 1.1 所示。

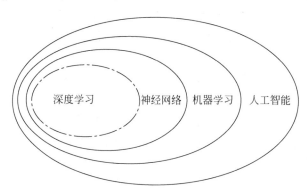

图 1.1　人工智能、机器学习、神经网络和深度学习

1.1.2　机器学习

机器学习可分为有监督学习(Supervised Learning)、无监督学习(Unsupervised Learning)和强化学习(Reinforcement Learning,简称 RL),如图 1.2 所示。

(1) **有监督学习**:有监督学习的数据集包含了样本 x 与样本的标签 y,算法模型需要学习映射关系 $f_\theta: x \rightarrow y$,其中 f_θ 代表模型函数,θ 为模型的参数。在训练时,通过计算模型

图 1.2　机器学习的分类

的预测值 $f_{\theta}(\boldsymbol{x})$ 与真实标签 $\boldsymbol{y}$ 之间的误差来优化网络参数 θ，使得网络下一次能够预测更精准。常见的有监督学习有线性回归、逻辑回归、支持向量机和随机森林等。

（2）无监督学习：收集带标签的数据往往代价较为昂贵，对于只有样本 $\boldsymbol{x}$ 的数据集，算法需要自行发现数据的模态，这种方式称为无监督学习。无监督学习中有一类算法将自身作为监督信号，即模型需要学习的映射为 $f_{\theta}:\boldsymbol{x}\rightarrow\boldsymbol{x}$，称为自监督学习（Self-supervised Learning）。在训练时，通过计算模型的预测值 $f_{\theta}(\boldsymbol{x})$ 与自身 $\boldsymbol{x}$ 之间的误差来优化网络参数 θ。常见的无监督学习算法有自编码器、生成对抗网络等。

（3）强化学习：也称为增强学习，是通过与环境进行交互来学习解决问题的策略的一类算法。与有监督学习、无监督学习不同，强化学习问题并没有明确"正确的"动作监督信号，算法需要与环境进行交互，获取环境反馈的滞后的奖励信号，因此并不能通过计算动作与"正确动作"之间的误差来优化网络。常见的强化学习算法有 DQN、PPO 等。

1.1.3　神经网络与深度学习

神经网络算法是一类基于神经网络从数据中学习的算法，它仍然属于机器学习的范畴。受限于计算能力和数据量，早期的神经网络层数较浅，一般在 1～4 层，网络表达能力有限。随着计算能力的提升和大数据时代的到来，高度并行化的 GPU 和海量数据让大规模神经网络的训练成为可能。

2006 年，Geoffrey Hinton 首次提出深度学习的概念。2012 年，8 层的深层神经网络 AlexNet 发布，并在图片识别竞赛中取得了巨大的性能提升，此后数十层、数百层、甚至上千层的神经网络模型相继提出，展现出深层神经网络强大的学习能力。一般将利用深层神经网络实现的算法称作深度学习，本质上神经网络和深度学习可认为是相同的。

简单比较深度学习算法与其他算法的特点。如图 1.3 所示，基于规则的系统一般会编写显式的规则逻辑，这些逻辑是针对特定任务设计的，并不适合其他任务。传统的机器学习算法一般会人为设计具有一定通用性的特征检测方法，如 SIFT、HOG 特征，这些特征能够适合某一类的任务，具有一定的通用性，但是如何设计特征方法，以及特征方法的优劣性是问题的关键。神经网络的出现，使得人为设计特征这一部分工作可以通过神经网络让机器自动学习完成，不需要人类干预。但是浅层的神经网络的特征提取能力较为有限，而深层的神经网络擅长提取高层、抽象的特征，因此具有更好的性能表现。

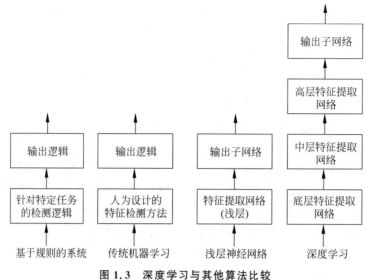

图 1.3　深度学习与其他算法比较

1.2　神经网络发展简史

将神经网络的发展历程大致分为浅层神经网络阶段和深度学习阶段，以 2006 年为分割点。2006 年以前，深度学习以神经网络和连接主义名义发展，历经了两次兴盛和两次寒冬；2006 年，Geoffrey Hinton 首次将深层神经网络命名为深度学习，自此开启了深度学习的第三次复兴之路。

1.2.1　浅层神经网络

1943 年，心理学家 Warren McCulloch 和逻辑学家 Walter Pitts 根据生物神经元（Neuron）结构，提出了最早的神经元数学模型，称为 MP 神经元模型。该模型的输出 $f(\boldsymbol{x}) = h(g(\boldsymbol{x}))$，其中 $g(\boldsymbol{x}) = \Sigma_i x_i$，$x_i \in \{0, 1\}$，模型通过 $g(\boldsymbol{x})$ 的值完成输出值的预测，如图 1.4 所示。如果 $g(\boldsymbol{x}) \geqslant 0$，输出为 1；如果 $g(\boldsymbol{x}) < 0$，输出为 0。可以看到，MP 神经元模型并没有学习能力，只能完成固定逻辑的判定。

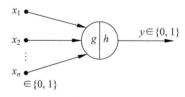

图 1.4　MP 神经元模型

1957 年，美国心理学家 Frank Rosenblatt 提出了第一个可以自动学习权重的神经元模型，称为感知机（Perceptron），如图 1.5 所示，输出值 o 与真实值 y 之间的误差用于调整神经元的权重参数 $\{w_1, w_2, \cdots, w_n\}$。Frank Rosenblatt 随后基于"Mark 1 感知机"硬件实现感知机模型，如图 1.6 和图 1.7 所示，输入为 400 个单元的图像传感器,输出为 8 个节点端子,可以成功识别一些英文字母。一般认为 1943—1969 年为人工智能发展的第一次兴盛期。

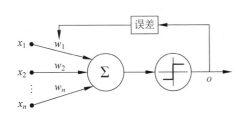

图 1.5　感知机模型

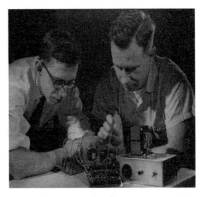

图 1.6　Frank Rosenblatt 和 Mark 1 感知机[①]

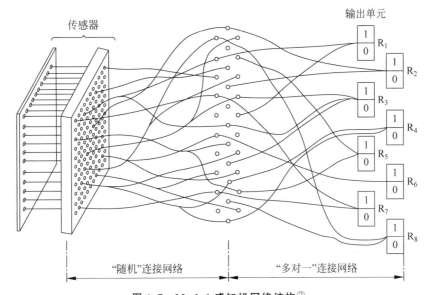

图 1.7　Mark 1 感知机网络结构[②]

1969 年,美国科学家 Marvin Minsky 等人在出版的 *Perceptrons* 一书中指出了感知机等线性模型的主要缺陷,即无法处理简单的异或 XOR 等线性不可分问题。这直接导致了以感知机为代表的神经网络的相关研究进入了低谷期,一般认为 1969—1982 年为人工智能发展的第一次寒冬。

---

① 图片来自 https://slideplayer.com/slide/12771753/。
② 图片来自 https://www.glass-bead.org/article/machines-that-morph-logic/?lang=enview。

尽管处于 AI 发展的低谷期,仍然有很多意义重大的研究相继发表,这其中最重要的成果就是误差反向传播算法(Back Propagation,简称 BP 算法)的提出,它依旧是现代深度学习的核心理论基础。实际上,反向传播的数学思想早在 20 世纪 60 年代就已经被推导出,但是并没有应用在神经网络上。1974 年,美国科学家 Paul Werbos 在他的博士论文中第一次提出可以将 BP 算法应用到神经网络上,遗憾的是,这一成果并没有获得足够重视。直至 1986 年,David Rumelhart 等人在 Nature 上发表了通过 BP 算法来进行表征学习的论文,BP 算法才获得了广泛的关注。

1982 年,随着 John Hopfild 的循环连接的 Hopfield 网络的提出,开启了 1982—1995 年的第二次人工智能兴盛的大潮,这段时间相继提出了卷积神经网络、循环神经网络、反向传播算法等算法模型。1986 年,David Rumelhart 和 Geoffrey Hinton 等人将 BP 算法应用在多层感知机上;1989 年 Yann LeCun 等人将 BP 算法应用在手写数字图片识别上,取得了巨大成功,这套系统成功应用在邮政编码识别、银行支票识别等系统上;1997 年,现在应用最为广泛的循环神经网络变种之一 LSTM 被 Jürgen Schmidhuber 提出;同年双向循环神经网络也被提出。

遗憾的是,神经网络的研究随着以支持向量机(Support Vector Machine,简称 SVM)为代表的传统机器学习算法兴起而逐渐进入低谷,称为人工智能的第二次寒冬。支持向量机拥有严格的理论基础,训练需要的样本数量较少,同时也具有良好的泛化能力,相比之下,神经网络理论基础欠缺,可解释性差,很难训练深层网络,性能也相对一般。图 1.8 绘制了1943—2006 年的重大时间节点。

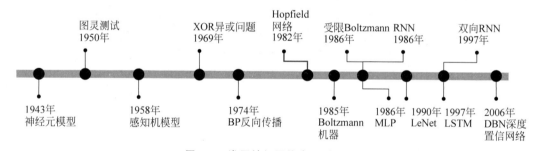

图 1.8　浅层神经网络发展时间线

1.2.2　深度学习

2006 年,Geoffrey Hinton 等人发现通过逐层预训练的方式可以较好地训练多层神经网络,并在 MNIST 手写数字图片数据集上取得了优于 SVM 的错误率,开启了第三次人工智能的复兴。在论文中,Geoffrey Hinton 首次提出了 Deep Learning 的概念,这也是(深层)神经网络被称为深度学习的由来。2011 年,Xavier Glorot 提出了线性整流单元(Rectified Linear Unit,简称 ReLU)激活函数,这是现在使用最为广泛的激活函数之一。2012 年,Alex Krizhevsky 提出了 8 层的深层神经网络 AlexNet,它采用了 ReLU 激活函数,并使用

Dropout 技术来防止过拟合,同时抛弃了逐层预训练的方式,直接在两块 NVIDIA GTX580 GPU 上训练网络。AlexNet 在 ILSVRC-2012 图片识别比赛中获得了第一名的成绩,比第二名在 Top-5 错误率上降低了惊人的 10.9%。

自 AlexNet 模型提出后,各种各样的算法模型相继被发表,其中有 VGG 系列、GoogLeNet 系列、ResNet 系列、DenseNet 系列等。ResNet 系列模型将网络的层数提升至数百层、甚至上千层,同时保持性能不变甚至更优。它算法思想简单,具有普适性,并且效果显著,是深度学习最具代表性的模型。

除了有监督学习领域取得了惊人的成果,在无监督学习和强化学习领域也取得了巨大的成绩。2014 年,Ian Goodfellow 提出了生成对抗网络,通过对抗训练的方式学习样本的真实分布,从而生成逼近度较高的样本。此后,大量的生成对抗网络模型相继被提出,最新的图片生成效果已经达到了肉眼难辨真伪的逼真度。2016 年,DeepMind 公司应用深度神经网络到强化学习领域,提出了 DQN 算法,在 Atari 游戏平台中的 49 个游戏上取得了与人类相当甚至超越人类的水平;在围棋领域,DeepMind 提出的 AlphaGo 和 AlphaGo Zero 智能程序相继打败顶级围棋专家李世石、柯洁等;在多智能体协作的 Dota2 游戏平台,OpenAI 开发的 OpenAI Five 智能程序在受限游戏环境中打败了 TI8 冠军队伍 OG 队,展现出了大量专业级的高层智能操作。图 1.9 列出了 2006—2019 年重大的时间节点。

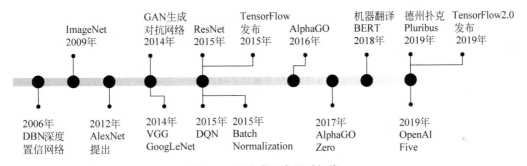

图 1.9 深度学习发展时间线

1.3 深度学习特点

与传统的机器学习算法、浅层神经网络相比,现代的深度学习算法通常具有如下特点。

1.3.1 数据量

早期的机器学习算法比较简单,容易快速训练,需要的数据集规模也比较小,如 1936 年由英国统计学家 Ronald Fisher 收集整理的鸢尾花卉数据集 Iris 共包含 3 个类别花卉,每个类别 50 个样本。随着计算机技术的发展,设计的算法越来越复杂,对数据量的需求也随之增大。1998 年由 Yann LeCun 收集整理的 MNIST 手写数字图片数据集共包含 0～9 共 10

类数字,每个类别多达 7000 张图片。随着神经网络的兴起,尤其是深度学习,网络层数一般较深,模型的参数量可达百万、千万甚至十亿个,为了防止过拟合,需要数据集的规模通常也是巨大的。现代社交媒体的流行也让收集海量数据成为可能,如 2010 年发布的 ImageNet 数据集收录了共 14197122 张图片,整个数据集的压缩文件大小就有 154GB。图 1.10 和图 1.11 列举了一些数据集的样本数和数据集大小随时间的变化趋势。

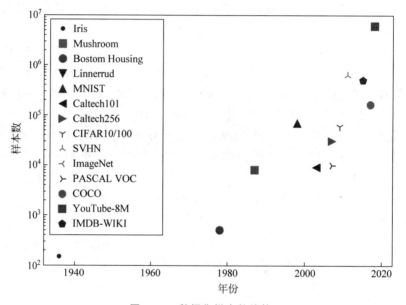

图 1.10　数据集样本数趋势

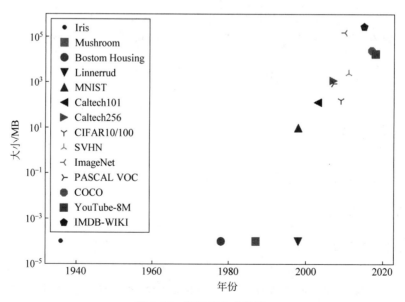

图 1.11　数据集大小趋势

　　尽管深度学习对数据集需求较高,收集数据,尤其是收集带标签的数据,往往是代价昂贵的。数据集的形成通常需要手动采集、爬取原始数据,并清洗掉无效样本,再通过人类智能去标注数据样本,因此不可避免地引入主观偏差和随机误差。研究数据量需求较少的算法模型是非常有用的一个方向。

1.3.2　计算力

　　计算能力的提升是第三次人工智能复兴的一个重要因素。实际上,现代深度学习的基础理论在 20 世纪 80 年代就已经被提出,但直到 2012 年,基于两块 GTX580 GPU 训练的 AlexNet 发布后,深度学习的真正潜力才得以发挥。传统的机器学习算法并不像神经网络这样对数据量和计算能力有严苛的要求,通常在 CPU 上串行训练即可得到满意结果。但是深度学习非常依赖并行加速计算设备,目前的大部分神经网络均使用 NVIDIA GPU 和 Google TPU 等并行加速芯片训练模型参数。如围棋程序 AlphaGo Zero 在 64 块 GPU 上从零开始训练了 40 天才得以超越所有的 AlphaGo 历史版本;自动网络结构搜索算法使用了 800 块 GPU 同时训练才能优化出较好的网络结构。

　　目前普通消费者能够使用的深度学习加速硬件设备主要来自 NVIDIA 的 GPU 显卡,图 1.12 列举了 2008—2017 年 NVIDIA GPU 和 x86 CPU 的每秒 10 亿次的浮点运算数(GFLOPS)的指标变换曲线。可以看到,x86 CPU 的曲线变化相对缓慢,而 NVIDIA GPU 的浮点计算能力指数式增长,这主要是由日益增长的游戏计算量和深度学习计算量等业务驱动的。

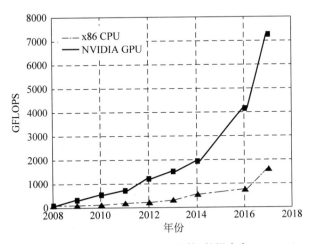

图 1.12　NVIDIA GPU FLOPS 趋势(数据来自 NVIDIA)

1.3.3　网络规模

　　早期的感知机模型和多层神经网络层数只有 1 层或者 2～4 层,网络参数量也在数万左右。随着深度学习的兴起和计算能力的提升，AlexNet(8层)、VGG16(16层)、GoogLeNet(22层)、ResNet50(50层)、DenseNet121(121层)等模型相继被提出，同时输入图片的大小也从 28×28 逐渐增大，变成 224×224、299×299 等，这些变化使得网络的总参数量可达到千万级别，如图 1.13 所示。

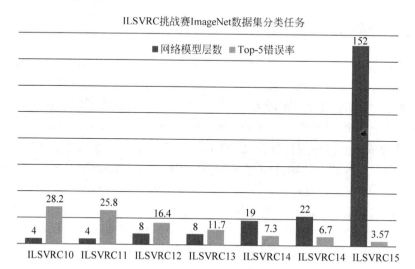

图 1.13　网络层数变化趋势

网络规模的增大，使得神经网络的容量也相应增大，从而能够学习到复杂的数据模态，模型的性能也会随之提升；另一方面，网络规模的增大，意味着更容易出现过拟合现象，训练需要的数据集和计算代价也会变大。

1.3.4　通用智能

过去，为了提升某项任务上的算法性能，往往需要利用先验知识手动设计相应的特征，以帮助算法更好地收敛到最优解。这类特征提取方法往往是与具体任务场景强相关的，一旦场景发生了变动，这些依靠人工设计的特征和先验设定无法自适应新场景，往往需要重新设计算法模型，模型的通用性不强。

设计一种像人脑一样可以自动学习、自我调整的通用智能机制一直是人类的共同愿景。从目前来看，深度学习是最接近通用智能的算法之一。在计算机视觉领域，过去需要针对具体的任务设计特征、添加先验假设的做法，已经被深度学习算法抛弃了，目前在图片识别、目标检测、语义分割等方向，几乎都是基于深度学习端到端的训练，获得的模型性能好，适应性强；在 Atria 游戏平台上，DeepMind 设计的 DQN 算法模型可以在相同的算法、模型结构和超参数的设定下，在 49 个游戏上获得人类相当的游戏水平，呈现出一定程度的通用智能。图 1.14 是 DQN 算法的网络结构，它并不是针对某个游戏而设计的，而是可以控制 Atria 游戏平台上的 49 个游戏。

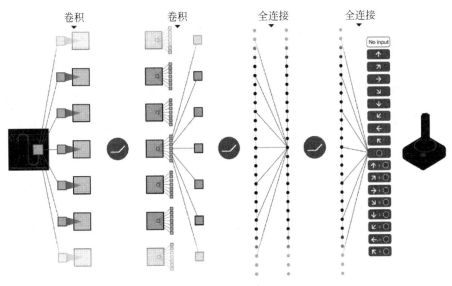

图 1.14 DQN 算法网络结构[1]

1.4 深度学习应用

深度学习算法已经广泛应用到人们生活的角角落落,例如手机中的语音助手、汽车上的智能辅助驾驶、人脸支付等。将从计算机视觉、自然语言处理和强化学习 3 个领域入手,为大家介绍深度学习的一些主流应用。

1.4.1 计算机视觉

(1)**图片识别**(Image Classification):是常见的分类问题。神经网络的输入为图片数据,输出值为当前样本属于每个类别的概率分布。通常选取概率值最大的类别作为样本的预测类别。图片识别是最早成功应用深度学习的任务之一,经典的网络模型有 VGG 系列、Inception 系列、ResNet 系列等。

(2)**目标检测**(Object Detection):是指通过算法自动检测出图片中常见物体的大致位置,通常用边界框(Bounding Box)表示,并分类出边界框中物体的类别信息,如图 1.15 所示。常见的目标检测算法有 RCNN、Fast RCNN、Faster RCNN、Mask RCNN、SSD、YOLO系列等。

(3)**语义分割**(Semantic Segmentation):是通过算法自动分割并识别出图片中的内容,可以将语义分割理解为每个像素点的分类问题,分析每个像素点的物体的类别信息,如图 1.16 所示。常见的语义分割模型有 FCN、U-net、SegNet、DeepLab 系列等。

图 1.15　目标检测　　　　　　　　　　　　图 1.16　语义分割

（4）**视频理解**（Video Understanding）：随着深度学习在 2D 图片的相关任务上取得较好的效果，具有时间维度信息的 3D 视频理解任务受到越来越多的关注。常见的视频理解任务有视频分类、行为检测、视频主体抽取等。常用的模型有 C3D、TSN、DOVF、TS_LSTM 等。

（5）**图片生成**（Image Generation）：通过学习真实图片的分布，并从学习到的分布中采样而获得逼真度较高的生成图片。目前常见的生成模型有 VAE 系列、GAN 系列等。其中 GAN 系列算法近年来取得了巨大的进展，最新 GAN 模型产生的图片效果达到了肉眼难辨真伪的程度，图 1.17 为 GAN 模型的生成图片。

除了上述应用，深度学习还在其他方向上取得了不俗的效果，例如艺术风格迁移（见图 1.18）、超分辨率、图片去噪/去雾、灰度图片着色等一系列非常实用炫酷的任务，限于篇幅，不再赘述。

图 1.17　自动生成的图片　　　　　　　　　图 1.18　艺术风格迁移

1.4.2　自然语言处理

（1）**机器翻译**（Machine Translation）：过去的机器翻译算法通常是基于统计机器翻译模型，这也是 2016 年前 Google 翻译系统采用的技术。2016 年 11 月，Google 基于 Seq2Seq 模型上线了 Google 神经机器翻译系统（GNMT），首次实现了源语言到目标语言的直译技术，在多项任务上获得了 50%～90% 的效果提升。常用的机器翻译模型有 Seq2Seq、

BERT、GPT、GPT-2 等,其中 OpenAI 提出的 GPT-2 模型参数量高达 15 亿个,甚至发布之初以技术安全考虑为由拒绝开源 GPT-2 模型。

（2）**聊天机器人**（Chatbot）：聊天机器人也是自然语言处理的一项主流任务,机器自动学习与人类对话,对于人类的简单诉求提供满意的自动回复,提高客户的服务效率和服务质量等。通常应用在咨询系统、娱乐系统、智能家居等中。

1.4.3　强化学习

（1）**虚拟游戏**：相对于真实环境,虚拟游戏平台既可以训练、测试强化学习算法,又可以避免无关因素干扰,同时也能将实验代价降到最低。目前常用的虚拟游戏平台有 OpenAI Gym、OpenAI Universe、OpenAI Roboschool、DeepMind OpenSpiel、MuJoCo 等,常用的强化学习算法有 DQN、A3C、A2C、PPO 等。在围棋领域,DeepMind AlphaGo 程序已经超越人类围棋专家;在 Dota2 和星际争霸游戏上,OpenAI 和 DeepMind 开发的智能程序也在限制规则下战胜了职业队伍。

（2）**机器人**（Robotics）：在真实环境中,机器人的控制也取得了一定的进展。如 UC Berkeley 实验室在机器人领域的 Imitation Learning、Meta Learning、Few-shot Learning 等方向上取得了不少进展。美国波士顿动力公司在机器人应用中取得喜人的成就,其制造的机器人在复杂地形行走、多智能体协作等任务上表现良好,如图 1.19 所示。

（3）**自动驾驶**（Autonomous Driving）：被认为是强化学习短期内能技术落地的一个应用方向,很多公司投入大量资源在自动驾驶上,如百度、Uber、Google 无人车等,其中百度的无人巴士"Apollo"已经在北京、雄安、武汉等地展开试运营,图 1.20 为百度的自动驾驶汽车。

图 1.19　波士顿动力公司的机器人①

图 1.20　百度 Apollo 自动驾驶汽车②

---

① 图片来自 https://www.bostondynamics.com/。

② 图片来自 https://venturebeat.com/2019/01/08/baidu-announces-apollo-3-5-and-apollo-enterprise-says-it-has-over-130-partners/。

1.5　深度学习框架

工欲善其事,必先利其器。在了解了深度学习相关知识后,下面介绍实现深度学习算法所使用的工具。

1.5.1　主流框架

❑ Theano 是最早的深度学习框架之一,由 Yoshua Bengio 和 Ian Goodfellow 等人开发,是一个基于 Python 语言、定位底层运算的计算库,Theano 同时支持 GPU 和 CPU 运算。由于 Theano 开发效率较低,模型编译时间较长,同时开发人员转投 TensorFlow 等原因,Theano 目前已经停止维护。

❑ Scikit-learn 是一个完整的面向机器学习算法的计算库,内建了常见的传统机器学习算法支持,文档和案例也较为丰富,但是 Scikit-learn 并不是专门面向神经网络而设计的,不支持 GPU 加速,对神经网络相关层的实现也较欠缺。

❑ Caffe 由华人贾扬清在 2013 年开发,主要面向使用卷积神经网络的应用场合,并不适合其他类型的神经网络的应用。Caffe 的主要开发语言是 C++,也提供 Python 语言等接口,支持 GPU 和 CPU。由于开发时间较早,在业界的知名度较高。2017 年 Facebook 推出了 Caffe 的升级版本 Caffe2,Caffe2 目前已经融入 PyTorch 库中。

❑ Torch 是一个非常优秀的科学计算库,基于较冷门的编程语言 Lua 开发。Torch 灵活性较高,容易实现自定义网络层,这也是 PyTorch 继承获得的优良基因。但是由于 Lua 语言使用人群较少,Torch 一直未能获得主流应用。

❑ MXNet 由华人陈天奇和李沐等人开发,是亚马逊公司的官方深度学习框架。采用了命令式编程和符号式编程混合方式,灵活性高、运行速度快,文档和案例也较为丰富。

❑ PyTorch 是 Facebook 基于原 Torch 框架推出的采用 Python 作为主要开发语言的深度学习框架。PyTorch 借鉴了 Chainer 的设计风格,采用命令式编程,使得搭建网络和调试网络非常方便。尽管 PyTorch 在 2017 年才发布,但是由于精良紧凑的接口设计,PyTorch 在学术界获得了广泛好评。在 PyTorch 1.0 版本后,原来的 PyTorch 与 Caffe2 进行了合并,弥补了 PyTorch 在工业部署方面的不足。总的来说,PyTorch 是一个非常优秀的深度学习框架。

❑ Keras 是一个基于 Theano 和 TensorFlow 等框架提供的底层运算而实现的高层框架,提供了大量快速训练、测试网络的高层接口。对于常见应用来说,使用 Keras 开发效率非常高。但是由于没有底层实现,需要对底层框架进行抽象,运行效率不高,灵活性一般。

❑ TensorFlow 是 Google 于 2015 年发布的深度学习框架,最初版本只支持符号式编程。得益于发布时间较早,以及 Google 在深度学习领域的影响力,TensorFlow 很快成为最流行的深度学习框架。但是由于 TensorFlow 接口设计频繁变动,功能设计重复冗余,符号式编程开发和调试非常困难等问题,TensorFlow 1. x 版本一度被业界诟病。2019 年,Google 推出 TensorFlow 2 正式版本,将以动态图优先模式运行,从而能够避免 TensorFlow 1. x 版本的诸多缺陷,已获得业界的广泛认可。

目前来看,TensorFlow 和 PyTorch 框架是业界使用最为广泛的两个深度学习框架,TensorFlow 在工业界拥有完备的解决方案和用户基础,PyTorch 得益于其精简灵活的接口设计,可以快速搭建和调试网络模型,在学术界获得好评如潮。TensorFlow 2 发布后,弥补了 TensorFlow 在上手难度方面的不足,使得用户既能轻松上手 TensorFlow 框架,又能无缝部署网络模型至工业系统。本书以 TensorFlow 2.0 版本作为主要框架,实现深度学习算法。

这里特别介绍 TensorFlow 与 Keras 之间的联系与区别。Keras 可以理解为一套高层 API 的设计规范,Keras 本身对这套规范有官方的实现,在 TensorFlow 中也实现了这套规范,称为 tf. keras 模块,并且 tf. keras 将作为 TensorFlow 2 版本的唯一高层接口,避免出现接口重复冗余的问题。如无特别说明,本书中 Keras 均指代 tf. keras。

1.5.2 TensorFlow 2 与 TensorFlow 1. x

TensorFlow 2 是一个与 TensorFlow 1. x 使用体验完全不同的框架,TensorFlow 2 不兼容 TensorFlow 1. x 的代码,同时在编程风格、函数接口设计等上也大相径庭,TensorFlow 1. x 的代码需要依赖人工的方式迁移,自动化迁移方式并不靠谱。Google 即将停止更新 TensorFlow 1. x,不建议学习 TensorFlow 1. x 版本。

TensorFlow 2 支持动态图优先模式,在计算时可以同时获得计算图与数值结果,可以在代码中调试并实时打印数据,搭建网络也像搭积木一样,层层堆叠,非常符合软件开发思维。

以简单的 2.0+4.0 的加法运算为例,在 TensorFlow 1. x 中,首先创建计算图,代码如下:

```
import tensorflow as tf
# 1.创建计算图阶段,此处代码需要使用 tf 1.x 版本运行
# 创建 2 个输入端子,并指定类型和名字
a_ph = tf.placeholder(tf.float32, name = 'variable_a')
b_ph = tf.placeholder(tf.float32, name = 'variable_b')
# 创建输出端子的运算操作,并命名
c_op = tf.add(a_ph, b_ph, name = 'variable_c')
```

创建计算图的过程就类比通过符号建立公式 $c=a+b$ 的过程,仅仅是记录了公式的计算步骤,并没有实际计算公式的数值结果,需要通过运行公式的输出端子 c,并赋值 $a=2.0$,$b=4.0$ 才能获得 c 的数值结果,代码如下:

```
# 2.运行计算图阶段,此处代码需要使用 tf 1.x 版本运行
# 创建运行环境
sess = tf.InteractiveSession()
# 初始化步骤也需要作为操作运行
init = tf.global_variables_initializer()
sess.run(init)      # 运行初始化操作,完成初始化
# 运行输出端子,需要给输入端子赋值
c_numpy = sess.run(c_op, feed_dict = {a_ph: 2., b_ph: 4.})
# 运算完输出端子才能得到数值类型的 c_numpy
print('a + b = ',c_numpy)
```

可以看到,在 TensorFlow 中完成简单的 2.0＋4.0 加法运算尚且如此烦琐,更别说创建复杂的神经网络算法有多艰难。这种先创建计算图后运行的编程方式称为符号式编程。

接下来使用 TensorFlow 2 来完成 2.0＋4.0 运算,代码如下:

```
import tensorflow as tf
# 此处代码需要使用 tf 2 版本运行
# 1.创建输入张量,并赋初始值
a = tf.constant(2.)
b = tf.constant(4.)
# 2.直接计算,并打印结果
print('a + b = ',a + b)
```

可以看到,计算过程非常简洁,没有多余的计算步骤。

这种运算时同时创建计算图 $c = a + b$ 和数值结果 $6.0 = 2.0 + 4.0$ 的方式称为命令式编程,也称为动态图模式。TensorFlow 2 和 PyTorch 都是采用动态图(优先)模式开发,调试方便,所见即所得。一般来说,动态图模式开发效率高,但是运行效率可能不如静态图模式。TensorFlow 2 也支持通过 tf.function 将动态图优先模式的代码转化为静态图模式,实现开发和运行效率的双赢。

1.5.3　功能演示

深度学习的核心是算法的设计思想,深度学习框架只是实现算法的工具。下面将演示 TensorFlow 深度学习框架的三大核心功能,从而帮助理解框架在算法设计中扮演的角色。

1) 加速计算

神经网络本质上由大量的矩阵相乘、矩阵相加等基本数学运算构成,TensorFlow 的重要功能就是利用 GPU 方便地实现并行计算加速功能。为了演示 GPU 的加速效果,通过完成多次矩阵 A 和矩阵 B 的矩阵相乘运算,并测量其平均运算时间来比对。其中矩阵 A 的 shape 为 $[1, n]$,矩阵 B 的 shape 为 $[n, 1]$,通过调节 n 即可控制矩阵的大小。

首先分别创建使用 CPU 和 GPU 环境运算的 2 个矩阵,代码如下:

```
# 创建在 CPU 环境上运算的 2 个矩阵
with tf.device('/cpu:0'):
```

```
    cpu_a = tf.random.normal([1, n])
    cpu_b = tf.random.normal([n, 1])
    print(cpu_a.device, cpu_b.device)
# 创建使用 GPU 环境运算的 2 个矩阵
with tf.device('/gpu:0'):
    gpu_a = tf.random.normal([1, n])
    gpu_b = tf.random.normal([n, 1])
    print(gpu_a.device, gpu_b.device)
```

接下来实现 CPU 和 GPU 运算的函数,并通过 timeit.timeit()函数来测量两个函数的运算时间。注意,第一次计算时一般需要完成额外的环境初始化工作,因此这段时间不能计算在内。通过热身环节将这段时间去除,再测量运算时间,代码如下:

```
def cpu_run():  # CPU 运算函数
    with tf.device('/cpu:0'):
        c = tf.matmul(cpu_a, cpu_b)
    return c


def gpu_run():  # GPU 运算函数
    with tf.device('/gpu:0'):
        c = tf.matmul(gpu_a, gpu_b)
    return c
# 第一次计算需要热身,避免将初始化时间结算在内
cpu_time = timeit.timeit(cpu_run, number = 10)
gpu_time = timeit.timeit(gpu_run, number = 10)
print('warmup:', cpu_time, gpu_time)
# 正式计算 10 次,取平均时间
cpu_time = timeit.timeit(cpu_run, number = 10)
gpu_time = timeit.timeit(gpu_run, number = 10)
print('run time:', cpu_time, gpu_time)
```

将不同大小 n 下的 CPU 和 GPU 环境的运算时间绘制为曲线,如图 1.21 所示。可以看到,在矩阵 A 和矩阵 B 较小时,CPU 和 GPU 时间几乎一致,并不能体现出 GPU 并行计算的优势;在矩阵较大时,CPU 的计算时间明显上升,而 GPU 充分发挥并行计算优势,运算时间几乎不变。

2) 自动梯度

在使用 TensorFlow 构建前向计算过程时,除了能够获得数值结果,TensorFlow 还会自动构建计算图,通过 TensorFlow 提供的自动求导的功能,可以不需要手动推导,即可计算输出对网络参数的偏导数。考虑如下函数的表达式:

$$y = aw^2 + bw + c$$

输出 y 对于变量 w 的导数关系为:

$$\frac{\mathrm{d}y}{\mathrm{d}w} = 2aw + b$$

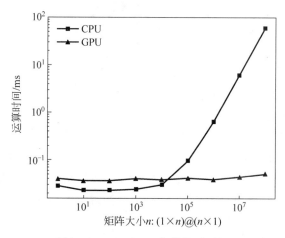

图 1.21　CPU/GPU 矩阵相乘时间

考虑在 $(a,b,c,w)=(1,2,3,4)$ 处的导数，代入上式可得 $\dfrac{\mathrm{d}y}{\mathrm{d}w}=2\cdot1\cdot4+2=10$。通过手动推导的方式计算出导数值为 10。

通过 TensorFlow 的方式，可以不需要手动推导导数的表达式，直接给出函数的表达式，即可由 TensorFlow 自动求导，代码实现如下：

```
import tensorflow as tf
# 创建 4 个张量,并赋值
a = tf.constant(1.)
b = tf.constant(2.)
c = tf.constant(3.)
w = tf.constant(4.)

with tf.GradientTape() as tape:    # 构建梯度环境
    tape.watch([w])                # 将 w 加入梯度跟踪列表
    # 构建计算过程,函数表达式
    y = a * w**2 + b * w + c
# 自动求导
[dy_dw] = tape.gradient(y, [w])
print(dy_dw)                       # 打印出导数
```

程序的运行结果为：

```
tf.Tensor(10.0, shape = (), dtype = float32)
```

可以看到，TensorFlow 自动求导的结果与手动计算的结果一致。

3）常用神经网络接口

TensorFlow 除了提供底层的矩阵相乘、相加等数学函数，还内建了常用神经网络运算函数、常用网络层、网络训练、模型保存与加载、网络部署等一系列深度学习系统的便捷功能。使用 TensorFlow 开发，可以方便地利用这些功能完成常用业务流程，高效稳定。

1.6　开发环境安装

在领略完深度学习框架所带来的便利后,开始着手在本地计算机环境安装 TensorFlow 最新版框架。TensorFlow 框架支持多种常见的操作系统,例如 Windows 10、Ubuntu 18.04、Mac OS 等,支持运行在 NVIDIA 显卡上的 GPU 版本和仅使用 CPU 完成计算的 CPU 版本。下面以最为常见的 Windows 10 系统,NVIDIA GPU 和 Python 语言环境为例,介绍如何安装 TensorFlow 框架及其他开发软件。

一般来说,开发环境安装分为 4 大步骤:安装 Python 解释器 Anaconda、安装 CUDA 加速库、安装 TensorFlow 框架和安装常用编辑器。

1.6.1　Anaconda 安装

Python 解释器是让以 Python 语言编写的代码能够被 CPU 执行的桥梁,是 Python 语言的核心软件。用户可以从 https://www.python.org/网站下载最新版本(Python 3.7)的解释器,像普通的应用软件一样安装完成后,就可以调用 python.exe 程序执行 Python 语言编写的源代码文件(.py 格式)。

这里选择安装集成了 Python 解释器和虚拟环境等一系列辅助功能的 Anaconda 软件,通过安装 Anaconda 软件,可以同时获得 Python 解释器、包管理和虚拟环境等一系列便捷功能。可以从 https://www.anaconda.com/distribution/♯download-section 网址进入 Anaconda 下载页面,选择 Python 最新版本的下载链接即可下载,下载完成后安装即可进入安装程序。如图 1.22 所示,勾选 Add Anaconda to my PATH environment variable 复选

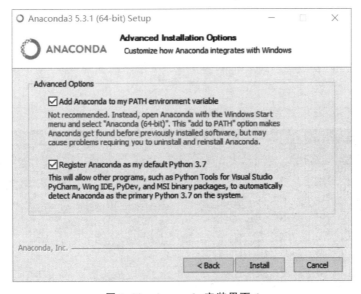

图 1.22　Anaconda 安装界面-1

框,这样可以通过命令行方式调用 Anaconda 程序。如图 1.23 所示,安装程序询问是否连带安装 VS Code 软件,选择 Skip 即可。整个安装流程约持续 5 分钟,具体时间需依据计算机性能而定。

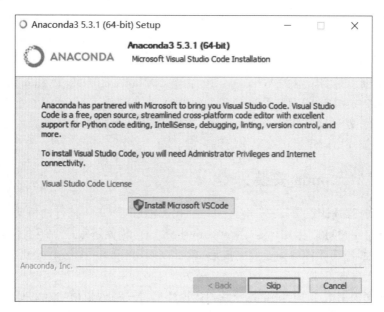

图 1.23　Anaconda 安装界面-2

安装完成后,如何验证 Anaconda 是否安装成功? 通过键盘上的 Windows 键＋R 键,即可调出"运行程序"对话框,输入 cmd 并回车即打开 Windows 自带的命令行程序 cmd.exe。或者单击"开始"菜单,输入 cmd 也可搜索到 cmd.exe 程序,打开即可。输入 conda list 命令即可查看 Python 环境已安装的库,如果是新安装的 Python 环境,则列出的库都是 Anaconda 自带的软件库,如图 1.24 所示。如果 conda list 能够正常弹出一系列的库列表信息,说明 Anaconda 软件安装成功; 如果 conda 命令不能被识别,则说明安装失败,需要重新安装。

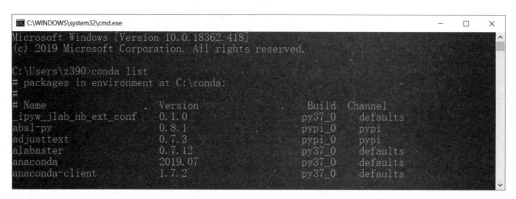

图 1.24　Anaconda 安装结果测试

1.6.2　CUDA 安装

目前的深度学习框架大都基于 NVIDIA 的 GPU 显卡进行加速运算,因此需要安装 NVIDIA 提供的 GPU 加速库 CUDA 程序。在安装 CUDA 之前,确认计算机具有支持 CUDA 程序的 NVIDIA 显卡设备。如果计算机没有 NVIDIA 显卡,例如部分计算机显卡生产商为 AMD 或 Intel,则无法安装 CUDA 程序,因此可以跳过这一步,直接进入 TensorFlow CPU 版本的安装。

CUDA 的安装分为 CUDA 软件的安装、cuDNN 神经网络加速库的安装和环境变量 Path 配置 3 个步骤,安装过程稍微烦琐,读者在操作时思考每个步骤的用途,避免死记硬背流程。

(1) **CUDA 软件安装**:打开 CUDA 程序的下载官网: https://developer.nvidia.com/cuda-10.0-download-archive,这里使用 CUDA 10.0 版本,依次选择 Windows 平台,x86_64 架构,10 系统,exe(local)本地安装包,再选择 Download 即可下载 CUDA 安装软件。下载完成后,打开安装软件。如图 1.25 所示,单击 Custom 单选按钮,单击 NEXT 按钮进入图 1.26 安装程序选择列表,在这里选择需要安装和取消不需要安装的程序组件。在 CUDA 节点下,取消勾选 Visual Studio Integration 复选框;在 Driver components 节点下,比对目前计算机已经安装的显卡驱动 Display Driver 的版本号 Current Version 和 CUDA 自带的显卡驱动版本号 New Version,如果 Current Version 大于 New Version,则需要取消 Display Driver 复选框的勾选,如果小于或等于,则默认勾选即可,如图 1.27 所示。设置完成后即可正常安装。

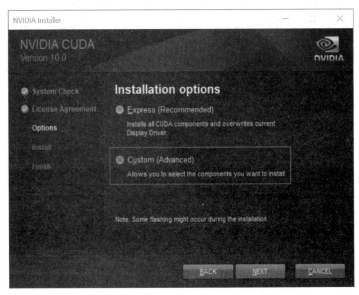

图 1.25　CUDA 安装界面-1

图 1.26　CUDA 安装界面-2

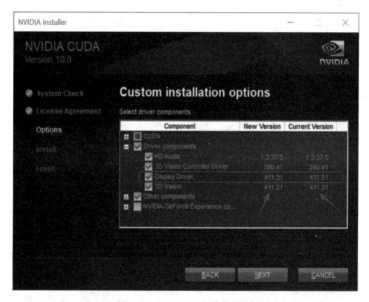

图 1.27　CUDA 安装界面-3

　　安装完成后,测试 CUDA 软件是否安装成功。打开 cmd 命令行,输入 nvcc -V,即可打印当前 CUDA 的版本信息,如图 1.28 所示,如果命令无法识别,则说明安装失败。同时也可从 CUDA 的安装路径 C:\Program Files\NVIDIA GPU Computing Toolkit\CUDA\v10.0\bin 下找到 nvcc.exe 程序,如图 1.29 所示。

图 1.28　CUDA 安装结果测试-1

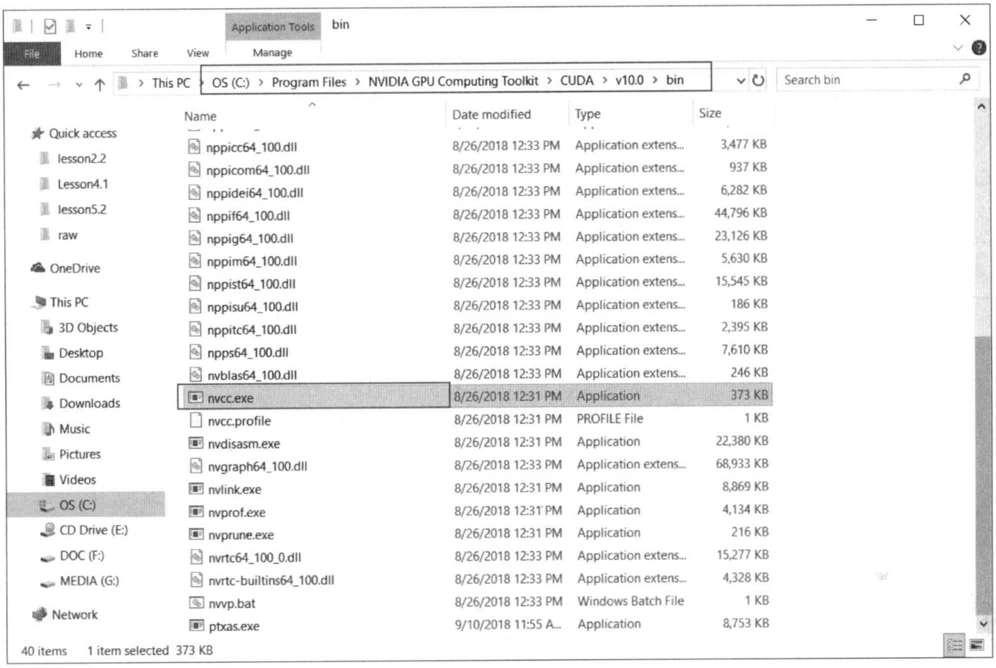

图 1.29　CUDA 安装结果测试-2

（2）**cuDNN 神经网络加速库安装**：CUDA 并不是针对神经网络专门的 GPU 加速库，它面向各种需要并行计算的应用设计。如果希望针对神经网络应用加速，需要额外安装 cuDNN 库。注意，cuDNN 库并不是运行程序，只需要下载解压 cuDNN 文件，并配置 Path 环境变量即可。

打开网址 https://developer.nvidia.com/cudnn，选择 Download cuDNN，由于 NVIDIA 公司的规定，下载 cuDNN 需要先登录，因此用户需要登录或创建新用户后才能继续下载。登录后，进入 cuDNN 下载界面，勾选 I Agree To the Terms of the cuDNN Software License Agreement 复选框，即可弹出 cuDNN 版本下载选项。选择 CUDA 10.0 匹配的 cuDNN 版本，并单击 cuDNN Library for Windows 10 链接即可下载 cuDNN 文件，如图 1.30 所

示。注意,cuDNN本身具有一个版本号,同时它还需要和CUDA的版本号匹配,不能下错不匹配CUDA版本号的cuDNN文件。

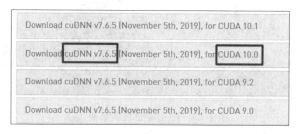

图1.30 cuDNN版本选择界面

下载完成cuDNN文件后,解压并进入文件夹,将名为cuda的文件夹重命名为cudnn765,并复制此文件夹。进入CUDA的安装路径C:\Program Files\NVIDIA GPU Computing Toolkit\CUDA\v10.0,粘贴cudnn765文件夹即可,此处可能会弹出需要管理员权限的对话框,选择继续即可粘贴,如图1.31所示。

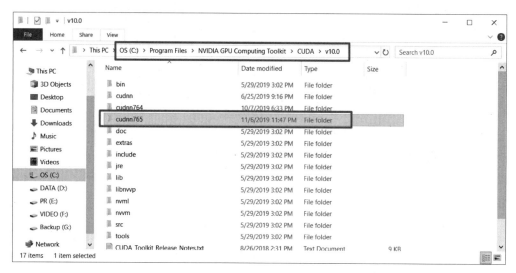

图1.31 cuDNN文件的安装

(3) **环境变量Path配置**:上述cudnn文件夹的复制即已完成cuDNN的安装,但为了让系统能够感知到cuDNN文件的位置,需要额外配置Path环境变量。打开文件浏览器,在"我的电脑"上右击,选择"属性"→"高级系统属性"→"环境变量",如图1.32所示。在"系统变量"一栏中选中Path环境变量,选择"编辑",如图1.33所示。选择"新建",输入cuDNN的安装路径C:\Program Files\NVIDIA GPU Computing Toolkit\CUDA\v10.0\cudnn765\bin,并通过"向上移动"按钮将这一项上移置顶。

CUDA安装完成后,环境变量中应该包含C:\Program Files\NVIDIA GPU Computing Toolkit\CUDA\v10.0\bin、C:\Program Files\NVIDIA GPU Computing Toolkit\CUDA\

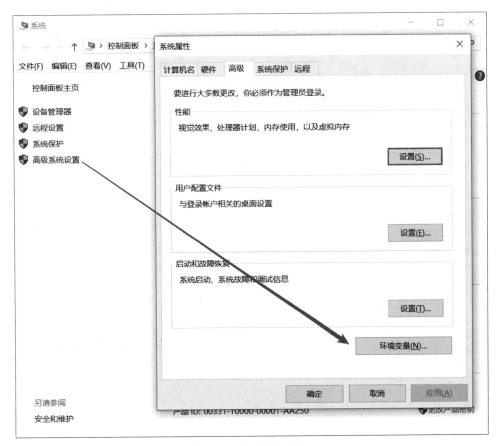

图 1.32　修改环境变量-1

v10.0\libnvvp 和 C:\Program Files\NVIDIA GPU Computing Toolkit\CUDA\v10.0\
cudnn765\bin 3 项,具体的路径可能依据实际路径略有出入,如图 1.34 所示,确认无误后依
次单击"确定"按钮,关闭所有对话框。

1.6.3　TensorFlow 安装

TensorFlow 和其他的 Python 库一样,使用 Python 包管理工具 pip install 命令即可安
装。安装 TensorFlow 时,需要根据计算机是否具有 NVIDIA GPU 显卡来确定是安装性能
更强的 GPU 版本还是性能一般的 CPU 版本。

国内使用 pip 命令安装时,可能会出现下载速度缓慢甚至连接断开的情况,需要配置国
内的 pip 源,只需要在 pip install 命令后面带上"-i 源地址"参数即可。例如使用清华源安装
numpy 包,首先打开 cmd 命令行程序,输入:

```
# 使用国内清华源安装 numpy
pip install numpy -i https://pypi.tuna.tsinghua.edu.cn/simple
```

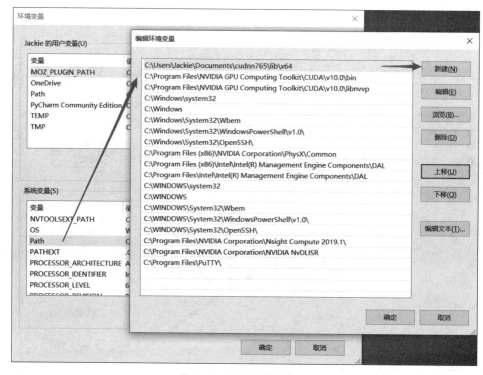

图 1.33　修改环境变量-2

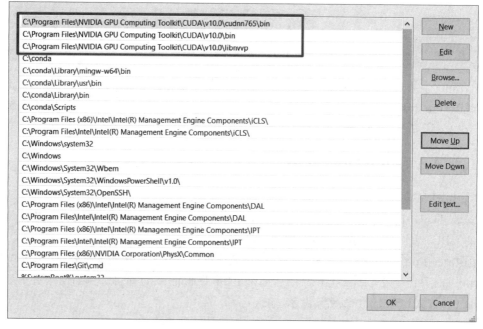

图 1.34　CUDA 相关的环境变量

即可自动下载并安装 numpy 库,配置上国内源的 pip 下载速度会提升显著。

现在安装 TensorFlow GPU 最新版本,命令如下:

```
# 使用清华源安装 TensorFlow GPU 版本
pip install -U tensorflow -i https://pypi.tuna.tsinghua.edu.cn/simple
```

上述命令自动下载 TensorFlow GPU 版本并安装,目前是 TensorFlow 2.0.0 正式版,-U 参数指定如果已安装此包,则执行升级命令。

现在测试 GPU 版本的 TensorFlow 是否安装成功。在 cmd 命令行输入 ipython 进入 ipython 交互式终端,输入 import tensorflow as tf 命令,如果没有错误产生,继续输入 tf.test.is_gpu_available()测试 GPU 是否可用,此命令会打印出一系列以"I"开头的信息 (Information),其中包含了可用的 GPU 显卡设备信息,最后会返回 True 或者 False,代表了 GPU 设备是否可用,如图 1.35 所示。如果为 True,则 TensorFlow GPU 版本安装成功; 如果为 False,则安装失败,需要再次检测 CUDA、cuDNN、环境变量等步骤,或者复制错误, 从搜索引擎中寻求帮助。

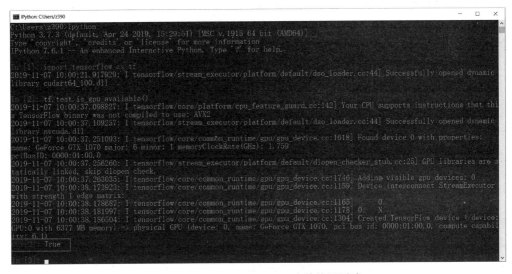

图 1.35 TensorFlow-GPU 安装结果测试

如果不能安装 TensorFlow GPU 版本,则可以安装 CPU 版本。CPU 版本无法利用 GPU 加速运算,计算速度相对缓慢,但是作为学习用途所介绍的算法模型一般不大,使用 CPU 版本也能勉强应付,待日后对深度学习有了一定了解再升级 NVIDIA GPU 设备也未 尝不可。抑或者,安装 TensorFlow GPU 版本可能会出现安装失败的情况,有些读者动手 能力不强,如果折腾了很久还不能安装成功,可以直接安装 CPU 版本。

安装 CPU 版本的命令为:

```
# 使用国内清华源安装 TensorFlow CPU 版本
pip install -U tensorflow-cpu -i https://pypi.tuna.tsinghua.edu.cn/simple
```

安装完后，在 ipython 中输入 import tensorflow as tf 命令即可验证 CPU 版本是否安装成功。

TensorFlow GPU/CPU 版本安装完成后，可以通过 tf. __ version __ 查看本地安装的 TensorFlow 版本号，如图 1.36 所示。

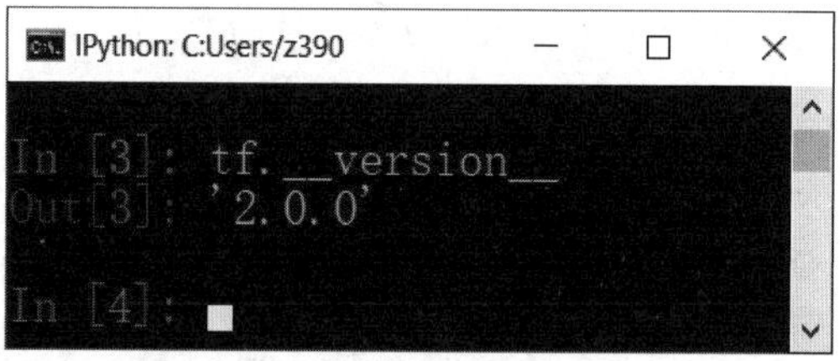

图 1.36　TensorFlow 版本测试

上述手动安装 CUDA 和 cuDNN，配置 Path 环境变量并安装 TensorFlow 的流程是标准的安装方法，虽然步骤烦琐，但是对于理解每个库的功能角色有较大的帮助。实际上，对于新手来说，可以将手动安装 CUDA 和 cuDNN，配置 Path 环境变量并安装 TensorFlow 这 4 大步骤通过两条命令完成：

```
# 创建名为 tf2 的虚拟环境,并根据预设环境名 tensorflow - gpu
# 自动安装 CUDA,cuDNN,TensorFlow GPU 等
conda create - n tf2 tensorflow - gpu
# 激活 tf2 虚拟环境
conda activate tf2
```

这种快捷安装方式称为极简版安装方法。也是使用 Anaconda 发行版所带来的便捷之处。通过极简版安装的 TensorFlow，使用时需要先激活对应的虚拟环境，这一点需要与标准版区分。标准版安装在 Anaconda 的默认环境 base 中，一般不需要手动激活 base 环境。

常用的 Python 库也可以顺带安装，命令如下：

```
# 使用清华源安装常用 python 库
pip install - U ipython numpy matplotlib pillow pandas - i https://pypi.tuna.tsinghua.edu.cn/simple
```

TensorFlow 在运行时，默认会占用所有 GPU 显存资源，这是非常不友好的行为，尤其是当计算机同时有多个用户或者程序在使用 GPU 资源时，占用所有 GPU 显存资源会使得其他程序无法运行。因此，一般推荐设置 TensorFlow 的显存占用方式为增长式占用模式，即根据实际模型大小申请显存资源，代码实现如下：

```
# 设置 GPU 显存使用方式
# 获取 GPU 设备列表
gpus = tf.config.experimental.list_physical_devices('GPU')
if gpus:
  try:
```

```
# 设置 GPU 为增长式占用
for gpu in gpus:
    tf.config.experimental.set_memory_growth(gpu, True)
except RuntimeError as e:
    # 打印异常
    print(e)
```

1.6.4 常用编辑器安装

使用 Python 语言编写程序的方式非常多，可以使用 ipython 或者 ipython notebook 方式交互式编写代码，也可以利用 Sublime Text、PyCharm 和 VS Code 等综合 IDE 开发中大型项目。本书推荐使用 PyCharm 编写和调试，使用 VS Code 交互式开发，这两者都可以免费使用，用户自行下载安装，并配置 Python 解释器。限于篇幅，不再赘述。

参考文献

[1] Mnih V，Kavukcuoglu K，Silver D，et al. Human-level control through deep reinforcement learning [J]. Nature，2015，518(2)：529-533.

回 归 问 题

有些人担心人工智能会让人类觉得自卑,但是实际上,即使是看到一朵花,我们也应该或多或少感到一些自愧不如。——艾伦·凯

2.1 神经元模型

成年人大脑中包含了约 1000 亿个神经元,每个神经元通过树突获取输入信号,通过轴突传递输出信号,神经元之间相互连接构成了巨大的神经网络,从而形成了人脑的感知和意识基础,图 2.1 是一种典型的生物神经元结构。1943 年,心理学家沃伦·麦卡洛克(Warren McCulloch)和数理逻辑学家沃尔特·皮茨(Walter Pitts)通过对生物神经元的研究,提出了模拟生物神经元机制的人工神经网络的数学模型[1],这一成果被美国神经学家弗兰克·罗森布拉特(Frank Rosenblatt)进一步发展成感知机(Perceptron)模型[2],这也是现代深度学习的基石。

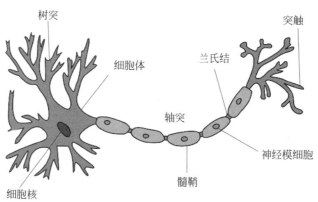

图 2.1　典型生物神经元结构①

---

① 素材来自 https://commons. wikimedia. org/wiki/File:Neuron_Hand-tuned. svg。

将从生物神经元的结构出发,重温科学先驱们的探索之路,逐步揭开自动学习机器的神秘面纱。

首先,把生物神经元(Neuron)的模型抽象为如图 2.2(a)所示的数学结构:神经元输入向量 $\boldsymbol{x}=[x_1,x_2,x_3,\cdots,x_n]^{\mathrm{T}}$,经过函数映射 $f_\theta:\boldsymbol{x}\to y$ 后得到输出 y,其中 θ 为函数 f 自身的参数。考虑一种简化的情况,即线性变换 $f(\boldsymbol{x})=\boldsymbol{w}^{\mathrm{T}}\boldsymbol{x}+b$,展开为标量形式:

$$f(\boldsymbol{x})=w_1x_1+w_2x_2+w_3x_3+\cdots+w_nx_n+b$$

上述计算逻辑可以通过图 2.2(b)直观地展现。

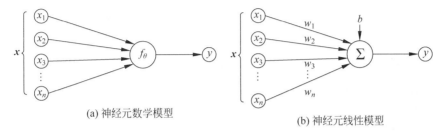

(a) 神经元数学模型　　　　　　(b) 神经元线性模型

图 2.2　神经元数学模型

参数 $\theta=\{w_1,w_2,w_3,\cdots,w_n,b\}$ 确定了神经元的状态,通过固定 θ 参数即可确定此神经元的处理逻辑。当神经元输入节点数 $n=1$(单输入)时,神经元数学模型可进一步简化为:

$$y=wx+b$$

此时可以绘制出神经元的输出 y 和输入 x 的变化趋势,如图 2.3 所示,随着输入信号 x 的增加,输出电平 y 也随之线性增加,其中 w 参数可以理解为直线的斜率(Slope),b 参数为直线的偏置(Bias)。

对于某个神经元来说,x 和 y 的映射关系 $f_{w,b}$ 是未知但确定的。两点即可确定一条直线,为了估计 w 和 b 的值,只需从图 2.3 中直线上采样任意 2 个数据点:$(x^{(1)},y^{(1)})$,$(x^{(2)},y^{(2)})$ 即可,其中上标表示数据点编号:

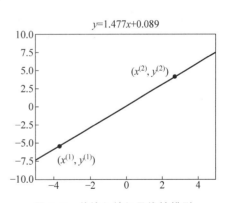

图 2.3　单输入神经元线性模型

$$y^{(1)}=wx^{(1)}+b$$
$$y^{(2)}=wx^{(2)}+b$$

当 $(x^{(1)},y^{(1)})\neq(x^{(2)},y^{(2)})$ 时,通过求解上式便可计算出 w 和 b 的值。考虑某个具体的例子:$x^{(1)}=1,y^{(1)}=1.567,x^{(2)}=2,y^{(2)}=3.043$,代入上式中可得:

$$1.567=w\cdot1+b$$
$$3.043=w\cdot2+b$$

这就是初中时代学习过的二元一次方程组,通过消元法可以轻松计算出 w 和 b 的解析解:$w=1.477,b=0.089$。

可以看到,只需要观测两个不同数据点,就可完美求解单输入线性神经元模型的参数,对于 N 输入的线性神经元模型,只需要采样 $N+1$ 组不同数据点即可,似乎线性神经元模型可以得到完美解决。那么上述方法存在什么问题? 考虑对于任何采样点,都有可能存在观测误差,假设观测误差变量 ε 属于均值为 μ,方差为 σ^2 的正态分布(Normal Distribution,或高斯分布,Gaussian Distribution): $\mathcal{N}(\mu,\sigma^2)$,则采样到的样本符合:

$$y = wx + b + \varepsilon, \varepsilon \sim \mathcal{N}(\mu,\sigma^2)$$

一旦引入观测误差后,即使简单如线性模型,如果仅采样两个数据点,可能会带来较大估计偏差。如图 2.4 所示,图中的数据点均带有观测误差,如果基于矩形块的两个数据点进行估计,则计算出的虚线与真实直线存在较大偏差。为了减少观测误差引入的估计偏差,可以通过采样多组数据样本集合 $D = \{(x^{(1)},y^{(1)}),(x^{(2)},y^{(2)}),\cdots,(x^{(n)},y^{(n)})\}$,然后找出一条"最好"的直线,使得它尽可能地让所有采样点到该直线的误差(Error,或损失 Loss)之和最小。

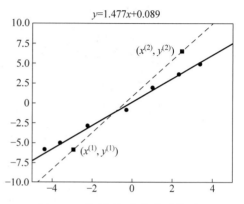

图 2.4 带观测误差的估计模型

也就是说,由于观测误差 ε 的存在,当采集了多个数据点 D 时,可能不存在一条直线完美地穿过所有采样点。退而求其次,希望能找到一条比较"好"的位于采样点中间的直线。那么如何衡量"好"与"不好"? 一个很自然的想法就是,求出当前模型的所有采样点上的预测值 $wx^{(i)}+b$ 与真实值 $y^{(i)}$ 之间的差的平方和作为总误差 $\mathcal{L}$:

$$\mathcal{L} = \frac{1}{n}\sum_{i=1}^{n}(wx^{(i)}+b-y^{(i)})^2$$

然后搜索一组参数 w^*,b^* 使得 $\mathcal{L}$ 最小,对应的直线就是要寻找的最优直线:

$$w^*,b^* = \underset{w,b}{\mathrm{argmin}}\frac{1}{n}\sum_{i=1}^{n}(wx^{(i)}+b-y^{(i)})^2$$

其中 n 表示采样点的个数。这种误差计算方法称为均方误差(Mean Squared Error,简称 MSE)。

2.2 优化方法

现在来小结一下上述方案:需要找出最优参数(Optimal Parameter)w^* 和 b^*,使得输入和输出满足线性关系 $y^{(i)} = wx^{(i)}+b, i \in [1,n]$。但是由于观测误差 ε 的存在,需要通过采样足够多组的数据样本组成的数据集(Dataset): $D = \{(x^{(1)},y^{(1)}),(x^{(2)},y^{(2)}),\cdots,(x^{(n)},y^{(n)})\}$,找到一组最优的参数 w^* 和 b^* 使得均方误差 $\mathcal{L} = \frac{1}{n}\sum_{i=1}^{n}(wx^{(i)}+b-y^{(i)})^2$ 最小。

对于单输入的神经元模型，只需要两个样本，就能通过消元法求出方程组的精确解，这种通过严格的公式推导出的精确解称为解析解(Closed-form Solution)。但是对于多个数据点($n \gg 2$)的情况，这时很有可能不存在解析解，只能借助数值方法去优化(Optimize)出一个近似的数值解(Numerical Solution)。为什么称为优化？这是因为计算机的计算速度非常快，可以借助强大的计算能力去多次"搜索"和"试错"，从而一步步降低误差$\mathcal{L}$。最简单的优化方法就是暴力搜索或随机试验，例如要找出最合适的w^*和b^*，就可以从(部分)实数空间中随机采样任意的w和b，并计算出对应模型的误差值$\mathcal{L}$，然后从测试过的$\{\mathcal{L}\}$中挑出最好的$\mathcal{L}^*$，它所对应的w和b就可以作为要找的最优w^*和b^*。

这种算法固然简单直接，但是面对大规模、高维度数据的优化问题时计算效率极低，基本不可行。梯度下降算法(Gradient Descent)是神经网络训练中最常用的优化算法，配合强大的图形处理芯片 GPU(Graphics Processing Unit)的并行加速能力，非常适合优化海量数据的神经网络模型，自然也适合优化神经元线性模型。这里先简单地应用梯度下降算法，用于解决神经元模型预测的问题。由于梯度下降算法是深度学习的核心算法，将在第 7 章非常详尽地推导梯度下降算法在神经网络中的应用。

在高中时代学过导数(Derivative)的概念，如果要求解一个函数的极大、极小值，可以简单地令导数函数为 0，求出对应的自变量点(称为驻点)，再检验驻点类型即可。以函数$f(x)=x^2 \cdot \sin x$ 为例，绘制出函数及其导数在 $x \in [-10,10]$ 区间曲线，其中实线为 $f(x)$，虚线为 $\dfrac{\mathrm{d}f(x)}{\mathrm{d}x}$，如图 2.5 所示。可以看出，函数导数(虚线)为 0 的点即为 $f(x)$ 的驻点，函数的极大值和极小值点均出现在驻点中。

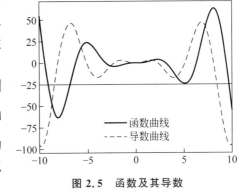

图 2.5　函数及其导数

函数的梯度(Gradient)定义为函数对各个自变量的偏导数(Partial Derivative)组成的向量。考虑 3 维函数 $z=f(x,y)$，函数对自变量 x 的偏导数记为$\dfrac{\partial z}{\partial x}$，函数对自变量 y 的偏导数记为$\dfrac{\partial z}{\partial y}$，则梯度$\nabla f$ 为向量$\left(\dfrac{\partial z}{\partial x}, \dfrac{\partial z}{\partial y}\right)$。通过一个具体的函数来感受梯度的性质，如图 2.6 所示，$f(x,y)=-(\cos^2 x+\cos^2 y)^2$，图中 xy 平面的箭头的长度表示梯度向量的模，箭头的方向表示梯度向量的方向。可以看到，箭头的方向总是指向当前位置函数值增速最大的方向，函数曲面越陡峭，箭头的长度也就越长，梯度的模也越大。

通过上面的例子，能直观地感受到，函数在各处的梯度方向∇f 总是指向函数值增大的方向，那么梯度的反方向$-\nabla f$ 应指向函数值减少的方向。利用这一性质，只需要按照

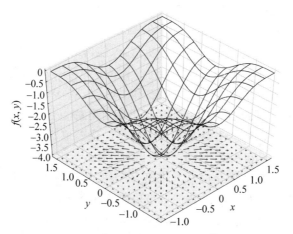

图 2.6　函数及其梯度向量①

$$\boldsymbol{x}' = \boldsymbol{x} - \eta \cdot \boldsymbol{\nabla} f \tag{2.1}$$

来迭代更新 $\boldsymbol{x}'$，就能获得越来越小的函数值，其中 η 用来缩放梯度向量，一般设置为某较小的值，如 0.01、0.001 等。特别地，对于一维函数，上述向量形式可以退化成标量形式：

$$x' = x - \eta \cdot \frac{\mathrm{d}y}{\mathrm{d}x}$$

通过上式迭代更新 x' 若干次，这样得到的 x' 处的函数值 y'，总是更有可能比在 x 处的函数值 y 小。

　　通过式(2.1)优化参数的方法称为梯度下降算法，它通过循环计算函数的梯度 $\boldsymbol{\nabla} f$ 并更新待优化参数 θ，从而得到函数 f 获得极小值时参数 θ 的最优数值解。注意，在深度学习中，一般 x 表示模型输入，模型的待优化参数一般用 θ、w、b 等符号表示。

　　现在将利用梯度下降算法来求解 w^* 和 b^* 参数。这里要最小化的是均方误差函数 $\mathcal{L}$：

$$\mathcal{L} = \frac{1}{n} \sum_{i=1}^{n} (wx^{(i)} + b - y^{(i)})^2$$

需要优化的模型参数是 w 和 b，因此按照

$$w' = w - \eta \frac{\partial \mathcal{L}}{\partial w}$$

$$b' = b - \eta \frac{\partial \mathcal{L}}{\partial b}$$

方式循环更新参数。

---

① 　图片来自 https://en.wikipedia.org/wiki/Gradient?oldid=747127712。

2.3　线性模型实战

在介绍了用于优化 w 和 b 的梯度下降算法后,来实战训练单输入神经元线性模型。首先需要采样自真实模型的多组数据,对于已知真实模型的玩具样例(Toy Example),直接从指定的 $w=1.477, b=0.089$ 的真实模型中采样:

$$y = 1.477x + 0.089$$

1. 采样数据

为了能够很好地模拟真实样本的观测误差,给模型添加误差自变量 ε,它采样自均值为 0,标准差为 0.01 的高斯(正态)分布:

$$y = 1.477x + 0.089 + \varepsilon, \quad \varepsilon \sim \mathcal{N}(0, 0.01^2)$$

通过随机采样 $n=100$ 次,获得 n 个样本的训练数据集 D^{train},代码如下:

```
data = []                               # 保存样本集的列表
for i in range(100):                    # 循环采样 100 个点
    x = np.random.uniform(-10., 10.)    # 随机采样输入 x
    # 采样高斯噪声
    eps = np.random.normal(0., 0.01)
    # 得到模型的输出
    y = 1.477 * x + 0.089 + eps
    data.append([x, y])                 # 保存样本点
data = np.array(data)                   # 转换为 2D Numpy 数组
```

循环进行 100 次采样,每次从均匀分布 $U(-10,10)$ 中随机采样一个数据 x,同时从均值为 0,方差为 0.1^2 的高斯分布 $\mathcal{N}(0,0.1^2)$ 中随机采样噪声 ε,根据真实模型生成 y 的数据,并保存为 Numpy 数组。

2. 计算误差

循环计算在每个点 $(x^{(i)}, y^{(i)})$ 处的预测值与真实值之间差的平方并累加,从而获得训练集上的均方误差损失值。代码如下:

```
def mse(b, w, points):
    # 根据当前的w,b参数计算均方差损失
    totalError = 0
    for i in range(0, len(points)):        # 循环迭代所有点
        x = points[i, 0]                   # 获得 i 号点的输入 x
        y = points[i, 1]                   # 获得 i 号点的输出 y
        # 计算差的平方,并累加
        totalError += (y - (w * x + b)) ** 2
    # 将累加的误差求平均,得到均方差
    return totalError / float(len(points))
```

最后的误差和除以数据样本总数,从而得到每个样本上的平均误差。

3. 计算梯度

根据之前介绍的梯度下降算法,需要计算出函数在每一个点上的梯度信息:$\left(\dfrac{\partial \mathcal{L}}{\partial w}, \dfrac{\partial \mathcal{L}}{\partial b}\right)$。来推导一下梯度的表达式,首先考虑$\dfrac{\partial \mathcal{L}}{\partial w}$,将均方差函数展开:

$$\frac{\partial \mathcal{L}}{\partial w} = \frac{\partial \frac{1}{n}\sum_{i=1}^{n}(wx^{(i)}+b-y^{(i)})^2}{\partial w} = \frac{1}{n}\sum_{i=1}^{n}\frac{\partial(wx^{(i)}+b-y^{(i)})^2}{\partial w}$$

考虑到

$$\frac{\partial g^2}{\partial w} = 2 \cdot g \cdot \frac{\partial g}{\partial w}$$

因此

$$\begin{aligned}
\frac{\partial \mathcal{L}}{\partial w} &= \frac{1}{n}\sum_{i=1}^{n}2(wx^{(i)}+b-y^{(i)}) \cdot \frac{\partial(wx^{(i)}+b-y^{(i)})}{\partial w} \\
&= \frac{1}{n}\sum_{i=1}^{n}2(wx^{(i)}+b-y^{(i)}) \cdot x^{(i)} \\
&= \frac{2}{n}\sum_{i=1}^{n}(wx^{(i)}+b-y^{(i)}) \cdot x^{(i)}
\end{aligned}$$

$$(2.2)$$

如果难以理解上述推导,可以复习数学中函数的梯度相关课程,同时在第 7 章也会详细介绍,可以记住$\dfrac{\partial \mathcal{L}}{\partial w}$的最终表达式即可。用同样的方法,可以推导偏导数$\dfrac{\partial \mathcal{L}}{\partial b}$的表达式:

$$\begin{aligned}
\frac{\partial \mathcal{L}}{\partial b} &= \frac{\partial \frac{1}{n}\sum_{i=1}^{n}(wx^{(i)}+b-y^{(i)})^2}{\partial b} = \frac{1}{n}\sum_{i=1}^{n}\frac{\partial(wx^{(i)}+b-y^{(i)})^2}{\partial b} \\
&= \frac{1}{n}\sum_{i=1}^{n}2(wx^{(i)}+b-y^{(i)}) \cdot \frac{\partial(wx^{(i)}+b-y^{(i)})}{\partial b} \\
&= \frac{1}{n}\sum_{i=1}^{n}2(wx^{(i)}+b-y^{(i)}) \cdot 1 \\
&= \frac{2}{n}\sum_{i=1}^{n}(wx^{(i)}+b-y^{(i)})
\end{aligned}$$

$$(2.3)$$

根据偏导数的表达式,即式(2.2)和式(2.3),只需要计算在每一个点上面的$(wx^{(i)}+b-y^{(i)}) \cdot x^{(i)}$和$(wx^{(i)}+b-y^{(i)})$值,平均后即可得到偏导数$\dfrac{\partial \mathcal{L}}{\partial w}$和$\dfrac{\partial \mathcal{L}}{\partial b}$。实现如下:

```python
def step_gradient(b_current, w_current, points, lr):
    # 计算误差函数在所有点上的导数,并更新w,b
    b_gradient = 0
    w_gradient = 0
```

```
        M = float(len(points))  # 总样本数
        for i in range(0, len(points)):
                x = points[i, 0]
                y = points[i, 1]
                # 误差函数对 b 的导数:grad_b = 2(wx + b - y),参考式(2.3)
                b_gradient += (2/M) * ((w_current * x + b_current) - y)
                # 误差函数对 w 的导数:grad_w = 2(wx + b - y) * x,参考式(2.2)
                w_gradient += (2/M) * x * ((w_current * x + b_current) - y)
        # 根据梯度下降算法更新 w',b',其中 lr 为学习率
        new_b = b_current - (lr * b_gradient)
        new_w = w_current - (lr * w_gradient)
        return [new_b, new_w]
```

4. 梯度更新

在计算出误差函数在 w 和 b 处的梯度后,可以根据式(2.1)来更新 w 和 b 的值。把对数据集的所有样本训练一次称为一个 Epoch,共循环迭代 num_iterations 个 Epoch。实现如下:

```
def gradient_descent(points, starting_b, starting_w, lr, num_iterations):
        # 循环更新 w,b 多次
        b = starting_b                                    # b 的初始值
        w = starting_w                                    # w 的初始值
        # 根据梯度下降算法更新多次
        for step in range(num_iterations):
                # 计算梯度并更新一次
                b, w = step_gradient(b, w, np.array(points), lr)
                loss = mse(b, w, points)                  # 计算当前的均方差,用于监控训练进度
                if step % 50 == 0:                        # 打印误差和实时的 w,b 值
                        print(f"iteration:{step}, loss:{loss}, w:{w}, b:{b}")
        return [b, w]                                     # 返回最后一次的 w,b
```

主训练函数实现如下:

```
def main():
        # 加载训练集数据,这些数据是通过真实模型添加观测误差采样得到的
        lr = 0.01                                         # 学习率
        initial_b = 0                                     # 初始化 b 为 0
        initial_w = 0                                     # 初始化 w 为 0
        num_iterations = 1000
        # 训练优化 1000 次,返回最优 w* ,b* 和训练 Loss 的下降过程
        [b, w] = gradient_descent(data, initial_b, initial_w, lr, num_iterations)
        loss = mse(b, w, data)                            # 计算最优数值解 w,b 上的均方差
        print(f'Final loss:{loss}, w:{w}, b:{b}')
```

经过 1000 次的迭代更新后,保存最后的 w 和 b 值,此时的 w 和 b 的值就是要找的 w^* 和 b^* 数值解。运行结果如下:

```
iteration:0, loss:11.437586448749, w:0.88955725981925, b:0.02661765516748428
iteration:50, loss:0.111323083882350, w:1.48132089048970, b:0.58389075913875
iteration:100, loss:0.02436449474995, w:1.479296279074, b:0.78524532356388
...
iteration:950, loss:0.01097700897880, w:1.478131231919, b:0.901113267769968
Final loss:0.010977008978805611, w:1.4781312318924746, b:0.901113270434582
```

可以看到,第 100 次迭代时,w 和 b 的值就已经比较接近真实模型了,更新 1000 次后得到的 w^* 和 b^* 数值解与真实模型的非常接近,训练过程的均方差变化曲线如图 2.7 所示。

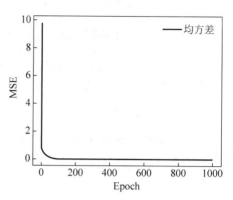

图 2.7　模型训练 MSE 下降曲线

上述例子比较好地展示了梯度下降算法在求解模型参数上的强大之处。注意,对于复杂的非线性模型,通过梯度下降算法求解到的 w 和 b 可能是局部极小值而非全局最小值解,这是由模型函数的非凸性决定的。但是在实践中发现,通过梯度下降算法求得的数值解,它的性能往往都能优化得很好,可以直接使用求解到的数值解 w 和 b 来近似作为最优解。

2.4　线性回归

简单回顾一下探索之路:首先假设 n 个输入的生物神经元的数学模型为线性模型之后,只采样 $n+1$ 个数据点就可以估计线性模型的参数 w 和 b。引入观测误差后,通过梯度下降算法,可以采样多组数据点循环优化得到 w 和 b 的数值解。

如果换一个角度来看待这个问题,它其实可以理解为一组连续值(向量)的预测问题。给定数据集 D,需要从 D 中学习到数据的真实模型,从而预测未见过的样本的输出值。在假定模型的类型后,学习过程就变成了搜索模型参数的问题,例如假设神经元为线性模型,那么训练过程即为搜索线性模型的 w 和 b 参数的过程。训练完成后,利用学到的模型,对于任意的新输入 x,就可以使用学习模型输出值作为真实值的近似。从这个角度来看,它就是一个连续值的预测问题。

在现实生活中,连续值预测问题是非常常见的,例如股价的走势预测、天气预报中温度和湿度等的预测、年龄的预测、交通流量的预测等。对于预测值是连续的实数范围,或者属于某一段连续的实数区间,把这种问题称为回归(Regression)问题。特别地,如果使用线性模型去逼近真实模型,那么把这一类方法称为线性回归(Linear Regression,简称 LR),线性回归是回归问题中的一种具体的实现。

除了连续值预测问题以外,是不是还有离散值预测问题?例如硬币正反面的预测,它的

预测值 y 只可能有正面或反面两种可能；再例如给定一张图片，这张图片中物体的类别也只可能是像猫、狗、天空之类的离散类别值。对于这一类问题，把它称为分类(Classification)问题，将在第 3 章介绍分类问题。

参考文献

［1］　McCulloch W S，Pitts W. A logical calculus of the ideas immanent in nervous activity[J]．The bulletin of mathematical biophysics，1943，5：115-133.

［2］　Rosenblatt F. The Perceptron，a Perceiving and Recognizing Automaton Project Para[M]．Cornell Aeronautical Laboratory，1957.

## 第 3 章

分 类 问 题

人工智能可能会是"人类文明面临的最大风险"——伊隆·马斯克

前面已经介绍了用于连续值预测的线性回归模型,现在来挑战分类问题。分类问题的一个典型应用就是教会机器如何自动识别图片中物体的种类。考虑图片分类中最简单的任务之一:0～9 数字图片识别,它相对简单,而且也具有非常广泛的应用价值,例如邮政编码、快递单号、手机号码等都属于数字图片识别范畴。下面将以数字图片识别为例,探索如何用机器学习的方法去解决这个问题。

3.1 手写数字图片数据集

机器学习需要从数据中间学习,因此首先需要采集大量的真实样本数据。以手写的数字图片识别为例,如图 3.1 所示,需要收集大量的由真人书写的 0～9 的数字图片,为了便于存储和计算,一般把收集的原始图片缩放到某个固定的大小(Size 或 Shape),例如 224 个像素的行和 224 个像素的列(224×224),或者 96 个像素的行和 96 个像素的列(96×96),这张图片将作为输入数据 x。同时,需要给每一张图片标注一个标签(Label),它将作为图片的真实值 y,这个标签表明这张图片属于哪一个具体的类别,一般通过映射方式将类别名一一对应到从 0 开始编号的数字,

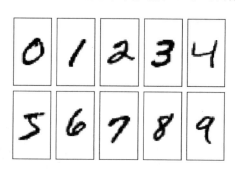

图 3.1 手写的数字图片样例

例如硬币的正反面,可以用 0 来表示硬币的反面,用 1 来表示硬币的正面,当然也可以反过来 1 表示硬币的反面,这种编码方式称为数字编码(Number Encoding)。对于手写数字图片识别问题,编码更为直观,用数字的 0～9 来表示类别名字为 0～9 的图片。

如果希望模型能够在新样本上也能具有良好的表现,即模型泛化能力(Generalization

Ability)较好,那么应该尽可能多地增加数据集的规模和多样性(Variance),使得用于学习的训练数据集与真实的手写数字图片的分布(Ground-truth Distribution)尽可能的逼近,这样在训练数据集上面学到了模型能够很好地用于未见过的手写数字图片的预测。

为了方便业界统一测试和评估算法,文献发布了手写数字图片数据集[1],命名为MNIST,它包含了 0～9 共 10 种数字的手写图片,每种数字一共有 7000 张图片,采集自不同书写风格的真实手写图片,一共 70000 张图片。其中 60000 张图片作为训练集 D^{train}(Training Set),用来训练模型,剩下 10000 张图片作为测试集 D^{test}(Test Set),用来预测或者测试,训练集和测试集共同组成了整个 MNIST 数据集。

考虑到手写数字图片包含的信息比较简单,每张图片均被缩放到 28×28 的大小,同时只保留了灰度信息,如图 3.2 所示。这些图片由真人书写,包含了如字体大小、书写风格、粗细等丰富的样式,确保这些图片的分布与真实的手写数字图片的分布尽可能地接近,从而保证了模型的泛化能力。

图 3.2　MNIST 数据集样例图片

现在来看图片的表示方法。一张图片包含了 h 行(Height/Row),w 列(Width/Column),每个位置保存了像素(Pixel)值,像素值一般使用 0～255 的整形数值来表达颜色强度信息,例如 0 表示强度最低,255 表示强度最高。如果是彩色图片,则每个像素点包含了 R、G、B 三个通道的强度信息,分别代表红色通道、绿色通道、蓝色通道的颜色强度,所以与灰度图片不同,它的每个像素点使用一个 1 维、长度为 3 的向量(Vector)来表示,向量的 3 个元素依次代表了当前像素点上面的 R、G、B 颜色强值,因此彩色图片需要保存为形状是 $[h, w, 3]$ 的张量(Tensor,可以通俗地理解为 3 维数组)。如果是灰度图片,则使用一个数值来表示灰度强度,例如 0 表示纯黑,255 表示纯白,因此它只需要一个形状为 $[h, w]$ 的二维矩阵(Matrix)来表示一张图片信息(也可以保存为 $[h, w, 1]$ 形状的张量)。图 3.3 演示了内容为 8 的数字图片的矩阵内容,可以看到,图片中黑色的像素用 0 表示,灰度信息用 0～255 表示,图片中越白的像素点,对应矩阵位置中数值也就越大。

目前常用的深度学习框架,如 TensorFlow、PyTorch 等,都可以非常方便地通过数行代

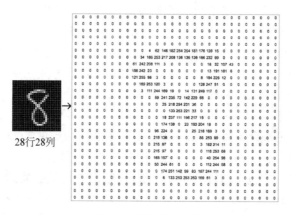

图3.3 图片的表示[①]

码自动下载、管理和加载 MNIST 数据集,不需要额外编写代码,使用起来非常方便。这里利用 TensorFlow 自动在线下载 MNIST 数据集,并转换为 Numpy 数组格式。

```
import os
import tensorflow as tf                                          # 导入 TF 库
from tensorflow import keras                                     # 导入 TF 子库 keras
from tensorflow.keras import layers, optimizers, datasets        # 导入 TF 子库等
(x, y), (x_val, y_val) = datasets.mnist.load_data()              # 加载 MNIST 数据集
x = 2 * tf.convert_to_tensor(x, dtype = tf.float32)/255. - 1     # 转换为浮点张量,并缩放到 -1～1
y = tf.convert_to_tensor(y, dtype = tf.int32)                    # 转换为整型张量
y = tf.one_hot(y, depth = 10)                                    # one-hot 编码
print(x.shape, y.shape)
train_dataset = tf.data.Dataset.from_tensor_slices((x, y))       # 构建数据集对象
train_dataset = train_dataset.batch(512)                         # 批量训练
```

load_data()函数返回两个元组(tuple)对象,第一个是训练集,第二个是测试集,每个 tuple 的第一个元素是多个训练图片数据 X,第二个元素是训练图片对应的类别数字 Y。其中训练集 X 的大小为(60000,28,28),代表了 60000 个样本,每个样本由 28 行、28 列构成,由于是灰度图片,故没有 RGB 通道;训练集 Y 的大小为(60000),代表了这 60000 个样本的标签数字,每个样本标签用一个范围为 0～9 的数字表示。测试集 X 的大小为(10000,28,28),代表了 10000 张测试图片,Y 的大小为(10000)。

从 TensorFlow 中加载的 MNIST 数据图片,数值的范围为[0,255]。在机器学习中间,一般希望数据在 0 周围的小范围内分布。通过预处理步骤,把[0,255]像素范围归一化(Normalize)到[0,1]区间,再缩放到[-1,1]区间,从而有利于模型的训练。

每一张图片的计算流程是通用的,在计算的过程中可以一次进行多张图片的计算,充分

---

① 素材来自 https://towardsdatascience.com/how-to-teach-a-computer-to-see-with-convolutional-neural-networks-96c120827cd1。

利用 CPU 或 GPU 的并行计算能力。用形状为 $[h, w]$ 的矩阵来表示一张图片,对于多张图片来说,在前面添加一个数量维度(Dimension),使用形状为 $[b, h, w]$ 的张量来表示,其中 b 代表了批量(Batch Size);多张彩色图片可以使用形状为 $[b, h, w, c]$ 的张量来表示,其中 c 表示通道数量(Channel),彩色图片 $c=3$。通过 TensorFlow 的 Dataset 对象可以方便地完成模型的批量训练,只需要调用 batch() 函数即可构建带 batch 功能的数据集对象。

3.2 模型构建

回顾在回归问题中讨论的生物神经元结构。把一组长度为 d_{in} 的输入向量 $\boldsymbol{x} = [x_1, x_2, \cdots, x_{d_{in}}]^T$ 简化为单输入标量 x,模型可以表达成 $y = xw + b$。如果是多输入、单输出的模型结构,需要借助于向量形式:

$$y = \boldsymbol{w}^T \boldsymbol{x} + b = [w_1, w_2, w_3, \cdots, w_{d_{in}}] \cdot \begin{bmatrix} x_1 \\ x_2 \\ x_3 \\ \vdots \\ x_{d_{in}} \end{bmatrix} + b$$

更一般地,通过组合多个多输入、单输出的神经元模型,可以拼成一个多输入、多输出的模型:

$$\boldsymbol{y} = \boldsymbol{W}\boldsymbol{x} + \boldsymbol{b}$$

其中,$\boldsymbol{x} \in \mathbf{R}^{d_{in}}, \boldsymbol{b} \in \mathbf{R}^{d_{out}}, \boldsymbol{y} \in \mathbf{R}^{d_{out}}, \boldsymbol{W} \in \mathbf{R}^{d_{out} \times d_{in}}$。

对于多输出节点、批量训练方式,将模型写成批量形式:

$$\boldsymbol{Y} = \boldsymbol{X}@\boldsymbol{W} + \boldsymbol{b} \tag{3.1}$$

其中 $\boldsymbol{X} \in \mathbf{R}^{b \times d_{in}}, \boldsymbol{b} \in \mathbf{R}^{d_{out}}, \boldsymbol{Y} \in \mathbf{R}^{b \times d_{out}}, \boldsymbol{W} \in \mathbf{R}^{d_{in} \times d_{out}}$,$d_{in}$ 表示输入节点数,d_{out} 表示输出节点数;$\boldsymbol{X}$ 形状为 $[b, d_{in}]$,表示 b 个样本的输入数据,每个样本的特征长度为 d_{in};$\boldsymbol{W}$ 的形状为 $[d_{in}, d_{out}]$,共包含了 $d_{in} * d_{out}$ 个网络参数;偏置向量 $\boldsymbol{b}$ 形状为 d_{out},每个输出节点上均添加一个偏置值;@符号表示矩阵相乘(Matrix Multiplication,简称 matmul)。由于 $\boldsymbol{X}@\boldsymbol{W}$ 的运算结果是形状为 $[b, d_{out}]$ 的矩阵,与向量 $\boldsymbol{b}$ 并不能直接相加,因此此批量形式的＋号需要支持自动扩展功能(Broadcasting),将向量 $\boldsymbol{b}$ 扩展为形状为 $[b, d_{out}]$ 的矩阵后,再与 $\boldsymbol{X}@\boldsymbol{W}$ 相加。

考虑两个样本,输入特征长度 $d_{in}=3$,输出特征长度 $d_{out}=2$ 的模型,式(3.1)展开为:

$$\begin{bmatrix} o_1^{(1)} & o_2^{(1)} \\ o_1^{(2)} & o_2^{(2)} \end{bmatrix} = \begin{bmatrix} x_1^{(1)} & x_2^{(1)} & x_3^{(1)} \\ x_1^{(2)} & x_2^{(2)} & x_3^{(2)} \end{bmatrix} \begin{bmatrix} w_{11} & w_{12} \\ w_{21} & w_{22} \\ w_{31} & w_{32} \end{bmatrix} + \begin{bmatrix} b_1 \\ b_2 \end{bmatrix}$$

其中 $x_1^{(1)}$、$o_1^{(1)}$ 等符号的上标表示样本索引号(样本编号),下标表示某个样本向量的元素。

对应模型结构如图 3.4 所示。

可以看到,通过矩阵形式表达网络结构,更加简洁清晰,同时也可充分利用矩阵计算的并行加速能力。如何将图片识别任务的输入和输出转变为满足格式要求的张量形式?

考虑输入格式,一张灰度图片 x 使用矩阵方式存储,形状为 $[h,w]$,b 张图片使用形状为 $[b,h,w]$ 的张量 X 存储。而模型只能接受向量形式的输入特征向量,因此需要将 $[h,w]$ 的矩阵形式图片特征打平成 $[h \cdot w]$ 长度的向量,如图 3.5 所示,其中输入特征的长度 $d_{in} = h \cdot w$。

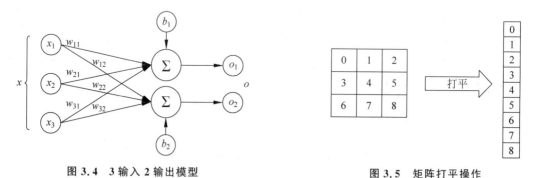

图 3.4　3 输入 2 输出模型　　　　　　图 3.5　矩阵打平操作

对于输出标签 y,前面已经介绍了数字编码,它可以用一个数字来表示标签信息,此时输出只需要一个节点即可表示网络的预测类别值,例如数字 1 表示猫,数字 3 表示鱼等(编程实现时一般从 0 开始编号)。但是数字编码一个最大的问题是,数字之间存在天然的大小关系,例如 $1<2<3$,如果 1、2、3 分别对应的标签是猫、狗、鱼,它们之间并没有大小关系,所以采用数字编码时会迫使模型去学习这种不必要的约束。

如何解决这个问题?可以将输出设置为 d_{out} 个输出节点的向量,d_{out} 与类别数相同,让第 $i \in [1, d_{out}]$ 个输出节点的值表示当前样本属于类别 i 的概率 $P(x$ 属于类别 $i|x)$。只考虑输入图片只输入一个类别的情况,此时输入图片的真实标签已经唯一确定:如果物体属于第 i 类,那么索引为 i 的位置上设置为 1,其他位置设置为 0,把这种编码方式称为 One-hot 编码(独热编码)。以图 3.6 中的猫、狗、鱼、鸟识别系统为例,所有的样本只属于猫、狗、鱼、鸟 4 个类别中其一,将第 1~4 号索引位置分别表示猫、狗、鱼、鸟的类别,对于所有猫的图片,它的数字编码为 0,One-hot 编码为 $[1,0,0,0]$;对于所有狗的图片,它的数字编码为 1,One-hot 编码为 $[0,1,0,0]$,以此类推。One-hot 编码方式在分类问题中应用非常广

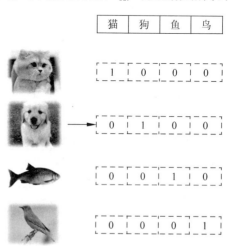

图 3.6　猫、狗、鱼、鸟系统 One-hot 编码

泛,需要理解并掌握。

手写数字图片的总类别数有 10 种,即输出节点数 d_{out} = 10,那么对于某个样本,假设它属于类别 i,即图片中的数字为 i,只需要一个长度为 10 的向量 y,向量 y 的索引号为 i 的元素设置为 1,其他位为 0。例如图片 0 的 One-hot 编码为 $[1,0,0,\cdots,0]$,图片 2 的 One-hot 编码为 $[0,0,1,\cdots,0]$,图片 9 的 One-hot 编码为 $[0,0,0,\cdots,1]$。One-hot 编码是非常稀疏 (Sparse) 的,相对于数字编码来说,占用较多的存储空间,所以一般在存储时还是采用数字编码,在计算时,根据需要把数字编码转换成 One-hot 编码,通过 tf.one_hot 函数即可实现。

```
In [1]:
y = tf.constant([0,1,2,3])              # 数字编码的 4 个样本标签
y = tf.one_hot(y, depth = 10)           # One-hot 编码,指定类别总数为 10
print(y)
Out[1]:
tf.Tensor(
[[1. 0. 0. 0. 0. 0. 0. 0. 0. 0.]        # 数字 0 的 One-hot 编码向量
 [0. 1. 0. 0. 0. 0. 0. 0. 0. 0.]        # 数字 1 的 One-hot 编码向量
 [0. 0. 1. 0. 0. 0. 0. 0. 0. 0.]        # 数字 2 的 One-hot 编码向量
 [0. 0. 0. 1. 0. 0. 0. 0. 0. 0.]], shape = (4, 10), dtype = float32)
```

现在回到手写数字图片识别任务,输入是一张打平后的图片向量 $x \in \mathbf{R}^{784}$,输出是一个长度为 10 的向量 $o \in \mathbf{R}^{10}$,图片的真实标签 y 经过 One-hot 编码后变成长度为 10 的非 0 即 1 的稀疏向量 $y \in \{0,1\}^{10}$。预测模型采用多输入、多输出的线性模型 $o = Wx + b$,其中模型的输出记为输入的预测值 o,希望 o 越接近真实标签 y 越好。一般把输入经过一次(线性)变换称为一层网络。

3.3　误差计算

对于分类问题来说,我们的目标是最大化某个性能指标,例如准确度 acc,但是把准确度当作损失函数去优化时,会发现 $\frac{\partial acc}{\partial \theta}$ 其实是不可导的,无法利用梯度下降算法优化网络参数 θ。一般的做法是,设立一个平滑可导的代理目标函数,例如优化模型的输出 o 与 One-hot 编码后的真实标签 y 之间的距离 (Distance),通过优化代理目标函数得到的模型,一般在测试性能上也能有良好的表现。因此,相对回归问题而言,分类问题的优化目标函数和评价目标函数是不一致的。模型的训练目标是通过优化损失函数 $\mathcal{L}$ 来找到最优数值解 W^*, b^*:

$$W^*, b^* = \underset{W,b}{\operatorname{argmin}} \mathcal{L}(o, y)$$

对于分类问题的误差计算来说,更常见的是采用交叉熵 (Cross Entropy) 损失函数,较少采用回归问题中介绍的均方差损失函数。将在后续章节介绍交叉熵损失函数,这里仍然使用均方差损失函数来求解手写数字识别问题。对于 n 个样本的均方差损失函数可以表达为:

$$\mathcal{L}(\boldsymbol{o},\boldsymbol{y}) = \frac{1}{n}\sum_{i=1}^{n}\sum_{j=1}^{10}(o_j^{(i)} - y_j^{(i)})^2$$

现在只需要采用梯度下降算法来优化损失函数得到 $\boldsymbol{W}, \boldsymbol{b}$ 的最优解，然后再利用求得的模型去预测未知的手写数字图片 $\boldsymbol{x} \in D^{\text{test}}$。

3.4 真的解决了吗

按照上面的方案，手写数字图片识别问题真的得到了完美的解决吗？目前来看，至少存在两大问题：

- **线性模型**：线性模型是机器学习中间最简单的数学模型之一，参数量少，计算简单，但是只能表达线性关系。即使是简单如数字图片识别任务，它也属于图片识别的范畴，人类目前对于复杂大脑的感知和决策的研究尚处于初步探索阶段，如果只使用一个简单的线性模型去逼近复杂的人脑图片识别模型，很显然不能胜任。
- **表达能力**：表达能力体现为逼近复杂分布的能力。上面的解决方案只使用了少量神经元组成的一层网络模型，相对于人脑中千亿级别的神经元互联结构，它的表达能力明显偏弱。

模型的表达能力与数据模态之间的关系如图 3.7 所示，图中绘制了带观测误差的采样点的分布，人为推测数据的真实分布可能是某二次抛物线模型。如图 3.7(a) 所示，如果使用表达能力偏弱的线性模型去学习，很难学习到比较好的模型；如果使用合适的多项式函数模型去学习，例如二次多项式，则能学到比较合适的模型，如图 3.7(b) 所示；但模型过于复杂，表达能力过强时，例如 10 次多项式，则很有可能会过拟合，伤害模型的泛化能力，如图 3.7(c) 所示。

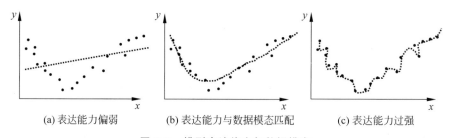

(a) 表达能力偏弱　　　　(b) 表达能力与数据模态匹配　　　　(c) 表达能力过强

图 3.7　模型表达能力与数据模态

目前所采用的多神经元模型仍是线性模型，表达能力偏弱，接下来尝试解决这两个问题。

3.5 非线性模型

既然线性模型不可行，可以给线性模型嵌套一个非线性函数，即可将其转换为非线性模型。把这个非线性函数称为激活函数（Activation Function），用 σ 表示：

$$o = \sigma(Wx + b)$$

这里的 σ 代表了某个具体的非线性激活函数,如 Sigmoid 函数(见图 3.8(a))、ReLU 函数(见图 3.8(b))。

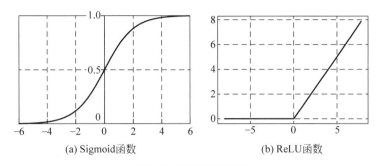

(a) Sigmoid函数   (b) ReLU函数

图 3.8 常见激活函数

ReLU 函数非常简单,在 $y = x$ 的基础上面截去了 $x < 0$ 的部分,可以直观地理解为 ReLU 函数仅保留正的输入部分,清零负的输入,具有单边抑制特性。虽然简单,ReLU 函数却有优良的非线性特性,而且梯度计算简单,训练稳定,是深度学习模型使用最广泛的激活函数之一。这里通过嵌套 ReLU 函数将模型转换为非线性模型:

$$o = \mathrm{ReLU}(Wx + b)$$

3.6 表达能力

针对模型的表达能力偏弱的问题,可以通过重复堆叠多次变换来增加其表达能力:

$$h_1 = \mathrm{ReLU}(W_1 x + b_1)$$
$$h_2 = \mathrm{ReLU}(W_2 h_1 + b_2)$$
$$o = W_3 h_2 + b_3$$

把第 1 层神经元的输出值 h_1 作为第 2 层神经元模型的输入,把第 2 层神经元的输出 h_2 作为第 3 层神经元的输入,最后一层神经元的输出作为模型的输出 o。

从网络结构上看,如图 3.9 所示,函数的嵌套表现为网络层的前后相连,每堆叠一个(非)线性环节,网络层数增加一层。把输入节点 x 所在的层称为输入层,每一个非线性模块的输出 h_i 连同它的网络层参数 W_i 和 b_i 称为一层网络层,特别地,对于网络中间的层,称为隐藏层,最后一层称为输出层。这种由大量神经元模型连接形成的网络结构称为神经网络(Neural Network)。可以看到,神经网络并不难理解,神经网络的每层的节点数和神经网络的层数决定了神经网络的复杂度。

现在网络模型已经升级为 3 层的神经网络,具有较好的非线性表达能力,接下来讨论如何优化网络参数。

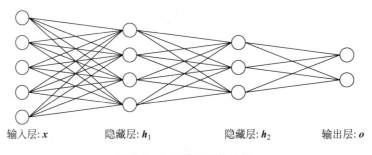

输入层：x　　　隐藏层：h_1　　　隐藏层：h_2　　　输出层：o

图 3.9　3 层神经网络结构

3.7　优化方法

对于仅一层的网络模型，如线性回归的模型，可以直接推导出 $\frac{\partial \mathcal{L}}{\partial w}$ 和 $\frac{\partial \mathcal{L}}{\partial b}$ 的偏导数表达式，然后直接计算每一步的梯度，根据梯度更新法则循环更新 w 和 b 参数即可。但是，当网络层数增加、数据特征长度增大以及添加复杂的非线性函数之后，模型的表达式将变得非常复杂，很难手动推导出模型和梯度的计算公式。而且一旦网络结构发生变动，网络的模型函数也随之发生改变，依赖手动计算梯度的方式显然不可行。

这时就是深度学习框架发明的意义所在，借助于自动求导（Autograd）技术，深度学习框架在计算神经网络每层的输出以及损失函数的过程中，会构建神经网络的计算图模型，并自动完成任意参数 θ 的偏导数 $\frac{\partial \mathcal{L}}{\partial \theta}$ 的计算，用户只需要搭建出网络结构，梯度将自动完成计算和更新，使用起来非常便捷高效。

3.8　手写数字图片识别体验

本节将在未介绍 TensorFlow 的情况下，先带用户体验神经网络的乐趣。本节的主要目的并不是教会每个细节，而是让用户对神经网络算法有全面、直观的感受，为接下来介绍 TensorFlow 基础和深度学习理论打下基础。

3.8.1　网络搭建

对于第 1 层模型来说，它接受的输入 $x \in \mathbf{R}^{784}$，输出 $h_1 \in \mathbf{R}^{256}$ 设计长度为 256 的向量，不需要显式地编写 $h_1 = \text{ReLU}(W_1 x + b_1)$ 的计算逻辑，在 TensorFlow 中通过一行代码即可实现：

```
# 创建一层网络，设置输出节点数为 256，激活函数类型为 ReLU
```

```
layers.Dense(256, activation = 'relu')
```

使用 TensorFlow 的 Sequential 容器可以非常方便地搭建多层的网络。对于 3 层网络,可以快速完成 3 层网络的搭建。

```
# 利用 Sequential 容器封装 3 个网络层,前网络层的输出默认作为下一层的输入
model = keras.Sequential([                # 3 个非线性层的嵌套模型
    layers.Dense(256, activation = 'relu'),    # 隐藏层 1
    layers.Dense(128, activation = 'relu'),    # 隐藏层 2
    layers.Dense(10)])                    # 输出层,输出节点数为 10
```

第 1 层的输出节点数设计为 256,第 2 层设计为 128,输出层节点数设计为 10。直接调用这个模型对象 model(x)就可以返回模型最后一层的输出 $\boldsymbol{o}$。

3.8.2　模型训练

搭建完成 3 层神经网络的对象后,给定输入 $\boldsymbol{x}$,调用 model($\boldsymbol{x}$)得到模型输出 $\boldsymbol{o}$ 后,通过 MSE 损失函数计算当前的误差$\mathcal{L}$:

```
with tf.GradientTape() as tape:            # 构建梯度记录环境
    # 打平操作,[b, 28, 28] => [b, 784]
    x = tf.reshape(x, (-1, 28 * 28))
    # Step1. 得到模型输出 output [b, 784] => [b, 10]
    out = model(x)
    # [b] => [b, 10]
    y_onehot = tf.one_hot(y, depth = 10)
    # 计算差的平方和,[b, 10]
    loss = tf.square(out - y_onehot)
    # 计算每个样本的平均误差,[b]
    loss = tf.reduce_sum(loss) / x.shape[0]
```

再利用 TensorFlow 提供的自动求导函数 tape.gradient(loss,model.trainable_variables) 求出模型中所有参数的梯度信息$\frac{\partial \mathcal{L}}{\partial \theta}$,$\theta \in \{\boldsymbol{W}_1,\boldsymbol{b}_1,\boldsymbol{W}_2,\boldsymbol{b}_2,\boldsymbol{W}_3,\boldsymbol{b}_3\}$。

```
# Step3. 计算参数的梯度 w1, w2, w3, b1, b2, b3
grads = tape.gradient(loss, model.trainable_variables)
```

计算获得的梯度结果使用 grads 列表变量保存。再使用 optimizers 对象自动按照梯度更新法则去更新模型的参数 θ。

$$\theta' = \theta - \eta \cdot \frac{\partial \mathcal{L}}{\partial \theta}$$

实现如下:

```
# 自动计算梯度
grads = tape.gradient(loss, model.trainable_variables)
```

```
# w' = w - lr * grad,更新网络参数
optimizer.apply_gradients(zip(grads, model.trainable_variables))
```

循环迭代多次后,就可以利用学好的模型 f_θ 去预测未知的图片的类别概率分布。模型的测试部分暂不讨论。

手写数字图片 MNIST 数据集的训练误差曲线如图 3.10 所示,由于 3 层的神经网络表达能力较强,手写数字图片识别任务相对简单,误差值可以较快速、稳定地下降,其中,把对数据集的所有样本迭代一遍称为一个 Epoch,可以在间隔数个 Epoch 后测试模型的准确率等指标,方便监控模型的训练效果。

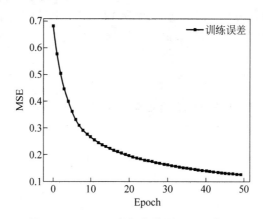

图 3.10　MNIST 数据集的训练误差曲线

本章我们通过将一层的线性回归模型类推到分类问题,提出了表达能力更强的三层非线性神经网络,去解决手写数字图片识别的问题。本章的内容以感受为主,学习完大家其实已经了解了(浅层的)神经网络算法,接下来我们将学习 TensorFlow 的一些基础知识,为后续正式学习、实现深度学习算法打下夯实的基石。

参考文献

[1]　Lecun Y,Bottou L,Bengio Y,et al. Gradient-based learning applied to document recognition[J]. Proceedings of the IEEE,1998,86: 2278-2324.

TensorFlow 基础

> 我设想在未来,我们可能就相当于机器人的宠物狗,到那时我也会支持机器人
> 的。——克劳德·香农

TensorFlow 是一个面向深度学习算法的科学计算库,内部数据保存在张量(Tensor)对象上,所有的运算操作(Operation,简称 OP)也都是基于张量对象进行的。复杂的神经网络算法本质上就是各种张量相乘、相加等基本运算操作的组合,在深入学习深度学习算法之前,熟练掌握 TensorFlow 张量的基础操作方法十分重要。只有掌握了这些操作方法,才能随心所欲地实现各种复杂新奇的网络模型,也才能深刻理解各种模型算法的本质。

4.1 数据类型

首先介绍 TensorFlow 中的基本数据类型,包含数值类型、字符串类型和布尔类型。

4.1.1 数值类型

数值类型的张量是 TensorFlow 的主要数据载体,根据维度数来区分,可分为:

❑ 标量(Scalar)。单个的实数,如 1.2、3.4 等,维度(Dimension)数为 0,shape 为[]。

❑ 向量(Vector)。n 个实数的有序集合,通过中括号包裹,如[1.2]、[1.2,3.4]等,维度数为 1,长度不定,shape 为[n]。

❑ 矩阵(Matrix)。n 行 m 列实数的有序集合,如[[1,2],[3,4]],也可以写成

$$\begin{bmatrix} 1 & 2 \\ 3 & 4 \end{bmatrix}$$

维度数为 2,每个维度上的长度不定,shape 为[n,m]。

❑ 张量(Tensor)。所有维度数 dim>2 的数组统称为张量。张量的每个维度也作轴(Axis),一般维度代表了具体的物理含义,例如 Shape 为[2,32,32,3]的张量共有 4 维,如果表示图片数据,每个维度/轴代表的含义分别是图片数量、图片高度、图片宽

度、图片通道数,其中 2 代表了 2 张图片,32 代表了高、宽均为 32,3 代表了 RGB 共 3 个通道。张量的维度数以及每个维度所代表的具体物理含义需要由用户自行定义。

在 TensorFlow 中间,为了表达方便,一般把标量、向量、矩阵也统称为张量,不作区分,需要根据张量的维度数或形状自行判断,本书也沿用此方式。

首先来看标量在 TensorFlow 中是如何创建的,实现如下:

```
In [1]:
a = 1.2                            # Python 语言方式创建标量
aa = tf.constant(1.2)              # TF 方式创建标量
type(a), type(aa), tf.is_tensor(aa)
Out[1]:
    (float, tensorflow.python.framework.ops.EagerTensor, True)
```

如果要使用 TensorFlow 提供的功能函数,须通过 TensorFlow 规定的方式去创建张量,而不能使用 Python 语言的标准变量创建方式。

通过 print(x)或 x 可以打印出张量 x 的相关信息,代码如下:

```
In [2]: x = tf.constant([1,2.,3.3])
x                                  # 打印 TF 张量的相关信息
Out[2]:
< tf.Tensor: id = 165, shape = (3,), dtype = float32, numpy = array([1. , 2. , 3.3], dtype = float32)>
```

其中 id 是 TensorFlow 中内部索引对象的编号,shape 表示张量的形状,dtype 表示张量的数值精度,张量 numpy()方法可以返回 Numpy. array 类型的数据,方便导出数据到系统的其他模块,代码如下:

```
In [3]: x. numpy()                 # 将 TF 张量的数据导出为 numpy 数组格式
Out[3]:
array([1. , 2. , 3.3], dtype = float32)
```

与标量不同,向量的定义须通过 List 容器传给 tf. constant()函数。例如,创建一个元素的向量:

```
In [4]:
a = tf.constant([1.2])             # 创建一个元素的向量
a, a.shape
Out[4]:
(< tf.Tensor: id = 8, shape = (1,), dtype = float32, numpy = array([1.2], dtype = float32)>,
TensorShape([1]))
```

创建 3 个元素的向量:

```
In [5]:
a = tf.constant([1,2, 3.])         # 创建 3 个元素的向量
a, a. shape
```

```
Out[5]:
(< tf.Tensor: id = 11, shape = (3,), dtype = float32, numpy = array([1., 2., 3.], dtype =
float32)>, TensorShape([3]))
```

同样的方法,定义矩阵的实现如下:

```
In [6]:
a = tf.constant([[1,2],[3,4]])                    # 创建 2 行 2 列的矩阵
a, a.shape
Out[6]:
(< tf.Tensor: id = 13, shape = (2, 2), dtype = int32, numpy =
array([[1, 2],
       [3, 4]])>, TensorShape([2, 2]))
```

3 维张量可以定义为:

```
In [7]:
a = tf.constant([[[1,2],[3,4]],[[5,6],[7,8]]])    # 创建 3 维张量
Out[7]:
< tf.Tensor: id = 15, shape = (2, 2, 2), dtype = int32, numpy =
array([[[1, 2],
        [3, 4]],

       [[5, 6],
        [7, 8]]])>
```

4.1.2　字符串类型

除了丰富的数值类型张量外,TensorFlow 还支持字符串(String) 类型的数据,例如在表示图片数据时,可以先记录图片的路径字符串,再通过预处理函数根据路径读取图片张量。通过传入字符串对象即可创建字符串类型的张量,例如:

```
In [8]:
a = tf.constant('Hello, Deep Learning.')          # 创建字符串
Out[8]:
< tf.Tensor: id = 17, shape = (), dtype = string, numpy = b'Hello, Deep Learning.'>
```

在 tf.strings 模块中,提供了常见的字符串类型的工具函数,如小写化 lower()、拼接 join()、长度 length()、切分 split()等。例如,将字符串全部小写化实现为:

```
In [9]:
tf.strings.lower(a)                               # 小写化字符串
Out[9]:
< tf.Tensor: id = 19, shape = (), dtype = string, numpy = b'hello, deep learning.'>
```

深度学习算法主要还是以数值类型张量运算为主,字符串类型的数据使用频率较低,此处不做过多阐述。

4.1.3 布尔类型

为了方便表达比较运算操作的结果,TensorFlow 还支持布尔类型(Boolean,简称 bool)的张量。布尔类型的张量只需要传入 Python 语言的布尔类型数据,转换成 TensorFlow 内部布尔型即可,例如:

```
In [10]: a = tf.constant(True)                    # 创建布尔类型标量
Out[10]:
<tf.Tensor: id = 22, shape = (), dtype = bool, numpy = True>
```

同样地,创建布尔类型的向量,实现如下:

```
In [11]:
a = tf.constant([True, False])                    # 创建布尔类型向量
Out[11]:
<tf.Tensor: id = 25, shape = (2,), dtype = bool, numpy = array([ True, False])>
```

注意,TensorFlow 的布尔类型和 Python 语言的布尔类型并不等价,不能通用,例如:

```
In [11]:
a = tf.constant(True)                    # 创建 TF 布尔类型张量
a is True                                # TF 布尔类型张量与 python 布尔类型比较
a == True                                # 仅数值比较
Out[11]:
True                                     # 对象等价
<tf.Tensor: id = 8, shape = (), dtype = bool, numpy = True>     # 数值比较结果
```

4.2 数值精度

对于数值类型的张量,可以保存为不同字节长度的精度,如浮点数 3.14 既可以保存为 16 位(bit)长度,也可以保存为 32 位甚至 64 位的精度。位越长,精度越高,同时占用的内存空间也就越大。常用的精度类型有 tf.int16、tf.int32、tf.int64、tf.float16、tf.float32、tf.float64 等,其中 tf.float64 即为 tf.double。

在创建张量时,可以指定张量的保存精度,例如:

```
In [12]:                                          # 创建指定精度的张量
tf.constant(123456789, dtype = tf.int16)
tf.constant(123456789, dtype = tf.int32)
Out[12]:
<tf.Tensor: id = 33, shape = (), dtype = int16, numpy = − 13035>
<tf.Tensor: id = 35, shape = (), dtype = int32, numpy = 123456789>
```

可以看到,保存精度过低时,数据 123456789 发生了溢出,得到了错误的结果,一般使用

tf.int32、tf.int64 精度。对于浮点数,高精度的张量可以表示更精准的数据,例如采用 tf.float32 精度保存 π 时,实际保存的数据为 3.1415927。代码如下:

```
In [13]:
import numpy as np
np.pi                                      # 从 numpy 中导入 pi 常量
tf.constant(np.pi, dtype = tf.float32)     # 32 位
Out[13]:
< tf.Tensor: id = 29, shape = (), dtype = float32, numpy = 3.1415927 >
```

如果采用 tf.float64 精度保存 π,则能获得更高的精度,实现如下:

```
In [14]: tf.constant(np.pi, dtype = tf.float64)     # 64 位
Out[14]:
< tf.Tensor: id = 31, shape = (), dtype = float64, numpy = 3.141592653589793 >
```

对于大部分深度学习算法,一般使用 tf.int32 和 tf.float32 可满足大部分场合的运算精度要求,部分对精度要求较高的算法,如强化学习某些算法,可以选择使用 tf.int64 和 tf.float64 精度保存张量。

4.2.1　读取精度

通过访问张量的 dtype 成员属性可以判断张量的保存精度,例如:

```
In [15]:
print('before:',a.dtype)       # 读取原有张量的数值精度
if a.dtype != tf.float32:      # 如果精度不符合要求,则进行转换
    a = tf.cast(a,tf.float32)  # tf.cast 函数可以完成精度转换
print('after :',a.dtype)       # 打印转换后的精度
Out[15]:
before: < dtype: 'float16'>
after : < dtype: 'float32'>
```

对于某些只能处理指定精度类型的运算操作,需要提前检验输入张量的精度类型,并将不符合要求的张量进行类型转换。

4.2.2　类型转换

系统的每个模块使用的数据类型、数值精度可能各不相同,对于不符合要求的张量的类型及精度,需要通过 tf.cast 函数进行转换,例如:

```
In [16]:
a = tf.constant(np.pi, dtype = tf.float16)   # 创建 tf.float16 低精度张量
tf.cast(a, tf.double)                        # 转换为高精度张量
Out[16]:
< tf.Tensor: id = 44, shape = (), dtype = float64, numpy = 3.140625 >
```

进行类型转换时,需要保证转换操作的合法性,例如将高精度的张量转换为低精度的张量时,可能发生数据溢出隐患:

```
In [17]:
a = tf.constant(123456789, dtype = tf.int32)
tf.cast(a, tf.int16)                              # 转换为低精度整型
Out[17]:
< tf.Tensor: id = 38, shape = (), dtype = int16, numpy = - 13035 >
```

布尔类型与整型之间相互转换也是合法的,是比较常见的操作:

```
In [18]:
a = tf.constant([True, False])
tf.cast(a, tf.int32)                              # 布尔类型转整型
Out[18]:
< tf.Tensor: id = 48, shape = (2,), dtype = int32, numpy = array([1, 0])>
```

一般默认 0 表示 False,1 表示 True,在 TensorFlow 中,将非 0 数字都视为 True,例如:

```
In [19]:
a = tf.constant([ - 1, 0, 1, 2])
tf.cast(a, tf.bool)                               # 整型转布尔类型
Out[19]:
< tf.Tensor: id = 51, shape = (4,), dtype = bool, numpy = array([ True, False, True, True])>
```

4.3　待优化张量

为了区分需要计算梯度信息的张量与不需要计算梯度信息的张量,TensorFlow 增加了一种专门的数据类型来支持梯度信息的记录:tf.Variable。tf.Variable 类型在普通的张量类型基础上添加了 name、trainable 等属性来支持计算图的构建。由于梯度运算会消耗大量的计算资源,而且会自动更新相关参数,对于不需要优化的张量,如神经网络的输入 X,不需要通过 tf.Variable 封装;相反,对于需要计算梯度并优化的张量,如神经网络层的 W 和 b,需要通过 tf.Variable 包裹以便 TensorFlow 跟踪相关梯度信息。

通过 tf.Variable()函数可以将普通张量转换为待优化张量,例如:

```
In [20]:
a = tf.constant([ - 1, 0, 1, 2])                  # 创建 TF 张量
aa = tf.Variable(a)                               # 转换为 Variable 类型
aa.name, aa.trainable                             # Variable 类型张量的属性
Out[20]:
('Variable:0', True)
```

其中张量的 name 和 trainable 属性是 Variable 特有的属性,name 属性用于命名计算图中的变量,这套命名体系是 TensorFlow 内部维护的,一般不需要用户关注 name 属性;trainable

属性表征当前张量是否需要被优化,创建 Variable 对象时是默认启用优化标志,可以设置 trainable＝False 来设置张量不需要优化。

除了通过普通张量方式创建 Variable,也可以直接创建,例如:

```
In [21]:
a = tf.Variable([[1,2],[3,4]])              # 直接创建 Variable 张量
Out[21]:
< tf.Variable 'Variable:0' shape = (2, 2) dtype = int32, numpy =
array([[1, 2],
       [3, 4]])>
```

待优化张量可视为普通张量的特殊类型,普通张量其实也可以通过 GradientTape. watch( ) 方法临时加入跟踪梯度信息的列表,从而支持自动求导功能。

4.4　创建张量

在 TensorFlow 中,可以通过多种方式创建张量,如从 Python 列表对象创建,从 Numpy 数组创建,或者创建采样自某种已知分布的张量等。

4.4.1　从数组、列表对象创建

Numpy Array 数组和 Python List 列表是 Python 程序中间非常重要的数据载体容器, 很多数据都是通过 Python 语言将数据加载至 Array 或者 List 容器,再转换到 Tensor 类型,通过 TensorFlow 运算处理后导出到 Array 或者 List 容器,方便其他模块调用。

通过 tf. convert_to_tensor 函数可以创建新 Tensor,并将保存在 Python List 对象或者 Numpy Array 对象中的数据导入到新 Tensor 中,例如:

```
In [22]:
tf.convert_to_tensor([1,2.])                # 从列表创建张量
Out[22]:
< tf.Tensor: id = 86, shape = (2,), dtype = float32, numpy = array([1., 2.], dtype = float32)>
In [23]:
tf.convert_to_tensor(np.array([[1,2.],[3,4]]))    # 从数组中创建张量
Out[23]:
< tf.Tensor: id = 88, shape = (2, 2), dtype = float64, numpy =
array([[1., 2.],
       [3., 4.]])>
```

注意,Numpy 浮点数数组默认使用 64 位精度保存数据,转换到 Tensor 类型时精度为 tf. float64,可以在需要时将其转换为 tf. float32 类型。

实际上,tf. constant( ) 和 tf. convert_to_tensor( ) 都能够自动地把 Numpy 数组或者 Python 列表数据类型转化为 Tensor 类型,这两个 API 命名来自 TensorFlow 1. x 的命名习

惯,在 TensorFlow 2 中函数的名字并不是很贴切,使用其一即可。

4.4.2 创建全 0 或全 1 张量

将张量创建为全 0 或者全 1 数据是非常常见的张量初始化手段。考虑线性变换 $y = Wx + b$,将权值矩阵 W 初始化为全 1 矩阵,偏置 b 初始化为全 0 向量,此时线性变化层输出 $y = x$,因此是一种比较好的层初始化状态。通过 tf.zeros() 和 tf.ones() 即可创建任意形状,且内容全 0 或全 1 的张量。例如,创建全 0 和全 1 的标量:

```
In [24]: tf.zeros([]),tf.ones([])          # 创建全 0,全 1 的标量
Out[24]:
(< tf.Tensor: id = 90, shape = (), dtype = float32, numpy = 0.0 >,
 < tf.Tensor: id = 91, shape = (), dtype = float32, numpy = 1.0 >)
```

创建全 0 和全 1 的向量:

```
In [25]: tf.zeros([1]),tf.ones([1])        # 创建全 0,全 1 的向量
Out[25]:
(< tf.Tensor: id = 96, shape = (1,), dtype = float32, numpy = array([0.], dtype = float32)>,
 < tf.Tensor: id = 99, shape = (1,), dtype = float32, numpy = array([1.], dtype = float32)>)
```

创建全 0 的矩阵:

```
In [26]: tf.zeros([2,2])                    # 创建全 0 矩阵,指定 shape 为 2 行 2 列
Out[26]:
< tf.Tensor: id = 104, shape = (2, 2), dtype = float32, numpy =
array([[0., 0.],
       [0., 0.]], dtype = float32)>
```

创建全 1 的矩阵:

```
In [27]: tf.ones([3,2])                     # 创建全 1 矩阵,指定 shape 为 3 行 2 列
Out[27]:
< tf.Tensor: id = 108, shape = (3, 2), dtype = float32, numpy =
array([[1., 1.],
       [1., 1.],
       [1., 1.]], dtype = float32)>
```

通过 tf.zeros_like, tf.ones_like 可以方便地新建与某个张量 shape 一致,且内容为全 0 或全 1 的张量。例如,创建与张量 A 形状一样的全 0 张量:

```
In [28]: a = tf.ones([2,3])                 # 创建一个矩阵
tf.zeros_like(a)                            # 创建一个与 a 形状相同,但是全 0 的新矩阵
Out[28]:
< tf.Tensor: id = 113, shape = (2, 3), dtype = float32, numpy =
array([[0., 0., 0.],
       [0., 0., 0.]], dtype = float32)>
```

创建与张量 **A** 形状一样的全 1 张量：

```
In [29]: a = tf.zeros([3,2])        # 创建一个矩阵
tf.ones_like(a)                     # 创建一个与a形状相同,但是全1的新矩阵
Out[29]:
< tf.Tensor: id = 120, shape = (3, 2), dtype = float32, numpy =
array([[1., 1.],
      [1., 1.],
      [1., 1.]], dtype = float32)>
```

tf. * _like 是一系列的便捷函数,可以通过 tf.zeros(a.shape)等方式实现。

4.4.3　创建自定义数值张量

除了初始化为全 0,或全 1 的张量之外,有时也需要全部初始化为某个自定义数值的张量,例如将张量的数值全部初始化为－1 等。

通过 tf.fill(shape,value)可以创建全为自定义数值 value 的张量,形状由 shape 参数指定。例如,创建元素为－1 的标量：

```
In [30]:tf.fill([], − 1)            # 创建 - 1 的标量
Out[30]:
< tf.Tensor: id = 124, shape = (), dtype = int32, numpy = − 1 >
```

例如,创建所有元素为－1 的向量：

```
In [31]:tf.fill([1], − 1)           # 创建 - 1 的向量
Out[31]:
< tf.Tensor: id = 128, shape = (1,), dtype = int32, numpy = array([ − 1])>
```

例如,创建所有元素为 99 的矩阵：

```
In [32]:tf.fill([2,2], 99)          # 创建 2 行 2 列,元素全为 99 的矩阵
Out[32]:
< tf.Tensor: id = 136, shape = (2, 2), dtype = int32, numpy =
array([[99, 99],
      [99, 99]])>
```

4.4.4　创建已知分布的张量

正态分布（Normal Distribution,或 Gaussian Distribution）和均匀分布（Uniform Distribution）是最常见的分布之一,创建采样自这两种分布的张量非常有用,例如在卷积神经网络中,卷积核张量 **W** 初始化为正态分布有利于网络的训练；在对抗生成网络中,隐藏变量 z 一般采样自均匀分布。

通过 tf.random.normal(shape,mean＝0.0,stddev＝1.0)可以创建形状为 shape,均值为 mean,标准差为 stddev 的正态分布 $\mathcal{N}(\text{mean},\text{stddev}^2)$。例如,创建均值为 0,标准差为

1 的正态分布：

```
In [33]: tf.random.normal([2,2])                    # 创建标准正态分布的张量
Out[33]:
<tf.Tensor: id=143, shape=(2, 2), dtype=float32, numpy=
array([[-0.4307344 , 0.44147003],
       [-0.6563149 , -0.30100572]], dtype=float32)>
```

例如，创建均值为 1，标准差为 2 的正态分布：

```
In [34]: tf.random.normal([2,2], mean=1,stddev=2)      # 创建正态分布的张量
Out[34]:
<tf.Tensor: id=150, shape=(2, 2), dtype=float32, numpy=
array([[-2.2687864, -0.7248812],
       [ 1.2752185, 2.8625617]], dtype=float32)>
```

通过 tf.random.uniform(shape, minval=0, maxval=None, dtype=tf.float32) 可以创建采样自 [minval,maxval) 区间的均匀分布的张量。例如创建采样自区间 [0,1)，shape 为 [2,2] 的矩阵：

```
In [35]: tf.random.uniform([2,2])                    # 创建采样自[0,1)均匀分布的矩阵
Out[35]:
<tf.Tensor: id=158, shape=(2, 2), dtype=float32, numpy=
array([[0.65483284, 0.63064325],
       [0.008816 , 0.81437767]], dtype=float32)>
```

例如，创建采样自区间 [0,10)，shape 为 [2,2] 的矩阵：

```
In [36]: tf.random.uniform([2,2],maxval=10)          # 创建采样自[0,10)均匀分布的矩阵
Out[36]:
<tf.Tensor: id=166, shape=(2, 2), dtype=float32, numpy=
array([[4.541913 , 0.26521802],
       [2.578913 , 5.126876 ]], dtype=float32)>
```

如果需要均匀采样整型类型的数据，必须指定采样区间的最大值 maxval 参数，同时指定数据类型为 tf.int* 型：

```
In [37]:                                             # 创建采样自[0,100)均匀分布的整型矩阵
tf.random.uniform([2,2],maxval=100,dtype=tf.int32)
Out[37]:
<tf.Tensor: id=171, shape=(2, 2), dtype=int32, numpy=
array([[61, 21],
       [95, 75]])>
```

4.4.5　创建序列

在循环计算或者对张量进行索引时，经常需要创建一段连续的整型序列，可以通过

tf. range()函数实现。tf. range(limit，delta=1)可以创建[0，limit)，步长为 delta 的整型序列，不包含 limit 本身。例如，创建 0~10，步长为 1 的整型序列：

```
In [38]: tf. range(10) ♯ 0~10,不包含 10
Out[38]:
< tf. Tensor: id = 180, shape = (10,), dtype = int32, numpy = array([0, 1, 2, 3, 4, 5, 6, 7, 8, 9])>
```

例如，创建 0~10，步长为 2 的整型序列：

```
In [39]: tf. range(10,delta = 2)
Out[39]:
< tf. Tensor: id = 185, shape = (5,), dtype = int32, numpy = array([0, 2, 4, 6, 8])>
```

通过 tf. range(start，limit，delta=1)可以创建[start，limit)，步长为 delta 的序列，不包含 limit 本身：

```
In [40]: tf. range(1,10,delta = 2) ♯ 1~10
Out[40]:
< tf. Tensor: id = 190, shape = (5,), dtype = int32, numpy = array([1, 3, 5, 7, 9])>
```

4.5 张量的典型应用

在介绍完张量的相关属性和创建方式后，下面将介绍每种维度数下张量的典型应用，让用户在看到每种张量时，能够直观地联想到它主要的物理意义和用途，为后续张量的维度变换等一系列抽象操作的学习打下基础。

本节在介绍典型应用时不可避免地会提及后续将要学习的网络模型或算法，学习时不需要完全理解，有初步印象即可。

4.5.1 标量

在 TensorFlow 中，标量最容易理解，它就是一个简单的数字，维度数为 0，shape 为[]。标量的一些典型用途是误差值的表示、各种测量指标的表示，例如准确度(Accuracy，简称 acc)、精度(Precision)和召回率(Recall)等。

考虑某个模型的训练曲线，如图 4.1 所示，横坐标为训练步数 Step，纵坐标为 Loss per Query Image 误差变化趋势(见图 4.1(a))和准确度 Accuracy 变化趋势曲线(见图 4.1(b))，其中损失值和准确度均由张量计算产生，类型为标量，可以直接可视化为曲线图。

以均方差误差函数为例，经过 tf. keras. losses. mse(或 tf. keras. losses. MSE,两者功能相同)返回每个样本上的误差值，最后取误差的均值作为当前 Batch 的误差，它是一个标量：

```
In [41]:
out = tf. random. uniform([4,10])          ♯ 随机模拟网络输出
y = tf. constant([2,3,2,0])               ♯ 随机构造样本真实标签
```

```
y = tf.one_hot(y, depth = 10)          # one - hot 编码
loss = tf.keras.losses.mse(y, out)      # 计算每个样本的 MSE
loss = tf.reduce_mean(loss)            # 平均 MSE, loss 应是标量
print(loss)
Out[41]:
tf.Tensor(0.19950335, shape = (), dtype = float32)
```

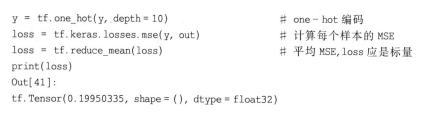

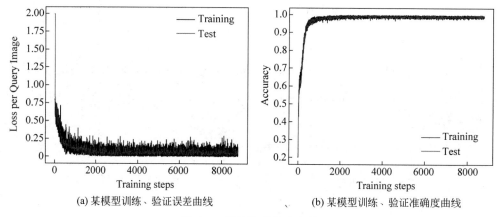

(a) 某模型训练、验证误差曲线 　　　　 (b) 某模型训练、验证准确度曲线

图 4.1　损失和准确度曲线

4.5.2　向量

向量是一种非常常见的数据载体，如在全连接层和卷积神经网络层中，偏置张量 **b** 就使用向量表示。如图 4.2 所示，每个全连接层的输出节点都添加了一个偏置值，把所有输出节点的偏置表示成向量形式：$b = [b_1, b_2]^{\mathrm{T}}$。

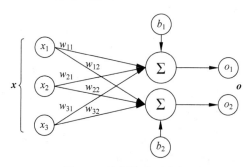

图 4.2　偏置的典型应用

考虑 2 个输出节点的网络层，创建长度为 2 的偏置向量 **b**，并累加在每个输出节点上：

```
In [42]:
# z = wx, 模拟获得激活函数的输入 z
z = tf.random.normal([4,2])
b = tf.zeros([2])                       # 创建偏置向量
```

```
z = z + b                              ♯ 累加上偏置向量
Out[42]:
< tf.Tensor: id = 245, shape = (4, 2), dtype = float32, numpy =
array([[ 0.6941646 , 0.4764454 ],
       [ - 0.34862405, - 0.26460952],
       [ 1.5081744 , - 0.6493869 ],
       [ - 0.26224667, - 0.78742725]], dtype = float32)>
```

注意,到这里 shape 为[4,2]的 z 和 shape 为[2]的 b 张量可以直接相加,这是为什么? 将在 4.8 节为用户揭秘。

通过高层接口类 Dense()方式创建的网络层,张量 W 和 b 存储在类的内部,由类自动创建并管理。可以通过全连接层的 bias 成员变量查看偏置变量 b,例如创建输入节点数为 4,输出节点数为 3 的线性层网络,那么它的偏置向量 b 的长度应为 3,实现如下:

```
In [43]:
fc = layers.Dense(3)                   ♯ 创建一层 Wx + b,输出节点为 3
♯ 通过 build 函数创建 W,b 张量,输入节点为 4
fc.build(input_shape = (2,4))
fc.bias                                ♯ 查看偏置向量
Out[43]:
< tf.Variable 'bias:0' shape = (3,) dtype = float32, numpy = array([0., 0., 0.], dtype = float32)>
```

可以看到,类的偏置成员 bias 为长度为 3 的向量,初始化为全 0,这也是偏置 b 的默认初始化方案。同时偏置向量 b 的类型为 Variable,这是因为 W 和 b 都是待优化参数。

4.5.3　矩阵

矩阵也是非常常见的张量类型,例如全连接层的批量输入张量 X 的形状为$[b,d_{in}]$,其中 b 表示输入样本的个数,即 Batch Size,d_{in} 表示输入特征的长度。例如特征长度为 4,一共包含 2 个样本的输入可以表示为矩阵:

```
x = tf.random.normal([2,4])            ♯ 2 个样本,特征长度为 4 的张量
```

令全连接层的输出节点数为 3,则它的权值张量 W 的 shape 为[4,3],利用张量 X、W 和向量 b 可以直接实现一个网络层,代码如下:

```
In [44]:
w = tf.ones([4,3])                     ♯ 定义 W 张量
b = tf.zeros([3])                      ♯ 定义 b 张量
o = x@w + b                            ♯ X@W + b 运算
Out[44]:
< tf.Tensor: id = 291, shape = (2, 3), dtype = float32, numpy =
array([[ 2.3506963, 2.3506963, 2.3506963],
       [ - 1.1724043, - 1.1724043, - 1.1724043]], dtype = float32)>
```

其中 X 和 W 张量均是矩阵,上述代码实现了一个线性变换的网络层,激活函数为空。

一般地，$\sigma(\boldsymbol{X}@\boldsymbol{W}+\boldsymbol{b})$ 网络层称为全连接层，在 TensorFlow 中可以通过 Dense 类直接实现，特别地，当激活函数 σ 为空时，全连接层也称为线性层。通过 Dense 类创建输入 4 个节点，输出 3 个节点的网络层，并通过全连接层的 kernel 成员名查看其权值矩阵 $\boldsymbol{W}$：

```
In [45]:
fc = layers.Dense(3)              # 定义全连接层的输出节点为 3
fc.build(input_shape = (2,4))     # 定义全连接层的输入节点为 4
fc.kernel                         # 查看权值矩阵 W
Out[45]:
< tf.Variable 'kernel:0' shape = (4, 3) dtype = float32, numpy =
array([[ 0.06468129, - 0.5146048 , - 0.12036425],
       [ 0.71618867, - 0.01442951, - 0.5891943 ],
       [ - 0.03011459, 0.578704 , 0.7245046 ],
       [ 0.73894167, - 0.21171576, 0.4820758 ]], dtype = float32)>
```

4.5.4　三维张量

三维的张量一个典型应用是表示序列信号，它的格式是

$$\boldsymbol{X} = \left[b, \text{sequencelen}, \text{featurelen} \right]$$

其中 b 表示序列信号的数量，sequence len 表示序列信号在时间维度上的采样点数或步数，feature len 表示每个点的特征长度。

考虑自然语言处理（Natural Language Processing，简称 NLP）中句子的表示，如评价句子是否为正面情绪的情感分类任务网络，如图 4.3 所示。为了能够方便字符串被神经网络处理，一般将单词通过嵌入层（Embedding Layer）编码为固定长度的向量，例如 a 编码为某个长度 3 的向量，那么 2 个等长（单词数量为 5）的句子序列可以表示为 shape 为 $[2,5,3]$ 的 3 维张量，其中 2 表示句子个数，5 表示单词数量，3 表示单词向量的长度。通过 IMDB 数据集来演示如何表示句子，代码如下：

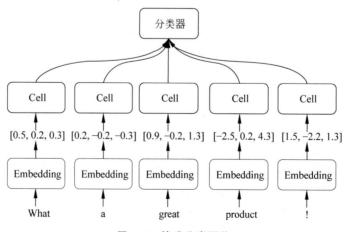

图 4.3　情感分类网络

```
In [46]:                                    # 自动加载 IMDB 电影评价数据集
(x_train,y_train),(x_test,y_test) = keras.datasets.imdb.load_data(num_words = 10000)
# 将句子填充、截断为等长 80 个单词的句子
x_train = keras.preprocessing.sequence.pad_sequences(x_train,maxlen = 80)
x_train.shape
Out [46]: (25000, 80)
```

可以看到 x_train 张量的 shape 为 $[25\,000,80]$，其中 25000 表示句子个数，80 表示每个句子共 80 个单词，每个单词使用数字编码方式表示。通过 layers. Embedding 层将数字编码的单词转换为长度是 100 个词的向量：

```
In [47]:                                    # 创建词向量 Embedding 层类
embedding = layers.Embedding(10000, 100)
# 将数字编码的单词转换为词向量
out = embedding(x_train)
out.shape
Out[47]: TensorShape([25000, 80, 100])
```

可以看到，经过 Embedding 层编码后，句子张量的 shape 变为 $[25000,80,100]$，其中 100 表示每个单词编码为长度是 100 的向量。

对于特征长度为 1 的序列信号，例如商品价格在 60 天内的变化曲线，只需要一个标量即可表示商品的价格，因此 2 件商品的价格变化趋势可以使用 shape 为 $[2,60]$ 的张量表示。为了方便统一格式，也将价格变化趋势表达为 shape 为 $[2,60,1]$ 的张量，其中的 1 表示特征长度为 1。

4.5.5 四维张量

这里只讨论三、四维张量，大于四维的张量一般应用的比较少，如在元学习（Meta Learning）中会采用五维的张量表示方法，理解方法与三、四维张量类似，不再赘述。

四维张量在卷积神经网络中应用非常广泛，它用于保存特征图（Feature Maps）数据，格式一般定义为

$$[b,h,w,c]$$

其中 b 表示输入样本的数量，h/w 分别表示特征图的高/宽，c 表示特征图的通道数，部分深度学习框架也会使用 $[b,c,h,w]$ 格式的特征图张量，例如 PyTorch。图片数据是特征图的一种，对于含有 RGB 3 个通道的彩色图片，每张图片包含了 h 行 w 列像素点，每个点需要 3 个数值表示 RGB 通道的颜色强度，因此一张图片可以表示为 $[h,w,3]$。如图 4.4 所示，最上层的图片表示原图，它包含了下面 3 个通道的强度信息。

图 4.4 图片的 RGB 通道特征图

神经网络中一般并行计算多个输入以提高计算效率，故 b 张图片的张量可表示为 $[b,h,w,3]$，例如：

```
In [48]:
# 创建 32×32 的彩色图片输入，个数为 4
x = tf.random.normal([4,32,32,3])
# 创建卷积神经网络
layer = layers.Conv2D(16,kernel_size = 3)
out = layer(x)                              # 前向计算
out.shape                                   # 输出大小
Out[48]: TensorShape([4, 30, 30, 16])
```

其中卷积核张量也是 4 维张量，可以通过 kernel 成员变量访问：

```
In [49]: layer.kernel.shape                 # 访问卷积核张量
Out[49]: TensorShape([3, 3, 3, 16])
```

4.6　索引与切片

通过索引与切片操作可以提取张量的部分数据，它们的使用频率非常高。

4.6.1　索引

在 TensorFlow 中，支持基本的 $[i][j]\cdots$ 标准索引方式，也支持通过逗号分隔索引号的索引方式。考虑输入 X 为 4 张 32×32 大小的彩色图片（为了方便演示，大部分张量都使用随机分布模拟产生，后文同），shape 为 $[4,32,32,3]$，首先创建张量：

```
x = tf.random.normal([4,32,32,3])           # 创建 4D 张量
```

接下来使用索引方式读取张量的部分数据。

❑ 取第 1 张图片的数据，实现如下：

```
In [51]: x[0]                    # 程序中的第一的索引号应为 0，容易混淆，不过不影响理解
Out[51]:< tf.Tensor: id = 379, shape = (32, 32, 3), dtype = float32, numpy =
array([[[ 1.3005302 , 1.5301839 , - 0.32005513],
        [ - 1.3020388 , 1.7837263 , - 1.0747638 ], ...
        [ - 1.1092019 , - 1.045254 , - 0.4980363 ],
        [ - 0.9099222 , 0.3947732 , - 0.10433522]]], dtype = float32)>
```

❑ 取第 1 张图片的第 2 行，实现如下：

```
In [52]: x[0][1]
Out[52]:
< tf.Tensor: id = 388, shape = (32, 3), dtype = float32, numpy =
array([[ 4.2904025e - 01, 1.0574218e + 00, 3.1540772e - 01],
```

```
      [ 1.5800388e + 00, − 8.1637271e − 02, 6.3147342e − 01], …,
      [ 2.8893018e − 01, 5.8003378e − 01, − 1.1444757e + 00],
      [ 9.6100050e − 01, − 1.0985689e + 00, 1.0827581e + 00]], dtype = float32)>
```

❑ 取第 1 张图片,第 2 行,第 3 列的数据,实现如下:

```
In [53]: x[0][1][2]
Out[53]:
< tf. Tensor: id = 401, shape = (3,), dtype = float32, numpy = array([ − 0.55954427, 0.14497331,
0.46424514], dtype = float32)>
```

❑ 取第 3 张图片,第 2 行,第 1 列的像素,B 通道(第 2 个通道)颜色强度值,实现如下:

```
In [54]: x[2][1][0][1]
Out[54]:
< tf. Tensor: id = 418, shape = (), dtype = float32, numpy = − 0.84922135 >
```

当张量的维度数较高时,使用$[i][j]\cdots[k]$的方式书写不方便,可以采用$[i,j,\cdots,k]$的方式索引,它们是等价的。

❑ 取第 2 张图片,第 10 行,第 3 列的数据,实现如下:

```
In [55]: x[1,9,2]
Out[55]:
< tf. Tensor: id = 436, shape = (3,), dtype = float32, numpy = array([ 1.7487534 , − 0.41491988,
 − 0.2944692 ], dtype = float32)>
```

4.6.2　切片

通过 start:end:step 切片方式可以方便地提取一段数据,其中 start 为开始读取位置的索引,end 为结束读取位置的索引(不包含 end 位),step 为采样步长。

以 shape 为$[4,32,32,3]$的图片张量为例,解释如何通过切片获得不同位置的数据。例如读取第 2,3 张图片,实现如下:

```
In [56]: x[1:3]
Out[56]:
< tf. Tensor: id = 441, shape = (2, 32, 32, 3), dtype = float32, numpy =
array([[[[ 0.6920027 , 0.18658352, 0.0568333 ],
        [ 0.31422952, 0.75933754, 0.26853144],
        [ 2.7898 , − 0.4284912 , − 0.26247284], …
```

start:end:step 切片方式有很多简写方式,其中 start、end、step 3 个参数可以根据需要选择性地省略,全部省略时即为::,表示从最开始读取到最末尾,步长为 1,即不跳过任何元素。如 x[0,::]表示读取第 1 张图片的所有行,其中::表示在行维度上读取所有行,它等价于 x[0]的写法:

```
In [57]: x[0,::]                               # 读取第 1 张图片
```

```
Out[57]:
< tf.Tensor: id = 446, shape = (32, 32, 3), dtype = float32, numpy =
array([[[ 1.3005302 , 1.5301839 , − 0.32005513],
        [ − 1.3020388, 1.7837263 , − 1.0747638 ],
        [ − 1.1230233 , − 0.35004002, 0.01514002],
        ...
```

为了更加简洁，::可以简写为单个冒号:，例如：

```
In [58]: x[:,0:28:2,0:28:2,:]
Out[58]:
< tf.Tensor: id = 451, shape = (4, 14, 14, 3), dtype = float32, numpy =
array([[[[ 1.3005302 , 1.5301839 , − 0.32005513],
         [ − 1.1230233 , − 0.35004002, 0.01514002],
         [ 1.3474811 , 0.639334 , − 1.0826371 ],
         ...
```

表示读取所有图片、隔行采样、隔列采样、读取所有通道数据，相当于在图片的高宽上各缩放至原来的50%。

下面总结 start:end:step 切片的简写方式，其中从第一个元素读取时 start 可以省略，即 start＝0 是可以省略，取到最后一个元素时 end 可以省略，步长为 1 时 step 可以省略，简写方式总结如表 4.1 所示。

表 4.1　切片方式格式总结

切 片 方 式	意　　义
start:end:step	从 start 开始读取到 end(不包含 end)，步长为 step
start:end	从 start 开始读取到 end(不包含 end)，步长为 1
start:	从 start 开始读取完后续所有元素，步长为 1
start::step	从 start 开始读取完后续所有元素，步长为 step
:end:step	从 0 开始读取到 end(不包含 end)，步长为 step
:end	从 0 开始读取到 end(不包含 end)，步长为 1
::step	步长为 step 采样
::	读取所有元素
:	读取所有元素

特别地，step 可以为负数，考虑最特殊的一种例子，当 step＝−1 时，start:end:−1 表示从 start 开始，逆序读取至 end 结束(不包含 end)，索引号 end≤start。考虑一个 0～9 的简单序列向量，逆序取到第 1 号元素，不包含第 1 号：

```
In [59]: x = tf.range(9)          # 创建 0～9 向量
x[8:0:−1]                         # 从 8 取到 0,逆序,不包含 0
Out[59]:
< tf.Tensor: id = 466, shape = (8,), dtype = int32, numpy = array([8, 7, 6, 5, 4, 3, 2, 1])>
```

逆序取全部元素，实现如下：

```
In [60]: x[::-1]                        # 逆序全部元素
Out[60]:
<tf.Tensor: id = 471, shape = (9,), dtype = int32, numpy = array([8, 7, 6, 5, 4, 3, 2, 1, 0])>
```

逆序间隔采样,实现如下:

```
In [61]: x[::-2]                        # 逆序间隔采样
Out[61]:
<tf.Tensor: id = 476, shape = (5,), dtype = int32, numpy = array([8, 6, 4, 2, 0])>
```

读取每张图片的所有通道,其中行按着逆序隔行采样,列按照逆序隔行采样,实现如下:

```
In [62]: x = tf.random.normal([4,32,32,3])
x[0,::-2,::-2]                          # 行、列逆序间隔采样
Out[62]:
<tf.Tensor: id = 487, shape = (16, 16, 3), dtype = float32, numpy =
array([[[ 0.63320625, 0.0655185 , 0.19056146],
        [-1.0078577 , -0.61400175, 0.61183935],
        [ 0.9230892 , -0.6860094 , -0.01580668],
        ...
```

当张量的维度数量较多时,不需要采样的维度一般用单冒号:表示采样所有元素,此时有可能有大量的:出现。继续考虑[4,32,32,3]的图片张量,当需要读取 G 通道上的数据时,前面所有维度全部提取,此时需要写为:

```
In [63]: x[:,:,:,1]                     # 取 G 通道数据
Out[63]:
<tf.Tensor: id = 492, shape = (4, 32, 32), dtype = float32, numpy =
array([[[ 0.575703 , 0.11028383, -0.9950867 , ..., 0.38083118,
        -0.11705163, -0.13746642],
        ...
```

为了避免出现像 $x[:,:,:,:,1]$ 这样过多冒号的情况,可以使用…符号表示取多个维度上所有的数据,其中维度的数量需根据规则自动推断:当切片方式出现…符号时,…符号左边的维度将自动对齐到最左边,…符号右边的维度将自动对齐到最右边,此时系统再自动推断…符号代表的维度数量,它的切片方式总结如表 4.2 所示。

表 4.2 …切片方式总结

切片方式	意　　义
a,…,b	a 维度对齐到最左边,b 维度对齐到最右边,中间的维度全部读取,其他维度按 a/b 的方式读取
a,…	a 维度对齐到最左边,a 维度后的所有维度全部读取,a 维度按 a 方式读取。这种情况等同于 a 索引/切片方式
…,b	b 维度对齐到最右边,b 之前的所有维度全部读取,b 维度按 b 方式读取
…	读取张量所有数据

考虑如下例子。

❏ 读取第 1～2 张图片的 G/B 通道数据,代码如下:

```
In [64]: x[0:2,...,1:]                          # 高宽维度全部采集
Out[64]:
< tf.Tensor: id = 497, shape = (2, 32, 32, 2), dtype = float32, numpy =
array([[[[ 0.575703 , 0.8872789 ],
        [ 0.11028383, - 0.27128693],
        [ - 0.9950867 , - 1.7737272 ],
        ...
```

❏ 读取最后 2 张图片,代码如下:

```
In [65]: x[2:,...]                              # 高、宽、通道维度全部采集,等价于 x[2:]
Out[65]:
< tf.Tensor: id = 502, shape = (2, 32, 32, 3), dtype = float32, numpy =
array([[[[ - 8.10753584e - 01, 1.10984087e + 00, 2.71821529e - 01],
        [ - 6.10031188e - 01, - 6.47952318e - 01, - 4.07003373e - 01],
        [ 4.62206364e - 01, - 1.03655539e - 01, - 1.18086267e + 00],
        ...
```

❏ 读取 R/G 通道数据,代码如下:

```
In [66]: x[...,:2]                              # 所有样本,所有高、宽的前 2 个通道
Out[66]:
< tf.Tensor: id = 507, shape = (4, 32, 32, 2), dtype = float32, numpy =
array([[[[ - 1.26881 , 0.575703 ],
        [ 0.98697686, 0.11028383],
        [ - 0.66420585, - 0.9950867 ],
        ...
```

4.6.3　小结

张量的索引与切片方式多种多样,尤其是切片操作,初学者容易犯迷糊。但本质上切片操作只有 start:end:step 这一种基本形式,通过这种基本形式有目的地省略掉默认参数,从而衍生出多种简写方法,这也是很好理解的。它衍生的简写形式熟练后一看就能推测出省略掉的信息,书写起来也更方便快捷。由于深度学习一般处理的维度数在四维以内,…操作符完全可以用:符号代替,因此理解了这些就会发现张量切片操作并不复杂。

4.7　维度变换

在神经网络运算过程中,维度变换是最核心的张量操作,通过维度变换可以将数据任意地切换形式,满足不同场合的运算需求。

那么为什么需要维度变换?考虑线性层的批量形式:

$$Y = X@W + b$$

其中,假设 X 包含了 2 个样本,每个样本的特征长度为 4,X 的 shape 为[2,4]。线性层的输出为 3 个节点,即 W 的 shape 定义为[4,3],偏置 b 的 shape 定义为[3]。那么 $X@W$ 的运算结果张量 shape 为[2,3],需要叠加上 shape 为[3]的偏置 b。不同 shape 的 2 个张量怎么直接相加?

回顾设计偏置的初衷,给每个层的每个输出节点添加一个偏置,这个偏置数据是对所有的样本都是共享的,换言之,每个样本都应该累加上同样的偏置向量 b,如图 4.5 所示。

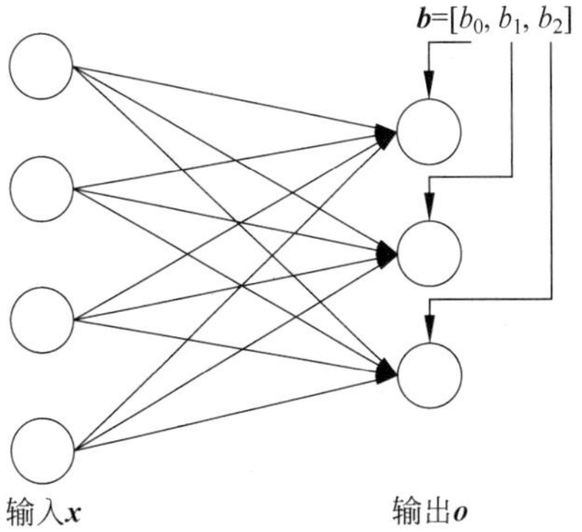

图 4.5 线性层的偏置

因此,对于 2 个样本的输入 X,需要将 shape 为[3]的偏置

$$b = \begin{bmatrix} b_1 \\ b_2 \\ b_3 \end{bmatrix}$$

按样本数量复制 1 份,变成如下矩阵形式 B':

$$B' = \begin{bmatrix} b_1 & b_2 & b_3 \\ b_1 & b_2 & b_3 \end{bmatrix}$$

通过与 $X' = X@W$

$$X' = \begin{bmatrix} x'_{11} & x'_{12} & x'_{13} \\ x'_{21} & x'_{22} & x'_{23} \end{bmatrix}$$

相加,此时 X' 与 B' shape 相同,满足矩阵相加的数学条件:

$$Y = X' + B' = \begin{bmatrix} x'_{11} & x'_{12} & x'_{13} \\ x'_{21} & x'_{22} & x'_{23} \end{bmatrix} + \begin{bmatrix} b_1 & b_2 & b_3 \\ b_1 & b_2 & b_3 \end{bmatrix}$$

通过这种方式,既满足了数学上矩阵相加需要 shape 一致的条件,又达到了给每个输入样本的输出节点共享偏置向量的逻辑。为了实现这种运算方式,将偏置向量 b 插入一个新的维度,并把它定义为 Batch 维度,然后在 Batch 维度将数据复制 1 份,得到变换后的 B',新的 shape 为[2,3]。这一系列的操作就是维度变换操作。

算法的每个模块对于数据张量的格式有不同的逻辑要求,当现有的数据格式不满足算法要求时,需要通过维度变换将数据调整为正确的格式。这就是维度变换的功能。

基本的维度变换操作函数包含改变视图 reshape、插入新维度 expand_dims、删除维度 squeeze、交换维度 transpose、复制数据 tile 等函数。

4.7.1 改变视图

在介绍改变视图 reshape 操作之前,先来认识张量的存储(Storage)和视图(View)的概念。张量的视图就是理解张量的方式,例如 shape 为[2,4,4,3]的张量 A,从逻辑上可以理解为 2 张图片,每张图片 4 行 4 列,每个位置有 RGB 3 个通道的数据;张量的存储体现在张量在内存上保存为一段连续的内存区域,对于同样的存储,可以有不同的理解方式,例如上述张量 A,可以在不改变张量的存储下,将张量 A 理解为 2 个样本,每个样本的特征为长度 48 的向量。同一个存储,从不同的角度观察数据,可以产生不同的视图,这就是存储与视图的关系。视图的产生是非常灵活的,但需要保证是合理的。

通过 tf.range() 模拟生成一个向量数据,并通过 tf.reshape 视图改变函数产生不同的视图,例如:

```
In [67]: x = tf.range(96)                  # 生成向量
x = tf.reshape(x,[2,4,4,3])                # 改变 x 的视图,获得四维(4D)张量,存储并未改变
Out[67]:        # 可以观察到数据仍然是 0～95 顺序,可见数据并未改变,改变的是数据的结构
< tf.Tensor: id = 11, shape = (2, 4, 4, 3), dtype = int32, numpy =
array([[[[ 0, 1, 2],
        [ 3, 4, 5],
        [ 6, 7, 8],
        [ 9, 10, 11]], …
```

在存储数据时,内存并不支持这个维度层级概念,只能以平铺方式按序写入内存,因此这种层级关系需要人为管理,也就是说,每个张量的存储顺序需要人为跟踪。为了方便表达,把张量 shape 列表中相对靠左侧的维度称为大维度,shape 列表中相对靠右侧的维度称为小维度,例如 $[2,4,4,3]$ 的张量中,图片数量维度与通道数量相比,图片数量称为大维度,通道数称为小维度。在优先写入小维度的设定下,上述张量的内存布局为:

1	2	3	4	5	6	7	8	9	…	…	…	93	94	95

数据在创建时按着初始的维度顺序写入,改变张量的视图仅仅是改变了张量的理解方式,并不需要改变张量的存储顺序,这在一定程度上是从计算效率考虑的,大量数据的写入操作会消耗较多的计算资源。由于存储时数据只有平坦结构,与数据的逻辑结构是分离的,因此如果新的逻辑结构不需要改变数据的存储方式,就可以节省大量计算资源,这也是改变视图操作的优势。改变视图操作在提供便捷性的同时,也会带来很多逻辑隐患,这主要的原因是改变视图操作的默认前提是存储不需要改变,否则改变视图操作就是非法的。先介绍合法的视图变换操作,再介绍不合法的视图变换。

例如,张量 A 按着初始视图 $[b,h,w,c]$ 写入的内存布局,改变 A 的理解方式,它可以有如下多种合法的理解方式。

❑ $[b,h \cdot w,c]$ 张量理解为 b 张图片,$h \cdot w$ 个像素点,c 个通道。

❑ $[b,h,w \cdot c]$ 张量理解为 b 张图片,h 行,每行的特征长度为 $w \cdot c$。

❑ $[b,h \cdot w \cdot c]$ 张量理解为 b 张图片,每张图片的特征长度为 $h \cdot w \cdot c$。

上述新视图的存储都不需要改变,因此是合法的。

从语法上来说,视图变换只需要满足新视图的元素总量与存储区域大小相等即可,即新

视图的元素数量等于

$$b \cdot h \cdot w \cdot c$$

正是由于视图的设计的语法约束很少,完全由用户定义,使得在改变视图时容易出现逻辑隐患。

现在来考虑不合法的视图变换。例如,定义新视图为$[b,w,h,c]$、$[b,c,h*w]$或者$[b,c,h,w]$等时,张量的存储顺序需要改变,如果不同步更新张量的存储顺序,那么恢复出的数据将与新视图不一致,从而导致数据错乱。这需要用户理解数据,才能判断操作是否合法。会在4.7.3节介绍如何改变张量的存储。

一种正确使用视图变换操作的技巧就是跟踪存储的维度顺序。例如根据"图片数量-行-列-通道"初始视图保存的张量,存储也是按照"图片数量-行-列-通道"的顺序写入的。如果按着"图片数量-像素-通道"的方式恢复视图,并没有与"图片数量-行-列-通道"相悖,因此能得到合法的数据。但是如果按着"图片数量-通道-像素"的方式恢复数据,由于内存布局是按着"图片数量-行-列-通道"的顺序,视图维度顺序与存储维度顺序相悖,提取的数据将是错乱的。

改变视图是神经网络中非常常见的操作,可以通过串联多个 reshape 操作来实现复杂逻辑,但是在通过 reshape 改变视图时,必须始终记住张量的存储顺序,新视图的维度顺序不能与存储顺序相悖,否则需要通过交换维度操作将存储顺序同步过来。例如,对于 shape 为$[4,32,32,3]$的图片数据,通过 reshape 操作将 shape 调整为$[4,1024,3]$,此时视图的维度顺序为b-pixel-c,张量的存储顺序为$[b,h,w,c]$。可以将$[4,1024,3]$恢复为

- ❑ $[b,h,w,c]=[4,32,32,3]$时,新视图的维度顺序与存储顺序无冲突,可以恢复出无逻辑问题的数据。
- ❑ $[b,w,h,c]=[4,32,32,3]$时,新视图的维度顺序与存储顺序冲突。
- ❑ $[h \cdot w \cdot c,b]=[3072,4]$时,新视图的维度顺序与存储顺序冲突。

在 TensorFlow 中,可以通过张量的 ndim 和 shape 成员属性获得张量的维度数和形状:

```
In [68]: x.ndim,x.shape                # 获取张量的维度数和形状列表
Out[68]:(4, TensorShape([2, 4, 4, 3]))
```

通过 tf.reshape(x, new_shape),可以将张量的视图任意地合法改变,例如:

```
In [69]: tf.reshape(x,[2,-1])
Out[69]:< tf.Tensor: id = 520, shape = (2, 48), dtype = int32, numpy =
array([[ 0, 1, 2, 3, 4, 5, 6, 7, 8, 9, 10, 11, 12, 13, 14, 15,
       16, 17, 18, 19, 20, 21, 22, 23, 24, 25, 26, 27, 28, 29, 30, 31, …
       80, 81, 82, 83, 84, 85, 86, 87, 88, 89, 90, 91, 92, 93, 94, 95]])>
```

其中的参数-1表示当前轴上长度需要根据张量总元素不变的法则自动推导,从而方便用户书写。例如,上面的-1可以推导为

$$\frac{2 \cdot 4 \cdot 4 \cdot 3}{2} = 48$$

再次改变数据的视图为[2,4,12],实现如下:

```
In [70]: tf.reshape(x,[2,4,12])
Out[70]:< tf.Tensor: id = 523, shape = (2, 4, 12), dtype = int32, numpy =
array([[[ 0, 1, 2, 3, 4, 5, 6, 7, 8, 9, 10, 11], …
      [36, 37, 38, 39, 40, 41, 42, 43, 44, 45, 46, 47]],
     [[48, 49, 50, 51, 52, 53, 54, 55, 56, 57, 58, 59], …
      [84, 85, 86, 87, 88, 89, 90, 91, 92, 93, 94, 95]]])>
```

再次改变数据的视图为[2,16,3],实现如下:

```
In [71]: tf.reshape(x,[2, −1,3])
Out[71]:< tf.Tensor: id = 526, shape = (2, 16, 3), dtype = int32, numpy =
array([[[ 0, 1, 2], …
      [45, 46, 47]],
     [[48, 49, 50], …
      [93, 94, 95]]])>
```

通过上述一系列连续变换视图操作时需要意识到,张量的存储顺序始终没有改变,数据在内存中仍然是按着初始写入的顺序 $0,1,2,\cdots,95$ 保存的。

4.7.2　增加、删除维度

(1) **增加维度**:增加一个长度为1的维度相当于给原有的数据添加一个新维度的概念,维度长度为1,故数据并不需要改变,仅仅是改变数据的理解方式,因此它其实可以理解为改变视图的一种特殊方式。

考虑一个具体例子,一张 28×28 大小的灰度图片的数据保存为 shape 为[28,28]的张量,在末尾给张量增加一新维度,定义为通道数维度,此时张量的 shape 变为[28,28,1],实现如下:

```
In [72]:                                    # 产生矩阵
x = tf.random.uniform([28,28],maxval = 10,dtype = tf.int32)
Out[72]:
< tf.Tensor: id = 11, shape = (28, 28), dtype = int32, numpy =
array([[6, 2, 0, 0, 6, 7, 3, 3, 6, 2, 6, 2, 9, 3, 0, 3, 2, 8, 1, 3, 6, 2,
      3, 9, 3, 6, 1, 7], …
```

通过 tf.expand_dims(x, axis)可在指定的 axis 轴前插入一个新的维度:

```
In [73]: x = tf.expand_dims(x,axis = 2)     # axis = 2 表示宽维度后面的一个维度
Out[73]:
< tf.Tensor: id = 13, shape = (28, 28, 1), dtype = int32, numpy =
array([[[6],
      [2],
```

```
        [0],
        [0],
        [6],
        [7],
        [3],…
```

可以看到，插入一个新维度后，数据的存储顺序并没有改变，依然按着 $6,2,0,0,6,7,\cdots$ 的顺序保存，仅仅是在插入一个新的维度后，改变了数据的视图。

同样的方法，可以在最前面插入一个新的维度，并命名为图片数量维度，长度为1，此时张量的 shape 变为 $[1,28,28,1]$，实现如下：

```
In [74]: x = tf.expand_dims(x,axis = 0)        # 在高维度之前插入新维度
Out[74]:
< tf.Tensor: id = 15, shape = (1, 28, 28, 1), dtype = int32, numpy =
array([[[[6],
        [2],
        [0],
        [0],
        [6],
        [7],
        [3],…
```

注意，tf.expand_dims 的 axis 为正时，表示在当前维度之前插入一个新维度；为负时，表示当前维度之后插入一个新的维度。以 $[b,h,w,c]$ 张量为例，不同 axis 参数的实际插入位置如图 4.6 所示。

（2）**删除维度**：是增加维度的逆操作，与增加维度一样，删除维度只能删除长度为1的维度，也不会改变张量的存储。继续考虑增加维度后 shape 为 $[1,28,28,1]$ 的例子，

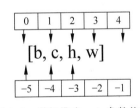

图 4.6　增加维度 axis 参数位置

如果希望将图片数量维度删除，可以通过 tf.squeeze(x, axis)函数实现，axis 参数为待删除的维度的索引号，例如，图片数量的维度轴 axis＝0：

```
In [75]: x = tf.squeeze(x, axis = 0)           # 删除图片数量维度
Out[75]:
< tf.Tensor: id = 586, shape = (28, 28, 1), dtype = int32, numpy =
array([[[8],
        [2],
        [2],
        [0],…
```

继续删除通道数维度，由于已经删除了图片数量维度，此时 x 的 shape 为 $[28,28,1]$，因此删除通道数维度时指定 axis＝2，实现如下：

```
In [76]: x = tf.squeeze(x, axis = 2)           # 删除图片通道数维度
Out[76]:
```

```
< tf.Tensor: id = 588, shape = (28, 28), dtype = int32, numpy =
array([[8, 2, 2, 0, 7, 0, 1, 4, 9, 1, 7, 4, 8, 2, 7, 4, 8, 2, 9, 8, 8, 0,
        9, 9, 7, 5, 9, 7],
       [3, 4, 9, 9, 0, 6, 5, 7, 1, 9, 9, 1, 2, 7, 2, 7, 5, 3, 3, 7, 2, 4,
        5, 2, 7, 3, 8, 0], …
```

如果不指定维度参数 axis，即 tf.squeeze(x)，那么它会默认删除所有长度为 1 的维度，例如：

```
In [77]:
x = tf.random.uniform([1,28,28,1], maxval = 10, dtype = tf.int32)
tf.squeeze(x)                          # 删除所有长度为 1 的维度
Out[77]:
< tf.Tensor: id = 594, shape = (28, 28), dtype = int32, numpy =
array([[9, 1, 4, 6, 4, 9, 0, 0, 1, 4, 0, 8, 5, 2, 5, 0, 0, 8, 9, 4, 5, 0,
        1, 1, 4, 3, 9, 9], …
```

建议使用 tf.squeeze() 时逐一指定需要删除的维度参数，防止 TensorFlow 意外删除某些长度为 1 的维度，导致计算结果不合法。

4.7.3　交换维度

改变视图、增删维度都不会影响张量的存储。在实现算法逻辑时，保持维度顺序不变的条件下，仅仅改变张量的理解方式是不够的，有时需要直接调整存储顺序，即交换维度（Transpose）。通过交换维度操作，改变了张量的存储顺序，同时也改变了张量的视图。

交换维度操作是非常常见的，例如在 TensorFlow 中，图片张量的默认存储格式是通道后行格式：$[b,h,w,c]$，但是部分库的图片格式是通道先行格式：$[b,c,h,w]$，因此需要完成 $[b,h,w,c]$ 到 $[b,c,h,w]$ 维度交换运算，此时若简单地使用改变视图函数 reshape，则新视图的存储方式需要改变，因此使用改变视图函数是不合法的。以 $[b,h,w,c]$ 转换到 $[b,c,h,w]$ 为例，介绍如何使用 tf.transpose(x, perm) 函数完成维度交换操作，其中参数 perm 表示新维度的顺序 List。考虑图片张量 shape 为 $[2,32,32,3]$，"图片数量、行、列、通道数"的维度索引分别为 0、1、2、3，如果需要交换为 $[b,c,h,w]$ 格式，则新维度的排序为"图片数量、通道数、行、列"，对应的索引号为 $[0,3,1,2]$，因此参数 perm 需设置为 $[0,3,1,2]$，实现如下：

```
In [78]: x = tf.random.normal([2,32,32,3])
tf.transpose(x, perm = [0,3,1,2])              # 交换维度
Out[78]:
< tf.Tensor: id = 603, shape = (2, 3, 32, 32), dtype = float32, numpy =
array([[[[ - 1.93072677e + 00, - 4.80163872e - 01, - 8.85614634e - 01, …,
          1.49124235e - 01, 1.16427064e + 00, - 1.47740364e + 00],
         [ - 1.94761145e + 00, 7.26879001e - 01, - 4.41877693e - 01, …
```

如果希望将 $[b,h,w,c]$ 交换为 $[b,w,h,c]$，即将高、宽维度互换，则新维度索引为 $[0,2,1,3]$，实现如下：

```
In [79]:
x = tf.random.normal([2,32,32,3])
tf.transpose(x,perm = [0,2,1,3])                    # 交换维度
Out[79]:
< tf.Tensor: id = 612, shape = (2, 32, 32, 3), dtype = float32, numpy =
array([[[[ 2.1266546 , - 0.64206547, 0.01311932],
        [ 0.918484 , 0.9528751 , 1.1346699 ],
        ...,
```

注意,通过 tf.transpose 完成维度交换后,张量的存储顺序已经改变,视图也随之改变,后续的所有操作必须基于新的存续顺序和视图进行。相对于改变视图操作,维度交换操作的计算代价更高。

4.7.4 复制数据

当通过增加维度操作插入新维度后,可能希望在新的维度上面复制若干份数据,满足后续算法的格式要求。考虑 $Y = X@W + b$ 的例子,偏置 b 插入样本数的新维度后,需要在新维度上复制 Batch Size 份数据,将 shape 变为与 $X@W$ 一致后,才能完成张量相加运算。

可以通过 tf.tile(x, multiples)函数完成数据在指定维度上的复制操作,multiples 分别指定了每个维度上面的复制倍数,对应位置为 1 表明不复制,为 2 表明新长度为原来长度的 2 倍,即数据复制一份,以此类推。

以输入为[2,4],输出为 3 个节点线性变换层为例,偏置 b 定义为:

$$b = \begin{bmatrix} b_1 \\ b_2 \\ b_3 \end{bmatrix}$$

通过 tf.expand_dims(b, axis=0)插入新维度,变成矩阵:

$$B = \begin{bmatrix} b_1 & b_2 & b_3 \end{bmatrix}$$

此时 B 的 shape 变为[1,3],需要在 axis=0 图片数量维度上根据输入样本的数量复制若干次,这里的 Batch Size 为 2,即复制一份,变成:

$$B = \begin{bmatrix} b_1 & b_2 & b_3 \\ b_1 & b_2 & b_3 \end{bmatrix}$$

通过 tf.tile(b, multiples=[2,1])即可在 axis=0 维度复制 1 次,在 axis=1 维度不复制。首先插入新的维度,实现如下:

```
In [80]:
b = tf.constant([1,2])                    # 创建向量 b
b = tf.expand_dims(b, axis = 0)           # 插入新维度,变成矩阵
b
Out[80]:
< tf.Tensor: id = 645, shape = (1, 2), dtype = int32, numpy = array([[1, 2]])>
```

在 Batch 维度上复制数据 1 份,实现如下:

```
In [81]: b = tf.tile(b, multiples = [2,1])     # 在样本维度上复制 1 份
Out[81]:
< tf.Tensor: id = 648, shape = (2, 2), dtype = int32, numpy =
array([[1, 2],
       [1, 2]])>
```

此时 **B** 的 shape 变为[2,3],可以直接与 **X**@**W** 进行相加运算。实际上,上述插入维度和复制数据的步骤并不需要手动执行,TensorFlow 会自动完成,这就是自动扩展功能。

考虑另一个例子,输入 x 为 2 行 2 列的矩阵,实现如下:

```
In [82]: x = tf.range(4)
x = tf.reshape(x,[2,2])                         # 创建 2 行 2 列矩阵
Out[82]:
< tf.Tensor: id = 655, shape = (2, 2), dtype = int32, numpy =
array([[0, 1],
       [2, 3]])>
```

首先在列维度复制 1 份数据,实现如下:

```
In [83]: x = tf.tile(x,multiples = [1,2])       # 列维度复制 1 份
Out[83]:
< tf.Tensor: id = 658, shape = (2, 4), dtype = int32, numpy =
array([[0, 1, 0, 1],
       [2, 3, 2, 3]])>
```

然后在行维度复制 1 份数据,实现如下:

```
In [84]: x = tf.tile(x,multiples = [2,1])       # 行维度复制 1 份
Out[84]:
< tf.Tensor: id = 672, shape = (4, 4), dtype = int32, numpy =
array([[0, 1, 0, 1],
       [2, 3, 2, 3],
       [0, 1, 0, 1],
       [2, 3, 2, 3]])>
```

经过 2 个维度上的复制运算后,可以看到数据的变化过程,shape 也变为原来的 2 倍。这个例子比较直观地帮助理解数据复制的过程。

注意,tf.tile 会创建一个新的张量来保存复制后的张量,由于复制操作涉及大量数据的读写 IO 运算,计算代价相对较高。神经网络中不同 shape 之间的张量运算操作十分频繁,那么有没有轻量级的复制操作? 这就是接下来要介绍的 Broadcasting 操作。

4.8 Broadcasting

Broadcasting 称为广播机制(或自动扩展机制),它是一种轻量级的张量复制手段,在逻辑上扩展张量数据的形状,但是只会在需要时才会执行实际存储复制操作。对于大部分场

景,Broadcasting 机制都能通过优化手段避免实际复制数据而完成逻辑运算,从而相对于
tf. tile 函数,减少了大量计算代价。

对于所有长度为 1 的维度,Broadcasting 的效果和 tf. tile 一样,都能在此维度上逻辑复
制数据若干份,区别在于 tf. tile 会创建一个新的张量,执行复制 IO 操作,并保存复制后的
张量数据,而 Broadcasting 并不会立即复制数据,它会在逻辑上改变张量的形状,使得视图
上变成了复制后的形状。Broadcasting 会通过深度学习框架的优化手段避免实际复制数据
而完成逻辑运算,至于实现的不必关心,对于用户来说,Broadcasting 和 tf. tile 复制的最终
效果是一样的,操作对用户透明,但是 Broadcasting 机制节省了大量计算资源,建议在运算
过程中尽可能地利用 Broadcasting 机制提高计算效率。

继续考虑上述 $Y = X@W + b$ 的例子,$X@W$ 的 shape 为$[2,3]$,b 的 shape 为$[3]$,可以
通过结合 tf. expand_dims 和 tf. tile 手动完成复制数据操作,将 b 变换为$[2,3]$,然后与 $X@W$
完成相加运算。但实际上,直接将 shape 为$[2,3]$与$[3]$的 b 相加也是合法的,例如:

```
x = tf.random.normal([2,4])
w = tf.random.normal([4,3])
b = tf.random.normal([3])
y = x@w + b                          # 不同 shape 的张量直接相加
```

上述加法并没有发生逻辑错误,那么它是怎么实现的? 这是因为它自动调用 Broadcasting
函数 tf. broadcast_to(x, new_shape),将两者 shape 扩张为相同的$[2,3]$,即上述加法可以
等效为:

```
y = x@w + tf.broadcast_to(b,[2,3])         # 手动扩展,并相加
```

也就是说,操作符＋在遇到 shape 不一致的 2 个张量时,会自动考虑将 2 个张量自动扩展到
一致的 shape,然后再调用 tf. add 完成张量相加运算,这也就解释了之前一直存在的困惑。
通过自动调用 tf. broadcast_to(b, $[2,3]$)的 Broadcasting 机制,既实现了增加维度、复制数
据的目的,又避免实际复制数据的昂贵计算代价,同时使书写更加简洁高效。

那么有了 Broadcasting 机制后,所有 shape 不一致的张量是不是都可以直接完成运算?
显然,所有的运算都需要在正确逻辑下进行,Broadcasting 机制并不会扰乱正常的计算逻
辑,它只会针对最常见的场景自动完成增加维度并复制数据的功能,提高开发效率和运行效
率。这种最常见的场景是什么? 下面介绍 Broadcasting 设计的核心思想。

Broadcasting 机制的核心思想是普适性,即同一份数据能普遍适合于其他位置。在验
证普适性之前,需要先将张量 shape 靠右对齐,然后进行普适性判断:对于长度为 1 的维
度,默认这个数据普遍适合于当前维度的其他位置;对于不存在的维度,则在增加新维度
后默认当前数据也是普适于新维度的,从而可以扩展为更多维度数、任意长度的张量
形状。

考虑 shape 为$[w,1]$的张量 A,需要扩展为 shape:$[b,h,w,c]$,如图 4.7 所示,第一行
为欲扩展的 shape,第二行为现有 shape。

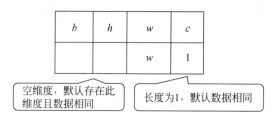

图 4.7　Broadcasting 实例

首先将 2 个 shape 靠右对齐,对于通道维度 c,张量的长度为 1,则默认此数据同样适合当前维度的其他位置,将数据在逻辑上复制 $c-1$ 份,长度变为 c;对于不存在的 b 和 h 维度,则自动插入新维度,新维度长度为 1,同时默认当前的数据普适于新维度的其他位置,即对于其他的图片、其他的行来说,与当前的这一行的数据完全一致。这样将数据 b 和 h 维度的长度自动扩展为 b 和 h,如图 4.8 所示。

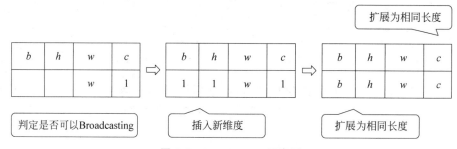

图 4.8　Broadcasting 示意图

通过 tf.broadcast_to(x, new_shape)函数可以显式地执行自动扩展功能,将现有 shape 扩张为 new_shape,实现如下:

```
In [87]:
A = tf.random.normal([32,1])              # 创建矩阵
tf.broadcast_to(A, [2,32,32,3])           # 扩展为四维张量
Out[87]:
< tf.Tensor: id = 13, shape = (2, 32, 32, 3), dtype = float32, numpy =
array([[[[ - 1.7571245 , - 1.7571245 , - 1.7571245 ],
        [ 1.580159 , 1.580159 , 1.580159 ],
        [ - 1.5324328 , - 1.5324328 , - 1.5324328 ],...
```

可以看到,在普适性原则的指导下,Broadcasting 机制变得直观、好理解,它的设计非常符合人的思维模式。

我们来考虑不满足普适性原则的例子,如图 4.9 所示。

在 c 维度上,张量已经有 2 个特征数据,新 shape 对应维度的长度为 $c(c \neq 2$,如 $c = 3$),那么当前维度上的这 2 个特征无法普适到其他位置,故不满足普适性原

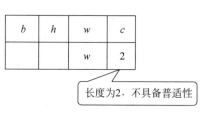

图 4.9　Broadcasting 失败案例

则,无法应用 Broadcasting 机制,将会触发错误,例如:

```
In [88]:
A = tf.random.normal([32,2])
tf.broadcast_to(A, [2,32,32,4])              # 不符合 Broadcasting 条件
Out[88]:
InvalidArgumentError: Incompatible shapes: [32,2] vs. [2,32,32,4] [Op:BroadcastTo]
```

在进行张量运算时,有些运算在处理不同 shape 的张量时,会隐式地自动调用 Broadcasting 机制,如十、一、*、/等运算,将参与运算的张量 Broadcasting 成一个公共 shape,再进行相应的计算。如图 4.10 所示,演示了 3 种不同 shape 下的张量 **A**、**B** 相加的例子。

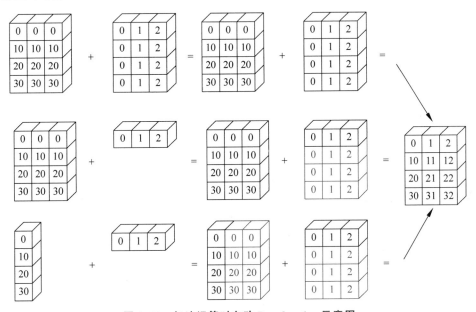

图 4.10 加法运算时自动 Broadcasting 示意图

简单测试基本运算符的自动 Broadcasting 机制,例如:

```
a = tf.random.normal([2,32,32,1])
b = tf.random.normal([32,32])
a+b,a-b,a*b,a/b                              # 测试加减乘除运算的 Broadcasting 机制
```

这些运算都能 Broadcasting 成[2,32,32,32]的公共 shape,再进行运算。熟练掌握并运用 Broadcasting 机制可以让代码更简洁,计算效率更高。

4.9 数学运算

前面的章节已经使用了基本的加、减、乘、除等基本数学运算函数,本节将系统地介绍 TensorFlow 中常见的数学运算函数。

4.9.1　加、减、乘、除运算

加、减、乘、除是最基本的数学运算，分别通过 tf. add、tf. subtract、tf. multiply、tf. divide 函数实现，TensorFlow 已经重载了＋、－、＊、/运算符，一般推荐直接使用运算符来完成加、减、乘、除运算。

整除和余除也是常见的运算之一，分别通过//和％运算符实现。下面来演示整除运算，例如：

```
In [89]:
a = tf.range(5)
b = tf.constant(2)
a//b                                # 整除运算
Out[89]:
< tf. Tensor: id = 115, shape = (5,), dtype = int32, numpy = array([0, 0, 1, 1, 2])>
```

余除运算，例如：

```
In [90]: a % b                      # 余除运算
Out[90]:
< tf. Tensor: id = 117, shape = (5,), dtype = int32, numpy = array([0, 1, 0, 1, 0])>
```

4.9.2　乘方运算

通过 tf. pow(x, a) 可以方便地完成 $y = x^a$ 的乘方运算，也可以通过运算符 ＊＊ 实现 $x ** a$ 运算，实现如下：

```
In [91]:
x = tf.range(4)
tf.pow(x,3)                         # 乘方运算
Out[91]:
< tf. Tensor: id = 124, shape = (4,), dtype = int32, numpy = array([ 0, 1, 8, 27])>
In [92]: x ** 2                     # 乘方运算符
Out[92]:
< tf. Tensor: id = 127, shape = (4,), dtype = int32, numpy = array([0, 1, 4, 9])>
```

设置指数为 $\dfrac{1}{a}$ 形式，即可实现 $\sqrt[a]{x}$ 根号运算，例如：

```
In [93]: x = tf.constant([1.,4.,9.])
x ** (0.5)                          # 平方根
Out[93]:
< tf. Tensor: id = 139, shape = (3,), dtype = float32, numpy = array([1., 2., 3.], dtype =
float32)>
```

特别地，对于常见的平方和平方根运算，可以使用 tf. square(x) 和 tf. sqrt(x) 实现。平方运

算实现如下：

```
In [94]:x = tf.range(5)
x = tf.cast(x, dtype = tf.float32)          # 转换为浮点数
x = tf.square(x)                            # 平方
Out[94]:
< tf.Tensor: id = 159, shape = (5,), dtype = float32, numpy = array([ 0., 1., 4., 9., 16.], dtype
= float32)>
```

平方根运算实现如下：

```
In [95]:tf.sqrt(x)                          # 平方根
Out[95]:
< tf.Tensor: id = 161, shape = (5,), dtype = float32, numpy = array([0., 1., 2., 3., 4.], dtype =
float32)>
```

4.9.3 指数和对数运算

通过 tf.pow(a，x)或者 ** 运算符也可以方便地实现指数运算 a^x，例如：

```
In [96]: x = tf.constant([1.,2.,3.])
2 ** x                                      # 指数运算
Out[96]:
< tf.Tensor: id = 179, shape = (3,), dtype = float32, numpy = array([2., 4., 8.], dtype =
float32)>
```

特别地，对于自然指数 e^x，可以通过 tf.exp(x)实现，例如：

```
In [97]: tf.exp(1.)                         # 自然指数运算
Out[97]:
< tf.Tensor: id = 182, shape = (), dtype = float32, numpy = 2.7182817 >
```

在 TensorFlow 中，自然对数 $\log_e x$ 可以通过 tf.math.log(x)实现，例如：

```
In [98]: x = tf.exp(3.)
tf.math.log(x)                              # 对数运算
Out[98]:
< tf.Tensor: id = 186, shape = (), dtype = float32, numpy = 3.0 >
```

如果希望计算其他底数的对数，可以根据对数的换底公式：

$$\log_a x = \frac{\log_e x}{\log_e a}$$

间接地通过 tf.math.log(x)实现。如计算 $\log_{10} x$ 可以通过 $\frac{\log_e x}{\log_e 10}$ 实现如下：

```
In [99]: x = tf.constant([1.,2.])
x = 10 ** x
```

```
tf.math.log(x)/tf.math.log(10.)              # 换底公式
Out[99]:
< tf.Tensor: id = 6, shape = (2,), dtype = float32, numpy = array([1., 2.], dtype = float32)>
```

实现起来相对烦琐，也许 TensorFlow 以后会推出任意底数的 log 函数。

4.9.4　矩阵相乘运算

　　神经网络中间包含了大量的矩阵相乘运算，前面已经介绍了通过@运算符可以方便地实现矩阵相乘，还可以通过 tf.matmul(a，b)函数实现。注意，TensorFlow 中的矩阵相乘可以使用批量方式，也就是张量 A 和 B 的维度数可以大于2。当张量 A 和 B 维度数大于2时，TensorFlow 会选择 A 和 B 的最后两个维度进行矩阵相乘，前面所有的维度都视作Batch 维度。

　　根据矩阵相乘的定义，A 和 B 能够矩阵相乘的条件是，A 的倒数第一个维度长度（列）和 B 的倒数第二个维度长度（行）必须相等。例如张量 a shape：[4,3,28,32]可以与张量 b shape：[4,3,32,2]进行矩阵相乘，代码如下：

```
In [100]:
a = tf.random.normal([4,3,28,32])
b = tf.random.normal([4,3,32,2])
a@b                                          # 批量形式的矩阵相乘
Out[100]:
< tf.Tensor: id = 236, shape = (4, 3, 28, 2), dtype = float32, numpy =
array([[[[ - 1.66706240e + 00, - 8.32602978e + 00],
        [ 9.83304405e + 00, 8.15909767e + 00],
        [ 6.31014729e + 00, 9.26124632e - 01], …
```

得到 shape 为[4,3,28,2]的结果。

　　矩阵相乘函数同样支持自动 Broadcasting 机制，例如：

```
In [101]:
a = tf.random.normal([4,28,32])
b = tf.random.normal([32,16])
tf.matmul(a,b)                               # 先自动扩展，再矩阵相乘
Out[101]:
< tf.Tensor: id = 264, shape = (4, 28, 16), dtype = float32, numpy =
array([[[ - 1.11323869e + 00, - 9.48194981e + 00, 6.48123884e + 00, …,
        6.53280640e + 00, - 3.10894990e + 00, 1.53050375e + 00],
       [ 4.35898495e + 00, - 1.03704405e + 01, 8.90656471e + 00, …,
```

上述运算自动将变量 b 扩展为公共 shape：[4,32,16]，再与变量 a 进行批量形式的矩阵相乘，得到结果的 shape 为[4,28,16]。

4.10 前向传播实战

到现在为止,已经介绍了如何创建张量、对张量进行索引切片、维度变换和常见的数学运算等操作。最后将利用已经学到的知识去完成三层神经网络的实现:

$$out = ReLU\{ReLU\{ReLU[\boldsymbol{X}@\boldsymbol{W}_1 + \boldsymbol{b}_1]@\boldsymbol{W}_2 + \boldsymbol{b}_2\}@\boldsymbol{W}_3 + \boldsymbol{b}_3\}$$

采用的数据集是 MNIST 手写数字图片集,输入节点数为784,第一层的输出节点数是256,第二层的输出节点数是128,第三层的输出节点数是10,也就是当前样本属于10类别的概率。

首先创建每个非线性层的 $\boldsymbol{W}$ 和 $\boldsymbol{b}$ 张量参数,代码如下:

```
# 每层的张量都需要被优化,故使用 Variable 类型,并使用截断的正态分布初始化权值张量
# 偏置向量初始化为 0 即可
# 第一层的参数
w1 = tf.Variable(tf.random.truncated_normal([784, 256], stddev = 0.1))
b1 = tf.Variable(tf.zeros([256]))
# 第二层的参数
w2 = tf.Variable(tf.random.truncated_normal([256, 128], stddev = 0.1))
b2 = tf.Variable(tf.zeros([128]))
# 第三层的参数
w3 = tf.Variable(tf.random.truncated_normal([128, 10], stddev = 0.1))
b3 = tf.Variable(tf.zeros([10]))
```

在前向计算时,首先将 shape 为$[b,28,28]$的输入张量的视图调整为$[b,784]$,即将每个图片的矩阵数据调整为向量特征,这样才适合于网络的输入格式:

```
# 改变视图,[b, 28, 28] => [b, 28 * 28]
x = tf.reshape(x, [ - 1, 28 * 28])
```

接下来完成第一个层的计算,这里显示地进行自动扩展操作:

```
# 第一层计算,[b, 784]@[784, 256] + [256] => [b, 256] + [256] => [b, 256] + [b, 256]
h1 = x@w1 + tf.broadcast_to(b1, [x.shape[0], 256])
h1 = tf.nn.relu(h1)                        # 通过激活函数
```

用同样的方法完成第二个和第三个非线性函数层的前向计算,输出层可以不使用 ReLU 激活函数:

```
# 第二层计算,[b, 256] => [b, 128]
h2 = h1@w2 + b2
h2 = tf.nn.relu(h2)
# 输出层计算,[b, 128] => [b, 10]
out = h2@w3 + b3
```

将真实的标注张量 $\boldsymbol{y}$ 转变为 One-hot 编码,并计算与 out 的均方差,代码如下:

```
# 计算网络输出与标签之间的均方差,mse = mean(sum(y - out)^2)
# [b, 10]
loss = tf.square(y_onehot - out)
# 误差标量,mean: scalar
loss = tf.reduce_mean(loss)
```

上述的前向计算过程都需要包裹在 with tf. GradientTape( ) as tape 上下文中,使得前向计算时能够保存计算图信息,方便自动求导操作。

通过 tape.gradient()函数求得网络参数到梯度信息,结果保存在 grads 列表变量中,实现如下:

```
# 自动梯度,需要求梯度的张量有[w1, b1, w2, b2, w3, b3]
grads = tape.gradient(loss, [w1, b1, w2, b2, w3, b3])
```

并按照

$$\theta' = \theta - \eta \cdot \frac{\partial \mathcal{L}}{\partial \theta}$$

来更新网络参数:

```
# 梯度更新,assign_sub 将当前值减去参数值,原地更新
w1.assign_sub(lr * grads[0])
b1.assign_sub(lr * grads[1])
w2.assign_sub(lr * grads[2])
b2.assign_sub(lr * grads[3])
w3.assign_sub(lr * grads[4])
b3.assign_sub(lr * grads[5])
```

其中 assign_sub()将自身减去给定的参数值,实现参数的原地(In-place)更新操作。网络训练误差值的变化曲线如图 4.11 所示。

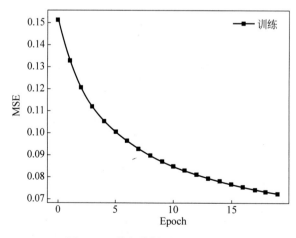

图 4.11　前向传播训练误差曲线

## 第 5 章

TensorFlow 进阶

> 人工智能将是谷歌的最终版本。它将成为终极搜索引擎,可以理解网络上的一切信息。它会准确地理解你想要什么,给你需要的东西。——拉里·佩奇

在介绍完张量的基本操作后,进一步学习张量的进阶操作,如张量的合并与分割、范数统计、张量填充、数据限幅等,并通过 MNIST 数据集的测试实战,来加深用户对 TensorFlow 张量操作的理解。

5.1 合并与分割

5.1.1 合并

合并是指将多个张量在某个维度上合并为一个张量。以某学校班级成绩册数据为例,设张量 A 保存了某学校 1~4 号班级的成绩册,每个班级 35 个学生,共 8 门科目成绩,则张量 A 的 shape 为[4,35,8];同样的方式,张量 B 保存了其他 6 个班级的成绩册,shape 为[6,35,8]。通过合并这 2 份成绩册,便可得到学校所有班级的成绩册,记为张量 C,shape 应为[10,35,8],其中,10 代表 10 个班级,35 代表 35 个学生,8 代表 8 门科目。这就是张量合并的意义所在。

张量的合并可以使用拼接(Concatenate)和堆叠(Stack)操作实现,拼接操作并不会产生新的维度,仅在现有的维度上合并,而堆叠会创建新维度。选择使用拼接还是堆叠操作来合并张量,取决于具体的场景是否需要创建新维度。

(1) **拼接**:在 TensorFlow 中,可以通过 tf. concat(tensors,axis)函数拼接张量,其中参数 tensors 保存了所有需要合并的张量 List,axis 参数指定需要合并的维度索引。回到上面的例子,在班级维度上合并成绩册,这里班级维度索引号为 0,即 axis=0,合并张量 A 和 B 的代码如下:

In [1]:

```
a = tf.random.normal([4,35,8])           # 模拟成绩册 A
b = tf.random.normal([6,35,8])           # 模拟成绩册 B
tf.concat([a,b],axis = 0)                # 拼接合并成绩册
Out[1]:
< tf.Tensor: id = 13,shape = (10,35,8),dtype = float32,numpy =
array([[[ 1.95299834e - 01,6.87859178e - 01, - 5.80048323e - 01,...,
         1.29430830e + 00,2.56610274e - 01, - 1.27798581e + 00],
       [ 4.29753691e - 01,9.11329567e - 01, - 4.47975427e - 01,...,
```

除了可以在班级维度上进行拼接合并,还可以在其他维度上拼接合并张量。考虑张量 A 保存了所有班级的所有学生的前 4 门科目成绩,shape 为 $[10,35,4]$,张量 B 保存了剩下的 4 门科目成绩,shape 为 $[10,35,4]$,则可以拼接合并 shape 为 $[10,35,8]$ 的总成绩册张量,实现如下:

```
In [2]:
a = tf.random.normal([10,35,4])
b = tf.random.normal([10,35,4])
tf.concat([a,b],axis = 2)                # 在科目维度上拼接
Out[2]:
< tf.Tensor: id = 28,shape = (10,35,8),dtype = float32,numpy =
array([[[ - 5.13509691e - 01, - 1.79707789e + 00,6.50747120e - 01,...,
         2.58447856e - 01,8.47878829e - 02,4.13468748e - 01],
       [ - 1.17108583e + 00,1.93961406e + 00,1.27830813e - 02,...,
```

从语法上来说,拼接合并操作可以在任意的维度上进行,唯一的约束是非合并维度的长度必须一致。例如 shape 为 $[4,32,8]$ 和 shape 为 $[6,35,8]$ 的张量不能直接在班级维度上进行合并,因为学生数量维度的长度并不一致,一个为 32,另一个为 35,例如:

```
In [3]:
a = tf.random.normal([4,32,8])
b = tf.random.normal([6,35,8])
tf.concat([a,b],axis = 0)                # 非法拼接,其他维度长度不相同
Out[3]:
InvalidArgumentError: ConcatOp: Dimensions of inputs should match: shape[0] = [4,32,8] vs.
shape[1] = [6,35,8] [Op:ConcatV2] name: concat
```

（2）**堆叠**：拼接操作直接在现有维度上合并数据,并不会创建新的维度。如果在合并数据时,希望创建一个新的维度,则需要使用 tf.stack 操作。考虑张量 A 保存了某个班级的成绩册,shape 为 $[35,8]$,张量 B 保存了另一个班级的成绩册,shape 为 $[35,8]$。合并这 2 个班级的数据时,则需要创建一个新维度,定义为班级维度,新维度可以选择放置在任意位置,一般根据大小维度的经验法则,将较大概念的班级维度放置在学生维度之前,则合并后的张量的新 shape 应为 $[2,35,8]$。

使用 tf.stack(tensors, axis) 可以堆叠方式合并多个张量,通过 tensors 列表表示,参数

axis 指定新维度插入的位置，axis 的用法与 tf. expand_dims 的一致，当 axis≥0 时，在 axis 之前插入新维度；当 axis<0 时，在 axis 之后插入新维度。例如 shape 为 $[b,c,h,w]$ 的张量，在不同位置通过 stack 操作插入新维度，axis 参数对应的插入位置设置如图 5.1 所示。

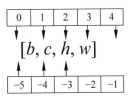

图 5.1　stack 插入维度位置

堆叠方式合并这 2 个班级成绩册，班级维度插入在 axis=0 位置，代码如下：

```
In [4]:
a = tf.random.normal([35,8])
b = tf.random.normal([35,8])
tf.stack([a,b],axis = 0)          # 堆叠合并为 2 个班级，班级维度插入在最前
Out[4]:
< tf.Tensor: id = 55,shape = (2,35,8),dtype = float32,numpy =
array([[[ 3.68728966e- 01, - 8.54765773e- 01, - 4.77824420e- 01,
          - 3.83714020e- 01, - 1.73216307e + 00,2.03872994e- 02,
          2.63810277e + 00, - 1.12998331e + 00],...
```

同样可以选择在其他位置插入新维度，例如，最末尾插入班级维度：

```
In [5]:
a = tf.random.normal([35,8])
b = tf.random.normal([35,8])
tf.stack([a,b],axis = - 1)        # 在末尾插入班级维度
Out[5]:
< tf.Tensor: id = 69,shape = (35,8,2),dtype = float32,numpy =
array([[[ 0.3456724 , - 1.7037214 ],
        [ 0.41140947, - 1.1554345 ],
        [ 1.8998919 ,0.56994915],...
```

此时班级的维度在 axis=2 轴上面，理解时也需要按最新的维度顺序代表的视图去理解数据。若选择使用 tf. concat 拼接合并上述成绩单，则可以合并为：

```
In [6]:
a = tf.random.normal([35,8])
b = tf.random.normal([35,8])
tf.concat([a,b],axis = 0)         # 拼接方式合并，没有 2 个班级的概念
Out[6]:
< tf.Tensor: id = 108,shape = (70,8),dtype = float32,numpy =
array([[ - 0.5516891 , - 1.5031327 , - 0.35369992,0.31304857,0.13965549,
         0.6696881 , - 0.50115544,0.15550546],
       [ 0.8622069 ,1.0188094 ,0.18977325,0.6353301 ,0.05809061,...
```

可以看到，tf. concat 也可以顺利合并数据，但是在理解时，需要按前 35 个学生来自第一个班级，后 35 个学生来自第二个班级的方式理解张量数据。对这个例子，明显通过 tf. stack

方式创建新维度的方式更合理,得到的 shape 为 [2,35,8] 的张量也更容易理解。

tf. stack 也需要满足张量堆叠合并条件,它需要所有待合并的张量 shape 完全一致才可合并。来看张量 shape 不一致时进行堆叠合并发生的错误,例如:

```
In [7]:
a = tf.random.normal([35,4])
b = tf.random.normal([35,8])
tf.stack([a,b],axis = -1)        # 非法堆叠操作,张量 shape 不相同
Out[7]:
InvalidArgumentError: Shapes of all inputs must match: values[0].shape = [35,4] != values[1].
shape = [35,8] [Op:Pack] name: stack
```

上述操作尝试合并 shape 为 [35,4] 和 [35,8] 的 2 个张量,由于两者形状不一致,无法完成合并操作。

5.1.2 分割

合并操作的逆过程就是分割,将一个张量分拆为多个张量。继续考虑成绩册的例子,得到整个学校的成绩册张量,shape 为 [10,35,8],现在需要将数据在班级维度切割为 10 个张量,每个张量保存了对应班级的成绩册数据。

通过 tf. split(x, num_or_size_splits,axis) 可以完成张量的分割操作,参数意义如下:

❑ x 参数:待分割张量。

❑ num_or_size_splits 参数:切割方案。当 num_or_size_splits 为单个数值时,如 10,表示等长切割为 10 份;当 num_or_size_splits 为 List 时,List 的每个元素表示每份的长度,如[2,4,2,2]表示切割为 4 份,每份的长度依次是 2、4、2、2。

❑ axis 参数:指定分割的维度索引号。

现在将总成绩册张量切割为 10 份,代码如下:

```
In [8]:
x = tf.random.normal([10,35,8])
# 等长切割为 10 份
result = tf.split(x,num_or_size_splits = 10,axis = 0)
len(result)                      # 返回的列表为 10 个张量的列表
Out[8]: 10
```

可以查看切割后的某个张量的形状,它应是某个班级的所有成绩册数据,shape 为 [35,8],例如:

```
In [9]: result[0]                # 查看第一个班级的成绩册张量
Out[9]: < tf.Tensor: id = 136,shape = (1,35,8),dtype = float32,numpy =
array([[[ -1.7786729 ,0.2970506 ,0.02983334,1.3970423 ,
          1.315918 , -0.79110134, -0.8501629 , -1.5549672 ],
        [ 0.5398711 ,0.21478991, -0.08685189,0.7730989 , ...
```

可以看到,切割后的班级 shape 为 $[1,35,8]$,仍保留了班级维度,这一点需要注意。

来进行不等长的切割,例如,将数据切割为 4 份,每份长度分别为 $[4,2,2,2]$,实现如下:

```
In [10]: x = tf.random.normal([10,35,8])
# 自定义长度的切割,切割为 4 份,返回 4 个张量的列表 result
result = tf.split(x,num_or_size_splits = [4,2,2,2],axis = 0)
len(result)
Out[10]: 4
```

查看第一个张量的 shape,根据切割方案,它应该包含了 4 个班级的成绩册,shape 应为 $[4,35,8]$,验证一下:

```
In [10]: result[0]
Out[10]: < tf.Tensor: id = 155,shape = (4,35,8),dtype = float32,numpy =
array([[[ − 6.95693314e − 01,3.01393479e − 01,1.33964568e − 01,...,
```

特别地,如果希望在某个维度上全部按长度为 1 的方式分割,还可以使用 tf.unstack(x,axis)函数。这种方式是 tf.split 的一种特殊情况,切割长度固定为 1,只需要指定切割维度的索引号即可。例如,将总成绩册张量在班级维度进行 unstack 操作:

```
In [11]: x = tf.random.normal([10,35,8])
result = tf.unstack(x,axis = 0)        # unstack 是长度为 1 的张量
len(result)                            # 返回 10 个张量的列表
Out[11]: 10
```

查看切割后的张量的形状:

```
In [12]: result[0]                     # 第一个班级
Out[12]: < tf.Tensor: id = 166,shape = (35,8),dtype = float32,numpy =
array([[ − 0.2034383 ,1.1851563 ,0.25327438, − 0.10160723,2.094969 ,
          − 0.8571669 , − 0.48985648,0.55798006],...
```

可以看到,通过 tf.unstack 切割后,shape 变为 $[35,8]$,即班级维度消失了,这也是与 tf.split 区别之处。

5.2　数据统计

在神经网络的计算过程中,经常需要统计数据的各种属性,如最值、最值位置、均值、范数等信息。由于张量通常较大,直接观察数据很难获得有用信息,通过获取这些张量的统计信息可以较轻松地推测张量数值的分布。

5.2.1　向量范数

向量范数(Vector Norm)是表征向量"长度"的一种度量方法,它可以推广到张量上。

在神经网络中,常用来表示张量的权值大小、梯度大小等。常用的向量范数如下:

❑ L1 范数,定义为向量 $\boldsymbol{x}$ 的所有元素绝对值之和:

$$\|\boldsymbol{x}\|_1 = \sum_i |x_i|$$

❑ L2 范数,定义为向量 $\boldsymbol{x}$ 的所有元素的平方和,再开根号:

$$\|\boldsymbol{x}\|_2 = \sqrt{\sum_i |x_i|^2}$$

❑ ∞-范数,定义为向量 $\boldsymbol{x}$ 的所有元素绝对值的最大值:

$$\|\boldsymbol{x}\|_\infty = \max_i(|x_i|)$$

对于矩阵和张量,同样可以利用向量范数的计算公式,等价于将矩阵和张量打平成向量后计算。

在 TensorFlow 中,可以通过 tf.norm(x, ord)求解张量的 L1、L2、∞等范数,其中参数 ord 指定为 1、2 时计算 L1、L2 范数,指定为 np.inf 时计算∞范数,例如:

```
In [13]: x = tf.ones([2,2])
tf.norm(x,ord = 1)                    # 计算 L1 范数
Out[13]: < tf.Tensor: id = 183,shape = (),dtype = float32,numpy = 4.0 >
In [14]: tf.norm(x,ord = 2)           # 计算 L2 范数
Out[14]: < tf.Tensor: id = 189,shape = (),dtype = float32,numpy = 2.0 >
In [15]: import numpy as np
tf.norm(x,ord = np.inf)               # 计算 ∞ 范数
Out[15]: < tf.Tensor: id = 194,shape = (),dtype = float32,numpy = 1.0 >
```

5.2.2 最值、均值、和

通过 tf.reduce_max、tf.reduce_min、tf.reduce_mean、tf.reduce_sum 函数可以求解张量在某个维度上的最大、最小、均值、和,也可以求全局最大、最小、均值和信息。

考虑 shape 为 [4,10] 的张量,其中,第一个维度代表样本数量,第二个维度代表当前样本分别属于 10 个类别的概率,需要求出每个样本的概率最大值为,可以通过 tf.reduce_max 函数实现:

```
In [16]: x = tf.random.normal([4,10])      # 模型生成概率
tf.reduce_max(x,axis = 1)                  # 统计概率维度上的最大值
Out[16]:< tf.Tensor: id = 203,shape = (4,),dtype = float32,numpy
= array([1.2410722 ,0.88495886,1.4170984 ,0.9550192 ],dtype = float32)>
```

返回长度为 4 的向量,分别代表每个样本的最大概率值。同样求出每个样本概率的最小值,实现如下:

```
In [17]: tf.reduce_min(x,axis = 1)         # 统计概率维度上的最小值
Out[17]:< tf.Tensor: id = 206,shape = (4,),dtype = float32,numpy
= array([ - 0.27862206, - 2.4480672 , - 1.9983795 , - 1.5287997 ],dtype = float32)>
```

求出每个样本概率的均值,实现如下:

```
In [18]: tf.reduce_mean(x,axis = 1)          # 统计概率维度上的均值
Out[18]:< tf.Tensor: id = 209,shape = (4,),dtype = float32,numpy
 = array([ 0.39526337, - 0.17684573, - 0.148988 , - 0.43544054],dtype = float32)>
```

当不指定 axis 参数时,tf.reduce_ * 函数会求解出全局元素的最大、最小、均值、和等数据,例如:

```
In [19]:x = tf.random.normal([4,10])
# 统计全局的最大、最小、值、和,返回的张量均为标量
tf.reduce_max(x),tf.reduce_min(x),tf.reduce_mean(x)
Out [19]: (< tf.Tensor: id = 218,shape = (),dtype = float32,numpy = 1.8653786 >,
< tf.Tensor: id = 220,shape = (),dtype = float32,numpy = - 1.9751656 >,
< tf.Tensor: id = 222,shape = (),dtype = float32,numpy = 0.014772797 >)
```

在求解误差函数时,通过 TensorFlow 的 MSE 误差函数可以求得每个样本的误差,需要计算样本的平均误差,此时可以通过 tf.reduce_mean 在样本数维度上计算均值,实现如下:

```
In [20]:
out = tf.random.normal([4,10])          # 模拟网络预测输出
y = tf.constant([1,2,2,0])               # 模拟真实标签
y = tf.one_hot(y,depth = 10)             # One – hot 编码
loss = keras.losses.mse(y,out)           # 计算每个样本的误差
loss = tf.reduce_mean(loss)              # 平均误差,在样本数维度上取均值
loss  # 误差标量
Out[20]:
< tf.Tensor: id = 241,shape = (),dtype = float32,numpy = 1.1921183 >
```

与均值函数相似的是求和函数 tf.reduce_sum(x,axis),它可以求解张量在 axis 轴上所有特征的和:

```
In [21]:out = tf.random.normal([4,10])
tf.reduce_sum(out,axis = - 1)          # 求最后一个维度的和
Out[21]:< tf. Tensor: id = 303, shape = (4,), dtype = float32, numpy = array([ - 0.588144 , 2.
2382064,2.1582587,4.962141 ],dtype = float32)>
```

除了希望获取张量的最值信息,还希望获得最值所在的位置索引号,例如分类任务的标签预测,就需要知道概率最大值所在的位置索引号,一般把这个位置索引号作为预测类别。考虑 10 分类问题,得到神经网络的输出张量 out,shape 为 [2,10],代表了 2 个样本属于 10 个类别的概率,由于元素的位置索引代表了当前样本属于此类别的概率,预测时往往会选择概率值最大的元素所在的索引号作为样本类别的预测值,例如:

```
In [22]:out = tf.random.normal([2,10])
out = tf.nn.softmax(out,axis = 1)          # 通过 softmax 函数转换为概率值
```

```
out
Out[22]:< tf. Tensor: id = 257, shape = (2,10), dtype = float32, numpy =
array([[0.18773547, 0.1510464 , 0.09431915, 0.13652141, 0.06579739,
        0.02033597, 0.06067333, 0.0666793 , 0.14594753, 0.07094406],
       [0.5092072 , 0.03887136, 0.0390687 , 0.01911005, 0.03850609,
        0.03442522, 0.08060656, 0.10171875, 0.08244187, 0.05604421]],
      dtype = float32)>
```

以第一个样本为例,可以看到,它概率最大的索引为 $i = 0$,最大概率值为 0.1877。由于每个索引号上的概率值代表了样本属于此索引号的类别的概率,因此第一个样本属于 0 类的概率最大,在预测时考虑第一个样本应该最有可能属于类别 0。这就是需要求解最大值的索引号的一个典型应用。

通过 tf. argmax(x, axis) 和 tf. argmin(x, axis) 可以求解在 axis 轴上,x 的最大值、最小值所在的索引号,例如:

```
In [23]:pred = tf.argmax(out, axis = 1)          # 选取概率最大的位置
pred
Out[23]:< tf. Tensor: id = 262, shape = (2, ), dtype = int64, numpy = array([0,0], dtype = int64)>
```

可以看到,这 2 个样本概率最大值都出现在索引 0 上,因此最有可能都是类别 0,可以将类别 0 作为这 2 个样本的预测类别。

5.3　张量比较

为了计算分类任务的准确率等指标,一般需要将预测结果和真实标签比较,统计比较结果中正确的数量来计算准确率。考虑 100 个样本的预测结果,通过 tf. argmax 获取预测类别,实现如下:

```
In [24]:out = tf. random. normal([100,10])
out = tf. nn. softmax(out, axis = 1)          # 输出转换为概率
pred = tf. argmax(out, axis = 1)              # 计算预测值
Out[24]:< tf. Tensor: id = 272, shape = (100, ), dtype = int64, numpy =
array([0,6,4,3,6,8,6,3,7,9,5,7,3,7,1,5,6,1,2,9,0,6,
       5,4,9,5,6,4,6,0,8,4,7,3,4,7,4,1,2,4,9,4,...
```

变量 pred 保存了这 100 个样本的预测类别值,与这 100 个样本的真实标签比较,例如:

```
In [25]:                                       # 模型生成真实标签
y = tf. random. uniform([100], dtype = tf. int64, maxval = 10)
Out[25]:< tf. Tensor: id = 281, shape = (100, ), dtype = int64, numpy =
array([0,9,8,4,9,7,2,7,6,7,3,4,2,6,5,0,9,4,5,8,4,2,
       5,5,5,3,8,5,2,0,3,6,0,7,1,1,7,0,6,1,2,1,3,...
```

即可获得代表每个样本是否预测正确的布尔类型张量。通过 tf.equal(a，b)(或 tf.math. equal(a，b)，两者等价)函数可以比较这 2 个张量是否相等，例如：

```
In [26]:out = tf.equal(pred, y)              # 预测值与真实值比较,返回布尔类型的张量
Out[26]:< tf.Tensor: id = 288, shape = (100, ), dtype = bool, numpy =
array([False, False, False, False, True, False, False, False, False,
        False, False, False, False, False, True, False, False, True, ...
```

tf.equal()函数返回布尔类型的张量比较结果，只需要统计张量中 True 元素的个数，即可知道预测正确的个数。为了达到这个目的，先将布尔类型转换为整型张量，即 True 对应为 1，False 对应为 0，再求和其中 1 的个数，就可以得到比较结果中 True 元素的个数：

```
In [27]:out = tf.cast(out, dtype = tf.float32)       # 布尔型转 int 型
correct = tf.reduce_sum(out)                          # 统计 True 的个数
Out[27]:< tf.Tensor: id = 293, shape = (), dtype = float32, numpy = 12.0 >
```

可以看到，随机产生的预测数据中预测正确的个数是 12，因此它的准确度是

$$\text{accuracy} = \frac{12}{100} = 12\%$$

这也是随机预测模型的正常水平。

除了比较相等的 tf.equal(a，b)函数，其他的比较函数用法类似，如表 5.1 所示。

表 5.1　常用比较函数总结

函　　数	比　较　逻　辑	函　　数	比　较　逻　辑
tf.math.greater	$a > b$	tf.math.less_equal	$a \leqslant b$
tf.math.less	$a < b$	tf.math.not_equal	$a \neq b$
tf.math.greater_equal	$a \geqslant b$	tf.math.is_nan	$a = \text{nan}$

5.4　填充与复制

5.4.1　填充

对于图片数据的高和宽、序列信号的长度，维度长度可能各不相同。为了方便网络的并行计算，需要将不同长度的数据扩张为相同长度，之前介绍了通过复制的方式可以增加数据的长度，但是重复复制数据会破坏原有的数据结构，并不适合于此处。通常的做法是，在需要补充长度的数据开始或结束处填充足够数量的特定数值，这些特定数值一般代表了无效意义，例如 0，使得填充后的长度满足系统要求。那么这种操作就称为填充(Padding)。

考虑两个句子张量，每个单词使用数字编码方式表示，如 1 代表 I，2 代表 like 等。第一个句子为：

"I like the weather today."

假设句子数字编码为：$[1,2,3,4,5,6]$，第二个句子为：

"So do I."

它的编码为$[7,8,1,6]$。为了能够保存在同一个张量中，需要将这两个句子的长度保持一致，也就是说，需要将第二个句子的长度扩充为 6。常见的填充方案是在句子末尾填充若干数量的 0，变成：

$$[7,8,1,6,0,0]$$

此时这两个句子可堆叠合并 shape 为 $[2,6]$ 的张量。

填充操作可以通过 tf. pad(x, paddings) 函数实现，参数 paddings 是包含了多个 $[LeftPadding, RightPadding]$ 的嵌套方案 List，如$[[0,0],[2,1],[1,2]]$表示第一个维度不填充，第二个维度左边（起始处）填充两个单元，右边（结束处）填充一个单元，第三个维度左边填充一个单元，右边填充两个单元。考虑上述两个句子的例子，需要在第二个句子的第一个维度的右边填充 2 个单元，则 paddings 方案为$[[0,2]]$：

```
In [28]:a = tf.constant([1,2,3,4,5,6])      # 第一个句子
b = tf.constant([7,8,1,6])                  # 第二个句子
b = tf.pad(b,[[0,2]])                       # 句子末尾填充 2 个 0
b                                           # 填充后的结果
Out[28]:<tf.Tensor: id = 3,shape = (6,),dtype = int32,numpy = array([7,8,1,6,0,0])>
```

填充后句子张量形状一致，再将这两个句子 stack 在一起，代码如下：

```
In [29]:tf.stack([a,b],axis = 0)           # 堆叠合并,创建句子数维度
Out[29]:<tf.Tensor: id = 5,shape = (2,6),dtype = int32,numpy =
array([[1,2,3,4,5,6],
       [7,8,1,6,0,0]])>
```

在自然语言处理中，需要加载不同句子长度的数据集，有些句子长度较小，如仅 10 个单词，部分句子长度较长，如超过 100 个单词。为了能够保存在同一张量中，一般会选取能够覆盖大部分句子长度的阈值，如 80 个单词。对小于 80 个单词的句子，在末尾填充相应数量的 0；对大于 80 个单词的句子，截断超过规定长度的部分单词。以 IMDB 数据集的加载为例，来演示如何将不等长的句子变换为等长结构，代码如下：

```
In [30]:total_words = 10000                 # 设定词汇量大小
max_review_len = 80                         # 最大句子长度
embedding_len = 100                         # 词向量长度
# 加载 IMDB 数据集
(x_train,y_train),(x_test,y_test) = keras. datasets. imdb. load_data(num_words = total_words)
# 将句子填充或截断到相同长度,设置为末尾填充和末尾截断方式
x_train = keras. preprocessing. sequence. pad_sequences(x_train, maxlen = max_review_len,
truncating = 'post',padding = 'post')
x_test = keras. preprocessing. sequence. pad_sequences(x_test, maxlen = max_review_len,
truncating = 'post',padding = 'post')
```

```
print(x_train.shape,x_test.shape)          # 打印等长的句子张量形状
Out[30]: (25000,80) (25000,80)
```

上述代码中,将句子的最大长度 max_review_len 设置为 80 个单词,通过 keras. preprocessing.sequence.pad_sequences 函数可以快速完成句子的填充和截断工作,以其中某个句子为例,观察其变换后的向量内容:

```
[   1  778  128    74  12  630  163  15    4 1766  7982 1051    2  32
    85  156   45    40 148  139  121 664  665   10    10 1361  173   4
   749    2   16  3804   8    4  226  65   12   43   127   24    2  10
    10    0    0     0   0    0    0   0    0    0     0    0    0   0
     0    0    0     0   0    0    0   0    0    0     0    0    0   0
     0    0    0     0   0    0    0   0    0    0]
```

可以看到在句子末尾填充了若干数量的 0,使得句子的长度刚好为 80。实际上,也可以选择当句子长度不够时,在句子前面填充 0;句子长度过长时,截断句首的单词。经过处理后,所有的句子长度都变为 80,从而训练集可以统一保存在 shape 为 [25000,80] 的张量中,测试集可以保存在 shape 为 [25000,80] 的张量中。

下面介绍同时在多个维度进行填充的例子。考虑对图片的高宽维度进行填充,以 28×28 大小的图片数据为例,如果网络层所接受的数据高宽为 32×32,则必须将 28×28 大小填充到 32×32,可以选择在图片矩阵的上、下、左、右方向各填充 2 个单元,如图 5.2 所示。

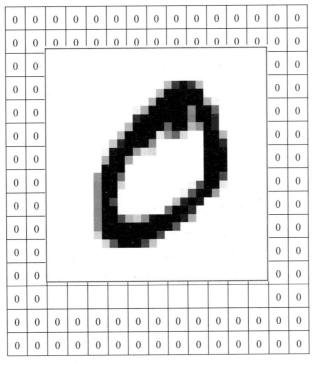

图 5.2 图片填充

上述填充方案可以表达为[[0,0],[2,2],[2,2],[0,0]]，实现如下：

```
In [31]:
x = tf.random.normal([4,28,28,1])
# 图片上下、左右各填充 2 个单元
tf.pad(x,[[0,0],[2,2],[2,2],[0,0]])
Out[31]:
< tf.Tensor: id = 16, shape = (4,32,32,1), dtype = float32, numpy =
array([[[[ 0.        ],
         [ 0.        ],
         [ 0.        ],...
```

通过填充操作后，图片的大小变为 32×32，满足神经网络的输入要求。

5.4.2　复制

在 4.7 节，就介绍了通过 tf.tile()函数实现长度为 1 的维度复制的功能。tf.tile()函数除了可以对长度为 1 的维度进行复制若干份，还可以对任意长度的维度进行复制若干份，进行复制时会根据原来的数据次序重复复制。由于前面已经介绍过，此处仅做简单回顾。

通过 tf.tile()函数可以在任意维度将数据重复复制多份，如 shape 为 [4,32,32,3] 的数据，复制方案为 multiples=[2,3,3,1]，即通道数据不复制，高和宽方向分别复制 2 份，图片数再复制 1 份，实现如下：

```
In [32]:x = tf.random.normal([4,32,32,3])
tf.tile(x,[2,3,3,1])                        # 数据复制
Out[32]:< tf.Tensor: id = 25, shape = (8,96,96,3), dtype = float32, numpy =
array([[[[ 1.20957184e + 00, 2.82766962e + 00, 1.65782201e + 00],
         [ 3.85402292e - 01, 2.00732923e + 00, - 2.79068202e - 01],
         [ - 2.52583921e - 01, 7.82584965e - 01, 7.56870627e - 01],...
```

5.5　数据限幅

考虑怎么实现非线性激活函数 ReLU 的问题。它其实可以通过简单的数据限幅运算实现，限制元素的范围为 $x \in [0, +\infty)$ 即可。

在 TensorFlow 中，可以通过 tf.maximum(x, a)实现数据的下限幅，即 $x \in [a, +\infty)$；可以通过 tf.minimum(x, a)实现数据的上限幅，即 $x \in (-\infty, a]$，举例如下：

```
In [33]:x = tf.range(9)
tf.maximum(x,2)                             # 下限幅到 2
Out[33]:< tf.Tensor: id = 48, shape = (9,), dtype = int32, numpy = array([2,2,2,3,4,5,6,7,8])>
In [34]:tf.minimum(x,7)                     # 上限幅到 7
Out[34]:< tf.Tensor: id = 41, shape = (9,), dtype = int32, numpy = array([0,1,2,3,4,5,6,7,7])>
```

基于 tf. maximum 函数,可以实现 ReLU 函数如下:

```
def relu(x):                                 # ReLU 函数
return tf.maximum(x,0.)                       # 下限幅为 0 即可
```

通过组合 tf. maximum(x, a)和 tf. minimum(x, b)可以实现同时对数据的上下边界限幅,即 $x \in [a,b]$,例如:

```
In [35]:x = tf.range(9)
tf.minimum(tf.maximum(x,2),7)                # 限幅为 2~7
Out[35]:< tf.Tensor: id = 57, shape = (9,), dtype = int32, numpy = array([2,2,2,3,4,5,6,7,7])>
```

更方便地,可以使用 tf. clip_by_value 函数实现上下限幅:

```
In [36]:x = tf.range(9)
tf.clip_by_value(x,2,7)                       # 限幅为 2~7
Out[36]:< tf.Tensor: id = 66, shape = (9,), dtype = int32, numpy = array([2,2,2,3,4,5,6,7,7])>
```

5.6　高级操作

上述介绍的操作函数大部分都是常用并且容易理解的,接下来将介绍部分常用,但是稍复杂的功能函数。

5.6.1　tf. gather

tf. gather 可以实现根据索引号收集数据的目的。考虑班级成绩册的例子,假设共有 4 个班级,每个班级 35 个学生,8 门科目,保存成绩册的张量 shape 为 [4,35,8]。

```
x = tf.random.uniform([4,35,8],maxval = 100,dtype = tf.int32)     # 成绩册张量
```

现在需要收集第 1~2 个班级的成绩册,可以给定需要收集班级的索引号 [0,1],并指定班级的维度 axis＝0,通过 tf. gather 函数收集数据,代码如下:

```
In [38]:tf.gather(x,[0,1],axis = 0)                # 在班级维度收集第 1~2 号班级成绩册
Out[38]:< tf.Tensor: id = 83, shape = (2,35,8), dtype = int32, numpy =
array([[[43,10,93,85,75,87,28,19],
        [52,17,44,88,82,54,16,65],
        [98,26,1,47,59,3,59,70],...
```

实际上,对于上述需求,通过切片 $x[:2]$ 可以更加方便地实现。但是对于不规则的索引方式,例如,需要抽查所有班级的第 1、4、9、12、13、27 号同学的成绩数据,则切片方式实现起来非常麻烦,而 tf. gather 则是针对于此需求设计的,使用起来更加方便,实现如下:

```
In [39]:                                     # 收集第 1,4,9,12,13,27 号同学成绩
tf.gather(x,[0,3,8,11,12,26],axis = 1)
```

```
Out[39]:< tf.Tensor: id = 87, shape = (4,6,8), dtype = int32, numpy =
array([[[43,10,93,85,75,87,28,19],
        [74,11,25,64,84,89,79,85],...
```

如果需要收集所有同学的第 3 和第 5 门科目的成绩,则可以指定科目维度 $axis = 2$,实现如下:

```
In [40]:tf.gather(x,[2,4],axis = 2)              ♯ 第3,5科目的成绩
Out[40]:< tf.Tensor: id = 91, shape = (4,35,2), dtype = int32, numpy =
array([[[93,75],
        [44,82],
        [ 1,59],...
```

可以看到,tf. gather 非常适合索引号没有规则的场合,其中索引号可以乱序排列,此时收集的数据也是对应顺序,例如:

```
In [41]:a = tf.range(8)
a = tf.reshape(a,[4,2])                          ♯ 生成张量 a
Out[41]:< tf.Tensor: id = 115, shape = (4,2), dtype = int32, numpy =
array([[0,1],
        [2,3],
        [4,5],
        [6,7]])>
In [42]:tf.gather(a,[3,1,0,2],axis = 0)          ♯ 收集第4,2,1,3 号元素
Out[42]:< tf.Tensor: id = 119, shape = (4,2), dtype = int32, numpy =
array([[6,7],
        [2,3],
        [0,1],
        [4,5]])>
```

将问题变得稍微复杂一点。如果希望抽查第 $[2,3]$ 班级的第 $[3,4,6,27]$ 号同学的科目成绩,则可以通过组合多个 tf. gather 实现。首先抽出第 $[2,3]$ 班级,实现如下:

```
In [43]:
students = tf.gather(x,[1,2],axis = 0)           ♯ 收集第 2,3 号班级
Out[43]:< tf.Tensor: id = 227, shape = (2,35,8), dtype = int32, numpy =
array([[[ 0,62,99,7,66,56,95,98],...
```

再从这 2 个班级的同学中提取对应学生成绩,代码如下:

```
In [44]:                                         ♯ 基于 students 张量继续收集
tf.gather(students,[2,3,5,26],axis = 1)          ♯ 收集第 3,4,6,27 号同学
Out[44]:< tf.Tensor: id = 231, shape = (2,4,8), dtype = int32, numpy =
array([[[69,67,93,2,31,5,66,65],...
```

此时得到这 2 个班级 4 个同学的成绩张量,shape 为 $[2,4,8]$。

继续将问题进一步复杂化。这次希望抽查第 2 个班级的第 2 个同学的所有科目,第 3 个班级的第 3 个同学的所有科目,第 4 个班级的第 4 个同学的所有科目。

可以通过笨方式,一个个地手动提取数据。首先提取第一个采样点的数据 $x[1,1]$,可得到 8 门科目的数据向量:

```
In [45]: x[1,1]                              # 收集第 2 个班级的第 2 个同学
Out[45]:< tf.Tensor: id = 236,shape = (8,),dtype = int32,numpy = array([45,34,99,17,3,
1,43,86])>
```

再串行提取第二个采样点的数据 $x[2,2]$,以及第三个采样点的数据 $x[3,3]$,最后通过 stack 方式合并采样结果,实现如下:

```
In [46]: tf.stack([x[1,1],x[2,2],x[3,3]],axis = 0)
Out[46]:< tf.Tensor: id = 250,shape = (3,8),dtype = int32,numpy =
array([[45,34,99,17,3,1,43,86],
       [11,25,84,95,97,95,69,69],
       [ 0,89,52,29,76,7,2,98]])>
```

这种方法也能正确地得到 shape 为 $[3,8]$ 的结果,其中 3 表示采样点的个数,8 表示每个采样点的特征数据的长度。但是它最大的问题在于用手动串行方式地执行采样,计算效率极低。可以采用 tf.gather_nd 来实现。

5.6.2　tf.gather_nd

通过 tf.gather_nd 函数,可以指定每次采样点的多维坐标来实现采样多个点的目的。回到上面的挑战,希望抽查第 2 个班级的第 2 个同学的所有科目,第 3 个班级的第 3 个同学的所有科目,第 4 个班级的第 4 个同学的所有科目。那么这 3 个采样点的索引坐标可以记为 $[1,1]$、$[2,2]$、$[3,3]$,将这个采样方案合并为一个 List 参数,即$[[1,1],[2,2],[3,3]]$,通过 tf.gather_nd 函数即可实现如下:

```
In [47]:                                     # 根据多维坐标收集数据
tf.gather_nd(x,[[1,1],[2,2],[3,3]])
Out[47]:< tf.Tensor: id = 256,shape = (3,8),dtype = int32,numpy =
array([[45,34,99,17,3,1,43,86],
       [11,25,84,95,97,95,69,69],
       [ 0,89,52,29,76,7,2,98]])>
```

可以看到,结果与串行采样方式完全一致,实现更加简洁,计算效率大大提升。

一般地,在使用 tf.gather_nd 采样多个样本时,例如希望采样 i 号班级,j 个学生,k 门科目的成绩,则可以表达为$[\cdots,[i,j,k],\cdots]$,外层的括号长度为采样样本的个数,内层列表包含了每个采样点的索引坐标,例如:

```
In [48]:                                     # 根据多维度坐标收集数据
tf.gather_nd(x,[[1,1,2],[2,2,3],[3,3,4]])
Out[48]:< tf.Tensor: id = 259,shape = (3,),dtype = int32,numpy = array([99,95,76])>
```

上述代码中,抽出了班级1的学生1的科目2、班级2的学生2的科目3、班级3的学生3的科目4的成绩,共有3个成绩数据,结果汇总为一个 shape 为 [3] 的张量。

5.6.3　tf. boolean_mask

除了可以通过给定索引号的方式采样,还可以通过给定掩码(Mask)的方式进行采样。继续以 shape 为 [4,35,8] 的成绩册张量为例,这次以掩码方式进行数据提取。

考虑在班级维度上进行采样,对这4个班级的采样方案的掩码为:
$$mask=[True,False,False,True]$$
即采样第1和第4个班级的数据,通过 tf. boolean_mask(x, mask, axis) 可以在 axis 轴上根据 mask 方案进行采样,实现为:

```
In [49]:                              # 根据掩码方式采样班级,给出掩码和维度索引
tf. boolean_mask(x, mask = [True, False, False, True], axis = 0)
Out[49]:< tf. Tensor: id = 288, shape = (2, 35, 8), dtype = int32, numpy =
array([[[43, 10, 93, 85, 75, 87, 28, 19],...
```

注意掩码的长度必须与对应维度的长度一致,如在班级维度上采样,则必须对这4个班级是否采样的掩码全部指定,掩码长度为4。

如果对8门科目进行掩码采样,设掩码采样方案为:
$$mask=[True,False,False,True,True,False,False,True]$$
即采样第1、4、5、8门科目,则可以实现为:

```
In [50]:                              # 根据掩码方式采样科目
tf. boolean_mask(x, mask = [True, False, False, True, True, False, False, True], axis = 2)
Out[50]:< tf. Tensor: id = 318, shape = (4, 35, 4), dtype = int32, numpy =
array([[[43, 85, 75, 19],...
```

不难发现,这里的 tf. boolean_mask 的用法其实与 tf. gather 非常类似,只不过一个通过掩码方式采样,一个直接给出索引号采样。

现在来考虑与 tf. gather_nd 类似的多维掩码采样方式。为了方便演示,将班级数量减少到2个,学生的数量减少到3个,即一个班级只有3个学生,shape 为 [2,3,8]。如果希望采样第1个班级的第1~2号学生,第2个班级的第2~3号学生,通过 tf. gather_nd 可以实现为:

```
In [51]:x = tf. random. uniform([2, 3, 8], maxval = 100, dtype = tf. int32)
tf. gather_nd(x, [[0, 0], [0, 1], [1, 1], [1, 2]])      # 多维坐标采集
Out[51]:< tf. Tensor: id = 325, shape = (4, 8), dtype = int32, numpy =
array([[52, 81, 78, 21, 50, 6, 68, 19],
       [53, 70, 62, 12, 7, 68, 36, 84],
       [62, 30, 52, 60, 10, 93, 33, 6],
       [97, 92, 59, 87, 86, 49, 47, 11]])>
```

共采样 4 个学生的成绩,shape 为 [4,8]。

如果用掩码方式,可以表达为如表 5.2 所示,行为每个班级,列为每个学生,表中数据表达了对应位置的采样情况。

表 5.2 成绩册掩码采样方案

	学生 0	学生 1	学生 2
班级 0	True	True	False
班级 1	False	True	True

因此,通过这张表,就能很好地表征利用掩码方式的采样方案,代码实现如下:

```
In [52]:                                      # 多维掩码采样
tf.boolean_mask(x,[[True,True,False],[False,True,True]])
Out[52]:< tf.Tensor: id = 354,shape = (4,8),dtype = int32,numpy =
array([[52,81,78,21,50,6,68,19],
       [53,70,62,12,7,68,36,84],
       [62,30,52,60,10,93,33,6],
       [97,92,59,87,86,49,47,11]])>
```

采样结果与 tf.gather_nd 完全一致。可见 tf.boolean_mask 既可以实现 tf.gather 方式的一维掩码采样,又可以实现 tf.gather_nd 方式的多维掩码采样。

上面的 3 个操作比较常用,尤其是 tf.gather 和 tf.gather_nd 出现的频率较高,必须掌握。下面再补充 3 个高阶操作。

5.6.4 tf.where

通过 tf.where(cond,a,b)操作可以根据 cond 条件的真假从参数 A 或 B 中读取数据,条件判定规则如下:

$$o_i = \begin{cases} a_i & \text{cond}_i \text{ 为 True} \\ b_i & \text{cond}_i \text{ 为 False} \end{cases}$$

其中 i 为张量的元素索引,返回的张量大小与 A 和 B 一致,当对应位置的 cond_i 为 True,o_i 从 a_i 中复制数据;当对应位置的 cond_i 为 False,o_i 从 b_i 中复制数据。考虑从 2 个全 1 和全 0 的 3×3 大小的张量 A 和 B 中提取数据,其中 cond_i 为 True 的位置从 A 中对应位置提取元素 1,cond_i 为 False 的位置从 B 中对应位置提取元素 0,代码如下:

```
In [53]:
a = tf.ones([3,3])                           # 构造 a 为全 1 矩阵
b = tf.zeros([3,3])                          # 构造 b 为全 0 矩阵
# 构造采样条件
cond = tf.constant([[True,False,False],[False,True,False],[True,True,False]])
tf.where(cond,a,b)                           # 根据条件从 a,b 中采样
Out[53]:< tf.Tensor: id = 384,shape = (3,3),dtype = float32,numpy =
```

```
array([[1.,0.,0.],
       [0.,1.,0.],
       [1.,1.,0.]],dtype = float32)>
```

可以看到,返回的张量中为 1 的位置全部来自张量 a,返回的张量中为 0 的位置全部来自张量 b。

当参数 a＝b＝None 时,即 a 和 b 参数不指定,tf.where 会返回 cond 张量中所有 True 的元素的索引坐标。考虑如下 cond 张量:

```
In [54]: cond                              # 构造的 cond 张量
Out[54]:< tf.Tensor: id = 383,shape = (3,3),dtype = bool,numpy =
array([[ True,False,False],
       [False,True,False],
       [ True,True,False]])>
```

其中 True 共出现 4 次,每个 True 元素位置处的索引分别为 [0,0]、[1,1]、[2,0]、[2,1],可以直接通过 tf.where(cond) 形式来获得这些元素的索引坐标,代码如下:

```
In [55]:tf.where(cond)                     # 获取 cond 中为 True 的元素索引
Out[55]:< tf.Tensor: id = 387,shape = (4,2),dtype = int64,numpy =
array([[0,0],
       [1,1],
       [2,0],
       [2,1]],dtype = int64)>
```

那么这有什么用途?考虑一个场景,需要提取张量中所有正数的数据和索引。首先构造张量 a,并通过比较运算得到所有正数的位置掩码:

```
In [56]:x = tf.random.normal([3,3])        # 构造 a
Out[56]:< tf.Tensor: id = 403,shape = (3,3),dtype = float32,numpy =
array([[ - 2.2946844 ,0.6708417 , - 0.5222212 ],
       [ - 0.6919401 , - 1.9418817 ,0.3559235 ],
       [ - 0.8005251 ,1.0603906 , - 0.68819374]],dtype = float32)>
```

通过比较运算,得到所有正数的掩码:

```
In [57]:mask = x > 0                        # 比较操作,等同于 tf.math.greater()
mask
Out[57]:< tf.Tensor: id = 405,shape = (3,3),dtype = bool,numpy =
array([[False,True,False],
       [False,False,True],
       [False,True,False]])>
```

通过 tf.where 提取此掩码处 True 元素的索引坐标:

```
In [58]:indices = tf.where(mask)            # 提取所有大于 0 的元素索引
Out[58]:< tf.Tensor: id = 407,shape = (3,2),dtype = int64,numpy =
array([[0,1],
```

```
    [1,2],
    [2,1]],dtype = int64)>
```

拿到索引后,通过 tf.gather_nd 即可恢复出所有正数的元素:

```
In [59]:tf.gather_nd(x,indices)              # 提取正数的元素值
Out[59]:< tf.Tensor: id = 410,shape = (3,),dtype = float32,numpy
 = array([0.6708417,0.3559235,1.0603906],dtype = float32)>
```

实际上,当得到掩码 mask 之后,也可以直接通过 tf.boolean_mask 获取所有正数的元素向量:

```
In [60]:tf.boolean_mask(x,mask)              # 通过掩码提取正数的元素值
Out[60]:< tf.Tensor: id = 439,shape = (3,),dtype = float32,numpy
 = array([0.6708417,0.3559235,1.0603906],dtype = float32)>
```

结果也是一致的。

通过上述一系列的比较、索引号收集和掩码收集的操作组合,能够比较直观地感受到这个功能是有很大实际应用的,并且深刻地理解它们的本质有利于更加灵活地选用简便高效的方式实现我们的目的。

5.6.5 scatter_nd

通过 tf.scatter_nd(indices,updates,shape)函数可以高效地刷新张量的部分数据,但是这个函数只能在全 0 的白板张量上面执行刷新操作,因此可能需要结合其他操作来实现现有张量的数据刷新功能。

如图 5.3 所示,演示了一维张量白板的刷新运算原理。白板的形状通过 shape 参数表示,需要刷新的数据索引号通过 indices 表示,新数据为 updates。根据 indices 给出的索引位置将 updates 中新的数据依次写入白板中,并返回更新后的结果张量。

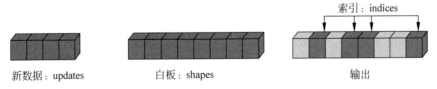

图 5.3　scatter_nd 更新数据

实现一个图 5.3 中向量的刷新实例,代码如下:

```
In [61]:                              # 构造需要刷新数据的位置参数,即为 4、3、1 和 7 号位置
indices = tf.constant([[4],[3],[1],[7]])
# 构造需要写入的数据,4 号位写入 4.4,3 号位写入 3.3,以此类推
updates = tf.constant([4.4,3.3,1.1,7.7])
# 在长度为 8 的全 0 向量上根据 indices 写入 updates 数据
tf.scatter_nd(indices,updates,[8])
```

Out[61]:< tf.Tensor: id = 467, shape = (8,), dtype = float32, numpy
= array([0., 1.1, 0., 3.3, 4.4, 0., 0., 7.7], dtype = float32)>

可以看到,在长度为 8 的白板上,写入了对应位置的数据,4 个位置的数据被刷新。

考虑三维张量的刷新例子,如图 5.4 所示,白板张量的 shape 为[4,4,4],共有 4 个通道的特征图,每个通道大小为 4×4,现有 2 个通道的新数据 updates 为[2,4,4],需要写入索引为 [1,3] 的通道上。

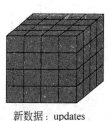

索引：indices

新数据：updates　　白板：shapes　　输出

图 5.4　三维张量更新

将新的特征图写入现有白板张量,实现如下:

```
In [62]:                               ＃ 构造写入位置,即 2 个位置
indices = tf.constant([[1],[3]])
updates = tf.constant([                ＃ 构造写入数据,即 2 个矩阵
    [[5,5,5,5],[6,6,6,6],[7,7,7,7],[8,8,8,8]],
    [[1,1,1,1],[2,2,2,2],[3,3,3,3],[4,4,4,4]]
])
＃ 在 shape 为[4,4,4]白板上根据 indices 写入 updates
tf.scatter_nd(indices, updates, [4,4,4])
Out[62]:< tf.Tensor: id = 477, shape = (4,4,4), dtype = int32, numpy =
array([[[0,0,0,0],
        [0,0,0,0],
        [0,0,0,0],
        [0,0,0,0]],
       [[5,5,5,5],                     ＃ 写入的新数据 1
        [6,6,6,6],
        [7,7,7,7],
        [8,8,8,8]],
       [[0,0,0,0],
        [0,0,0,0],
        [0,0,0,0],
        [0,0,0,0]],
       [[1,1,1,1],                     ＃ 写入的新数据 2
        [2,2,2,2],
        [3,3,3,3],
        [4,4,4,4]]])>
```

可以看到，数据被刷新到第 2 和第 4 个通道特征图上。

5.6.6　meshgrid

通过 tf.meshgrid 函数可以方便地生成二维网格的采样点坐标，方便可视化等应用场合。考虑 2 个自变量 x 和 y 的 sinc 函数表达式为：

$$z = \frac{\text{sinc}(x^2 + y^2)}{x^2 + y^2}$$

如果需要绘制在 $x \in [-8,8]$，$y \in [-8,8]$ 区间的 sinc 函数的 3D 曲面，如图 5.5 所示，则首先需要生成 x 和 y 轴的网格点坐标集合 $\{(x,y)\}$，这样才能通过 sinc 函数的表达式计算函数在每个 (x,y) 位置的输出值 z。可以通过如下方式生成 10000 个坐标采样点：

```
points = []                    # 保存所有点的坐标列表
for x in range(-8,8,100):      # 循环生成 x 坐标,100 个采样点
    for y in range(-8,8,100):  # 循环生成 y 坐标,100 个采样点
        z = sinc(x,y)          # 计算每个点(x,y)处的 sinc 函数值
        points.append([x,y,z]) # 保存采样点
```

很明显这种串行采样方式效率极低，那么有没有通过 tf.meshgrid 函数即可以简洁、高效的方式生成网格坐标。

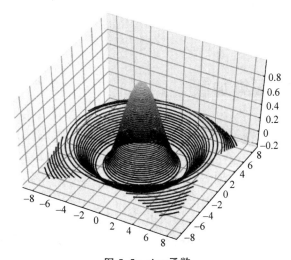

图 5.5　sinc 函数

通过在 x 轴上进行采样 100 个数据点，y 轴上采样 100 个数据点，然后利用 tf.meshgrid(x,y) 即可返回这 10000 个数据点的张量数据，保存在 shape 为 [100,100,2] 的张量中。为了方便计算，tf.meshgrid 会返回在 axis=2 维度切割后的 2 个张量 A 和 B，其中张量 A 包含了所有点的 x 坐标，B 包含了所有点的 y 坐标，shape 都为 [100,100]，实现如下：

```
In [63]:
x = tf.linspace( − 8.,8,100)               # 设置 x 轴的采样点
y = tf.linspace( − 8.,8,100)               # 设置 y 轴的采样点
x,y = tf.meshgrid(x,y)                     # 生成网格点,并内部拆分后返回
x.shape,y.shape                            # 打印拆分后的所有点的 x,y 坐标张量 shape
Out[63]: (TensorShape([100,100]),TensorShape([100,100]))
```

利用生成的网格点坐标张量 **A** 和 **B**,sinc 函数在 TensorFlow 中实现如下:

```
z = tf.sqrt(x ** 2 + y ** 2)
z = tf.sin(z)/z                            # sinc 函数实现
```

通过 matplotlib 库即可绘制出函数在 $x \in [-8,8]$, $y \in [-8,8]$ 区间的三维(3D)曲面,如图 5.5 所示。代码如下:

```
import matplotlib
from matplotlib import pyplot as plt
# 导入三维坐标轴支持
from mpl_toolkits.mplot3d import Axes3D

fig = plt.figure()
ax = Axes3D(fig)                           # 设置三维坐标轴
# 根据网格点绘制 sinc 函数三维曲面
ax.contour3D(x.numpy(),y.numpy(),z.numpy(),50)
plt.show()
```

5.7　经典数据集加载

到目前为止,已经学完张量的常用操作方法,已具备实现大部分深度网络的技术储备。最后将以一个完整的张量方式实现的分类网络模型实战收尾本章。在进入实战之前,先正式介绍对于常用的经典数据集,如何利用 TensorFlow 提供的工具便捷地加载数据集。对于自定义的数据集的加载,会在后续章节中介绍。

在 TensorFlow 中,keras.datasets 模块提供了常用经典数据集的自动下载、管理、加载与转换功能,并且提供了 tf.data.Dataset 数据集对象,方便实现多线程(Multi-threading)、预处理(Preprocessing)、随机打散(Shuffle)和批训练(Training on Batch)等常用数据集的功能。

对于常用的经典数据集,介绍如下:

❑ Boston Housing:波士顿房价趋势数据集,用于回归模型训练与测试。

❑ CIFAR10/100:真实图片数据集,用于图片分类任务。

❑ MNIST/Fashion_MNIST:手写数字图片数据集,用于图片分类任务。

❑ IMDB:情感分类任务数据集,用于文本分类任务。

　　这些数据集在机器学习或深度学习的研究和学习中使用非常频繁。对于新提出的算法，一般优先在经典的数据集上面测试，再尝试迁移到更大规模、更复杂的数据集上。

　　通过 datasets.xxx.load_data() 函数即可实现经典数据集的自动加载，其中 xxx 代表具体的数据集名称，如 CIFAR10、MNIST。TensorFlow 会默认将数据缓存在用户目录下的 .keras/datasets 文件夹中，如图 5.6 所示，用户不需要关心数据集是如何保存的。如果当前数据集不在缓存中，则会自动从网络下载、解压和加载数据集；如果已经在缓存中，则自动完成加载。例如，自动加载 MNIST 数据集：

```
In [66]:
import tensorflow as tf
from tensorflow import keras
from tensorflow.keras import datasets        # 导入经典数据集加载模块
# 加载 MNIST 数据集
(x,y),(x_test,y_test) = datasets.mnist.load_data()
print('x:',x.shape,'y:',y.shape,'x test:',x_test.shape,'y test:',y_test)
Out [66]:                                    # 返回数组的形状
x: (60000,28,28) y: (60000,) x test: (10000,28,28) y test: [7 2 1 ...4 5 6]
```

通过 load_data() 函数会返回相应格式的数据，对于图片数据集 MNIST、CIFAR10 等，会返回 2 个 tuple，第 1 个 tuple 保存了用于训练的数据 x 和 y 训练集对象；第 2 个 tuple 则保存了用于测试的数据 x_test 和 y_test 测试集对象，所有的数据都用 Numpy 数组容器保存。

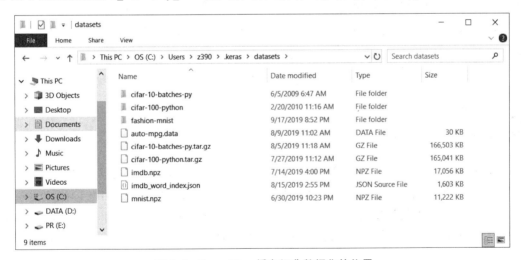

图 5.6　TensorFlow 缓存经典数据集的位置

　　数据加载进入内存后，需要转换成 Dataset 对象，才能利用 TensorFlow 提供的各种便捷功能。通过 Dataset.from_tensor_slices 可以将训练部分的数据图片 x 和标签 y 都转换成 Dataset 对象：

```
train_db = tf.data.Dataset.from_tensor_slices((x,y))        # 构建 Dataset 对象
```

将数据转换成 Dataset 对象后,一般需要再添加一系列的数据集标准处理步骤,如随机打散、预处理、批训练等。

5.7.1 随机打散

通过 Dataset. shuffle(buffer_size)工具可以设置 Dataset 对象随机打散数据之间的顺序,防止每次训练时数据按固定顺序产生,从而使得模型尝试"记忆"住标签信息,代码实现如下:

```
train_db = train_db.shuffle(10000)        # 随机打散样本,不会打乱样本与标签映射关系
```

其中,buffer_size 参数指定缓冲池的大小,一般设置为一个较大的常数即可。调用 Dataset 提供的这些工具函数会返回新的 Dataset 对象,可以通过

$$db=db. step1(). step2(). step3.()$$

方式按序完成所有的数据处理步骤,实现起来非常方便。

5.7.2 批训练

为了利用显卡的并行计算能力,一般在网络的计算过程中会同时计算多个样本,把这种训练方式称为批训练,其中一个批中样本的数量称为 Batch Size。为了一次能够从 Dataset 中产生 Batch Size 数量的样本,需要设置 Dataset 为批训练方式,实现如下:

```
train_db = train_db.batch(128)        # 设置批训练,batch size 为 128
```

其中 128 为 Batch Size 参数,即一次并行计算 128 个样本的数据。Batch Size 一般根据用户的 GPU 显存资源来设置,当显存不足时,可以适量减少 Batch Size 来减少算法的显存使用量。

5.7.3 预处理

从 keras. datasets 中加载的数据集的格式大部分情况都不能直接满足模型的输入要求,因此需要根据用户的逻辑自行实现预处理步骤。Dataset 对象通过提供 map(func)工具函数,可以非常方便地调用用户自定义的预处理逻辑,它实现在 func 函数中。例如,下面代码调用名为 preprocess 的函数完成每个样本的预处理。

```
# 预处理函数实现在 preprocess 函数中,传入函数名即可
train_db = train_db.map(preprocess)
```

考虑 MNIST 手写数字图片,从 keras. datasets 中经 batch()后加载的图片 x shape 为 $[b,28,28]$,像素使用 $0\sim255$ 的整型表示;标签 shape 为 $[b]$,即采样数字编码方式。实际的神经网络输入,一般需要将图片数据标准化到 $[0,1]$ 或 $[-1,1]$ 等 0 附近区间,同时根据网络的设置,需要将 shape 为 $[28,28]$ 的输入视图调整为合法的格式;对于标签信息,可以

选择在预处理时进行 One-hot 编码,也可以在计算误差时进行 One-hot 编码。

根据 5.8 节的实战设定,将 MNIST 图片数据映射到 $x\in[0,1]$ 区间,视图调整为 $[b,28\times28]$;对于标签数据,选择在预处理函数中进行 One-hot 编码。preprocess 函数实现如下:

```
def preprocess(x,y):                          # 自定义的预处理函数
    # 调用此函数时会自动传入 x,y 对象,shape 为[b,28×28],[b]
    # 标准化到 0~1
    x = tf.cast(x,dtype = tf.float32) / 255.
    x = tf.reshape(x,[-1,28 * 28])            # 打平
    y = tf.cast(y,dtype = tf.int32)           # 转成整型张量
    y = tf.one_hot(y,depth = 10)              # One-hot 编码
    # 返回的 x,y 将替换传入的 x,y 参数,从而实现数据的预处理功能
    return x,y
```

5.7.4　循环训练

对于 Dataset 对象,在使用时可以通过

```
for step,(x,y) in enumerate(train_db):        # 迭代数据集对象,带 step 参数
```

或

```
for x,y in train_db:                          # 迭代数据集对象
```

方式进行迭代,每次返回的 x 和 y 对象即为批量样本和标签。当对 train_db 的所有样本完成一次迭代后,for 循环终止退出。这样完成一个 Batch 的数据训练,称为一个 step;通过多个 step 来完成整个训练集的一次迭代,称为一个 Epoch。在实际训练时,通常需要对数据集迭代多个 Epoch 才能取得较好地训练效果。例如,固定训练 20 个 Epoch,实现如下:

```
for epoch in range(20):                       # 训练 Epoch 数
    for step,(x,y) in enumerate(train_db):    # 迭代 step 数
        # training...
```

此外,也可以通过设置 Dataset 对象,使得数据集对象内部遍历多次才会退出,实现如下:

```
train_db = train_db.repeat(20)                # 数据集迭代 20 遍才终止
```

上述代码使得 for x,y in train_db 循环迭代 20 个 Epoch 才会退出。不管使用上述哪种方式,都能取得一样的效果。由于第 4 章已经完成了前向计算实战,此处略过。

5.8　MNIST 测试实战

前面已经介绍并实现了前向传播和数据集的加载部分,现在来完成剩下的分类任务逻辑。在训练的过程中,通过间隔数个 Step 后打印误差数据,可以有效监督模型的训练进度,

代码如下：

```
# 间隔 100 个 step 打印一次训练误差
if step % 100 == 0:
    print(step,'loss:',float(loss))
```

由于 loss 为 TensorFlow 的张量类型，因此可以通过 float( )函数将标量转换为标准的 Python 浮点数。在若干个 Step 或者若干个 Epoch 训练后，可以进行一次测试（验证），以获得模型的当前性能，例如：

```
if step % 500 == 0:                        # 每 500 个 batch 后进行一次测试(验证)
    # evaluate/test
```

现在利用学习到的 TensorFlow 张量操作函数，完成准确度的计算实战。首先考虑一个 Batch 的样本 x，通过前向计算可以获得网络的预测值，代码如下：

```
for x,y in test_db:                        # 对测验集迭代一遍
    h1 = x @ w1 + b1                        # 第一层
    h1 = tf.nn.relu(h1)                     # 激活函数
    h2 = h1 @ w2 + b2                       # 第二层
    h2 = tf.nn.relu(h2)                     # 激活函数
    out = h2 @ w3 + b3                      # 输出层
```

预测值 out 的 shape 为 $[b,10]$，分别代表了样本属于每个类别的概率，根据 tf.argmax 函数选出概率最大值出现的索引号，即样本最有可能的类别号：

```
pred = tf.argmax(out,axis = 1)             # 选取概率最大的类别
```

由于标注 y 已经在预处理中完成了 One-hot 编码，这在测试时其实是不需要的，因此通过 tf.argmax 可以得到数字编码的标注 y：

```
y = tf.argmax(y,axis = 1)                  # One - hot 编码逆过程
```

通过 tf.equal 可以比较这两者的结果是否相等：

```
correct = tf.equal(pred,y)                 # 比较预测值与真实值
```

并求和比较结果中所有 True（转换为 1）的数量，即为预测正确的数量：

```
total_correct += tf.reduce_sum(tf.cast(correct,dtype
= tf.int32)).numpy()                       # 统计预测正确的样本个数
```

预测正确的数量除以总测试数量即可得到准确率，并打印出来，实现如下：

```
# 计算准确率
print(step,'Evaluate Acc:',total_correct/total)
```

通过简单的 3 层神经网络，训练固定的 20 个 Epoch 后，在测试集上获得了 87.25% 的准确率。如果使用复杂的神经网络模型，增加数据增强环节，精调网络超参数等技巧，可以

获得更高的模型性能。模型的训练误差曲线如图 5.7 所示,测试准确率曲线如图 5.8 所示。

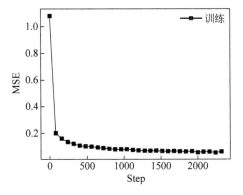

图 5.7　MNIST 训练误差曲线

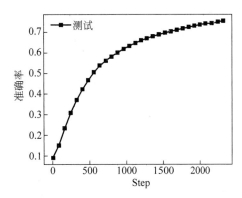

图 5.8　MNIST 测试准确率曲线

## 第 6 章

神 经 网 络

> 很难想象哪一个大行业不会被人工智能改变。人工智能会在这些行业里发挥
> 重大作用,这个走向非常明显。——吴恩达

机器学习的最终目的是找到一组良好的参数 θ,使得 θ 表示的数学模型能够很好地从训练集中学到映射关系 $f_\theta: \boldsymbol{x} \to \boldsymbol{y}, \boldsymbol{x}, \boldsymbol{y} \in D^{\text{train}}$,从而利用训练好的 $f_\theta(\boldsymbol{x}), \boldsymbol{x} \in D^{\text{test}}$ 去预测新样本。神经网络属于机器学习的一个研究分支,它特指利用多个神经元参数化映射函数 f_θ 的模型。

6.1 感知机

1943 年,美国神经科学家 Warren Sturgis McCulloch 和数理逻辑学家 Walter Pitts 从生物神经元的结构上得到启发,提出了人工神经元的数学模型,这进一步被美国神经物理学家 Frank Rosenblatt 发展并提出了感知机(Perceptron)模型。1957 年,Frank Rosenblatt 在一台 IBM-704 计算机上面模拟实现了他发明的感知机模型,这个网络模型可以完成一些简单的视觉分类任务,例如区分三角形、圆形、矩形等[1]。

感知机模型的结构如图 6.1 所示,它接受长度为 n 的一维向量 $\boldsymbol{x} = [x_1, x_2, \cdots, x_n]$,每个输入节点通过权值为 $w_i, i \in [1, n]$ 的连接汇集为变量 z,即:

$$z = w_1 x_1 + w_2 x_2 + \cdots + w_n x_n + b$$

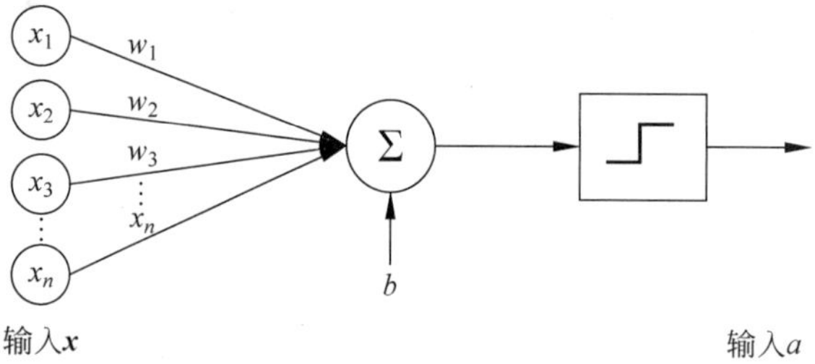

输入 $\boldsymbol{x}$ 输入 a

图 6.1 感知机模型

其中 b 称为感知机的偏置（Bias），一维向量 $\boldsymbol{w} = [w_1, w_2, \cdots, w_n]$ 称为感知机的权值（Weight），z 称为感知机的净活性值（Net Activation）。

上式写成向量形式：

$$z = \boldsymbol{w}^{\mathrm{T}} \boldsymbol{x} + b$$

感知机是线性模型，并不能处理线性不可分问题。通过在线性模型后添加激活函数得到活性值（Activation）a：

$$a = \sigma(z) = \sigma(\boldsymbol{w}^{\mathrm{T}} \boldsymbol{x} + b)$$

其中激活函数可以是阶跃函数（Step Function），如图 6.2 所示，阶跃函数的输出只有 0/1 两种数值，当 $z < 0$ 时输出 0，代表类别 0；当 $z \geqslant 0$ 时输出 1，代表类别 1，即：

$$a = \begin{cases} 1 & \boldsymbol{w}^{\mathrm{T}} \boldsymbol{x} + b \geqslant 0 \\ 0 & \boldsymbol{w}^{\mathrm{T}} \boldsymbol{x} + b < 0 \end{cases}$$

也可以是符号函数（Sign Function），如图 6.3 所示，表达式为：

$$a = \begin{cases} 1 & \boldsymbol{w}^{\mathrm{T}} \boldsymbol{x} + b \geqslant 0 \\ -1 & \boldsymbol{w}^{\mathrm{T}} \boldsymbol{x} + b < 0 \end{cases}$$

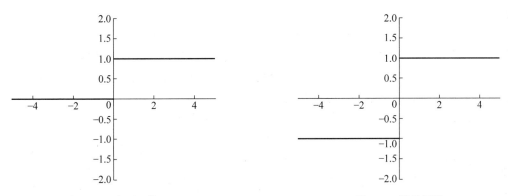

图 6.2　阶跃函数　　　　　　　　图 6.3　符号函数

添加激活函数后，感知机可以用来完成二分类任务。阶跃函数和符号函数在 $z = 0$ 处是不连续的，其他位置导数为 0，无法利用梯度下降算法进行参数优化。

为了能够让感知机模型从数据中自动学习，Frank Rosenblatt 提出了感知机的学习算法，如算法 1 所示。

算法 1：感知机训练算法

初始化参数 $\boldsymbol{w} = \boldsymbol{0}, b = \boldsymbol{0}$

repeat

　从训练集随机采样一个样本 $(\boldsymbol{x}_i, \boldsymbol{y}_i)$

计算感知机的输出 $a = \text{sign}(w^{\mathrm{T}} x_i + b)$

如果 $a \neq y_i$：

$\quad w' \leftarrow w + \eta \cdot y_i \cdot x_i$

$\quad b' \leftarrow b + \eta \cdot y_i$

until 训练次数达到要求

输出：分类网络参数 w 和 b

其中 η 为学习率。

虽然感知机在提出之初被寄予了良好的发展潜力，但是 Marvin Lee Minsky 和 Seymour Papert 于 1969 年在 *Perceptrons* 一书中证明了以感知机为代表的线性模型不能解决异或（XOR）等线性不可分问题，这直接导致了当时新兴的神经网络的研究进入了低谷期。尽管感知机模型不能解决线性不可分问题，但书中也提到通过嵌套多层神经网络可以解决。

6.2　全连接层

感知机模型的不可导特性严重约束了它的潜力，使得它只能解决极其简单的任务。实际上，现代深度学习动辄数百万甚至上亿的参数规模，但它的核心结构与感知机并没有多大差别。它在感知机的基础上，将不连续的阶跃激活函数换成了其他平滑连续可导的激活函数，并通过堆叠多个网络层来增强网络的表达能力。

本节通过替换感知机的激活函数，同时并行堆叠多个神经元来实现多输入、多输出的网络层结构。如图 6.4 所示，并行堆叠了 2 个神经元，即 2 个替换了激活函数的感知机，构成 3 个输入节点、2 个输出节点的网络层。其中第 1 个输出节点的输出为：

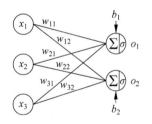

$$o_1 = \sigma(w_{11} \times x_1 + w_{21} \times x_2 + w_{31} \times x_3 + b_1)$$

第 2 个输出节点的输出为：

$$o_2 = \sigma(w_{12} \times x_1 + w_{22} \times x_2 + w_{32} \times x_3 + b_2)$$

图 6.4　全连接层

输出向量为 $o = [o_1, o_2]$。整个网络层可以通过矩阵关系式表达：

$$[o_1 \quad o_2] = [x_1 \quad x_2 \quad x_3] @ \begin{bmatrix} w_{11} & w_{12} \\ w_{21} & w_{22} \\ w_{31} & w_{32} \end{bmatrix} + [b_1 \quad b_2] \tag{6-1}$$

即

$$\boldsymbol{O} = \boldsymbol{X} @ \boldsymbol{W} + \boldsymbol{b}$$

其中，输入矩阵 $\boldsymbol{X}$ 的 shape 定义为 $[b, d_{\text{in}}]$，b 为样本数量，此处只有 1 个样本参与前向运

算,d_{in} 为输入节点数;权值矩阵 W 的 shape 定义为 $[d_{in}, d_{out}]$,d_{out} 为输出节点数,偏置向量 b 的 shape 定义为 $[d_{out}]$。

考虑批量并行计算,例如 2 个样本,$x^{(1)} = [x_1^{(1)}, x_2^{(1)}, x_3^{(1)}]$,$x^{(2)} = [x_1^{(2)}, x_2^{(2)}, x_3^{(2)}]$,则可以方便地将式(6-1)推广到批量形式:

$$\begin{bmatrix} o_1^{(1)} & o_2^{(1)} \\ o_1^{(2)} & o_2^{(2)} \end{bmatrix} = \begin{bmatrix} x_1^{(1)} & x_2^{(1)} & x_3^{(1)} \\ x_1^{(2)} & x_2^{(2)} & x_3^{(2)} \end{bmatrix} @ \begin{bmatrix} w_{11} & w_{12} \\ w_{21} & w_{22} \\ w_{31} & w_{32} \end{bmatrix} + \begin{bmatrix} b_1 & b_2 \end{bmatrix}$$

其中输出矩阵 O 包含了 b 个样本的输出特征,shape 为 $[b, d_{out}]$。由于每个输出节点与全部的输入节点相连接,这种网络层称为全连接层(Fully-connected Layer),或者稠密连接层(Dense Layer),W 矩阵称为全连接层的权值矩阵,b 向量称为全连接层的偏置向量。

6.2.1 张量方式实现

在 TensorFlow 中,要实现全连接层,只需要定义好权值张量 W 和偏置张量 b,并利用 TensorFlow 提供的批量矩阵相乘函数 tf.matmul() 即可完成网络层的计算。例如,创建输入 X 矩阵为 $b=2$ 个样本,每个样本的输入特征长度为 $d_{in}=784$,输出节点数为 $d_{out}=256$,故定义权值矩阵 W 的 shape 为 $[784, 256]$,并采用正态分布初始化 W;偏置向量 b 的 shape 定义为 $[256]$,在计算完 $X@W$ 后相加即可,最终全连接层的输出 O 的 shape 为 $[2, 256]$,即 2 个样本的特征,每个特征长度为 256,代码实现如下:

```
In [1]:                              # 创建 W,b 张量
x = tf.random.normal([2,784])
w1 = tf.Variable(tf.random.truncated_normal([784, 256], stddev = 0.1))
b1 = tf.Variable(tf.zeros([256]))
o1 = tf.matmul(x,w1) + b1            # 线性变换
o1 = tf.nn.relu(o1)                  # 激活函数
Out[1]:
  < tf.Tensor: id = 31, shape = (2, 256), dtype = float32, numpy =
  array([[ 1.51279330e + 00, 2.36286330e + 00, 8.16453278e − 01,
          1.80338228e + 00, 4.58602428e + 00, 2.54454136e + 00,...
```

实际上,已经多次使用过上述代码实现网络层。

6.2.2 层方式实现

全连接层本质上是矩阵的相乘和相加运算,实现并不复杂。但是作为最常用的网络层之一,TensorFlow 中有更高层、使用更方便的层实现方式:layers.Dense(units, activation)。通过 layer.Dense 类,只需要指定输出节点数 units 和激活函数类型 activation 即可。注意,输入节点数会根据第一次运算时的输入 shape 确定,同时根据输入、输出节点数自动创建并初始化权值张量 W 和偏置张量 b,因此在新建类 Dense 实例时,并不会立即创建权值张量 W

和偏置张量 b，而是需要调用 build 函数或者直接进行一次前向计算，才能完成网络参数的创建。其中 activation 参数指定当前层的激活函数，可以为常见的激活函数或自定义激活函数，也可以指定为 None，即无激活函数。例如：

```
In [2]:
x = tf.random.normal([4,28 * 28])
from tensorflow.keras import layers        # 导入层模块
# 创建全连接层,指定输出节点数和激活函数
fc = layers.Dense(512, activation = tf.nn.relu)
h1 = fc(x)                        # 通过 fc 类实例完成一次全连接层的计算,返回输出张量
Out[2]:
< tf.Tensor: id = 72, shape = (4, 512), dtype = float32, numpy =
array([[0.63339347, 0.21663809, 0. , ..., 1.7361937 , 0.39962345,
        2.4346168 ],...
```

上述通过一行代码即可创建一层全连接层 fc，并指定输出节点数为 512，输入的节点数在 fc(x) 计算时自动获取，并创建内部权值张量 W 和偏置张量 b。可以通过类内部的成员名 kernel 和 bias 来获取权值张量 W 和偏置张量 b 对象：

```
In [3]: fc.kernel                    # 获取 Dense 类的权值矩阵
Out[3]:
< tf.Variable 'dense_1/kernel:0' shape = (784, 512) dtype = float32, numpy =
array([[ - 0.04067389, 0.05240148, 0.03931375, ..., - 0.01595572,
        - 0.01075954, - 0.06222073],
In [4]: fc.bias                      # 获取 Dense 类的偏置向量
Out[4]:
< tf.Variable 'dense_1/bias:0' shape = (512,) dtype = float32, numpy =
array([0., 0., 0., 0., 0., 0., 0., 0., 0., 0., 0., 0., 0., 0., 0., 0.,
```

可以看到，权值张量 W 和偏置张量 b 的 shape 和内容均符合我们的理解。

在优化参数时，需要获得网络的所有待优化的张量参数列表，可以通过类的 trainable_variables 来返回待优化参数列表，代码如下：

```
In [5]: fc.trainable_variables
Out[5]:                            # 返回待优化参数列表
[< tf.Variable 'dense_1/kernel:0' shape = (784, 512) dtype = float32,...,
< tf.Variable 'dense_1/bias:0' shape = (512,) dtype = float32, numpy = ...]
```

实际上，网络层除了保存了待优化张量列表 trainable_variables，还有部分层包含了不参与梯度优化的张量，如后续介绍的 Batch Normalization 层，可以通过 non_trainable_variables 成员返回所有不需要优化的参数列表。如果希望获得所有参数列表，可以通过类的 variables 返回所有内部张量列表，例如：

```
In [6]: fc.variables                  # 返回所有参数列表
Out[6]:
[< tf.Variable 'dense_1/kernel:0' shape = (784, 512) dtype = float32,...,
```

```
< tf. Variable 'dense_1/bias:0' shape = (512,) dtype = float32, numpy = ...]
```

对于全连接层,内部张量都参与梯度优化,故 variables 返回的列表与 trainable_variables 相同。

利用网络层类对象进行前向计算时,只需要调用类的 __ call __ 方法,即写成 fc(x)方式便可,它会自动调用类的 __ call __ 方法,在 __ call __ 方法中会自动调用 call 方法,这一设定由 TensorFlow 框架自动完成,因此用户只需要将网络层的前向计算逻辑实现在 call 方法中即可。对于全连接层类,在 call 方法中实现 $\sigma(X@W+b)$ 的运算逻辑,非常简单,最后返回全连接层的输出张量即可。

6.3 神经网络

通过层层堆叠图 6.4 中的全连接层,保证前一层的输出节点数与当前层的输入节点数匹配,即可堆叠出任意层数的网络。把这种由神经元相互连接而成的网络称为神经网络。如图 6.5 所示,通过堆叠 4 个全连接层,可以获得层数为 4 的神经网络,由于每层均为全连接层,称为全连接网络。其中第 1~3 个全连接层在网络中间,称为隐藏层 1、2、3,最后一个全连接层的输出作为网络的输出,称为输出层。隐藏层 1、2、3 的输出节点数分别为 $[256,128,64]$,输出层的输出节点数为 10。

在设计全连接网络时,网络的结构配置等超参数可以按着经验法则自由设置,只需要遵循少量的约束即可。例如,隐藏层 1 的输入节点数需和数据的实际特征长度匹配,每层的输入层节点数与上一层输出节点数匹配,输出层的激活函数和节点数需要根据任务的具体设定进行设计。总的来说,神经网络模型的结构设计自由度较大,如图 6.5 层中每层的输出节点数不一定要设计为 $[256,128,64,10]$,可以自由搭配,如 $[256,256,64,10]$ 或 $[512,64,32, 10]$ 等都是可行的。至于哪一组超参数是最优的,这需要很多的领域经验知识和大量的实验尝试,或者可以通过 AutoML 技术搜索出较优设定。

6.3.1 张量方式实现

对于多层神经网络,以图 6.5 网络结构为例,需要分别定义各层的权值矩阵 W 和偏置向量 b。有多少个全连接层,则需要相应地定义数量相当的 W 和 b,并且每层的参数只能用于对应的层,不能混淆使用。图 6.5 的网络模型实现如下:

```
# 隐藏层 1 张量
w1 = tf.Variable(tf.random.truncated_normal([784, 256], stddev = 0.1))
b1 = tf.Variable(tf.zeros([256]))
# 隐藏层 2 张量
w2 = tf.Variable(tf.random.truncated_normal([256, 128], stddev = 0.1))
b2 = tf.Variable(tf.zeros([128]))
# 隐藏层 3 张量
```

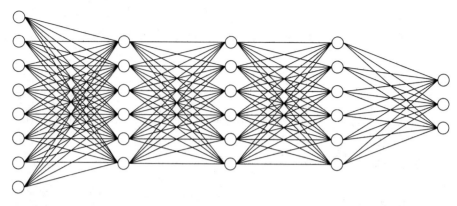

输入1: [b, 784]　　　隐藏层1: [256]　　　隐藏层2: [128]　　　隐藏层3: [64]　　　输出层: [b, 10]

图 6.5　4 层神经网络结构

```
w3 = tf.Variable(tf.random.truncated_normal([128, 64], stddev = 0.1))
b3 = tf.Variable(tf.zeros([64]))
# 输出层张量
w4 = tf.Variable(tf.random.truncated_normal([64, 10], stddev = 0.1))
b4 = tf.Variable(tf.zeros([10]))
```

在计算时,只需要按照网络层的顺序,将上一层的输出作为当前层的输入即可,重复直至最后一层,并将输出层的输出作为网络的输出,代码如下:

```
with tf.GradientTape() as tape:          # 梯度记录器
    # x: [b, 28 * 28]
    # 隐藏层 1 前向计算,[b, 28 * 28] => [b, 256]
    h1 = x@w1 + tf.broadcast_to(b1, [x.shape[0], 256])
    h1 = tf.nn.relu(h1)
    # 隐藏层 2 前向计算,[b, 256] => [b, 128]
    h2 = h1@w2 + b2
    h2 = tf.nn.relu(h2)
    # 隐藏层 3 前向计算,[b, 128] => [b, 64]
    h3 = h2@w3 + b3
    h3 = tf.nn.relu(h3)
    # 输出层前向计算,[b, 64] => [b, 10]
    h4 = h3@w4 + b4
```

最后一层是否需要添加激活函数通常视具体的任务而定,这里加不加都可以。

在使用 TensorFlow 自动求导功能计算梯度时,需要将前向计算过程放置在 tf.GradientTape()环境中,从而利用 GradientTape 对象的 gradient()方法自动求解参数的梯度,并利用 optimizers 对象更新参数。

6.3.2　层方式实现

对于常规的网络层,通过层方式实现起来更加简洁、高效。首先新建各个网络层类,并指定各层的激活函数类型：

```
# 导入常用网络层 layers
from tensorflow.keras import layers,Sequential

fc1 = layers.Dense(256, activation = tf.nn.relu)    # 隐藏层 1
fc2 = layers.Dense(128, activation = tf.nn.relu)    # 隐藏层 2
fc3 = layers.Dense(64, activation = tf.nn.relu)     # 隐藏层 3
fc4 = layers.Dense(10, activation = None)           # 输出层
```

在前向计算时,依序通过各个网络层即可,代码如下：

```
x = tf.random.normal([4,28 * 28])
h1 = fc1(x)          # 通过隐藏层 1 得到输出
h2 = fc2(h1)         # 通过隐藏层 2 得到输出
h3 = fc3(h2)         # 通过隐藏层 3 得到输出
h4 = fc4(h3)         # 通过输出层得到网络输出
```

对于这种数据依次向前传播的网络,也可以通过 Sequential 容器封装成一个网络大类对象,调用大类的前向计算函数一次即可完成所有层的前向计算,使用起来更加方便,实现如下：

```
# 导入 Sequential 容器
from tensorflow.keras import layers,Sequential

# 通过 Sequential 容器封装为一个网络类
model = Sequential([
    layers.Dense(256, activation = tf.nn.relu) ,    # 创建隐藏层 1
    layers.Dense(128, activation = tf.nn.relu) ,    # 创建隐藏层 2
    layers.Dense(64, activation = tf.nn.relu) ,     # 创建隐藏层 3
    layers.Dense(10, activation = None) ,           # 创建输出层
])
```

前向计算时只需要调用一次网络大类对象,即可完成所有层的按序计算：

```
out = model(x)          # 前向计算得到输出
```

6.3.3　优化目标

把神经网络从输入到输出的计算过程称为前向传播(Forward Propagation)或前向计算。神经网络的前向传播过程,也是数据张量(Tensor)从第一层流动(Flow)至输出层的过程,即从输入数据开始,途径每个隐藏层,直至得到输出并计算误差,这也是 TensorFlow 框架名字由来。

前向传播的最后一步就是完成误差的计算

$$\mathcal{L} = g(f_\theta(\boldsymbol{x}), \boldsymbol{y})$$

其中 $f_\theta(\cdot)$ 代表了利用 θ 参数化的神经网络模型，$g(\cdot)$ 称为误差函数，用来描述当前网络的预测值 $f_\theta(\boldsymbol{x})$ 与真实标签 $\boldsymbol{y}$ 之间的差距度量，例如常用的均方差误差函数。$\mathcal{L}$ 称为网络的误差（Error，或损失 Loss），一般为标量。希望通过在训练集 D^{train} 上面学习到一组参数 θ 使得训练的误差 $\mathcal{L}$ 最小：

$$\theta^* = \underset{\theta}{\text{argmin}}\, g(f_\theta(\boldsymbol{x}), \boldsymbol{y}), \quad x \in D^{\text{train}}$$

上述的最小化优化问题一般采用误差反向传播（Backward Propagation，简称 BP）算法来求解网络参数 θ 的梯度信息，并利用梯度下降（Gradient Descent，简称 GD）算法迭代更新参数：

$$\theta' = \theta - \eta \cdot \nabla_\theta \mathcal{L}$$

η 为学习率。

　　从另一个角度来理解神经网络，它完成的是特征的维度变换的功能，例如 4 层的 MNIST 手写数字图片识别的全连接网络，依次完成了 $784 \rightarrow 256 \rightarrow 128 \rightarrow 64 \rightarrow 10$ 的特征降维过程。原始的特征通常具有较高的维度，包含了很多底层特征及无用信息，通过神经网络的层层特征变换，将较高的维度降维到较低的维度，此时的特征一般包含了与任务强相关的高层抽象特征信息，通过对这些特征进行简单的逻辑判定即可完成特定的任务，如图片的分类。

　　网络的参数量是衡量网络规模的重要指标。那么如何计算全连接层的参数量？考虑权值矩阵 $\boldsymbol{W}$，偏置向量 $\boldsymbol{b}$，输入特征长度为 d_{in}，输出特征长度为 d_{out} 的网络层，$\boldsymbol{W}$ 的参数量为 $d_{\text{in}} \cdot d_{\text{out}}$，再加上偏置 $\boldsymbol{b}$ 的参数，总参数量为 $d_{\text{in}} \cdot d_{\text{out}} + d_{\text{out}}$。对于多层的全连接神经网络，例如 $784 \rightarrow 256 \rightarrow 128 \rightarrow 64 \rightarrow 10$，总参数量的计算表达式为：

$$256 \times 784 + 256 + 128 \times 256 + 128 + 64 \times 128 + 64 + 10 \times 64 + 10 = 242762$$

约 242K 个参数。

　　全连接层作为最基本的神经网络类型，对于后续的神经网络模型，例如卷积神经网络和循环神经网络等的研究具有十分重要的意义，通过对其他网络类型的学习，会发现它们或多或少地都源自全连接层网络的思想。由于 Geoffrey Hinton、Yoshua Bengio 和 Yann LeCun 3 人长期坚持在神经网络的一线领域研究，为人工智能的发展做出了杰出贡献，2018 年计算机图灵奖颁给这 3 人，如图 6.6 所示。

Yann LeCun Geoffrey Hinton Yoshua Bengio

图 6.6　2018 年图灵奖得主①

①　图片来自 https://www.theverge.com/2019/3/27/18280665/ai-godfathers-turing-award-2018-yoshua-bengio-geoffrey-hinton-yann-lecun。

6.4 激活函数

下面介绍神经网络中的常见激活函数,与阶跃函数和符号函数不同,这些函数都是平滑可导的,适合于梯度下降算法。

6.4.1 Sigmoid

Sigmoid 函数也称为 Logistic 函数,定义为

$$\mathrm{Sigmoid}(x) \triangleq \frac{1}{1+\mathrm{e}^{-x}}$$

它的一个优良特性就是能够把 $x \in \mathbf{R}$ 的输入"压缩"到 $x \in (0,1)$ 区间,这个区间的数值在机器学习中常用来表示以下意义:

- ❑ 概率分布:$(0,1)$ 区间的输出和概率的分布范围 $[0,1]$ 契合,可以通过 Sigmoid 函数将输出转译为概率输出。
- ❑ 信号强度:一般可以将 0~1 理解为某种信号的强度,如像素的颜色强度,1 代表当前通道颜色最强,0 代表当前通道无颜色;抑或代表门控值(Gate)的强度,1 代表当前门控全部开放,0 代表门控关闭。

Sigmoid 函数连续可导,如图 6.7 所示,可以直接利用梯度下降算法优化网络参数,应用的非常广泛。

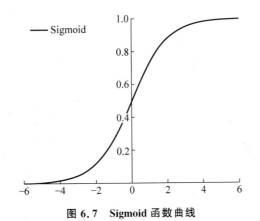

图 6.7 Sigmoid 函数曲线

在 TensorFlow 中,可以通过 tf.nn.sigmoid 实现 Sigmoid 函数,代码如下:

```
In [7]:x = tf.linspace(-6.,6.,10)
x # 构造-6~6 的输入向量
Out[7]:
<tf.Tensor: id=5, shape=(10,), dtype=float32, numpy=
array([-6. , -4.6666665, -3.3333333, -2. , -0.6666665,
```

```
              0.666667 , 2. , 3.333334 , 4.666667 , 6. ]...
In [8]:tf.nn.sigmoid(x)                          # 通过 Sigmoid 函数
Out[8]:
< tf.Tensor: id = 7, shape = (10,), dtype = float32, numpy =
array([0.00247264, 0.00931597, 0.03444517, 0.11920291, 0.33924365,
       0.6607564 , 0.8807971 , 0.96555483, 0.99068403, 0.9975274 ],
       dtype = float32)>
```

可以看到,向量中元素值的范围由[-6,6]映射到(0,1)的区间。

6.4.2　ReLU

在 ReLU(REctified Linear Unit,修正线性单元)激活函数提出之前,Sigmoid 函数通常是神经网络的激活函数首选。但是 Sigmoid 函数在输入值较大或较小时容易出现梯度值接近于 0 的现象,称为梯度弥散现象。出现梯度弥散现象时,网络参数长时间得不到更新,导致训练不收敛或停滞不动的现象发生,较深层次的网络模型中更容易出现梯度弥散现象。2012 年提出的 8 层 AlexNet 模型采用了一种名为 ReLU 的激活函数,使得网络层数达到了 8 层,自此 ReLU 函数应用的越来越广泛。ReLU 函数定义为

$$\text{ReLU}(x) \triangleq \max(0, x)$$

函数曲线如图 6.8 所示。可以看到,ReLU 对小于 0 的值全部抑制为 0;对于正数则直接输出,这种单边抑制特性来源于生物学。2001 年,神经科学家 Dayan 和 Abott 模拟得出更加精确的脑神经元激活模型,如图 6.9 所示,它具有单侧抑制、相对宽松的兴奋边界等特性,ReLU 函数的设计与之非常类似[2]。

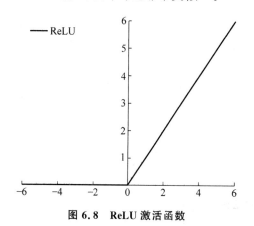

图 6.8　ReLU 激活函数

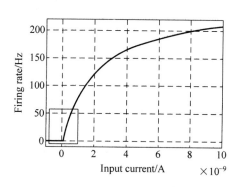

图 6.9　人脑激活模型[2]

在 TensorFlow 中,可以通过 tf.nn.relu 实现 ReLU 函数,代码如下:

```
In [9]:tf.nn.relu(x)                             # 通过 ReLU 激活函数
Out[9]:
< tf.Tensor: id = 11, shape = (10,), dtype = float32, numpy =
array([0. , 0. , 0. , 0. , 0. , 0.666667,
```

```
2. , 3.333334, 4.666667, 6. ], dtype = float32)>
```

可以看到,经过 ReLU 激活函数后,负数全部抑制为 0,正数得以保留。

除了可以使用函数式接口 tf. nn. relu 实现 ReLU 函数外,还可以像 Dense 层一样将 ReLU 函数作为一个网络层添加到网络中,对应的类为 layers. ReLU()类。一般来说,激活函数类并不是主要的网络运算层,不计入网络的层数。

ReLU 函数的设计源自神经科学,函数值和导数值的计算均十分简单,同时有着优良的梯度特性,在大量的深度学习应用中被验证非常有效,是应用最广泛的激活函数之一。

6.4.3 LeakyReLU

ReLU 函数在 $x < 0$ 时导数值恒为 0,也可能会造成梯度弥散现象,为了克服这个问题,LeakyReLU 函数被提出,如图 6.10 所示,LeakyReLU 的表达式为:

$$LeakyReLU \triangleq \begin{cases} x & x \geqslant 0 \\ px & x < 0 \end{cases}$$

其中 p 为用户自行设置的某较小数值的超参数,如 0.02 等。当 $p = 0$ 时,LeakyReLU 函数退化为 ReLU 函数;当 $p \neq 0$ 时,$x < 0$ 处能够获得较小的导数值 p,从而避免出现梯度弥散现象。

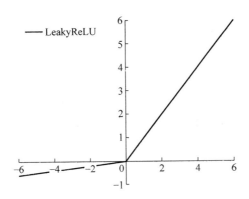

图 6.10　LeakyReLU 函数曲线

在 TensorFlow 中,可以通过 tf. nn. leaky_relu 实现 LeakyReLU 函数,代码如下:

```
In [10]:tf. nn. leaky_relu(x, alpha = 0.1)        # 通过 LeakyReLU 激活函数
Out[10]:
< tf. Tensor: id = 13, shape = (10,), dtype = float32, numpy =
array([ - 0.6 , - 0.46666667, - 0.33333334, - 0.2 , - 0.06666666,
       0.666667 , 2. , 3.333334, 4.666667, 6. ],
      dtype = float32)>
```

其中,alpha 参数代表 p。tf. nn. leaky_relu 对应的类为 layers. LeakyReLU,可以通过 LeakyReLU(alpha)创建 LeakyReLU 网络层,并设置 p 参数,像 Dense 层一样将 LeakyReLU 层

放置在网络的合适位置。

6.4.4　tanh

tanh 函数能够将 $x \in R$ 的输入"压缩"到 $(-1,1)$ 区间,定义为:

$$\tanh(x) = \frac{e^x - e^{-x}}{e^x + e^{-x}} = 2 \cdot \text{sigmoid}(2x) - 1$$

可以看到 tanh 激活函数可通过 Sigmoid 函数缩放平移后实现,函数曲线如图 6.11 所示。

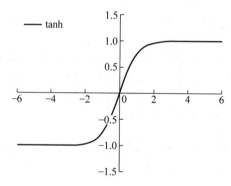

图 6.11　tanh 函数曲线

在 TensorFlow 中,可以通过 tf.nn.tanh 实现 tanh 函数,代码如下:

```
In [11]:tf.nn.tanh(x)                                    ♯ 通过 tanh 激活函数
Out[11]:
< tf.Tensor: id = 15, shape = (10,), dtype = float32, numpy =
array([ - 0.9999877 , - 0.99982315, - 0.997458 , - 0.9640276 , - 0.58278286,
        0.5827831 , 0.9640276 , 0.997458 , 0.99982315, 0.9999877 ],
      dtype = float32)>
```

可以看到向量元素值的范围被映射到 $(-1,1)$。

6.5　输出层设计

我们来特别地讨论网络的最后一层的设计,它除了和所有的隐藏层一样,完成维度变换、特征提取的功能,还作为输出层使用,需要根据具体的任务场景来决定是否使用激活函数,以及使用什么类型的激活函数等。

将根据输出值的区间范围来分类讨论。常见的输出类型如下:

❑ $o_i \in R^d$ 输出属于整个实数空间,或者某段普通的实数空间,如函数值趋势的预测、年龄的预测问题等。

❑ $o_i \in [0,1]$ 输出值落在 $[0,1]$ 的区间,如图片生成,图片像素值一般用 $[0,1]$ 区间的值表示；或者二分类问题的概率，如硬币正反面的概率预测问题。

❑ $o_i \in [0,1]$，$\sum_i o_i = 1$ 输出值落在$[0,1]$的区间，并且所有输出值之和为1，常见的如多分类问题，如 MNIST 手写数字图片识别，图片属于 10 个类别的概率之和应为 1。

❑ $o_i \in [-1,1]$ 输出值在$[-1,1]$。

6.5.1　普通实数空间

这一类问题比较普遍，像正弦函数曲线预测、年龄的预测、股票走势的预测等都属于整个或者部分连续的实数空间，输出层可以不加激活函数。误差的计算直接基于最后一层的输出 o 和真实值 y 进行计算，如采用均方差误差函数度量输出值 o 与真实值 y 之间的距离：

$$\mathcal{L} = g(o, y)$$

其中 g 代表了某个具体的误差计算函数，例如 MSE 等。

6.5.2　$[0,1]$区间

输出值属于$[0,1]$区间也比较常见，例如图片的生成、二分类问题等。在机器学习中，一般会将图片的像素值归一化到$[0,1]$区间，如果直接使用输出层的值，像素的值范围会分布在整个实数空间。为了让像素的值范围映射到 $[0,1]$ 的有效实数空间，需要在输出层后添加某个合适的激活函数 σ，其中 Sigmoid 函数刚好具有此功能。

同样地，对于二分类问题，如硬币的正反面的预测，输出层可以只设置一个节点，表示某个事件 A 发生的概率 $P(\text{A}|x)$，x 为网络输入。如果利用网络的输出标量 o 表示正面事件出现的概率，那么反面事件出现的概率即为 $1-o$，网络结构如图 6.12 所示。

$$P(\text{正面} \mid x) = o$$

$$P(\text{反面} \mid x) = 1 - o$$

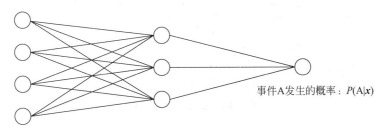

事件A发生的概率：$P(\text{A}|x)$

图 6.12　单输出节点的二分类网络

此时只需要在输出层的净活性值 z 后添加 Sigmoid 函数即可将输出转译为概率值。

对于二分类问题，除了可以使用单个输出节点表示事件 A 发生的概率 $P(\text{A}|x)$ 外，还可以分别预测 $P(\text{A}|x)$ 和 $P(\overline{\text{A}}|x)$，并满足约束

$$P(\mathrm{A} \mid \boldsymbol{x}) + P(\overline{\mathrm{A}} \mid \boldsymbol{x}) = 1$$

其中,$\overline{\mathrm{A}}$ 表示事件 A 的对立事件。如图 6.13 所示,二分类网络的输出层设置为 2 个节点,第 1 个节点的输出值表示为事件 A 发生的概率 $P(\mathrm{A} \mid \boldsymbol{x})$,第 2 个节点的输出值表示对立事件发生的概率 $P(\overline{\mathrm{A}} \mid \boldsymbol{x})$,考虑到 Sigmoid 函数只能将单个值压缩到 $(0,1)$ 区间,并不会考虑 2 个节点值之间的关系。希望除了满足 $o_i \in [0,1]$ 之外,还能满足概率之和为 1 的约束:

$$\sum_i o_i = 1$$

这种情况就是 6.5.3 节要介绍的问题设定。

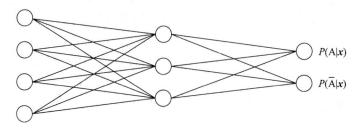

图 6.13　2 个输出节点的二分类网络

6.5.3　$[0,1]$ 区间,和为 1

输出值 $o_i \in [0,1]$,且所有输出值之和为 1,这种设定以多分类问题最为常见。如图 6.14 所示,输出层的每个输出节点代表了一种类别,图中网络结构用于处理 3 分类任务,3 个节点的输出值分布代表了当前样本属于类别 A、类别 B 和类别 C 的概率 $P(\mathrm{A} \mid \boldsymbol{x})$、$P(\mathrm{B} \mid \boldsymbol{x})$、$P(\mathrm{C} \mid \boldsymbol{x})$,考虑多分类问题中的样本只可能属于所有类别中的某一种,因此满足所有类别概率之和为 1 的约束。

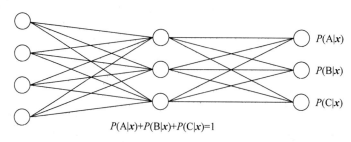

$$P(\mathrm{A} \mid \boldsymbol{x}) + P(\mathrm{B} \mid \boldsymbol{x}) + P(\mathrm{C} \mid \boldsymbol{x}) = 1$$

图 6.14　多分类网络结构

如何实现此约束逻辑? 可以通过在输出层添加 Softmax 函数实现。Softmax 函数定义为:

$$\mathrm{Softmax}(z_i) \overset{\Delta}{=} \frac{\mathrm{e}^{z_i}}{\sum_{j=1}^{d_{\mathrm{out}}} \mathrm{e}^{z_j}}$$

Softmax 函数不仅可以将输出值映射到 $[0,1]$ 区间，还满足所有的输出值之和为 1 的特性。如图 6.15 中的例子，输出层的输出为 $[2.0,1.0,$ $0.1]$，经过 Softmax 函数计算后，得到输出为 $[0.7,0.2,0.1]$，每个值代表了当前样本属于每个类别的概率，概率值之和为 1。通过 Softmax 函数可以将输出层的输出转译为类别概率，在分类问题中使用得非常频繁。

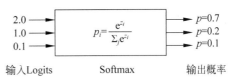

图 6.15 Softmax 函数示例

在 TensorFlow 中，可以通过 tf.nn.softmax 实现 Softmax 函数，代码如下：

```
In [12]: z = tf.constant([2.,1.,0.1])
tf.nn.softmax(z)                          # 通过 Softmax 函数
Out[12]:
< tf.Tensor: id = 19, shape = (3,), dtype = float32, numpy = array([0.6590012, 0.242433,
0.0985659], dtype = float32)>
```

与 Dense 层类似，Softmax 函数也可作为网络层类使用，通过类 layers.Softmax(axis＝－1) 可以方便添加 Softmax 层，其中 axis 参数指定需要进行计算的维度。

在 Softmax 函数的数值计算过程中，容易因输入值偏大发生数值溢出现象；在计算交叉熵时，也会出现数值溢出的问题。为了数值计算的稳定性，TensorFlow 中提供了一个统一的接口，将 Softmax 与交叉熵损失函数同时实现，同时也处理了数值不稳定的异常，一般推荐使用这些接口函数，避免分开使用 Softmax 函数与交叉熵损失函数。函数式接口为 tf.keras.losses.categorical_crossentropy(y_true, y_pred, from_logits = False)，其中 y_true 代表了 One-hot 编码后的真实标签，y_pred 表示网络的预测值，当 from_logits 设置为 True 时，y_pred 表示须为未经过 Softmax 函数的变量 z；当 from_logits 设置为 False 时，y_pred 表示为经过 Softmax 函数的输出。为了数值计算稳定性，一般设置 from_logits 为 True，此时 tf.keras.losses.categorical_crossentropy 将在内部进行 Softmax 函数计算，所以不需要在模型中显式调用 Softmax 函数，例如：

```
In [13]:
z = tf.random.normal([2,10])              # 构造输出层的输出
y_onehot = tf.constant([1,3])             # 构造真实值
y_onehot = tf.one_hot(y_onehot, depth = 10) # one - hot 编码
# 输出层未使用 Softmax 函数，故 from_logits 设置为 True
# 这样 categorical_crossentropy 函数在计算损失函数前，会先内部调用 Softmax 函数
loss = keras.losses.categorical_crossentropy(y_onehot,z,from_logits = True)
loss = tf.reduce_mean(loss)               # 计算平均交叉熵损失
loss
Out[13]:
< tf.Tensor: id = 210, shape = (), dtype = float32, numpy = 2.4201946 >
```

除了函数式接口，也可以利用 losses.CategoricalCrossentropy(from_logits)类方式同时实现 Softmax 与交叉熵损失函数的计算，from_logits 参数的设置方式相同。例如：

```
In [14]:                                          # 创建 Softmax 与交叉熵计算类,输出层的输出 z 未使用 softmax
criteon = keras.losses.CategoricalCrossentropy(from_logits = True)
loss = criteon(y_onehot,z)                         # 计算损失
loss
Out[14]:
< tf.Tensor: id = 258, shape = (), dtype = float32, numpy = 2.4201946 >
```

6.5.4 $[-1, 1]$

如果希望输出值的范围分布在$(-1,1)$,可以简单地使用 tanh 激活函数,实现如下:

```
In [15]:
x = tf.linspace( - 6.,6.,10)
tf.tanh(x)                                         # tanh 激活函数
Out[15]:
< tf.Tensor: id = 264, shape = (10,), dtype = float32, numpy =
array([ - 0.9999877 , - 0.99982315, - 0.997458 , - 0.9640276 , - 0.58278286,
        0.5827831 , 0.9640276 , 0.997458 , 0.99982315, 0.9999877 ],
      dtype = float32)>
```

输出层的设计具有一定的灵活性,可以根据实际的应用场景自行设计,充分利用现有激活函数的特性。

6.6 误差计算

在搭建完模型结构后,下一步就是选择合适的误差函数来计算误差。常见的误差函数有均方差、交叉熵、KL 散度、Hinge Loss 函数等,其中均方差函数和交叉熵函数在深度学习中比较常见,均方差函数主要用于回归问题,交叉熵函数主要用于分类问题。

6.6.1 均方差误差函数

均方差(Mean Squared Error,MSE)误差函数把输出向量和真实向量映射到笛卡儿坐标系的两个点上,通过计算这两个点之间的欧式距离(准确地说是欧式距离的平方)来衡量两个向量之间的差距:

$$\text{MSE}(\boldsymbol{y},\boldsymbol{o}) \triangleq \frac{1}{d_{\text{out}}} \sum_{i=1}^{d_{\text{out}}} (y_i - o_i)^2$$

MSE 误差函数的值总是大于或等于 0,当 MSE 函数达到最小值 0 时,输出等于真实标签,此时神经网络的参数达到最优状态。

均方差误差函数广泛应用在回归问题中,实际上,分类问题中也可以应用均方差误差函数。在 TensorFlow 中,可以通过函数方式或层方式实现 MSE 误差计算。例如,使用函数

方式实现 MSE 计算,代码如下:

```
In [16]:
o = tf.random.normal([2,10])                    # 构造网络输出
y_onehot = tf.constant([1,3])                   # 构造真实值
y_onehot = tf.one_hot(y_onehot, depth = 10)
loss = keras.losses.MSE(y_onehot, o)            # 计算均方差
loss
Out[16]:
<tf.Tensor: id = 27, shape = (2,), dtype = float32, numpy = array([0.779179 , 1.6585705], dtype =
float32)>
```

特别要注意,MSE 函数返回的是每个样本的均方差,需要在样本维度上再次平均来获得平均样本的均方差,实现如下:

```
In [17]:
loss = tf.reduce_mean(loss)                     # 计算 batch 均方差
loss
Out[17]:
<tf.Tensor: id = 30, shape = (), dtype = float32, numpy = 1.2188747 >
```

也可以通过层方式实现,对应的类为 keras.losses.MeanSquaredError(),和其他层的类一样,调用 __ call __ 函数即可完成前向计算,代码如下:

```
In [18]:                                        # 创建 MSE 类
criteon = keras.losses.MeanSquaredError()
loss = criteon(y_onehot,o)                      # 计算 batch 均方差
loss
Out[18]:
<tf.Tensor: id = 54, shape = (), dtype = float32, numpy = 1.2188747 >
```

6.6.2　交叉熵损失函数

在介绍交叉熵损失函数之前,首先来介绍信息学中熵(Entropy)的概念。1948 年,Claude Shannon 将热力学中熵的概念引入信息论中,用来衡量信息的不确定度。熵在信息学科中也称信息熵,或者香农熵。熵越大,代表不确定性越大,信息量也就越大。某个分布 $P(i)$ 的熵定义为:

$$H(P) \triangleq - \sum_i P(i) \log_2 P(i)$$

实际上,$H(P)$ 也可以使用其他底数的 log 函数计算。举例,对于 4 分类问题,如果某个样本的真实标签是第 4 类,那么标签的 One-hot 编码为 $[0,0,0,1]$,即这张图片的分类是唯一确定的,它属于第 4 类的概率 $P(y \text{ 为 } 4|x)=1$,不确定性为 0,它的熵可以简单地计算为:

$$- 0 \times \log_2 0 - 0 \times \log_2 0 - 0 \times \log_2 0 - 1 \times \log_2 1 = 0$$

也就是说,对于确定的分布,熵为 0,不确定性最低。

如果它预测的概率分布是 $[0.1, 0.1, 0.1, 0.7]$，它的熵可以计算为：

$$-0.1 \times \log_2 0.1 - 0.1 \times \log_2 0.1 - 0.1 \times \log_2 0.1 - 0.7 \times \log_2 0.7 \approx 1.356$$

这种情况比前面确定性类别的例子的确定性要稍微大点。

考虑随机分类器，它每个类别的预测概率是均等的：$[0.25, 0.25, 0.25, 0.25]$，同样的方法，可以计算它的熵约为 2，这种情况的不确定性略大于上面一种情况。

由于 $P(i) \in [0,1]$，$\log_2 P(i) \leqslant 0$，因此熵 $H(P) \geqslant 0$。当熵取得最小值 0 时，不确定性为 0。分类问题的 One-hot 编码的分布就是熵为 0 的典型例子。在 TensorFlow 中间，可以利用 tf.math.log 来计算熵。

在介绍完熵的概念后，基于熵引出交叉熵（Cross Entropy）的定义：

$$H(p \| q) \stackrel{\Delta}{=} - \sum_i p(i) \log_2 q(i)$$

通过变换，交叉熵可以分解为 p 的熵 $H(p)$ 和 p 与 q 的 KL 散度（Kullback-Leibler Divergence）的和：

$$H(p \| q) = H(p) + D_{KL}(p \| q)$$

其中 KL 定义为：

$$D_{KL}(p \| q) = \sum_i p(i) \log\left(\frac{p(i)}{q(i)}\right)$$

KL 散度是 Solomon Kullback 和 Richard A. Leibler 在 1951 年提出的用于衡量 2 个分布之间距离的指标。$p = q$ 时，$D_{KL}(p \| q)$ 取得最小值 0，p 与 q 之间的差距越大，$D_{KL}(p \| q)$ 也越大。注意，交叉熵和 KL 散度都不是对称的，即：

$$H(p \| q) \neq H(q \| p)$$

$$D_{KL}(p \| q) \neq D_{KL}(q \| p)$$

交叉熵可以很好地衡量 2 个分布之间的"距离"。特别地，当分类问题中 y 的编码分布 p 采用 One-hot 编码 y 时：$H(p) = 0$，此时

$$H(p \| q) = H(p) + D_{KL}(p \| q) = D_{KL}(p \| q)$$

退化到真实标签分布 y 与输出概率分布 o 之间的 KL 散度上。

根据 KL 散度的定义，推导分类问题中交叉熵的计算表达式：

$$H(p \| q) = D_{KL}(p \| q) = \sum_j y_j \log\left(\frac{y_j}{o_j}\right)$$

$$= 1 \cdot \log\frac{1}{o_i} + \sum_{j \neq i} 0 \cdot \log\left(\frac{0}{o_j}\right)$$

$$= -\log o_i$$

其中 i 为 One-hot 编码中为 1 的索引号，也是当前输入的真实类别。可以看到，$H(p \| q)$ 只与真实类别 i 上的概率 o_i 有关，对应概率 o_i 越大，$H(p \| q)$ 越小。当对应类别上的概率为 1 时，交叉熵 $H(p \| q)$ 取得最小值 0，此时网络输出 o 与真实标签 y 完全一致，神经网络取得最优状态。

因此最小化交叉熵损失函数的过程也是最大化正确类别的预测概率的过程。从这个角度去理解交叉熵损失函数,非常直观易懂。

6.7 神经网络类型

全连接层是神经网络最基本的网络类型,对后续神经网络类型的研究有巨大的贡献,全连接层前向计算流程相对简单,梯度求导也较简单,但是它有一个最大的缺陷,在处理较大特征长度的数据时,全连接层的参数量往往较大,使得深层数的全连接网络参数量巨大,训练起来比较困难。近年来,社交媒体的发达产生了海量的图片、视频、文本等数字资源,极大地促进了神经网络在计算机视觉、自然语言处理等领域中的研究,相继提出了一系列的神经网络变种类型。

6.7.1 卷积神经网络

如何识别、分析并理解图片、视频等数据是计算机视觉的一个核心问题,全连接层在处理高维度的图片、视频数据时往往出现网络参数量巨大,训练非常困难的问题。通过利用局部相关性和权值共享的思想,Yann Lecun 在 1986 年提出了卷积神经网络(Convolutional Neural Network,CNN)。随着深度学习的兴盛,卷积神经网络在计算机视觉中的表现大大地超越了其他算法模型,呈现统治计算机视觉领域之势。这其中比较流行的模型有用于图片分类的 AlexNet、VGG、GoogLeNet、ResNet、DenseNet 等,用于目标识别的 RCNN、Fast RCNN、Faster RCNN、Mask RCNN、YOLO、SSD 等。将在第 10 章详细介绍卷积神经网络原理。

6.7.2 循环神经网络

除了具有空间结构的图片、视频等数据外,序列信号也是非常常见的一种数据类型,其中一个最具代表性的序列信号就是文本数据。如何处理并理解文本数据是自然语言处理的一个核心问题。卷积神经网络由于缺乏 Memory 机制和处理不定长序列信号的能力,并不擅长序列信号的任务。循环神经网络(Recurrent Neural Network,RNN)在 Yoshua Bengio、Jürgen Schmidhuber 等人的持续研究下,被证明非常擅长处理序列信号。1997 年,Jürgen Schmidhuber 提出了 LSTM 网络,作为 RNN 的变种,它较好地克服了 RNN 缺乏长期记忆、不擅长处理长序列的问题,在自然语言处理中得到了广泛的应用。基于 LSTM 模型,Google 提出了用于机器翻译的 Seq2Seq 模型,并成功商用于谷歌神经机器翻译系统(GNMT)。其他的 RNN 变种还有 GRU、双向 RNN 等。将在第 11 章详细介绍循环神经网络原理。

6.7.3 注意力(机制)网络

RNN 并不是自然语言处理的最终解决方案,近年来随着注意力机制(Attention

Mechanism)的提出,克服了 RNN 训练不稳定、难以并行化等缺陷,在自然语言处理和图片生成等领域中逐渐崭露头角。注意力机制最初在图片分类任务上提出,但逐渐开始侵蚀 NLP 各大任务。2017 年,Google 提出了第一个利用纯注意力机制实现的网络模型 Transformer,随后基于 Transformer 模型相继提出了一系列的用于机器翻译的注意力网络模型,如 GPT、BERT、GPT-2 等。在其他领域,基于注意力机制,尤其是自注意力(Self-Attention)机制构建的网络也取得了不错的效果,例如基于自注意力机制的 BigGAN 模型等。

6.7.4 图卷积神经网络

图片、文本等数据具有规则的空间、时间结构,称为 Euclidean Data(欧几里得数据)。卷积神经网络和循环神经网络被证明非常擅长处理这种类型的数据。而像类似于社交网络、通信网络、蛋白质分子结构等一系列的不规则空间拓扑结构的数据,它们显得力不从心。2016 年,Thomas Kipf 等人基于前人在一阶近似的谱卷积算法上提出了图卷积网络(Graph Convolution Network,GCN)模型。GCN 算法实现简单,从空间一阶邻居信息聚合的角度也能直观地理解,在半监督任务上取得了不错效果。随后,一系列的网络模型相继被提出,如 GAT、EdgeConv、DeepGCN 等。

6.8 汽车油耗预测实战

本节将利用全连接网络模型来完成汽车的效能指标 MPG(Mile Per Gallon,每加仑燃油英里数)的预测问题实战。

6.8.1 数据集

采用 Auto MPG 数据集,它记录了各种汽车效能指标与气缸数、重量、马力等其他因子的真实数据,查看数据集的前 5 项,如表 6.1 所示,除了产地是数字字段表示类别外,其他字段都是数值类型。对于产地地段,1 表示美国,2 表示欧洲,3 表示日本。

表 6.1 Auto MPG 数据集前 5 项

MPG (每加仑燃油英里数)	Cylinders (气缸数) /个	Displacement (排量)/升	Horsepower (马力)	Weight (重量) /kg	Acceleration (加速度) /(m·s^{-2})	Model Year (型号年份) /年	Origin (产地)
18.0	8	307.0	130.0	3504.0	12.0	1970	1
15.0	8	350.0	165.0	3693.0	11.5	1970	1
18.0	8	318.0	150.0	3436.0	11.0	1970	1
16.0	8	304.0	150.0	3433.0	12.0	1970	1
17.0	8	302.0	140.0	3449.0	10.5	1970	1

Auto MPG 数据集一共记录了 398 项数据,从 UCI 服务器下载并读取数据集到 DataFrame 对象中,代码如下:

```
# 在线下载汽车效能数据集
dataset_path = keras.utils.get_file("auto - mpg.data", "http://archive.ics.uci.edu/ml/
machine - learning - databases/auto - mpg/auto - mpg.data")
# 利用 pandas 读取数据集,字段有效能(英里数每加仑)、气缸数、排量、马力、重量
# 加速度、型号年份、产地
column_names = ['MPG','Cylinders','Displacement','Horsepower','Weight',
                'Acceleration', 'Model Year', 'Origin']
raw_dataset = pd.read_csv(dataset_path, names = column_names,
                na_values = "?", comment = '\t',
                sep = " ", skipinitialspace = True)
dataset = raw_dataset.copy()
# 查看部分数据
dataset.head()
```

原始表格中的数据可能含有空字段(缺失值)的数据项,需要清除这些记录项:

```
dataset.isna().sum()                          # 统计空白数据
dataset = dataset.dropna()                    # 删除空白数据项
dataset.isna().sum()                          # 再次统计空白数据
```

清除后,观察到数据集记录项减为 392 项。

由于 Origin 字段为类别型数据,将其移除,并转换为新的 3 个字段:USA、Europe 和 Japan,分别代表是否来自此产地:

```
# 处理类别型数据,其中 origin 列代表了类别 1,2,3,分布代表产地:美国、欧洲、日本
# 先弹出(删除并返回)origin 这一列
origin = dataset.pop('Origin')
# 根据 origin 列来写入新的 3 个列
dataset['USA'] = (origin == 1) * 1.0
dataset['Europe'] = (origin == 2) * 1.0
dataset['Japan'] = (origin == 3) * 1.0
dataset.tail()                                # 查看新表格的后几项
```

按着 8 : 2 的比例切分数据集为训练集和测试集:

```
# 切分为训练集和测试集
train_dataset = dataset.sample(frac = 0.8, random_state = 0)
test_dataset = dataset.drop(train_dataset.index)
```

将 MPG 字段移出为标签数据:

```
# 移动 MPG 油耗效能这一列为真实标签 Y
train_labels = train_dataset.pop('MPG')
test_labels = test_dataset.pop('MPG')
```

统计训练集的各个字段数值的均值和标准差,并完成数据的标准化,通过 norm( )函数实现,代码如下:

```
# 查看训练集的输入 X 的统计数据
train_stats = train_dataset.describe()
train_stats.pop("MPG")                            # 仅保留输入 X
train_stats = train_stats.transpose()             # 转置
# 标准化数据
def norm(x):                                       # 减去每个字段的均值,并除以标准差
  return (x - train_stats['mean']) / train_stats['std']
normed_train_data = norm(train_dataset)           # 标准化训练集
normed_test_data = norm(test_dataset)             # 标准化测试集
```

打印出训练集和测试集的大小:

```
print(normed_train_data.shape,train_labels.shape)
print(normed_test_data.shape, test_labels.shape)
(314, 9) (314,)              # 训练集共 314 行,输入特征长度为 9,标签用一个标量表示
(78, 9) (78,)                # 测试集共 78 行,输入特征长度为 9,标签用一个标量表示
```

利用切分的训练集数据构建数据集对象:

```
train_db = tf.data.Dataset.from_tensor_slices((normed_train_data.values, train_labels.
values))
                                               # 构建 Dataset 对象
train_db = train_db.shuffle(100).batch(32)     # 随机打散,批量化
```

可以通过简单地统计数据集中各字段之间的两两分布来观察各个字段对 MPG 的影响,如图 6.16 所示。可以大致观察到,其中汽车排量、重量与 MPG 的关系比较简单,随着排量或重的增大,汽车的 MPG 降低,能耗增加;气缸数越小,汽车能做到的最好 MPG 也越高,越可能更节能,这都是符合我们的生活经验的。

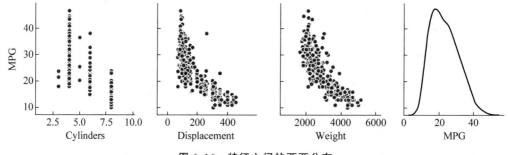

图 6.16 特征之间的两两分布

6.8.2 创建网络

考虑到 Auto MPG 数据集规模较小,只创建一个 3 层的全连接网络来完成 MPG 值的预测任务。输入 X 的特征共有 9 种,因此第 1 层的输入节点数为 9。第 1 层、第 2 层的输出

节点数设计为 64 和 64，由于只有一种预测值，输出层输出节点设计为 1。考虑 $MPG \in R^+$，因此输出层的激活函数可以不加，也可以添加 ReLU 激活函数。

将网络实现为一个自定义网络类，只需要在初始化函数中创建各个子网络层，并在前向计算函数 call 中实现自定义网络类的计算逻辑即可。自定义网络类继承自 keras. Model 基类，这也是自定义网络类的标准写法，以方便地利用 keras. Model 基类提供的 trainable_variables、save_weights 等各种便捷功能。网络模型类实现如下：

```python
class Network(keras.Model):
    # 回归网络模型
    def __init__(self):
        super(Network, self).__init__()
        # 创建 3 个全连接层
        self.fc1 = layers.Dense(64, activation = 'relu')
        self.fc2 = layers.Dense(64, activation = 'relu')
        self.fc3 = layers.Dense(1)

    def call(self, inputs, training = None, mask = None):
        # 依次通过 3 个全连接层
        x = self.fc1(inputs)
        x = self.fc2(x)
        x = self.fc3(x)

        return x
```

6.8.3 训练与测试

在完成主网络模型类的创建后，来实例化网络对象和创建优化器，代码如下：

```python
model = Network()                               # 创建网络类实例
# 通过 build 函数完成内部张量的创建,其中 4 为任意设置的 batch 数量,9 为输入特征长度
model.build(input_shape = (4, 9))
model.summary()                                 # 打印网络信息
optimizer = tf.keras.optimizers.RMSprop(0.001)  # 创建优化器,指定学习率
```

接下来实现网络训练部分。通过 Epoch 和 Step 组成的双层循环训练网络，共训练 200 个 Epoch，代码如下：

```python
for epoch in range(200):                         # 200 个 Epoch
    for step, (x,y) in enumerate(train_db):      # 遍历一次训练集
        # 梯度记录器,训练时需要使用它
        with tf.GradientTape() as tape:
            out = model(x)                       # 通过网络获得输出
            loss = tf.reduce_mean(losses.MSE(y, out))      # 计算 MSE
            mae_loss = tf.reduce_mean(losses.MAE(y, out))  # 计算 MAE
```

```
    if step % 10 == 0:                          # 间隔性地打印训练误差
        print(epoch, step, float(loss))
    # 计算梯度,并更新
    grads = tape.gradient(loss, model.trainable_variables)
    optimizer.apply_gradients(zip(grads, model.trainable_variables))
```

对于回归问题,除了 MSE 均方差可以用来模型的测试性能,还可以用平均绝对误差(Mean Absolute Error,MAE)来衡量模型的性能,它被定义为:

$$\text{MAE} \overset{\Delta}{=} \frac{1}{d_{\text{out}}} \sum_i |y_i - o_i|$$

程序运算时记录每个 Epoch 结束时的训练和测试 MAE 数据,并绘制变化曲线,如图 6.17 所示。

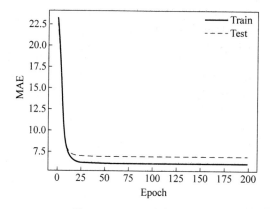

图 6.17　MAE 变化曲线

可以观察在训练到约第 25 个 Epoch 时,MAE 的下降变得较缓慢,其中训练集的 MAE 还在继续缓慢下降,但是测试集 MAE 几乎保持不变,因此可以在约第 25 个 Epoch 时提前结束训练,并利用此时的网络参数来预测新的输入样本即可。

参考文献

［1］　尼克.人工智能简史［M］.北京:人民邮电出版社,2017.

［2］　Glorot X,Bordes A,Bengio Y. Deep Sparse Rectifier Neural Networks［C］//Proceedings of the Fourteenth International Conference on Artificial Intelligence and Statistics,Fort Lauderdale,FL, USA,2011.

［3］　Mizera-Pietraszko J,Pichappan P. Lecture Notes in Real-Time Intelligent Systems［M］. Springer International Publishing,2017.

## 第7章

反向传播算法

回首得越久,你会看得越远。——温斯顿·丘吉尔

第 6 章已经系统地介绍完基础的神经网络算法:从输入和输出的表示开始,介绍感知机模型,多输入、多输出的全连接层,然后扩展至多层神经网络;介绍了针对不同的问题场景下输出层的设计,最后介绍常用的损失函数及其实现方法。

本章将从理论层面学习神经网络中的核心算法之一:误差反向传播算法(Backpropagation, BP)。实际上,反向传播算法在 20 世纪 60 年代早期就已经被提出,然而并没有引起业界重视。1970 年,Seppo Linnainmaa 在其硕士论文中提出了自动链式求导方法,并将反向传播算法实现在计算机上。1974 年,Paul Werbos 在其博士论文中首次提出了将反向传播算法应用到神经网络的可能性,但遗憾的是,Paul Werbos 并没有后续的相关研究发表。实际上,Paul Werbos 认为,这种研究思路对解决感知机问题是有意义的,但是由于人工智能寒冬,这个圈子大体已经失去解决那些问题的信念[①]。直到 1986 年,Geoffrey Hinton 等人在神经网络上应用反向传播算法[1],使得反向传播算法在神经网络中焕发出勃勃生机。

有了深度学习框架自动求导、自动更新参数的功能,算法设计者几乎不需要对反向传播算法有深入的了解也可以搭建复杂的模型和网络,通过调用优化工具可以方便地训练网络模型。但是,反向传播算法和梯度下降算法是神经网络的核心算法,深刻理解其工作原理十分重要。本章先回顾导数、梯度等数学概念,然后推导常用激活函数、损失函数的梯度形式,并开始逐渐推导感知机、多层神经网络的梯度传播方式。

7.1 导数与梯度

在高中阶段,就接触到导数(Derivative)的概念,它被定义为自变量 x 产生一个微小扰动 Δx 后,函数输出值的增量 Δy 与自变量增量 Δx 的比值在 Δx 趋于 0 时的极限 a,如果存

---

① 参考自 https://www.jiqizhixin.com/articles/2016-01-23-2。

在, a 即为在 x_0 处的导数:

$$a = \lim_{\Delta x \to 0} \frac{\Delta y}{\Delta x} = \lim_{\Delta x \to 0} \frac{f(x + \Delta x) - f(x)}{\Delta x}$$

函数的导数可以记为 $f'(x)$ 或 $\frac{\mathrm{d}y}{\mathrm{d}x}$。从几何角度来看,一元函数在某处的导数就是函数的切线在此处的斜率,即函数值沿着 x 方向的变化率。考虑物理学中例子:自由落体运动的位移函数的表达式 $y = \frac{1}{2}gt^2$,位移对时间的导数 $\frac{\mathrm{d}y}{\mathrm{d}t} = \frac{\mathrm{d}\frac{1}{2}gt^2}{\mathrm{d}t} = gt$,考虑到速度 v 定义为位移的变化率,因此 $v = gt$,位移对时间的导数即为速度。

实际上,导数是一个非常宽泛的概念,只是因为以前接触到的函数大多是一元函数,自变量 Δx 只有两个方向: x^+ 和 x^-。当函数的自变量数大于一个时,函数的导数概念拓展为函数值沿着任意 Δx 方向的变化率。导数本身是标量,没有方向,但是导数表征了函数值在某个方向 Δx 上的变化率。在这些任意 Δx 方向中,沿着坐标轴的几个方向比较特殊,此时的导数也称为偏导数(Partial Derivative)。对于一元函数,导数记为 $\frac{\mathrm{d}y}{\mathrm{d}x}$;对于多元函数的偏导数,记为 $\frac{\partial y}{\partial x_1}, \frac{\partial y}{\partial x_2}$ 等。偏导数是导数的特例,也没有方向。

考虑本质上为多元函数的神经网络模型,例如 shape 为 $[784, 256]$ 的权值矩阵 $\boldsymbol{W}$,它包含了 784×256 个连接权值 w,需要求出 784×256 个偏导数。注意,在数学表达习惯中,一般要讨论的自变量记为 $\boldsymbol{x}$,但是在神经网络中,$\boldsymbol{x}$ 一般用来表示输入,例如图片、文本、语音数据等,网络的自变量是网络参数集 $\theta = \{w_1, b_1, w_2, b_2, \cdots\}$。利用梯度下降算法优化网络时,需要求出网络的所有偏导数。因此,我们关心的也是误差函数输出 $\mathcal{L}$ 沿着自变量 θ_i 方向上的导数,即 $\mathcal{L}$ 对网络参数 θ_i 的偏导数 $\frac{\partial \mathcal{L}}{\partial w_1}, \frac{\partial \mathcal{L}}{\partial b_1}$ 等。把函数所有偏导数写成向量形式:

$$\nabla_\theta \mathcal{L} = \left(\frac{\partial \mathcal{L}}{\partial \theta_1}, \frac{\partial \mathcal{L}}{\partial \theta_2}, \frac{\partial \mathcal{L}}{\partial \theta_3}, \cdots, \frac{\partial \mathcal{L}}{\partial \theta_n} \right)$$

此时梯度下降算法可以按着向量形式进行更新:

$$\theta' = \theta - \eta \cdot \nabla_\theta \mathcal{L}$$

η 为学习率超参数。梯度下降算法一般是寻找函数 L 的最小值,有时也希望求解函数的最大值,如强化学习中希望最大化回报函数,则可按梯度方向更新:

$$\theta' = \theta + \eta \cdot \nabla_\theta \mathcal{L}$$

这种更新方式称为梯度上升算法。梯度下降算法和梯度上升算法思想上是相同的,一是朝着梯度的反向更新,一是朝着梯度的方向更新,两者都需要求解偏导数。这里把向量 $\left(\frac{\partial \mathcal{L}}{\partial \theta_1}, \frac{\partial \mathcal{L}}{\partial \theta_2}, \frac{\partial \mathcal{L}}{\partial \theta_3}, \cdots, \frac{\partial \mathcal{L}}{\partial \theta_n} \right)$ 称为函数的梯度(Gradient),它由所有偏导数组成,表征方向、梯度的方向表示函数值上升最快的方向,梯度的反向则表示函数值下降最快的方向。

通过梯度下降算法并不能保证得到全局最优解,这主要是目标函数的非凸性造成的。考虑图 7.1 非凸函数,谷底区域为极小值区域,不同的优化轨迹可能得到不同的最优数值解,这些数值解并不一定是全局最优解。

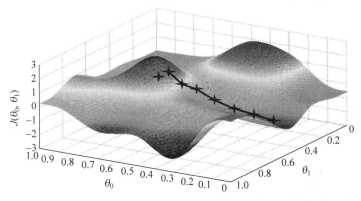

图 7.1　非凸函数示例

神经网络的模型表达式通常非常复杂,模型参数量可达千万、数亿级别,几乎所有的神经网络的优化问题都是依赖于深度学习框架去自动计算网络参数的梯度,然后采用梯度下降算法循环迭代优化网络的参数直至性能满足需求。深度学习框架这里主要实现的算法就是反向传播算法和梯度下降算法,因此理解这两个算法的原理有利于了解深度学习框架的作用。

在介绍多层神经网络的反向传播算法之前,先介绍导数的常见属性、常见激活函数、损失函数的梯度推导,然后再推导多层神经网络的梯度传播规律。

7.2　导数常见性质

本节介绍常见函数的求导法则和样例解释,为神经网络相关函数的求导铺垫。

7.2.1　基本函数的导数

- 常数函数 c 导数为 0,如 $y=2$ 函数的导数 $\dfrac{\mathrm{d}y}{\mathrm{d}x}=0$

- 线性函数 $y=ax+c$ 导数为 a,如函数 $y=2x+1$ 导数 $\dfrac{\mathrm{d}y}{\mathrm{d}x}=2$

- 幂函数 x^a 导数为 ax^{a-1},如 $y=x^2$ 函数 $\dfrac{\mathrm{d}y}{\mathrm{d}x}=2x$

- 指数函数 a^x 导数为 $a^x\ln a$,如 $y=\mathrm{e}^x$ 函数 $\dfrac{\mathrm{d}y}{\mathrm{d}x}=\mathrm{e}^x\ln \mathrm{e}=\mathrm{e}^x$

❑ 对数函数 $\log_a x$ 导数为 $\dfrac{1}{x\ln a}$，如 $y=\ln x$ 函数 $\dfrac{\mathrm{d}y}{\mathrm{d}x}=\dfrac{1}{x\ln e}=\dfrac{1}{x}$

7.2.2　常用导数性质

❑ 函数加减 $(f+g)'=f'+g'$

❑ 函数相乘 $(fg)'=f'\cdot g+f\cdot g'$

❑ 函数相除 $\left(\dfrac{f}{g}\right)'=\dfrac{f'g-fg'}{g^2},g\neq 0$

❑ 复合函数的导数，考虑复合函数 $f(g(x))$，令 $u=g(x)$，其导数为：

$$\frac{\mathrm{d}f(g(x))}{\mathrm{d}x}=\frac{\mathrm{d}f(u)}{\mathrm{d}u}\frac{\mathrm{d}g(x)}{\mathrm{d}x}=f'(u)\cdot g'(x)$$

7.2.3　导数求解实战

考虑目标函数 $\mathcal{L}=x\cdot w^2+b^2$，则其偏导数为：

$$\frac{\partial\mathcal{L}}{\partial w}=\frac{\partial x\cdot w^2}{\partial w}=x\cdot 2w$$

$$\frac{\partial\mathcal{L}}{\partial b}=\frac{\partial b^2}{\partial b}=2b$$

考虑目标函数 $\mathcal{L}=x\cdot e^w+e^b$，则其偏导数为：

$$\frac{\partial\mathcal{L}}{\partial w}=\frac{\partial x\cdot e^w}{\partial w}=x\cdot e^w$$

$$\frac{\partial\mathcal{L}}{\partial b}=\frac{\partial e^b}{\partial b}=e^b$$

考虑目标函数 $\mathcal{L}=[y-(xw+b)]^2=[(xw+b)-y]^2$，令 $g=xw+b-y$，则其偏导数为：

$$\frac{\partial\mathcal{L}}{\partial w}=2g\cdot\frac{\partial g}{\partial w}=2g\cdot x=2(xw+b-y)\cdot x$$

$$\frac{\partial\mathcal{L}}{\partial b}=2g\cdot\frac{\partial g}{\partial b}=2g\cdot 1=2(xw+b-y)$$

考虑目标函数 $\mathcal{L}=a\ln(xw+b)$，令 $g=xw+b$，则其偏导数为：

$$\frac{\partial\mathcal{L}}{\partial w}=a\cdot\frac{1}{g}\cdot\frac{\partial g}{\partial w}=\frac{a}{xw+b}\cdot x$$

$$\frac{\partial\mathcal{L}}{\partial b}=a\cdot\frac{1}{g}\cdot\frac{\partial g}{\partial b}=\frac{a}{xw+b}$$

7.3 激活函数导数

这里介绍神经网络中常用的激活函数的导数推导。

7.3.1 Sigmoid 函数导数

回顾 Sigmoid 函数表达式:

$$\sigma(x) = \frac{1}{1+e^{-x}}$$

来推导 Sigmoid 函数的导数表达式:

$$\begin{aligned}
\frac{d}{dx}\sigma(x) &= \frac{d}{dx}\left(\frac{1}{1+e^{-x}}\right) \\
&= \frac{e^{-x}}{(1+e^{-x})^2} \\
&= \frac{(1+e^{-x})-1}{(1+e^{-x})^2} \\
&= \frac{1+e^{-x}}{(1+e^{-x})^2} - \left(\frac{1}{1+e^{-x}}\right)^2 \\
&= \sigma(x) - \sigma(x)^2 \\
&= \sigma(1-\sigma)
\end{aligned}$$

可以看到,Sigmoid 函数的导数表达式最终可以表达为激活函数的输出值的简单运算,利用这一性质,在神经网络的梯度计算中,通过缓存每层的 Sigmoid 函数输出值,即可在需要时计算出其导数。Sigmoid 函数的导数曲线如图 7.2 所示。

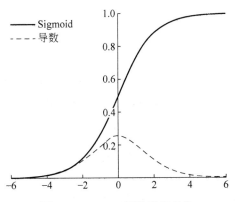

图 7.2 Sigmoid 函数及其导数

为了帮助理解反向传播算法的实现细节,本章选择不使用 TensorFlow 的自动求导功能,本章的实现部分全部使用 Numpy 演示,将使用 Numpy 实现一个通过反向传播算法优

化的多层神经网络。这里通过 Numpy 实现 Sigmoid 函数的导数,代码如下:

```
import numpy as np                          # 导入 Numpy 库
def sigmoid(x):                             # 实现 Sigmoid 函数
    return 1 / (1 + np.exp(-x))

def derivative(x):                          # Sigmoid 导数的计算
    # Sigmoid 函数的表达式由手动推导而得
    return sigmoid(x) * (1 - sigmoid(x))
```

7.3.2 ReLU 函数导数

回顾 ReLU 函数的表达式:

$$\text{ReLU}(x) = \max(0, x)$$

它的导数推导非常简单,直接可得:

$$\frac{\mathrm{d}}{\mathrm{d}x}\text{ReLU} = \begin{cases} 1 & x \geqslant 0 \\ 0 & x < 0 \end{cases}$$

可以看到,ReLU 函数的导数计算简单,$x \geqslant 0$ 时,导数值恒为 1,在反向传播过程中,它既不会放大梯度,造成梯度爆炸(Gradient exploding)现象;也不会缩小梯度,造成梯度弥散(Gradient vanishing)现象。ReLU 函数的导数曲线如图 7.3 所示。

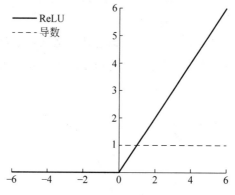

图 7.3 ReLU 函数及其导数

在 ReLU 函数被广泛应用之前,神经网络中激活函数采用 Sigmoid 居多,但是 Sigmoid 函数容易出现梯度弥散现象,当网络的层数增加后,较前层的参数由于梯度值非常微小,参数长时间得不到有效更新,无法训练较深层的神经网络,导致神经网络的研究一直停留在浅层。随着 ReLU 函数的提出,很好地缓解了梯度弥散的现象,神经网络的层数能够达到较深层数,如 AlexNet 中采用了 ReLU 激活函数,层数达到了 8 层,后续提出的上百层的卷积神经网络也多是采用 ReLU 激活函数。

通过 Numpy,可以方便地实现 ReLU 函数的导数,代码如下:

```
def derivative(x):                          # ReLU 函数的导数
    d = np.array(x, copy = True)            # 用于保存梯度的张量
    d[x < 0] = 0                            # 元素为负的导数为 0
    d[x >= 0] = 1                           # 元素为正的导数为 1
    return d
```

7.3.3　LeakyReLU 函数导数

回顾 LeakyReLU 函数的表达式：

$$\text{LeakyReLU} = \begin{cases} x & x \geqslant 0 \\ px & x < 0 \end{cases}$$

它的导数可以推导为：

$$\frac{\mathrm{d}}{\mathrm{d}x}\text{LeakyReLU} = \begin{cases} 1 & x \geqslant 0 \\ p & x < 0 \end{cases}$$

它和 ReLU 函数的不同之处在于，当 $x<0$ 时，LeakyReLU 函数的导数值并不为 0，而是常数 p，p 一般设置为某较小的数值，如 0.01 或 0.02，LeakyReLU 函数的导数曲线如图 7.4 所示。

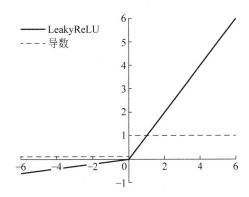

图 7.4　LeakyReLU 导数曲线

LeakyReLU 函数有效地克服了 ReLU 函数的缺陷，使用也比较广泛。可以通过 Numpy 实现 LeakyReLU 函数的导数，代码如下：

```
# 其中 p 为 LeakyReLU 的负半段斜率，为超参数
def derivative(x, p):
    dx = np.ones_like(x)                    # 创建梯度张量，全部初始化为 1
    dx[x < 0] = p                           # 元素为负的导数为 p
    return dx
```

7.3.4　tanh 函数梯度

回顾 tanh 函数的表达式：

$$\tanh(x) = \frac{e^x - e^{-x}}{e^x + e^{-x}}$$

$$= 2 \cdot \mathrm{sigmoid}(2x) - 1$$

它的导数推导为：

$$\frac{d}{dx}\tanh(x) = \frac{(e^x + e^{-x})(e^x + e^{-x}) - (e^x - e^{-x})(e^x - e^{-x})}{(e^x + e^{-x})^2}$$

$$= 1 - \frac{(e^x - e^{-x})^2}{(e^x + e^{-x})^2} = 1 - \tanh^2(x)$$

tanh 函数及其导数曲线如图 7.5 所示。

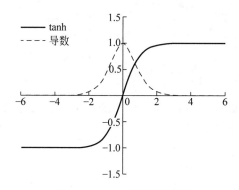

图 7.5　tanh 函数及其导数

在 Numpy 中，借助于 Sigmoid 函数实现 tanh 函数的导数，代码如下：

```
def sigmoid(x):                          # sigmoid 函数实现
    return 1 / (1 + np.exp(-x))


def tanh(x):                             # tanh 函数实现
    return 2 * sigmoid(2 * x) - 1


def derivative(x):                       # tanh 导数实现
    return 1 - tanh(x) ** 2
```

7.4　损失函数梯度

前面已经介绍了常见的损失函数，这里主要推导均方误差损失函数和交叉熵损失函数的梯度表达式。

7.4.1　均方误差函数梯度

均方误差损失函数表达式为：

$$\mathcal{L} = \frac{1}{2} \sum_{k=1}^{K} (y_k - o_k)^2$$

上式中的 $\frac{1}{2}$ 项用于简化计算，也可以利用 $\frac{1}{K}$ 进行平均，这些缩放运算均不会改变梯度方向。

则它的偏导数 $\frac{\partial \mathcal{L}}{\partial o_i}$ 可以展开为：

$$\frac{\partial \mathcal{L}}{\partial o_i} = \frac{1}{2} \sum_{k=1}^{K} \frac{\partial}{\partial o_i} (y_k - o_k)^2$$

利用复合函数导数法则分解为：

$$\frac{\partial \mathcal{L}}{\partial o_i} = \frac{1}{2} \sum_{k=1}^{K} 2 \cdot (y_k - o_k) \cdot \frac{\partial (y_k - o_k)}{\partial o_i}$$

即

$$\frac{\partial \mathcal{L}}{\partial o_i} = \sum_{k=1}^{K} (y_k - o_k) \cdot (-1) \cdot \frac{\partial o_k}{\partial o_i}$$

$$= \sum_{k=1}^{K} (o_k - y_k) \cdot \frac{\partial o_k}{\partial o_i}$$

考虑到 $\frac{\partial o_k}{\partial o_i}$ 仅当 $k = i$ 时才为 1，其他点都为 0，也就是说，偏导数 $\frac{\partial \mathcal{L}}{\partial o_i}$ 只与第 i 号节点相关，与其他节点无关，因此上式中的求和符号可以去掉。均方误差函数的导数可以推导为：

$$\frac{\partial \mathcal{L}}{\partial o_i} = (o_i - y_i)$$

7.4.2　交叉熵函数梯度

在计算交叉熵损失函数时，一般将 Softmax 函数与交叉熵函数统一实现。先推导 Softmax 函数的梯度，再推导交叉熵函数的梯度。

（1）**Softmax 梯度**，回顾 Softmax 函数的表达式：

$$p_i = \frac{e^{z_i}}{\sum_{k=1}^{K} e^{z_k}}$$

它的功能是将 K 个输出节点的值转换为概率，并保证概率之和为 1，如图 7.6 所示。

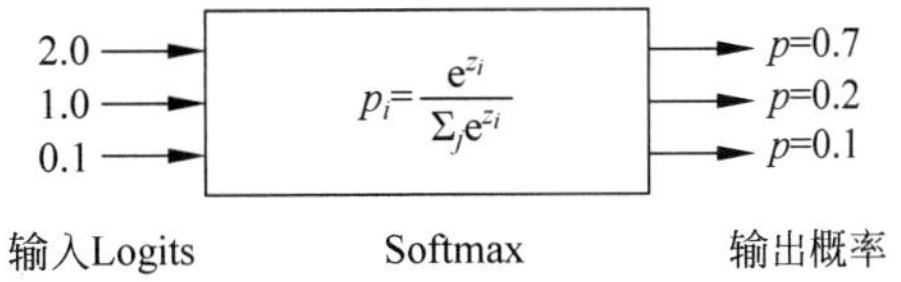

回顾

$$f(x) = \frac{g(x)}{h(x)}$$

图 7.6　Softmax 函数

函数的导数表达式：

$$f'(x) = \frac{g'(x)h(x) - h'(x)g(x)}{h(x)^2}$$

对于 Softmax 函数,$g(x)=\mathrm{e}^{z_i}$,$h(x)=\sum\limits_{k=1}^{K}\mathrm{e}^{z_k}$,下面根据 $i=j$ 和 $i\neq j$ 来分别推导 Softmax 函数的梯度。

❑ $i=j$ 时,Softmax 函数的偏导数 $\dfrac{\partial p_i}{\partial z_j}$ 可以展开为:

$$\frac{\partial p_i}{\partial z_j}=\frac{\partial\,\dfrac{\mathrm{e}^{z_i}}{\sum\limits_{k=1}^{K}\mathrm{e}^{z_k}}}{\partial z_j}=\frac{\mathrm{e}^{z_i}\sum\limits_{k=1}^{K}\mathrm{e}^{z_k}-\mathrm{e}^{z_j}\mathrm{e}^{z_i}}{\left(\sum\limits_{k=1}^{K}\mathrm{e}^{z_k}\right)^2}$$

提取公共项 e^{z_i}:

$$=\frac{\mathrm{e}^{z_i}\left(\sum\limits_{k=1}^{K}\mathrm{e}^{z_k}-\mathrm{e}^{z_j}\right)}{\left(\sum\limits_{k=1}^{K}\mathrm{e}^{z_k}\right)^2}$$

拆分为两部分:

$$=\frac{\mathrm{e}^{z_i}}{\sum\limits_{k=1}^{K}\mathrm{e}^{z_k}}\times\frac{\left(\sum\limits_{k=1}^{K}\mathrm{e}^{z_k}-\mathrm{e}^{z_j}\right)}{\sum\limits_{k=1}^{K}\mathrm{e}^{z_k}}$$

可以看到,上式是概率值 p_i 和 $1-p_j$ 的相乘,同时满足 $p_i=p_j$。因此 $i=j$ 时,Softmax 函数的偏导数 $\dfrac{\partial p_i}{\partial z_j}$ 为:

$$\frac{\partial p_i}{\partial z_j}=p_i(1-p_j),\quad i=j$$

❑ $i\neq j$ 时,展开 Softmax 函数为:

$$\frac{\partial p_i}{\partial z_j}=\frac{\partial\,\dfrac{\mathrm{e}^{z_i}}{\sum\limits_{k=1}^{K}\mathrm{e}^{z_k}}}{\partial z_j}=\frac{0-\mathrm{e}^{z_j}\mathrm{e}^{z_i}}{\left(\sum\limits_{k=1}^{K}\mathrm{e}^{z_k}\right)^2}$$

去掉 0 项,并分解为两项相乘:

$$=\frac{-\mathrm{e}^{z_j}}{\sum\limits_{k=1}^{K}\mathrm{e}^{z_k}}\times\frac{\mathrm{e}^{z_i}}{\sum\limits_{k=1}^{K}\mathrm{e}^{z_k}}$$

即:

$$\frac{\partial p_i}{\partial z_j}=-p_j\cdot p_i$$

可以看到,虽然 Softmax 函数的梯度推导过程稍复杂,但是最终表达式还是很简洁的,偏导数表达式如下:

$$\frac{\partial p_i}{\partial z_j} = \begin{cases} p_i(1-p_j) & \text{当 } i=j \\ -p_i \cdot p_j & \text{当 } i \neq j \end{cases}$$

（2）**交叉熵梯度**,考虑交叉熵损失函数的表达式:

$$\mathcal{L} = -\sum_k y_k \log(p_k)$$

这里直接来推导最终损失值 $\mathcal{L}$ 对网络输出 logits 变量 z_i 的偏导数,展开为:

$$\frac{\partial \mathcal{L}}{\partial z_i} = -\sum_k y_k \frac{\partial \log(p_k)}{\partial z_i}$$

将 $\log h$ 复合函数分解为:

$$\frac{\partial \mathcal{L}}{\partial z_i} = -\sum_k y_k \frac{\partial \log(p_k)}{\partial p_k} \cdot \frac{\partial p_k}{\partial z_i}$$

即

$$\frac{\partial \mathcal{L}}{\partial z_i} = -\sum_k y_k \frac{1}{p_k} \cdot \frac{\partial p_k}{\partial z_i}$$

其中 $\frac{\partial p_k}{\partial z_i}$ 即为已经推导的 Softmax 函数的偏导数。

将求和符号拆分为 $k=i$ 以及 $k \neq i$ 的两种情况,并代入 $\frac{\partial p_k}{\partial z_i}$ 求解的公式,可得

$$\frac{\partial \mathcal{L}}{\partial z_i} = -y_i(1-p_i) - \sum_{k \neq i} y_k \frac{1}{p_k}(-p_k \cdot p_i)$$

进一步化简为:

$$\frac{\partial \mathcal{L}}{\partial z_i} = -y_i(1-p_i) + \sum_{k \neq i} y_k \cdot p_i$$

$$= -y_i + y_i p_i + \sum_{k \neq i} y_k \cdot p_i$$

提供公共项 p_i,可得:

$$\frac{\partial \mathcal{L}}{\partial z_i} = p_i\left(y_i + \sum_{k \neq i} y_k\right) - y_i$$

完成交叉熵函数的梯度推导。

特别地,对于分类问题中标签 **y** 通过 One-hot 编码的方式,则有如下关系:

$$\sum_k y_k = 1$$

$$y_i + \sum_{k \neq i} y_k = 1$$

因此交叉熵的偏导数可以进一步简化为:

$$\frac{\partial \mathcal{L}}{\partial z_i} = p_i - y_i$$

7.5   全连接层梯度

在介绍完梯度的基础知识后,正式地进入神经网络的反向传播算法的推导。实际使用的神经网络的结构多种多样,不可能一一分析其梯度表达式。下面将以全连接层网络、激活函数采用 Sigmoid 函数、误差函数为 Softmax＋MSE 损失函数的神经网络为例,推导其梯度传播规律。

7.5.1   单神经元梯度

对于采用 Sigmoid 激活函数的神经元模型,它的数学模型可以写为:
$$o^{(1)} = \sigma(\boldsymbol{w}^{(1)\mathrm{T}}\boldsymbol{x} + b^{(1)})$$

其中变量的上标表示层数,方便与后续推导统一格式,如 $o^{(1)}$ 表示第一层的输出,$\boldsymbol{x}$ 表示网络的输入,以权值参数 w_{j1} 的偏导数 $\dfrac{\partial \mathcal{L}}{\partial w_{j1}}$ 推导为例。为了方便演示,将神经元模型绘制如图 7.7 所示,图中未画出偏置 b,输入节点数为 J。其中输入第 j 个节点到输出 $o^{(1)}$ 的权值连接记为 $w_{j1}^{(1)}$,上标表示权值参数属的层数,下标表示当前连接的起始节点号和终止节点号,如下标 $j1$ 表示上一层的第 j 号节点到当前层的第 1 号节点。经过激活函数 σ 之前的变量称为 $z_1^{(1)}$,经过激活函数 σ 之后的变量称为 $o_1^{(1)}$,由于只有一个输出节点,故 $o_1^{(1)} = o^{(1)} = o$。输出与真实标签之间通过误差函数计算误差值,误差值记为 $\mathcal{L}$。

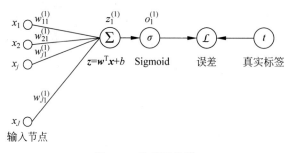

图 7.7   神经元模型

如果采用均方误差函数,考虑到单个神经元只有一个输出 $o_1^{(1)}$,那么损失可以表达为:
$$\mathcal{L} = \frac{1}{2}(o_1^{(1)} - t)^2 = \frac{1}{2}(o_1 - t)^2$$

其中 t 为真实标签值,添加 $\dfrac{1}{2}$ 并不影响梯度的方向,计算更简便。以权值连接的第 $j \in [1, J]$ 号节点的权值变量 w_{j1} 为例,考虑损失函数 $\mathcal{L}$ 对其的偏导数 $\dfrac{\partial \mathcal{L}}{\partial w_{j1}}$:

$$\frac{\partial \mathcal{L}}{\partial w_{j1}} = (o_1 - t) \frac{\partial o_1}{\partial w_{j1}}$$

将 $o_1 = \sigma(z_1)$ 代入，考虑到 Sigmoid 函数的导数 $\sigma' = \sigma(1-\sigma)$，则有：

$$\frac{\partial \mathcal{L}}{\partial w_{j1}} = (o_1 - t) \frac{\partial \sigma(z_1)}{\partial w_{j1}}$$

$$= (o_1 - t)\sigma(z_1)(1 - \sigma(z_1)) \frac{\partial z_1^{(1)}}{\partial w_{j1}}$$

$\sigma(z_1)$ 写成 o_1，继续推导 $\frac{\partial z_1^{(1)}}{\partial w_{j1}}$：

$$\frac{\partial \mathcal{L}}{\partial w_{j1}} = (o_1 - t)o_1(1 - o_1) \frac{\partial z_1^{(1)}}{\partial w_{j1}}$$

考虑 $\frac{\partial z_1^{(1)}}{\partial w_{j1}} = x_j$，可得：

$$\frac{\partial \mathcal{L}}{\partial w_{j1}} = (o_1 - t)o_1(1 - o_1)x_j$$

从上式可以看到，误差对权值 w_{j1} 的偏导数只与输出值 o_1、真实值 t 以及当前权值连接的输入 x_j 有关。

7.5.2 全连接层梯度

把单个神经元模型推广到单层的全连接层的网络上，如图 7.8 所示。输入层通过一个全连接层得到输出向量 $\boldsymbol{o}^{(1)}$，与真实标签向量 $\boldsymbol{t}$ 计算均方误差。输入节点数为 J，输出节点数为 K。

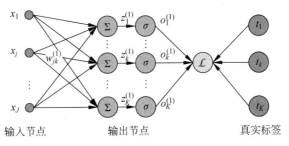

图 7.8 全连接层模型

多输出的全连接网络层模型与单个神经元模型不同之处在于，它多了很多的输出节点 $o_1^{(1)}, o_2^{(1)}, o_3^{(1)}, \cdots, o_K^{(1)}$，每个输出节点分别对应到真实标签 $t_1, t_2, \cdots, t_K$。w_{jk} 是输入第 j 号节点与输出第 k 号节点的连接权值。均方误差可以表达为：

$$\mathcal{L} = \frac{1}{2} \sum_{i=1}^{K} (o_i^{(1)} - t_i)^2$$

由于 $\dfrac{\partial \mathcal{L}}{\partial w_{jk}}$ 只与节点 $o_k^{(1)}$ 有关联,上式中的求和符号可以去掉,即 $i=k$:

$$\frac{\partial \mathcal{L}}{\partial w_{jk}} = (o_k - t_k)\frac{\partial o_k}{\partial w_{jk}}$$

将 $o_k = \sigma(z_k)$ 代入可得:

$$\frac{\partial \mathcal{L}}{\partial w_{jk}} = (o_k - t_k)\frac{\partial \sigma(z_k)}{\partial w_{jk}}$$

考虑 Sigmoid 函数的导数 $\sigma' = \sigma(1-\sigma)$,代入可得:

$$\frac{\partial \mathcal{L}}{\partial w_{jk}} = (o_k - t_k)\sigma(z_k)(1-\sigma(z_k))\frac{\partial z_k^{(1)}}{\partial w_{jk}}$$

将 $\sigma(z_k)$ 记为 o_k:

$$\frac{\partial \mathcal{L}}{\partial w_{jk}} = (o_k - t_k)o_k(1-o_k)\frac{\partial z_k^{(1)}}{\partial w_{jk}}$$

将 $\dfrac{\partial z_k^{(1)}}{\partial w_{jk}} = x_j$ 替换,最终可得:

$$\frac{\partial \mathcal{L}}{\partial w_{jk}} = (o_k - t_k)o_k(1-o_k)x_j$$

由此可以看到,某条连接 w_{jk} 上面的偏导数,只与当前连接的输出节点 $o_k^{(1)}$、对应的真实值节点的标签 $t_k^{(1)}$,以及对应的输入节点 x_j 有关。

令 $\delta_k = (o_k - t_k)o_k(1-o_k)$,则 $\dfrac{\partial \mathcal{L}}{\partial w_{jk}}$ 可以表达为:

$$\frac{\partial \mathcal{L}}{\partial w_{jk}} = \delta_k x_j$$

其中 δ_k 变量表征连接线的终止节点的误差梯度传播的某种特性,使用 δ_k 表示后,$\dfrac{\partial \mathcal{L}}{\partial w_{jk}}$ 偏导数只与当前连接的起始节点 x_j、终止节点处 δ_k 有关,理解起来比较简洁直观。后续将会看到 δ_k 在循环推导梯度中的作用。

现在已经推导完单层神经网络(即输出层)的梯度传播方式,接下来尝试推导倒数第二层的梯度传播方式。完成了倒数第二层的传播推导后,就可以类似地,循环往复推导所有隐藏层的梯度传播方式,从而获得所有层参数的梯度计算表达式。

在介绍反向传播算法之前,先学习导数传播的一个核心法则:链式法则。

7.6　链式法则

前面介绍了输出层的梯度 $\dfrac{\partial \mathcal{L}}{\partial w_{jk}}$ 计算方法,现在来介绍链式法则,它是能在不显式推导神经网络的数学表达式的情况下,逐层推导梯度的核心公式,非常重要。

实际上,前面在推导梯度的过程中已经或多或少地用到了链式法则。考虑复合函数 $y=f(u),u=g(x)$,则 $\dfrac{\mathrm{d}y}{\mathrm{d}x}$ 可由 $\dfrac{\mathrm{d}y}{\mathrm{d}u}$ 和 $\dfrac{\mathrm{d}u}{\mathrm{d}x}$ 推导出:

$$\frac{\mathrm{d}y}{\mathrm{d}x}=\frac{\mathrm{d}y}{\mathrm{d}u}\cdot\frac{\mathrm{d}u}{\mathrm{d}x}=f'(g(x))\cdot g'(x)$$

考虑多元复合函数,$z=f(x,y)$,其中 $x=g(t),y=h(t)$,那么 $\dfrac{\mathrm{d}z}{\mathrm{d}t}$ 的导数可以由 $\dfrac{\partial z}{\partial x}$ 和 $\dfrac{\partial z}{\partial y}$ 等推导出,具体表达为:

$$\frac{\mathrm{d}z}{\mathrm{d}t}=\frac{\partial z}{\partial x}\frac{\mathrm{d}x}{\mathrm{d}t}+\frac{\partial z}{\partial y}\frac{\mathrm{d}y}{\mathrm{d}t}$$

例如,$z=(2t+1)^2+\mathrm{e}^{t^2}$,令 $x=2t+1,y=t^2$,则 $z=x^2+\mathrm{e}^y$,利用上式,可得:

$$\frac{\mathrm{d}z}{\mathrm{d}t}=\frac{\partial z}{\partial x}\frac{\mathrm{d}x}{\mathrm{d}t}+\frac{\partial z}{\partial y}\frac{\mathrm{d}y}{\mathrm{d}t}=2x\cdot 2+\mathrm{e}^y\cdot 2t$$

将 $x=2t+1,y=t^2$ 代入可得:

$$\frac{\mathrm{d}z}{\mathrm{d}t}=2(2t+1)\cdot 2+\mathrm{e}^{t^2}\cdot 2t$$

即:

$$\frac{\mathrm{d}z}{\mathrm{d}t}=4(2t+1)+2t\,\mathrm{e}^{t^2}$$

神经网络的损失函数 $\mathcal{L}$ 来自于各个输出节点 $o_k^{(K)}$,如图 7.9 所示,其中输出节点 $o_k^{(K)}$ 又与隐藏层的输出节点 $o_j^{(J)}$ 相关联,因此链式法则非常适合于神经网络的梯度推导。下面来考虑损失函数 $\mathcal{L}$ 如何应用链式法则。

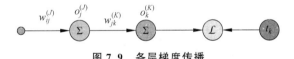

图 7.9　各层梯度传播

前向传播时,数据经过 $w_{ij}^{(J)}$ 传到倒数第二层的节点 $o_j^{(J)}$,再传播到输出层的节点 $o_k^{(K)}$。在每层只有一个节点时,$\dfrac{\partial\mathcal{L}}{\partial w_{ij}^{(J)}}$ 可以利用链式法则,逐层分解为:

$$\frac{\partial\mathcal{L}}{\partial w_{ij}^{(J)}}=\frac{\partial\mathcal{L}}{\partial o_j^{(J)}}\frac{\partial o_j^{(J)}}{\partial w_{ij}^{(J)}}=\frac{\partial\mathcal{L}}{\partial o_k^{(K)}}\frac{\partial o_k^{(K)}}{\partial o_j^{(J)}}\frac{\partial o_j^{(J)}}{\partial w_{ij}^{(J)}}$$

其中 $\dfrac{\partial\mathcal{L}}{\partial o_k^{(K)}}$ 可以由误差函数直接推导出,$\dfrac{\partial o_k^{(K)}}{\partial o_j^{(J)}}$ 可以由全连接层公式推导出,$\dfrac{\partial o_j^{(J)}}{\partial w_{ij}^{(J)}}$ 的导数即为输入 $x_i^{(I)}$。可以看到,通过链式法则,不需要显式计算 $\mathcal{L}=f(w_{ij}^{(J)})$ 的具体数学表达式,直接可以将偏导数进行分解,层层迭代即可推导出。

这里简单使用 TensorFlow 自动求导功能,来体验链式法则的魅力。例如:

```
import tensorflow as tf
# 构建待优化变量
x = tf.constant(1.)
w1 = tf.constant(2.)
b1 = tf.constant(1.)
w2 = tf.constant(2.)
b2 = tf.constant(1.)
# 构建梯度记录器
with tf.GradientTape(persistent = True) as tape:
    # 非 tf.Variable 类型的张量需要人为设置记录梯度信息
    tape.watch([w1, b1, w2, b2])
    # 构建 2 层线性网络
    y1 = x * w1 + b1
    y2 = y1 * w2 + b2

# 独立求解出各个偏导数
dy2_dy1 = tape.gradient(y2, [y1])[0]
dy1_dw1 = tape.gradient(y1, [w1])[0]
dy2_dw1 = tape.gradient(y2, [w1])[0]

# 验证链式法则,2 个输出应相等
print(dy2_dy1 * dy1_dw1)
print(dy2_dw1)
```

以上代码,通过自动求导功能计算出 $\frac{\partial y_2}{\partial y_1}$、$\frac{\partial y_1}{\partial w_1}$ 和 $\frac{\partial y_2}{\partial w_1}$,借助链式法则可以推断 $\frac{\partial y_2}{\partial y_1} \cdot \frac{\partial y_1}{\partial w_1}$ 与 $\frac{\partial y_2}{\partial w_1}$ 应该是相等的,它们的计算结果如下:

```
tf.Tensor(2.0, shape = (), dtype = float32)
tf.Tensor(2.0, shape = (), dtype = float32)
```

可以看到 $\frac{\partial y_2}{\partial y_1} \cdot \frac{\partial y_1}{\partial w_1} = \frac{\partial y_2}{\partial w_1}$,偏导数的传播是符合链式法则的。

7.7 反向传播算法

现在推导隐藏层的梯度传播规律。简单回顾输出层的偏导数公式:

$$\frac{\partial \mathcal{L}}{\partial w_{jk}} = (o_k - t_k)o_k(1 - o_k)x_j = \delta_k x_j$$

考虑倒数第二层的偏导数 $\frac{\partial \mathcal{L}}{\partial w_{ij}}$,如图 7.10 所示,输出层节点数为 K,输出为 $\boldsymbol{o}^{(K)} = [o_1^{(K)}, o_2^{(K)}, \cdots, o_K^{(K)}]$;倒数第二层节点数为 J,输出为 $\boldsymbol{o}^{(J)} = [o_1^{(J)}, o_2^{(J)}, \cdots, o_J^{(J)}]$;倒数第三层的节

点数为 I，输出为 $\boldsymbol{o}^{(I)}=[o_1^{(I)},o_2^{(I)},\cdots,o_I^{(I)}]$。

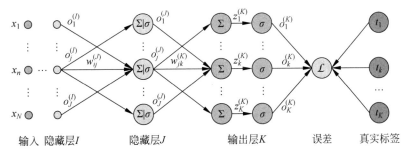

图 7.10　反向传播算法

为了表达简洁，部分变量的上标有时会省略掉。首先将均方误差函数展开：

$$\frac{\partial \mathcal{L}}{\partial w_{ij}}=\frac{\partial}{\partial w_{ij}}\frac{1}{2}\sum_k(o_k-t_k)^2$$

由于 $\mathcal{L}$ 通过每个输出节点 o_k 与 w_{ij} 相关联，故此处不能去掉求和符号，运用链式法则将均方差函数拆解：

$$\frac{\partial \mathcal{L}}{\partial w_{ij}}=\sum_k(o_k-t_k)\frac{\partial}{\partial w_{ij}}o_k$$

将 $o_k=\sigma(z_k)$ 代入可得：

$$\frac{\partial \mathcal{L}}{\partial w_{ij}}=\sum_k(o_k-t_k)\frac{\partial}{\partial w_{ij}}\sigma(z_k)$$

利用 Sigmoid 函数的导数 $\sigma'=\sigma(1-\sigma)$ 进一步分解为：

$$\frac{\partial \mathcal{L}}{\partial w_{ij}}=\sum_k(o_k-t_k)\sigma(z_k)(1-\sigma(z_k))\frac{\partial z_k}{\partial w_{ij}}$$

将 $\sigma(z_k)$ 写回 o_k 形式，并利用链式法则，将 $\dfrac{\partial z_k}{\partial w_{ij}}$ 分解为：

$$\frac{\partial \mathcal{L}}{\partial w_{ij}}=\sum_k(o_k-t_k)o_k(1-o_k)\frac{\partial z_k}{\partial o_j}\cdot\frac{\partial o_j}{\partial w_{ij}}$$

其中 $\dfrac{\partial z_k}{\partial o_j}=w_{jk}$，因此：

$$\frac{\partial \mathcal{L}}{\partial w_{ij}}=\sum_k(o_k-t_k)o_k(1-o_k)w_{jk}\frac{\partial o_j}{\partial w_{ij}}$$

考虑到 $\dfrac{\partial o_j}{\partial w_{ij}}$ 与 k 无关，可提取公共项为：

$$\frac{\partial \mathcal{L}}{\partial w_{ij}}=\frac{\partial o_j}{\partial w_{ij}}\sum_k(o_k-t_k)o_k(1-o_k)w_{jk}$$

进一步利用 $o_j=\sigma(z_j)$，并利用 Sigmoid 导数 $\sigma'=\sigma(1-\sigma)$，将 $\dfrac{\partial o_j}{\partial w_{ij}}$ 拆分为：

$$\frac{\partial \mathcal{L}}{\partial w_{ij}} = o_j (1 - o_j) \frac{\partial z_j}{\partial w_{ij}} \sum_k (o_k - t_k) o_k (1 - o_k) w_{jk}$$

其中 $\dfrac{\partial z_j}{\partial w_{ij}}$ 的导数可直接推导出为 o_i，上式可写为：

$$\frac{\partial \mathcal{L}}{\partial w_{ij}} = o_j (1 - o_j) o_i \sum_k \underbrace{(o_k - t_k) o_k (1 - o_k)}_{\delta_k^{(K)}} w_{jk}$$

其中 $\delta_k^{(K)} = (o_k - t_k) o_k (1 - o_k)$，则 $\dfrac{\partial \mathcal{L}}{\partial w_{ij}}$ 的表达式可简写为：

$$\frac{\partial \mathcal{L}}{\partial w_{ij}} = o_j (1 - o_j) o_i \sum_k \delta_k^{(K)} w_{jk}$$

类似地，仿照输出层 $\dfrac{\partial \mathcal{L}}{\partial w_{jk}} = \delta_k^{(K)} x_j$ 的书写方式，将 δ_j^J 定义为：

$$\delta_j^J \overset{\Delta}{=} o_j (1 - o_j) \sum_k \delta_k^{(K)} w_{jk}$$

此时 $\dfrac{\partial \mathcal{L}}{\partial w_{ij}}$ 可以写为当前连接的起始节点的输出值 o_i 与终止节点 j 的梯度变量信息 $\delta_j^{(J)}$ 的简单相乘运算：

$$\frac{\partial \mathcal{L}}{\partial w_{ij}} = \delta_j^{(J)} o_i^{(I)}$$

可以看到，通过定义 δ 变量，每一层的梯度表达式变得更加清晰简洁，其中 δ 可以简单理解为当前连接 w_{ij} 对误差函数的贡献值。

下面来小结每层的偏导数的传播规律。

输出层：

$$\frac{\partial \mathcal{L}}{\partial w_{jk}} = \delta_k^{(K)} o_j$$

$$\delta_k^{(K)} = o_k (1 - o_k)(o_k - t_k)$$

倒数第二层：

$$\frac{\partial \mathcal{L}}{\partial w_{ij}} = \delta_j^{(J)} o_i$$

$$\delta_j^{(J)} = o_j (1 - o_j) \sum_k \delta_k^{(K)} w_{jk}$$

倒数第三层：

$$\frac{\partial \mathcal{L}}{\partial w_{ni}} = \delta_i^{(I)} o_n$$

$$\delta_i^{(I)} = o_i (1 - o_i) \sum_j \delta_j^{(J)} w_{ij}$$

其中 o_n 为倒数第三层的输入，即倒数第四层的输出。

依照此规律，只需要循环迭代计算每一层每个节点的 $\delta_k^{(K)}$、$\delta_j^{(J)}$、$\delta_i^{(I)}$ 等值即可求得当前层的偏导数,从而得到每层权值矩阵 $\boldsymbol{W}$ 的梯度,再通过梯度下降算法迭代优化网络参数即可。

至此,反向传播算法介绍完毕。

接下来会进行两个案例实战:第一个实战是采用 TensorFlow 提供的自动求导来优化 Himmelblau 函数的极值;第二个实战是基于 Numpy 实现反向传播算法,并完成多层神经网络的二分类任务训练。

7.8 Himmelblau 函数优化实战

Himmelblau 函数是用来测试优化算法的常用样例函数之一,它包含了两个自变量 x 和 y,数学表达式为:

$$f(x,y) = (x^2 + y - 11)^2 + (x + y^2 - 7)^2$$

首先通过如下代码实现 Himmelblau 函数的表达式:

```
def himmelblau(x):
    # himmelblau 函数实现,传入参数 x 为 2 个元素的 List
    return (x[0] ** 2 + x[1] - 11) ** 2 + (x[0] + x[1] ** 2 - 7) ** 2
```

然后完成 Himmelblau 函数的可视化操作。通过 np.meshgrid 函数(TensorFlow 中也有 meshgrid 函数)生成二维平面网格点坐标,代码如下:

```
x = np.arange(-6, 6, 0.1)          # 可视化的 x 坐标范围为 -6~6
y = np.arange(-6, 6, 0.1)          # 可视化的 y 坐标范围为 -6~6
print('x,y range:', x.shape, y.shape)
# 生成 x-y 平面采样网格点,方便可视化
X, Y = np.meshgrid(x, y)
print('X,Y maps:', X.shape, Y.shape)
Z = himmelblau([X, Y])             # 计算网格点上的函数值
```

并利用 Matplotlib 库可视化 Himmelblau 函数,如图 7.11 所示,绘图代码如下:

```
# 绘制 himmelblau 函数曲面
fig = plt.figure('himmelblau')
ax = fig.gca(projection = '3d')    # 设置三维坐标轴
ax.plot_surface(X, Y, Z)           # 三维曲面图
ax.view_init(60, -30)
ax.set_xlabel('x')
ax.set_ylabel('y')
plt.show()
```

图 7.12 为 Himmelblau 函数的等高线图,大致可以看出,它共有 4 个局部极小值点,并且局部极小值都是 0,所以这 4 个局部极小值也是全局最小值。可以通过解析的方法计算出局部极小值的精确坐标,它们分别是:

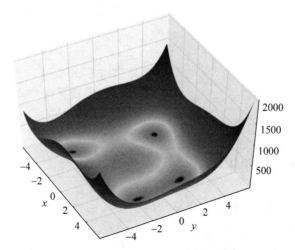

图 7.11   Himmelblau 函数三维曲面

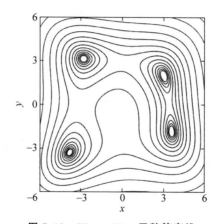

图 7.12   Himmelblau 函数等高线

$$(3,2),(-2.805,3.131),(-3.779,-3.283),(3.584,-1.848)$$

在已经知晓极值解析解的情况下，现在利用梯度下降算法来优化 Himmelblau 函数的极小值数值解。

利用 TensorFlow 自动求导来求出函数在 x 和 y 的偏导数，并循环迭代更新 x 和 y 值，代码如下：

```
# 参数的初始值对优化的影响不容忽视,可以通过尝试不同的初始化值,
# 检验函数优化的极小值情况
# [1., 0.], [-4, 0.], [4, 0.]
x = tf.constant([4., 0.])              # 初始化参数

for step in range(200):                # 循环优化 200 次
    with tf.GradientTape() as tape:    # 梯度跟踪
```

```
        tape.watch([x])                    # 加入梯度跟踪列表
        y = himmelblau(x)                  # 前向传播
    # 反向传播
    grads = tape.gradient(y, [x])[0]
    # 更新参数,0.01 为学习率
    x -= 0.01 * grads
    # 打印优化的极小值
    if step % 20 == 19:
        print ('step {}: x = {}, f(x) = {}'
            .format(step, x.numpy(), y.numpy()))
```

经过 200 次迭代更新后,程序可以找到一个极小值解,此时函数值接近于 0。找到的数值解为:

step 199:x = $\begin{bmatrix} 3.584\,428 & -1.848\,126\,4 \end{bmatrix}$,f(x) = 1.136 868 485 636 377 5e − 12

这与解析解之一(3.584,−1.848)几乎一样。

实际上,通过改变网络参数的初始化状态,程序可以得到多种极小值数值解。参数的初始化状态是可能影响梯度下降算法的搜索轨迹的,甚至有可能搜索出完全不同的数值解,如表 7.1 所示。这个实例就比较好地解释了不同的初始状态对梯度下降算法的影响。

表 7.1　初始值对优化结果的影响

x 初始值	数　值　解	对应解析解
(4,0)	(3.58,−1.84)	(3.58,−1.84)
(1,0)	(3,1.99)	(3,2)
(−4,0)	(−3.77,−3.28)	(−3.77,−3.28)
(−2,2)	(−2.80,3.13)	(−2.80,3.13)

7.9　反向传播算法实战

本节将利用前面介绍的多层全连接网络的梯度推导结果,直接利用 Python 循环计算每一层的梯度,并按着梯度下降算法手动更新。由于 TensorFlow 具有自动求导功能,可以选择没有自动求导功能的 Numpy 实现网络,并利用 Numpy 手动计算梯度并手动更新网络参数。

注意,本章推导的梯度传播公式是针对多层全连接层,只有 Sigmoid 一种激活函数,并且损失函数为均方误差函数的网络类型。对于其他类型的网络,例如激活函数采用 ReLU,损失函数采用交叉熵的网络,需要重新推导梯度传播表达式,但是方法是一样。正是因为手动推导梯度的方法局限性较大,在实践中采用极少,更多的是利用自动求导工具计算。

下面将实现一个 4 层的全连接网络,来完成二分类任务。网络输入节点数为 2,隐藏层的节点数设计为 25、50 和 25,输出层两个节点,分别表示属于类别 1 的概率和类别 2 的概率,如图 7.13 所示。这里并没有采用 Softmax 函数将网络输出概率值之和进行约束,而是直接利用均方误差函数计算与 One-hot 编码的真实标签之间的误差,所有的网络激活函数全部采用 Sigmoid 函数,这些设计都是为了能直接利用梯度传播公式。

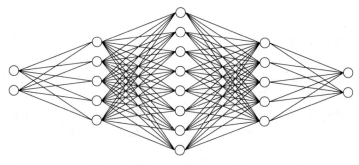

输入层:2　　隐藏层1:25　　隐藏层2:50　　隐藏层3:25　　输出层:2

图 7.13　网络结构

7.9.1　数据集

这里通过 scikit-learn 库提供的便捷工具生成 2000 个线性不可分的二分类数据集,数据的特征长度为 2,采样出的数据分布如图 7.14 所示,所有的红色圆形点为一类,所有的蓝色矩形块点为一类,可以看到每个类别数据的分布呈月牙状,并且是线性不可分的,无法用线性网络获得较好效果。为了测试网络的性能,按着 7:3 比例切分训练集和测试集,其中 $2000 \times 0.3 = 600$ 个样本点用于测试,不参与训练,剩下的 1400 个点用于网络的训练。

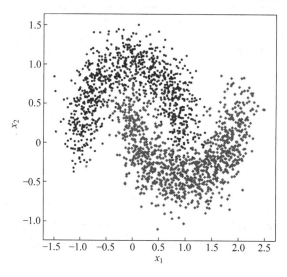

图 7.14　数据集分布

数据集的采集直接使用 scikit-learn 提供的 make_moons 函数生成,设置采样点数和切割比率,代码如下:

```
N_SAMPLES = 2000                          # 采样点数
TEST_SIZE = 0.3                           # 测试数量比率
# 利用工具函数直接生成数据集
X, y = make_moons(n_samples = N_SAMPLES, noise = 0.2, random_state = 100)
# 将 2000 个点按着 7:3 分割为训练集和测试集
X_train, X_test, y_train, y_test = train_test_split(X, y, test_size = TEST_SIZE, random_state = 42)
print(X.shape, y.shape)
```

可以通过如下可视化代码绘制数据集的分布,如图 7.14 所示。

```
# 绘制数据集的分布,X 为 2D 坐标,y 为数据点的标签
def make_plot(X, y, plot_name, file_name = None, XX = None, YY = None, preds = None, dark = False):
    if (dark):
        plt.style.use('dark_background')
    else:
        sns.set_style("whitegrid")
    plt.figure(figsize = (16,12))
    axes = plt.gca()
    axes.set(xlabel = "$ x_1 $", ylabel = "$ x_2 $")
    plt.title(plot_name, fontsize = 30)
    plt.subplots_adjust(left = 0.20)
    plt.subplots_adjust(right = 0.80)
    if(XX is not None and YY is not None and preds is not None):
        plt.contourf(XX, YY, preds.reshape(XX.shape), 25, alpha = 1, cmap = cm.Spectral)
        plt.contour(XX, YY, preds.reshape(XX.shape), levels = [.5], cmap = "Greys", vmin = 0, vmax = .6)
    # 绘制散点图,根据标签区分颜色
    plt.scatter(X[:, 0], X[:, 1], c = y.ravel(), s = 40, cmap = plt.cm.Spectral, edgecolors = 'none')

    plt.savefig('dataset.svg')
    plt.close()
# 调用 make_plot 函数绘制数据的分布,其中 X 为 2D 坐标,y 为标签
make_plot(X, y, "Classification Dataset Visualization ")
plt.show()
```

7.9.2　网络层

通过新建类 Layer 实现一个网络层,需要传入网络层的输入节点数、输出节点数、激活函数类型等参数,权值 weights 和偏置张量 bias 在初始化时根据输入、输出节点数自动生成并初始化。代码如下:

```
class Layer:
    # 全连接网络层
    def __init__(self, n_input, n_neurons, activation = None, weights = None, bias = None):
        """
        :param int n_input: 输入节点数
        :param int n_neurons: 输出节点数
        :param str activation: 激活函数类型
        :param weights: 权值张量, 默认类内部生成
        :param bias: 偏置, 默认类内部生成
        """
        # 通过正态分布初始化网络权值, 初始化非常重要, 不合适的初始化将导致网络不收敛
        self.weights = weights if weights is not None else np.random.randn(n_input, n_
neurons) * np.sqrt(1 / n_neurons)
        self.bias = bias if bias is not None else np.random.rand(n_neurons) * 0.1
        self.activation = activation           # 激活函数类型, 如'sigmoid'
        self.last_activation = None            # 激活函数的输出值 o
        self.error = None                      # 用于计算当前层的 delta 变量的中间变量
        self.delta = None                      # 记录当前层的 delta 变量, 用于计算梯度
```

网络层的前向传播函数实现如下, 其中 last_activation 变量用于保存当前层的输出值:

```
def activate(self, x):
    # 前向传播函数
    r = np.dot(x, self.weights) + self.bias  # X@W + b
    # 通过激活函数, 得到全连接层的输出 o
    self.last_activation = self._apply_activation(r)
    return self.last_activation
```

上述代码中的 self._apply_activation 函数实现了不同类型的激活函数的前向计算过程, 尽管此处只使用 Sigmoid 激活函数一种。代码如下:

```
def _apply_activation(self, r):
    # 计算激活函数的输出
    if self.activation is None:
        return r  # 无激活函数, 直接返回
    # ReLU 激活函数
    elif self.activation == 'relu':
        return np.maximum(r, 0)
    # tanh 激活函数
    elif self.activation == 'tanh':
        return np.tanh(r)
    # sigmoid 激活函数
    elif self.activation == 'sigmoid':
        return 1 / (1 + np.exp(-r))

    return r
```

针对不同类型的激活函数, 它们的导数计算实现如下:

```
def apply_activation_derivative(self, r):
    # 计算激活函数的导数
    # 无激活函数,导数为1
    if self.activation is None:
        return np.ones_like(r)
    # ReLU 函数的导数实现
    elif self.activation == 'relu':
        grad = np.array(r, copy = True)
        grad[r > 0] = 1.
        grad[r <= 0] = 0.
        return grad
    # tanh 函数的导数实现
    elif self.activation == 'tanh':
        return 1 - r ** 2
    # Sigmoid 函数的导数实现
    elif self.activation == 'sigmoid':
        return r * (1 - r)

    return r
```

可以看到,Sigmoid 函数的导数实现为 $r(1-r)$,其中 r 即为 $\sigma(z)$。

7.9.3　网络模型

创建单层网络类后,实现网络模型的 NeuralNetwork 类,它内部维护各层的网络层 Layer 类对象,可以通过 add_layer 函数追加网络层,实现创建不同结构的网络模型目的。代码如下:

```
class NeuralNetwork:
    # 神经网络模型大类
    def __init__(self):
        self._layers = []              # 网络层对象列表

    def add_layer(self, layer):
        # 追加网络层
        self._layers.append(layer)
```

网络的前向传播只需要循环调用各个网络层对象的前向计算函数即可,代码如下:

```
def feed_forward(self, X):
    # 前向传播
    for layer in self._layers:
        # 依次通过各个网络层
        X = layer.activate(X)
    return X
```

根据图 7.13 的网络结构配置,利用 NeuralNetwork 类创建网络对象,并添加 4 层全连

接层,代码如下:

```
nn = NeuralNetwork()                        # 实例化网络类
nn.add_layer(Layer(2, 25, 'sigmoid'))       # 隐藏层 1, 2 => 25
nn.add_layer(Layer(25, 50, 'sigmoid'))      # 隐藏层 2, 25 => 50
nn.add_layer(Layer(50, 25, 'sigmoid'))      # 隐藏层 3, 50 => 25
nn.add_layer(Layer(25, 2, 'sigmoid'))       # 输出层, 25 => 2
```

网络模型的反向传播实现稍复杂,需要从最末层开始,计算每层的 δ 变量,然后根据推导出的梯度公式,将计算出的 δ 变量存储在 Layer 类的 delta 变量中。代码如下:

```
def backpropagation(self, X, y, learning_rate):
    # 反向传播算法实现
    # 前向计算,得到输出值
    output = self.feed_forward(X)
    for i in reversed(range(len(self._layers))):   # 反向循环
        layer = self._layers[i]                    # 得到当前层对象
        # 如果是输出层
        if layer == self._layers[-1]:              # 对于输出层
            layer.error = y - output               # 计算二分类任务的均方差的导数
            # 关键步骤:计算最后一层的 delta,参考输出层的梯度公式
            layer.delta = layer.error * layer.apply_activation_derivative(output)
        else:                                      # 如果是隐藏层
            next_layer = self._layers[i + 1]       # 得到下一层对象
            layer.error = np.dot(next_layer.weights, next_layer.delta)
            # 关键步骤:计算隐藏层的 delta,参考隐藏层的梯度公式
            layer.delta = layer.error * layer.apply_activation_derivative(layer.last_
activation)
        ...# 代码接下面
```

在反向计算完每层的 δ 变量后,只需要按着 $\dfrac{\partial \mathcal{L}}{\partial w_{ij}} = o_i \delta_j^{(J)}$ 公式计算每层参数的梯度,并更新网络参数即可。由于代码中的 delta 计算的其实是 $-\delta$,因此更新时使用了加号。代码如下:

```
def backpropagation(self, X, y, learning_rate):
    ...# 代码接上面
    # 循环更新权值
    for i in range(len(self._layers)):
        layer = self._layers[i]
        # o_i 为上一网络层的输出
        o_i = np.atleast_2d(X if i == 0 else self._layers[i - 1].last_activation)
        # 梯度下降算法,delta 是公式中的负数,故这里用加号
        layer.weights += layer.delta * o_i.T * learning_rate
```

因此,在 backpropagation 函数中,反向计算每层的 δ 变量,并根据梯度公式计算每层参数的梯度值,按着梯度下降算法完成一次参数的更新。

7.9.4　网络训练

这里的二分类任务网络设计为两个输出节点，因此需要将真实标签 y 进行 One-hot 编码，代码如下：

```python
def train(self, X_train, X_test, y_train, y_test, learning_rate, max_epochs):
        # 网络训练函数
        # one - hot 编码
        y_onehot = np.zeros((y_train.shape[0], 2))
        y_onehot[np.arange(y_train.shape[0]), y_train] = 1
```

将 One-hot 编码后的真实标签与网络的输出计算均方误差，并调用反向传播函数更新网络参数，循环迭代训练集 1000 遍即可。代码如下：

```python
mses = []
for i in range(max_epochs):                        # 训练 1000 个 epoch
    for j in range(len(X_train)):                  # 一次训练一个样本
        self.backpropagation(X_train[j], y_onehot[j], learning_rate)
    if i % 10 == 0:
        # 打印出 MSE Loss
        mse = np.mean(np.square(y_onehot - self.feed_forward(X_train)))
        mses.append(mse)
        print('Epoch: #%s, MSE: %f' % (i, float(mse)))

        # 统计并打印准确率
        print('Accuracy: %.2f%%' % (self.accuracy(self.predict(X_test), y_test.
flatten()) * 100))

return mses
```

7.9.5　网络性能

将每个 Epoch 的训练损失 $\mathcal{L}$ 值记录下，并绘制为曲线，如图 7.15 所示。

训练完 1000 个 Epoch 后，在测试集 600 个样本上得到的准确率为：

```
Epoch: #990, MSE: 0.024335
Accuracy: 97.67%
```

可以看到，通过手动计算梯度公式并手动更新网络参数的方式，在简单的二分类任务上也能获得较低的错误率。通过精调网络超参数等技巧，还可以获得更好的网络性能。

在每个 Epoch 中，完成测试集上一次准确度测试，并绘制成曲线，如图 7.16 所示。可以看到，随着 Epoch 的进行，模型的准确率稳步提升，开始阶段提升较快，后续提升较为平缓。

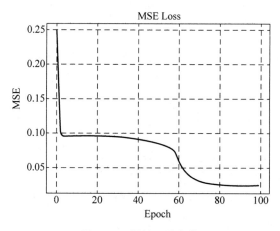

图 7.15 训练误差曲线

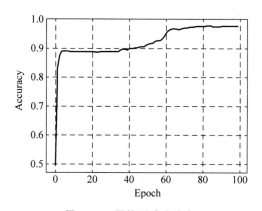

图 7.16 网络测试准确率

通过这个基于 Numpy 手动计算梯度而实现的二分类全连接网络,相信用户能够更加深刻地体会到深度学习框架在算法实现中的角色。没有诸如 TensorFlow 这些框架,同样能够实现复杂的神经网络,但是灵活性、稳定性、开发效率和计算效率都较差,基于这些深度学习框架进行算法设计与训练,将大大提升算法开发人员的工作效率。同时也能意识到,框架只是一个工具,更重要的是,对算法本身的理解,这才是算法开发者最重要的能力。

参考文献

[1] Rumelhart D E, Hinton G E, Williams R J. Learning Representations by Back-propagating Errors [J]. Nature, 1986, 323: 533-536.

[2] 尼克. 人工智能简史[M]. 北京:人民邮电出版社,2017.

<table>
<tr><td>第 8 章
CHAPTER 8</td><td># Keras 高层接口</td></tr>
</table>

人工智能难题不仅是计算机科学问题，更是数学、认知科学和哲学问题。

——François Chollet

Keras 是一个主要由 Python 语言开发的开源神经网络计算库，最初由 François Chollet 编写，它被设计为高度模块化和易扩展的高层神经网络接口，使得用户可以不需要过多的专业知识就可以简洁、快速地完成模型的搭建与训练。Keras 库分为前端和后端，其中后端一般是调用现有的深度学习框架实现底层运算，如 Theano、CNTK、TensorFlow 等，前端接口是 Keras 抽象过的一组统一接口函数。用户通过 Keras 编写的代码可以轻松地切换不同的后端运行，灵活性较大。正是由于 Keras 的高度抽象和易用特性，截止到 2019 年，Keras 市场份额达到了 26.6%，增长 19.7%，在同类深度学习框架中仅次于 TensorFlow（数据来自 KDnuggets）。

TensorFlow 与 Keras 之间存在既竞争，又合作的交错关系，甚至连 Keras 创始人都在 Google 工作。早在 2015 年 11 月，TensorFlow 就被加入 Keras 后端支持。从 2017 年开始，Keras 的大部分组件被整合到 TensorFlow 框架中。2019 年，在 TensorFlow 2 版本中，Keras 被正式确定为 TensorFlow 的高层唯一接口 API，取代了 TensorFlow 1 版本中自带的 tf.layers 等高层接口。也就是说，现在只能使用 Keras 的接口来完成 TensorFlow 层方式的模型搭建与训练。在 TensorFlow 中，Keras 被实现在 tf.keras 子模块中。

Keras 与 tf.keras 有什么区别与联系？其实 Keras 可以理解为一套搭建与训练神经网络的高层 API 协议，Keras 本身已经实现了此协议，安装标准的 Keras 库就可以方便地调用 TensorFlow、CNTK 等后端完成加速计算；在 TensorFlow 中，也实现了一套 Keras 协议，即 tf.keras，它与 TensorFlow 深度融合，且只能基于 TensorFlow 后端运算，并对 TensorFlow 的支持更完美。对于使用 TensorFlow 的开发者来说，tf.keras 可以理解为一个普通的子模块，与其他子模块，如 tf.math、tf.data 等并没有什么差别。下文如无特别说明，Keras 均指代 tf.keras，而不是标准的 Keras 库。

8.1　常见功能模块

Keras 提供了一系列高层的神经网络相关类和函数，如经典数据集加载函数、网络层类、模型容器、损失函数类、优化器类、经典模型类等。

对于经典数据集，通过一行代码即可下载、管理、加载数据集，这些数据集包括 Boston 房价预测数据集、CIFAR 图片数据集、MNIST/FashionMNIST 手写数字图片数据集、IMDB 文本数据集等。前面已经介绍过，此处不再赘述。

8.1.1　常见网络层类

对于常见的神经网络层，可以使用张量方式的底层接口函数来实现，这些接口函数一般在 tf.nn 模块中。对于常见的网络层，一般直接使用层方式来完成模型的搭建，在 tf.keras.layers 命名空间（下文使用 layers 指代 tf.keras.layers）中提供了大量常见网络层的类，如全连接层、激活函数层、池化层、卷积层、循环神经网络层等。对于这些网络层类，只需要在创建时指定网络层的相关参数，并调用 __ call __ 方法即可完成前向计算。在调用 __ call __ 方法时，Keras 会自动调用每个层的前向传播逻辑，这些逻辑一般实现在类的 call 函数中。

以 Softmax 层为例，它既可以使用 tf.nn.softmax 函数在前向传播逻辑中完成 Softmax 运算，也可以通过 layers.Softmax(axis)类搭建 Softmax 网络层，其中 axis 参数指定进行 softmax 运算的维度。首先导入相关的子模块，实现如下：

```
import tensorflow as tf
# 导入 Keras 模型,不能使用 import keras,它导入的是标准的 Keras 库
from tensorflow import keras
from tensorflow.keras import layers          # 导入常见网络层类
```

然后创建 Softmax 层，并调用 __ call __ 方法完成前向计算：

```
In [1]:
x = tf.constant([2.,1.,0.1])                 # 创建输入张量
layer = layers.Softmax(axis = -1)            # 创建 Softmax 层
out = layer(x)                               # 调用 Softmax 前向计算,输出为 out
```

经过 Softmax 网络层后，得到概率分布 out 为：

```
Out[1]:
< tf.Tensor: id = 2,shape = (3,),dtype = float32,numpy = array([0.6590012,
0.242433 ,0.0985659],dtype = float32)>
```

当然，也可以直接通过 tf.nn.softmax()函数完成计算，代码如下：

```
out = tf.nn.softmax(x)                        # 调用 Softmax 函数完成前向计算
```

8.1.2　网络容器

对于常见的网络,需要手动调用每一层的类实例完成前向传播运算,当网络层数变得较深时,这一部分代码显得非常臃肿。可以通过 Keras 提供的网络容器 Sequential 将多个网络层封装成一个大网络模型,只需要调用网络模型的实例一次即可完成数据从第一层到最末层的顺序传播运算。

例如,2 层的全连接层加上单独的激活函数层,可以通过 Sequential 容器封装为一个网络。

```
# 导入 Sequential 容器
from tensorflow.keras import layers,Sequential
network = Sequential([                      # 封装为一个网络
    layers.Dense(3,activation = None),      # 全连接层,此处不使用激活函数
    layers.ReLU(),                          # 激活函数层
    layers.Dense(2,activation = None),      # 全连接层,此处不使用激活函数
    layers.ReLU()                           # 激活函数层
])
x = tf.random.normal([4,3])
out = network(x)              # 输入从第一层开始,逐层传播至输出层,并返回输出层的输出
```

Sequential 容器也可以通过 add()方法继续追加新的网络层,实现动态创建网络的功能:

```
In [2]:
layers_num = 2                             # 堆叠 2 次
network = Sequential([])                    # 先创建空的网络容器
for _ in range(layers_num):
    network.add(layers.Dense(3))           # 添加全连接层
    network.add(layers.ReLU())             # 添加激活函数层
network.build(input_shape = (4,4))         # 创建网络参数
network.summary()
```

上述代码通过指定任意的 layers_num 参数即可创建对应层数的网络结构,在完成网络创建时,网络层类并没有创建内部权值张量等成员变量,此时通过调用类的 build 方法并指定输入大小,即可自动创建所有层的内部张量。通过 summary()函数可以方便打印出网络结构和参数量,打印结果如下:

```
Out[2]:
Model: "sequential_2"
_____
Layer (type)              Output Shape              Param #
===============================================================
dense_2 (Dense)           multiple                  15
_____
```

re_lu_2 (ReLU)	multiple	0
dense_3 (Dense)	multiple	12
re_lu_3 (ReLU)	multiple	0

```
=================================================
Total params: 27
Trainable params: 27
Non‐trainable params: 0
```

可以看到 Layer 列为每层的名字,这个名字由 TensorFlow 内部维护,与 Python 的对象名并不一样。Param# 列为层的参数个数,Total params 项统计出了总的参数量,Trainable params 为总的待优化参数量,Non-trainable params 为总的不需要优化的参数量。用户可以简单验证参数量的计算结果。

当通过 Sequential 容量封装多个网络层时,每层的参数列表将会自动并入 Sequential 容器的参数列表中,不需要人为合并网络参数列表,这也是 Sequential 容器的便捷之处。Sequential 对象的 trainable_variables 和 variables 包含了所有层的待优化张量列表和全部张量列表,例如:

```
In [3]:                              # 打印网络的待优化参数名与 shape
for p in network.trainable_variables:
    print(p.name, p.shape)           # 参数名和形状
Out[3]:
dense_2/kernel:0 (4,3)
dense_2/bias:0 (3,)
dense_3/kernel:0 (3,3)
dense_3/bias:0 (3,)
```

Sequential 容器是最常用的类之一,对于快速搭建多层神经网络非常有用,应尽量多使用来简化网络模型的实现。

8.2 模型装配、训练与测试

在训练网络时,一般的流程是通过前向计算获得网络的输出值,再通过损失函数计算网络误差,然后通过自动求导工具计算梯度并更新,同时间隔性地测试网络的性能。对于这种常用的训练逻辑,可以直接通过 Keras 提供的模型装配与训练等高层接口实现。

8.2.1 模型装配

在 Keras 中,有两个比较特殊的类:keras.Model 和 keras.layers.Layer 类。其中 Layer 类是网络层的母类,定义了网络层的一些常见功能,如添加权值、管理权值列表等。

Model 类是网络的母类,除了具有 Layer 类的功能,还添加了保存模型、加载模型、训练与测试模型等便捷功能。Sequential 也是 Model 的子类,因此具有 Model 类的所有功能。

接下来介绍 Model 及其子类的模型装配与训练功能。以 Sequential 容器封装的网络为例,首先创建 5 层的全连接网络,用于 MNIST 手写数字图片识别,代码如下:

```
# 创建 5 层的全连接网络
network = Sequential([layers.Dense(256,activation = 'relu'),
                      layers.Dense(128,activation = 'relu'),
                      layers.Dense(64,activation = 'relu'),
                      layers.Dense(32,activation = 'relu'),
                      layers.Dense(10)])
network.build(input_shape = (4,28 * 28))
network.summary()
```

创建网络后,正常的流程是循环迭代数据集多个 Epoch,每次按批产生训练数据、前向计算,然后通过损失函数计算误差值,并反向传播自动计算梯度、更新网络参数。这一部分逻辑由于非常通用,在 Keras 中提供了 compile() 和 fit() 函数方便实现上述逻辑。首先通过 compile() 函数指定网络使用的优化器对象、损失函数类型,评价指标等设定,这一步称为装配。例如:

```
# 导入优化器,损失函数模块
from tensorflow.keras import optimizers,losses
# 模型装配
# 采用 Adam 优化器,学习率为 0.01;采用交叉熵损失函数,包含 Softmax
network.compile(optimizer = optimizers.Adam(lr = 0.01),
        loss = losses.CategoricalCrossentropy(from_logits = True),
        metrics = ['accuracy']            # 设置测量指标为准确率
    )
```

在 compile() 函数中指定的优化器、损失函数等参数也是自行训练时需要设置的参数,并没有什么特别之处,只不过 Keras 将这部分常用逻辑在内部实现了,提高了开发效率。

8.2.2　模型训练

模型装配完成后,即可通过 fit() 函数送入待训练的数据集和验证用的数据集,这一步称为模型训练。例如:

```
# 指定训练集为 train_db,验证集为 val_db,训练 5 个 epochs,每 2 个 epoch 验证一次
# 返回训练轨迹信息保存在 history 对象中
history = network.fit(train_db,epochs = 5,validation_data = val_db,validation_freq = 2)
```

其中 train_db 为 tf.data.Dataset 对象,也可以传入 Numpy Array 类型的数据;epochs 参数指定训练迭代的 Epoch 数量;validation_data 参数指定用于验证(测试)的数据集和验证的频率 validation_freq。

运行上述代码即可实现网络的训练与验证的功能,fit()函数会返回训练过程的数据记录 history,其中 history. history 为字典对象,包含了训练过程中的 loss、测量指标等记录项,可以直接查看这些训练数据,例如:

```
In [4]: history.history                           # 打印训练记录
Out[4]:
{'loss': [0.31980024444262184,                    # 历史训练误差
    0.1123824894875288,
    0.07620834542314212,
    0.05487803366283576,
    0.041726120284820596],                        # 历史训练准确率
'accuracy': [0.904,0.96638334,0.97678334,0.9830833,0.9870667],
'val_loss': [0.09901347314302303,0.09504951824009701],    # 历史验证误差
'val_accuracy': [0.9688,0.9703]}                  # 历史验证准确率
```

fit()函数的运行代表了网络的训练过程,因此会消耗相当的训练时间,并在训练结束后才返回,训练中产生的历史数据可以通过返回值对象取得。可以看到通过 compile&fit 方式实现的代码非常简洁和高效,大大缩减了开发时间。但是因为接口非常高层,灵活性也降低了,是否使用需要用户自行判断。

8.2.3　模型测试

Model 基类除了可以便捷地完成网络的装配与训练、验证,还可以非常方便地预测和测试。关于验证和测试的区别,会在第 9 章详细阐述,此处可以将验证和测试理解为模型评估的一种方式。

通过 Model. predict(x)方法即可完成模型的预测,例如:

```
# 加载一个 batch 的测试数据
x,y = next(iter(db_test))
print('predict x:',x.shape)          # 打印当前 batch 的形状
out = network.predict(x)             # 模型预测,预测结果保存在 out 中
print(out)
```

其中 out 即为网络的输出。通过上述代码即可使用训练好的模型去预测新样本的标签信息。

如果只是简单地测试模型的性能,可以通过 Model. evaluate(db)循环测试完 db 数据集上所有样本,并打印出性能指标,例如:

```
network.evaluate(db_test)            # 模型测试,测试在 db_test 上的性能表现
```

8.3　模型保存与加载

模型训练完成后,需要将模型保存到文件系统上,从而方便后续的模型测试与部署工作。实际上,在训练时间隔性地保存模型状态也是非常好的习惯,这一点对于训练大规模的

网络尤其重要。一般大规模的网络需要训练数天乃至数周的时长,一旦训练过程被中断或者发生宕机等意外,之前训练的进度将全部丢失。如果能够间断地保存模型状态到文件系统,即使发生宕机等意外,也可以从最近一次的网络状态文件中恢复,从而避免浪费大量的训练时间和计算资源。因此模型的保存与加载非常重要。

在 Keras 中,有三种常用的模型保存与加载方法。

8.3.1 张量方式

网络的状态主要体现在网络的结构以及网络层内部张量数据上,因此在拥有网络结构源文件的条件下,直接保存网络张量参数到文件系统上是最轻量级的一种方式。以 MNIST 手写数字图片识别模型为例,通过调用 Model.save_weights(path)方法即可将当前的网络参数保存到 path 文件上,代码如下:

```
network.save_weights('weights.ckpt')          # 保存模型的所有张量数据
```

上述代码将 network 模型保存到 weights.ckpt 文件上。在需要时,先创建好网络对象,然后调用网络对象的 load_weights(path)方法即可将指定的模型文件中保存的张量数值写入到当前网络参数中去,例如:

```
# 保存模型参数到文件上
network.save_weights('weights.ckpt')
print('saved weights.')
del network                                 # 删除网络对象
# 重新创建相同的网络结构
network = Sequential([layers.Dense(256, activation = 'relu'),
                      layers.Dense(128, activation = 'relu'),
                      layers.Dense(64, activation = 'relu'),
                      layers.Dense(32, activation = 'relu'),
                      layers.Dense(10)])
network.compile(optimizer = optimizers.Adam(lr = 0.01),
        loss = tf.losses.CategoricalCrossentropy(from_logits = True),
        metrics = ['accuracy']
    )
# 从参数文件中读取数据并写入当前网络
network.load_weights('weights.ckpt')
print('loaded weights!')
```

这种保存与加载网络的方式最为轻量级,文件中保存的仅是张量参数的数值,并没有其他额外的结构参数。但是它需要使用相同的网络结构才能够正确恢复网络状态,因此一般在拥有网络源文件的情况下使用。

8.3.2 网络方式

下面介绍一种不需要网络源文件,仅需要模型参数文件即可恢复网络模型的方法。通过 Model. save(path)函数可以将模型的结构以及模型的参数保存到 path 文件上,在不需要网络源文件的条件下,通过 keras. models. load_model(path)即可恢复网络结构和网络参数。

首先将 MNIST 手写数字图片识别模型保存到文件上,并且删除网络对象:

```
# 保存模型结构与模型参数到文件
network.save('model.h5')
print('saved total model.')
del network                              # 删除网络对象
```

此时通过 model. h5 文件即可恢复网络的结构和状态,不需要提前创建网络对象,代码如下:

```
# 从文件恢复网络结构与网络参数
network = keras.models.load_model('model.h5')
```

可以看到,model. h5 文件除了保存了模型参数外,还应保存了网络结构信息,不需要提前创建模型即可直接从文件中恢复网络 network 对象。

8.3.3　SavedModel 方式

TensorFlow 之所以能够被业界青睐,除了优秀的神经网络层 API 支持之外,还得益于它强大的生态系统,包括移动端和网页端等的支持。当需要将模型部署到其他平台时,采用 TensorFlow 提出的 SavedModel 方式更具有平台无关性。

通过 tf. saved_model. save (network,path)即可将模型以 SavedModel 方式保存到 path 目录中,代码如下:

```
# 保存模型结构与模型参数到文件
tf.saved_model.save(network, 'model - savedmodel')
print('saving savedmodel.')
del network                              # 删除网络对象
```

此时在文件系统 model-savedmodel 目录上出现了如下网络文件,如图 8.1 所示。

Name	Date modified	Type	Size
assets	8/13/2019 7:53 PM	File folder	
variables	8/13/2019 7:53 PM	File folder	
saved_model.pb	8/13/2019 7:53 PM	PB File	240 KB

图 8.1　SavedModel 保存模型

用户无须关心文件的保存格式,只需要通过 tf. saved_model. load 函数即可恢复模型对象,在恢复模型实例后,完成测试准确率的计算,实现如下:

```
print('load savedmodel from file.')
```

```
# 从文件恢复网络结构与网络参数
network = tf.saved_model.load('model - savedmodel')
# 准确率计量器
acc_meter = metrics.CategoricalAccuracy()
for x,y in ds_val:                                    # 遍历测试集
    pred = network(x)                                 # 前向计算
    acc_meter.update_state(y_true = y, y_pred = pred) # 更新准确率统计
# 打印准确率
print("Test Accuracy: % f" % acc_meter.result())
```

8.4 自定义网络简介

尽管 Keras 提供了很多的常用网络层类,但深度学习可以使用的网络层远远不止这些。科研工作者一般是自行实现了较为新颖的网络层,经过大量实验验证有效后,深度学习框架才会跟进,内置对这些网络层的支持。因此掌握自定义网络层、网络的实现非常重要。

对于需要创建自定义逻辑的网络层,可以通过自定义类来实现。在创建自定义网络层类时,需要继承自 layers.Layer 基类;创建自定义的网络类时,需要继承自 keras.Model 基类,这样建立的自定义类才能够方便地利用 Layer/Model 基类提供的参数管理等功能,同时也能够与其他的标准网络层类交互使用。

8.4.1 自定义网络层

对于自定义的网络层,至少需要实现初始化 __ init __ 方法和前向传播逻辑 call 方法。下面以某个具体的自定义网络层为例,假设需要一个无偏置向量的全连接层,即 bias 为 0,同时固定激活函数为 ReLU 函数。尽管可以通过标准的 Dense 层创建,但还是通过实现这个"特别的"网络层类来阐述如何实现自定义网络层。

首先创建类,并继承自 Layer 基类。创建初始化方法,并调用母类的初始化函数,由于是全连接层,因此需要设置两个参数:输入特征的长度 inp_dim 和输出特征的长度 outp_dim,并通过 self.add_variable(name,shape)创建 shape 大小,名字为 name 的张量 W,并设置为需要优化。代码如下:

```
class MyDense(layers.Layer):
    # 自定义网络层
    def __ init __(self,inp_dim,outp_dim):
        super(MyDense,self).__ init __()
        # 创建权值张量并添加到类管理列表中,设置为需要优化
        self.kernel = self.add_variable('w',[inp_dim,outp_dim],trainable = True)
```

注意,self.add_variable 会返回张量 W 的 Python 引用,而变量名 name 由 TensorFlow 内部维护,使用的比较少。实例化 MyDense 类,并查看其参数列表,例如:

```
In [5]: net = MyDense(4,3)          # 创建输入为 4,输出为 3 节点的自定义层
net.variables,net.trainable_variables   # 查看自定义层的参数列表
Out[5]:
# 类的全部参数列表
([<tf.Variable 'w:0' shape = (4,3) dtype = float32,numpy = ...
# 类的待优化参数列表
[<tf.Variable 'w:0' shape = (4,3) dtype = float32,numpy = ...
```

可以看到 **W** 张量被自动纳入类的参数列表。

通过修改为 self. kernel = self. add_variable('w', [inp_dim, outp_dim], trainable=False),可以设置 **W** 张量不需要被优化,此时再来观测张量的管理状态:

```
([<tf.Variable 'w:0' shape = (4,3) dtype = float32,numpy = ...],    # 类的全部参数列表
[])                                              # 类的不需要优化参数列表
```

可以看到,此时张量并不会被 trainable_variables 管理。此外,类初始化中创建为 tf. Variable 类型的类成员变量也会自动纳入张量管理中,例如:

```
# 通过 tf.Variable 创建的类成员也会自动加入类参数列表
self.kernel = tf.Variable(tf.random.normal([inp_dim,outp_dim]),
                          trainable = False)
```

打印出管理的张量列表如下:

```
# 类的参数列表
([<tf.Variable 'Variable:0' shape = (4,3) dtype = float32,numpy = ?],[])
                                          # 类的不需要优化参数列表
```

完成自定义类的初始化工作后,来设计自定义类的前向运算逻辑,对于这个例子,只需要完成 **O** = **X**@**W** 矩阵运算,并通过固定的 ReLU 激活函数即可,代码如下:

```
def call(self,inputs,training = None):
    # 实现自定义类的前向计算逻辑
    # X@W
    out = inputs @ self.kernel
    # 执行激活函数运算
    out = tf.nn.relu(out)
    return out
```

如上所示,自定义类的前向运算逻辑实现在 call(inputs, training = None) 函数中,其中 inputs 代表输入,由用户在调用时传入;training 参数用于指定模型的状态:training 为 True 时执行训练模式,training 为 False 时执行测试模式,默认参数为 None,即测试模式。由于全连接层的训练模式和测试模式逻辑一致,此处不需要额外处理。对于部分测试模式和训练模式不一致的网络层,根据 training 参数来设计需要执行的逻辑。

8.4.2　自定义网络

在完成了自定义的全连接层类实现之后,下面基于上述的"无偏置的全连接层"来实现

MNIST 手写数字图片模型的创建。

自定义网络类可以和其他标准类一样，通过 Sequential 容器方便地封装成一个网络模型：

```
network = Sequential([MyDense(784,256),        # 使用自定义的层
                      MyDense(256,128),
                      MyDense(128,64),
                      MyDense(64,32),
                      MyDense(32,10)])
network.build(input_shape = (None,28 * 28))
network.summary()
```

可以看到，通过堆叠自定义网络层类，一样可以实现 5 层的全连接层网络，每层全连接层无偏置张量，同时激活函数固定地使用 ReLU 函数。

Sequential 容器适合于数据按序从第 1 层传播到第 2 层，再从第 2 层传播到第 3 层，以此规律传播的网络模型。对于复杂的网络结构，例如第 3 层的输入不仅是第 2 层的输出，还是第 1 层的输出，此时使用自定义网络更加灵活。下面创建自定义网络类，首先创建类，并继承自 Model 基类，分别创建对应的网络层对象，代码如下：

```
class MyModel(keras.Model):
    # 自定义网络类，继承自 Model 基类
    def __init__(self):
        super(MyModel,self).__init__()
        # 完成网络内需要的网络层的创建工作
        self.fc1 = MyDense(28 * 28,256)
        self.fc2 = MyDense(256,128)
        self.fc3 = MyDense(128,64)
        self.fc4 = MyDense(64,32)
        self.fc5 = MyDense(32,10)
```

然后实现自定义网络的前向运算逻辑，代码如下：

```
def call(self,inputs,training = None):
    # 自定义前向运算逻辑
    x = self.fc1(inputs)
    x = self.fc2(x)
    x = self.fc3(x)
    x = self.fc4(x)
    x = self.fc5(x)
    return x
```

这个例子可以直接使用第一种方式，即 Sequential 容器包裹实现。但自定义网络的前向计算逻辑可以自由定义，更为通用，会在第 10 章介绍自定义网络的优越性。

8.5　模型乐园

对于常用的网络模型，如 ResNet、VGG 等，不需要手动创建网络，可以直接从 keras. applications 子模块中通过一行代码即可创建并使用这些经典模型，同时还可以通过设置 weights 参数加载预训练的网络参数，非常方便。

加载模型

以 ResNet50 网络模型为例，一般将 ResNet50 去除最后一层后的网络作为新任务的特征提取子网络，即利用在 ImageNet 数据集上预训练好的网络参数初始化，并根据自定义任务的类别追加一个对应数据类别数的全连接分类层或子网络，从而可以在预训练网络的基础上快速、高效地学习新任务。

首先利用 Keras 模型乐园（Model Zoo）加载 ImageNet 预训练好的 ResNet50 网络，代码如下：

```
# 加载 ImageNet 预训练网络模型,并去掉最后一层
resnet = keras.applications.ResNet50(weights = 'imagenet', include_top = False)
resnet.summary()
# 测试网络的输出
x = tf.random.normal([4,224,224,3])
out = resnet(x)                        # 获得子网络的输出
out.shape
```

上述代码自动从服务器下载模型结构和在 ImageNet 数据集上预训练好的网络参数。通过设置 include_top 参数为 False，可以选择去掉 ResNet50 最后一层，此时网络的输出特征图大小为 $[b,7,7,2048]$。对于某个具体的任务，需要设置自定义的输出节点数，以 100 类的分类任务为例，在 ResNet50 基础上重新构建新网络。新建一个池化层（这里的池化层暂时可以理解为高、宽维度下采样的功能），将特征从 $[b,7,7,2048]$ 降维到 $[b,2048]$。代码如下：

```
In [6]:
# 新建池化层
global_average_layer = layers.GlobalAveragePooling2D()
# 利用上一层的输出作为本层的输入,测试其输出
x = tf.random.normal([4,7,7,2048])
# 池化层降维,形状由[4,7,7,2048]变为[4,1,1,2048],删减维度后变为[4,2048]
out = global_average_layer(x)
print(out.shape)
Out[6]: (4,2048)
```

最后新建一个全连接层，并设置输出节点数为 100，代码如下：

```
In [7]:
# 新建全连接层
fc = layers.Dense(100)
```

```
# 利用上一层的输出[4,2048]作为本层的输入,测试其输出
x = tf.random.normal([4,2048])
out = fc(x)                        # 输出层的输出为样本属于100类别的概率分布
print(out.shape)
Out[7]: (4,100)
```

在创建预训练的 ResNet50 特征子网络、新建的池化层和全连接层后,重新利用 Sequential 容器封装成一个新的网络:

```
# 重新包裹成我们的网络模型
mynet = Sequential([resnet,global_average_layer,fc])
mynet.summary()
```

可以看到新的网络模型的结构信息为:

```
Layer (type)                    Output Shape                 Param #
=================================================================
resnet50 (Model)                (None,None,None,2048) 23587712

global_average_pooling2d (Gl (None,2048)                     0

dense_4 (Dense)                 (None,100)                  204900
=================================================================
Total params: 23,792,612
Trainable params: 23,739,492
Non-trainable params: 53,120
```

通过设置 resnet.trainable = False 可以选择冻结 ResNet 部分的网络参数,只训练新建的网络层,从而快速、高效完成网络模型的训练。当然也可以在自定义任务上更新网络的全部参数。

8.6 测量工具

在网络的训练过程中,经常需要统计准确率、召回率等测量指标,除了可以通过手动计算的方式获取这些统计数据外,Keras 提供了一些常用的测量工具,位于 keras.metrics 模块中,专门用于统计训练过程中常用的指标数据。

Keras 的测量工具的使用方法一般有 4 个主要步骤:新建测量器、写入数据、读取统计信息和清零测量器。

8.6.1 新建测量器

在 keras.metrics 模块中,提供了较多的常用测量器类,如统计平均值的 Mean 类、统计准确率的 Accuracy 类和统计余弦相似度的 CosineSimilarity 类等。下面以统计误差值为例。在前向运算时,会得到每一个 Batch 的平均误差,但是希望统计每个 step 的平均误差,

因此选择使用 Mean 测量器。新建一个平均测量器,代码如下:

```
# 新建平均测量器,适合 loss 数据
loss_meter = metrics.Mean()
```

8.6.2　写入数据

通过测量器的 update_state 函数可以写入新的数据,测量器会根据自身逻辑记录并处理采样数据。例如,在每个 step 结束时采集一次 loss 值,代码如下:

```
# 记录采样的数据,通过 float()函数将张量转换为普通数值
loss_meter.update_state(float(loss))
```

上述采样代码放置在每个 Batch 运算结束后,测量器会自动根据采样的数据来统计平均值。

8.6.3　读取统计信息

在采样多次数据后,可以选择在需要的地方调用测量器的 result()函数,来获取统计值。例如,间隔性统计 loss 均值,代码如下:

```
# 打印统计期间的平均 loss
print(step,'loss:',loss_meter.result())
```

8.6.4　清除状态

由于测量器会统计所有历史记录的数据,因此在启动新一轮统计时,有必要清除历史状态。通过 reset_states()即可实现清除状态功能。例如,在每次读取完平均误差后,清零统计信息,以便下一轮统计的开始,代码如下:

```
if step % 100 == 0:
    # 打印统计的平均 loss
    print(step,'loss:',loss_meter.result())
    loss_meter.reset_states()                    # 打印完后,清零测量器
```

8.6.5　准确率统计实战

按照测量工具的使用方法,利用准确率测量器 Accuracy 类统计训练过程中的准确率。首先新建准确率测量器,代码如下:

```
acc_meter = metrics.Accuracy()                   # 创建准确率测量器
```

在每次前向计算完成后,记录训练准确率数据。注意,Accuracy 类的 update_state 函数的参数为预测值和真实值,而不是当前 Batch 的准确率。将当前 Batch 样本的标签和预测结果写入测量器,代码如下:

```
# [b,784] => [b,10],网络输出值
out = network(x)
# [b,10] => [b],经过 argmax 后计算预测值
pred = tf.argmax(out,axis = 1)
pred = tf.cast(pred,dtype = tf.int32)
# 根据预测值与真实值写入测量器
acc_meter.update_state(y,pred)
```

在统计完测试集所有 Batch 的预测值后，打印统计的平均准确率，并清零测量器，代码如下：

```
# 读取统计结果
print(step,'Evaluate Acc:',acc_meter.result().numpy())
acc_meter.reset_states()                         # 清零测量器
```

8.7　可视化

在网络训练的过程中，通过 Web 端远程监控网络的训练进度，可视化网络的训练结果，对于提高开发效率和实现远程监控是非常重要的。TensorFlow 提供了一个专门的可视化工具，称为 TensorBoard，它通过 TensorFlow 将监控数据写入文件系统，并利用 Web 后端监控对应的文件目录，从而可以允许用户从远程查看网络的监控数据。

TensorBoard 的使用需要模型代码和浏览器相互配合。在使用 TensorBoard 之前，需要安装 TensorBoard 库，安装命令如下：

```
# 安装 TensorBoard
pip install tensorboard
```

接下来分模型端和浏览器端介绍如何使用 TensorBoard 工具监控网络训练进度。

8.7.1　模型端

在模型端需要创建写入监控数据的 Summary 类，并在需要时写入监控数据。首先通过 tf.summary.create_file_writer 创建监控对象类实例，并指定监控数据的写入目录，代码如下：

```
# 创建监控类,监控数据将写入 log_dir 目录
summary_writer = tf.summary.create_file_writer(log_dir)
```

以监控误差数据和可视化图片数据为例，介绍如何写入监控数据。在前向计算完成后，对于误差这种标量数据，通过 tf.summary.scalar 函数记录监控数据，并指定时间戳 step 参数。这里的 step 参数类似于每个数据对应的时间刻度信息，也可以理解为数据曲线的 x 坐标，因此不宜重复。每类数据通过字符串名字来区分，同类的数据需要写入相同名字的数据库中。例如：

```
with summary_writer.as_default():                    # 写入环境
    # 当前时间戳 step 上的数据为 loss,写入名为 train-loss 数据库中
```

```
tf.summary.scalar('train - loss',float(loss),step = step)
```

TensorBoard 通过字符串 ID 来区分不同类别的监控数据,因此对于误差数据,将它命名为 "train-loss",其他类别的数据不可写入,防止造成数据污染。

对于图片类型的数据,可以通过 tf. summary. image 函数写入监控图片数据。例如,在训练时,可以通过 tf. summary. image 函数可视化样本图片。由于 TensorFlow 中的张量一般包含了多个样本,因此 tf. summary. image 函数接受多个图片的张量数据,并通过设置 max_outputs 参数来选择最多显示的图片数量,代码如下:

```
with summary_writer.as_default():                    # 写入环境
    # 写入测试准确率
    tf.summary.scalar('test - acc',float(total_correct/total),step = step)
    # 可视化测试用的图片,设置最多可视化 9 张图片
    tf.summary.image("val - onebyone - images:",val_images,max_outputs = 9,step = step)
```

运行模型程序,相应的数据将实时写入到指定文件目录中。

8.7.2 浏览器端

在运行程序时,监控数据被写入指定文件目录中。如果要实时远程查看、可视化这些数据,还需要借助于浏览器和 Web 后端。首先是打开 Web 后端,通过在 cmd 终端运行 tensorboard --logdir path 指定 Web 后端监控的文件目录 path,即可打开 Web 后端监控进程,如图 8.2 所示。

```
F:\深度学习与TensorFlow入门实战\素材\lesson28-可视化\logs>tensorboard --logdir .
c:\conda\lib\site-packages\h5py\__init__.py:36: FutureWarning: Conversion of the second argument
t' to `np.floating` is deprecated. In future, it will be treated as `np.float64 == np.dtype(float
 from ._conv import register_converters as _register_converters
TensorBoard 1.14.0a20190603 at http://DESKTOP-C6H6KQF:6006/ (Press CTRL+C to quit)
```

图 8.2 启动 Web 服务器

此时打开浏览器,并输入网址 http://localhost: 6006 (也可以通过 IP 地址远程访问,具体端口号可能会变动,可查看命令提示) 即可监控网络训练进度。TensorBoard 可以同时显示多条监控记录,在监控页面的左侧可以选择监控记录,如图 8.3 所示。

在监控页面的上端可以选择不同类型数据的监控页面,例如标量监控页面 SCALARS、图片可视化页面 IMAGES 等。对于这个例子,需要监控的训练误差和测试准确率为标量类型数据,它的曲线在 SCALARS 页面可以查看,如图 8.4 和图 8.5 所示。

在 IMAGES 页面,可以查看每个 step 的图片可视化

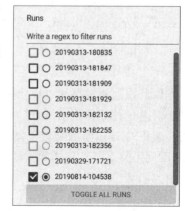

图 8.3 选择监控记录截图

效果,如图 8.6 所示。

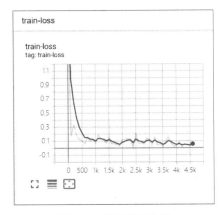

图 8.4　训练误差曲线

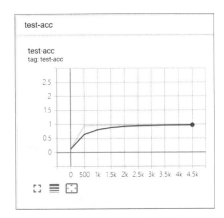

图 8.5　训练准确率曲线

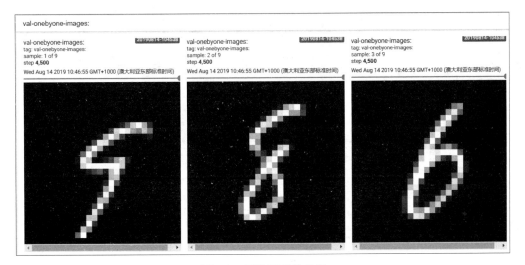

图 8.6　图片可视化效果

除了监控标量数据和图片数据外,TensorBoard 还支持通过 tf. summary. histogram 查看张量数据的直方图分布,以及通过 tf. summary. text 打印文本信息等功能。例如:

```
with summary_writer.as_default():
    # 当前时间戳 step 上的数据为 loss,写入 ID 位 train-loss 对象中
    tf.summary.scalar('train-loss',float(loss),step = step)
    # 可视化真实标签的直方图分布
    tf.summary.histogram('y-hist',y,step = step)
    # 查看文本信息
    tf.summary.text('loss-text',str(float(loss)))
```

在 HISTOGRAMS 页面即可查看张量的直方图,如图 8.7 所示,在 TEXT 页面可以查看文

本信息,如图 8.8 所示。

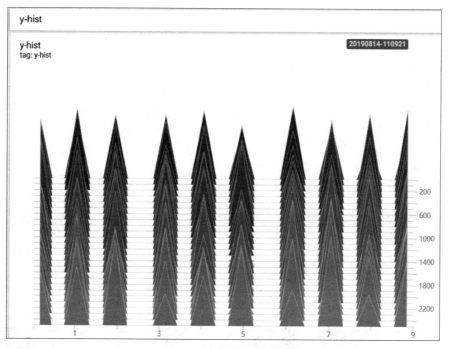

图 8.7　直方图可视化效果

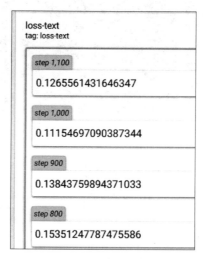

图 8.8　文本显示效果

　　实际上,除了 TensorBoard 工具可以无缝监控 TensorFlow 的模型数据外,Facebook 开发的 Visdom 工具同样可以方便可视化数据,并且支持的可视化方式丰富,实时性高,使用起来较为方便。图 8.9 展示了 Visdom 数据的可视化方式。Visdom 可以直接接受

PyTorch 的张量类型的数据,但不能直接接受 TensorFlow 的张量类型数据,需要转换为 Numpy 数组。对于追求丰富可视化手段和实时性监控的用户,Visdom 可能是更好的选择。

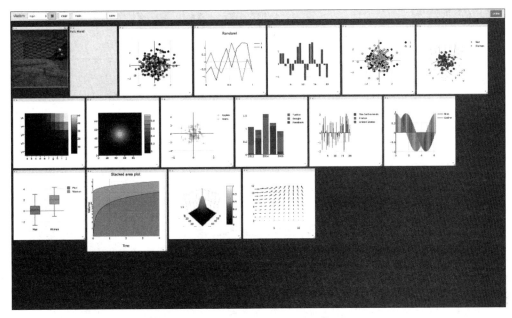

图 8.9 Visdom 监控页面①

———————

① 图片来自 https://github.com/facebookresearch/visdom

## 第 9 章

过　拟　合

一切都应该尽可能地简单,但不能过于简单。——阿尔伯特·爱因斯坦

机器学习的主要目的是从训练集上学习到数据的真实模型,从而能够在未见过的测试集上也能够表现良好,把这种能力称为泛化能力。通常来说,训练集和测试集都采样自某个相同的数据分布 $p(x)$。采样到的样本是相互独立的,但是又来自于相同的分布,把这种假设称为独立同分布假设(Independent Identical Distribution assumption,简称 i.i.d)。

前面已经提到了模型的表达能力,也称为模型的容量(Capacity)。当模型的表达能力偏弱时,例如单一线性层,它只能学习到线性模型,无法良好地逼近非线性模型;但模型的表达能力过强时,它就有可能把训练集的噪声模态也学到,导致在测试集上面表现不佳的现象(泛化能力偏弱)。因此针对不同的任务,设计合适容量的模型算法才能取得较好的泛化性能。

9.1　模型的容量

通俗地讲,模型的容量或表达能力,是指模型拟合复杂函数的能力。一种体现模型容量的指标为模型的假设空间(Hypothesis space)大小,即模型可以表示的函数集的大小。假设空间越大越完备,从假设空间中搜索出逼近真实模型的函数也就越有可能;反之,如果假设空间非常受限,就很难从中找到逼近真实模型的函数。

考虑采样自真实分布

$$p_{\text{data}} = \{(x, y) \mid y = \sin(x), x \in [-5, 5]\}$$

的数据集,从真实分布中采样少量样本点构成训练集,其中包含了观测误差 ε,如图 9.1 中的小圆点。如果只搜索所有 1 次多项式的模型空间,令偏置为 0,即 $y = ax$,如图 9.1 中 1 次多项式的直线所示,则很难找到一条直线较好地逼近真实数据的分布。稍微增大假设空间,令假设空间为所有的 3 次多项式函数,即 $y = ax^3 + bx^2 + cx$,此假设空间明显大于 1 次多项式的假设空间,可以找到一条曲线,如图 9.1 中 3 次多项式曲线所示,它比 1 次多项式

模型更好地反映了数据的关系,但是仍然不够好。再次增大假设空间,使得可以搜索的函数为 5 次多项式,即 $y = ax^5 + bx^4 + cx^3 + dx^2 + ex$,在此假设空间中,可以搜索到一个较好的函数,如图 9.1 中 5 次多项式所示。再次增加假设空间后,如图 9.1 中 7、9、11、13、15、17 次多项式曲线所示,函数的假设空间越大,就越有可能找到一个函数更好地逼近真实分布的函数模型。

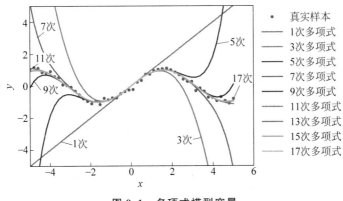

图 9.1 多项式模型容量

但是过大的假设空间无疑会增加搜索难度和计算代价。实际上,在有限的计算资源的约束下,较大的假设空间并不一定能搜索出更好的函数模型。同时由于观测误差的存在,较大的假设空间中可能包含了大量表达能力过强的函数,能够将训练样本的观测误差也学习进来,从而损害了模型的泛化能力。挑选合适容量的学习模型是一个很大的难题。

9.2 欠拟合与过拟合

由于真实数据的分布往往是未知而且复杂的,无法推断出其分布函数的类型和相关参数,因此人们在选择学习模型的容量时,往往会根据经验值选择稍大的模型容量。但模型的容量过大时,有可能出现在训练集上表现较好,但是测试集上表现较差的现象,如图 9.2 中竖线右边区域所示;当模型的容量过小时,有可能出现在训练集和测试集表现皆不佳的现象,如图 9.2 中竖线左边区域所示。

当模型的容量过大时,网络模型除了学习到训练集数据的模态之外,还把额外的观测误差也学习进来,导致学习的模型在训练集上表现较好,但是在未见的样本上表现不佳,也就是模型泛化能力偏弱,把这种现象称为过拟合(Overfitting)。当模型的容量过小时,模型不能够很好地学习到训练集数据的模态,导致训练集上表现不佳,同时在未见的样本上表现也不佳,把这种现象称为作欠拟合(Underfitting)。

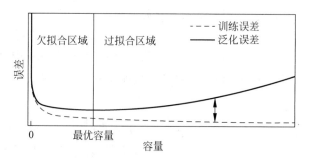

图 9.2 模型容量和误差之间的关系[1]

这里用一个简单的例子来解释模型的容量与数据的分布之间的关系。图 9.3 绘制了某种数据的分布图,可以大致推测数据可能属于某 2 次多项式分布。如果用简单的线性函数去学习时,会发现很难学习到一个较好的函数,从而出现训练集和测试集表现都不理想的现象,如图 9.3(a)所示,这种现象称为欠拟合。但如果用较复杂的函数模型去学习时,有可能学习到的函数会过度地"拟合"训练集样本,从而导致在测试集上表现不佳,如图 9.3(c)所示,这种现象称为过拟合。只有学习的模型和真实模型容量大致匹配时,模型才能具有较好的泛化能力,如图 9.3(b)所示。

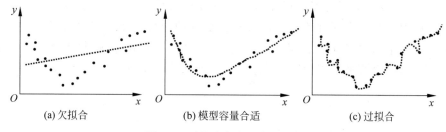

图 9.3 过拟合与欠拟合示意图

考虑数据点(x,y)的分布 p_{data},其中

$$y = \sin(1.2 \cdot \pi \cdot x)$$

在采样时,添加随机高斯噪声$\mathcal{N}(0,1)$,共获得 120 个点的数据集,如图 9.4 所示,图中曲线为真实模型函数的曲线,圆形点为训练样本,矩形点为测试样本。

在已知真实模型的情况下,自然可以设计容量合适的函数假设空间,从而获得不错的学习模型,如图 9.5 所示,将模型假设为 2 次多项式模型,学习得到的函数曲线较好地逼近真实模型的函数曲线。但是在实际场景中,真实模型往往是无法得知的,因此设计的假设空间如果过小,导致无法搜索到合适的学习模型;设计的假设空间过大,导致模型泛化能力过差。

那么如何去选择模型的容量?统计学习理论给我们提供了一些思路,其中 VC 维度(Vapnik-Chervonenkis 维度)是一个应用比较广泛的度量函数容量的方法。尽管这些方法给机器学习提供了一定程度的理论保证,但是这些方法却很少应用到深度学习中,一部分原

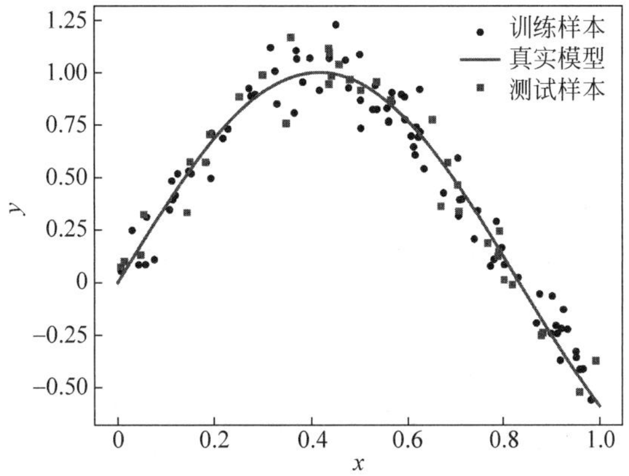

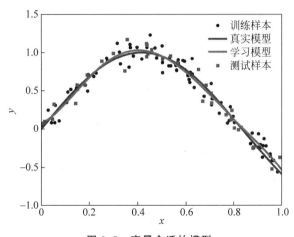

图 9.4　数据集及其真实模型

图 9.5　容量合适的模型

因是神经网络过于复杂,很难去确定网络结构背后的数学模型的 VC 维度。

尽管统计学习理论很难给出神经网络所需要的最小容量,但是却可以根据奥卡姆剃刀原理(Occam's razor)来指导神经网络的设计和训练。奥卡姆剃刀原理是由 14 世纪逻辑学家、圣方济各会修士奥卡姆的威廉(William of Occam)提出的一个解决问题的法则,他在《箴言书注》2 卷 15 题中说:"切勿浪费较多东西,去做'用较少的东西,同样可以做好的事情'。"[①]也就是说,如果两层的神经网络结构能够很好地表达真实模型,那么三层的神经网络也能够很好地表达,但是应该优先选择使用更简单的两层神经网络,因为它的参数量更少,更容易训练,也更容易通过较少的训练样本获得不错的泛化误差。

---

① 出自 https://en.wikipedia.org/wiki/Occam%27s_razor

9.2.1 欠拟合

我们来考虑欠拟合的现象。如图 9.6 中所示,圆点和矩形点均独立采样自某抛物线函数的分布,在已知数据的真实模型的条件下,如果用模型容量小于真实模型的线性函数去回归这些数据,会发现很难找到一条线性函数较好地逼近训练集数据的模态,具体表现为学习到的线性模型在训练集上的误差(如均方误差)较大,同时在测试集上面的误差也较大。

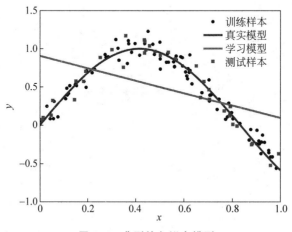

图 9.6 典型的欠拟合模型

当发现当前的模型在训练集上误差一直维持较高的状态,很难优化减少,同时在测试集上也表现不佳时,可以考虑是否出现了欠拟合的现象。这时可以通过增加神经网络的层数、增大中间维度的大小等手段,比较好地解决欠拟合的问题。但是由于现代深度神经网络模型可以很轻易达到较深的层数,用来学习的模型的容量一般来说是足够,在实际使用过程中,更多的是出现过拟合现象。

9.2.2 过拟合

继续来考虑同样的问题,训练集圆点和测试集矩形点均独立采样自同分布的某抛物线模型,当设置模型的假设空间为 25 次多项式时,它远大于真实模型的函数容量,这时发现学到的模型很有可能过分去拟合训练样本,导致学习模型在训练样本上的误差非常小,甚至比真实模型在训练集上的误差还要小。但是对于测试样本,模型性能急剧下降,泛化能力非常差,如图 9.7 所示。

现代深度神经网络中过拟合现象非常容易出现,主要是因为神经网络的表达能力非常强,训练集样本数不够,很容易就出现了神经网络的容量偏大的现象。那么如何有效检测并减少过拟合现象?

接下来将介绍一系列的方法,来帮助检测并抑制过拟合现象。

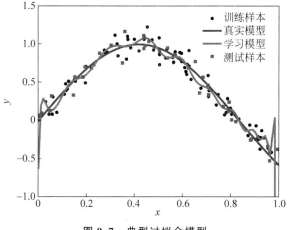

图 9.7 典型过拟合模型

9.3 数据集划分

前面介绍了数据集需要划分为训练集(Train set)和测试集(Test set),但是为了挑选模型超参数和检测过拟合现象,一般需要将原来的训练集再次切分为新的训练集和验证集(Validation set),即数据集需要切分为训练集、验证集和测试集 3 个子集。

9.3.1 验证集与超参数

前面已经介绍了训练集和测试集的区别,训练集 D^{train} 用于训练模型参数,测试集 D^{test} 用于测试模型的泛化能力,测试集中的样本不能参与模型的训练,防止模型"记忆"住数据的特征,损害模型的泛化能力。训练集和测试集都是采样自相同的数据分布,例如 MNIST 手写数字图片集共有 7 万张样本图片,其中 6 万张图片用于训练集,余下的 1 万张图片用于测试集。训练集与测试集的分配比例可以由用户自行定义,如 80% 的数据用于训练,剩下的20% 用于测试。当数据集规模偏小时,为了测试集能够比较准确地测试出模型的泛化能力,可以适当增加测试集的比例。图 9.8 演示了 MNIST 手写数字图片集的划分:80% 用于训练,剩下的 20% 用于测试。

但是将数据集仅划分为训练集与测试集是不够的,由于测试集的性能不能作为模型训练的反馈,而需要在模型训练时能够挑选出较合适的模型超参数,判断模型是否过拟合等,因此需要将训练集再次切分为训练集 D^{train} 和验证集 D^{val},如图 9.9 所示。划分过的训练集与原来的训练集的功能一致,用于训练模型的参数,而验证集则用于选择模型的超参数(模型选择,Model selection),其功能包括如下内容:

❑ 根据验证集的性能表现调整学习率、权值衰减系数、训练次数等。
❑ 根据验证集的性能表现重新调整网络拓扑结构。

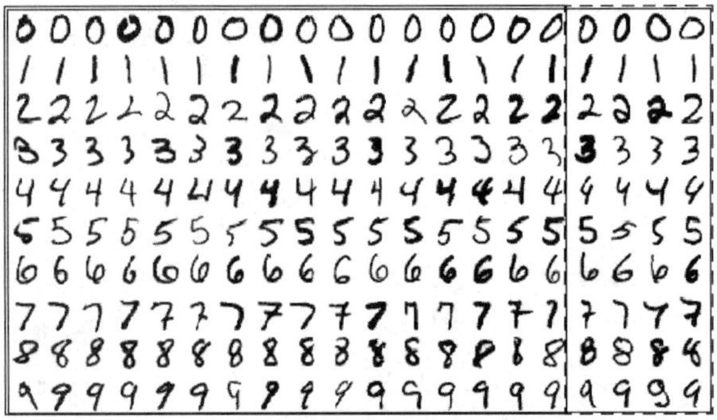

图 9.8　训练集-测试集划分

　　❑ 根据验证集的性能表现判断是否过拟合和欠拟合。

　　和训练集-测试集的划分类似,训练集-验证集-测试集可以按着自定义的比例来划分,例如常见的 60%-20%-20% 的划分,图 9.9 演示了 MNIST 手写数据集的划分。

图 9.9　训练集-验证集-测试集划分

　　验证集与测试集的区别在于,算法设计人员可以根据验证集的表现来调整模型的各种超参数的设置,提升模型的泛化能力,但是测试集的表现却不能用来反馈模型的调整,否则测试集将和验证集的功能重合,因此在测试集上的性能表现将无法代表模型的泛化能力。

　　实际上,部分开发人员会错误地使用测试集来挑选最好的模型,然后将其作为模型泛化性能汇报(甚至部分论文也会出现这种做法),此时的测试集其实是验证集的功能,因此汇报的"泛化性能"本质上是验证集上的性能,而不是真正的泛化性能。为了防止出现这种作弊行为,可以选择生成多个测试集,这样即使开发人员使用了其中一个测试集来挑选模型,还可以使用其他测试集来评价模型,这也是 Kaggle 竞赛常用的做法。

9.3.2　提前停止

　　一般把对训练集中的一个 Batch 运算更新一次称为一个 step,对训练集的所有样本循环迭代一次称为一个 Epoch。验证集可以在数次 step 或数次 Epoch 后使用,计算模型的验证性能。验证的步骤过于频繁，能够精准地观测模型的训练状况，但是也会引入额外的计算代价，一般建议几个 Epoch 后进行一次验证运算。

以分类任务为例，在训练时，一般关注的指标有训练误差、训练准确率等，相应地，验证时也有验证误差和验证准确率等，测试时也有测试误差和测试准确率等。通过观测训练准确率和验证准确率可以大致推断模型是否出现过拟合和欠拟合。如果模型的训练误差较低，训练准确率较高，但是验证误差较高，验证准确率较低，那么可能出现了过拟合现象。如果训练集和验证集上面的误差都较高，准确率较低，那么可能出现了欠拟合现象。

当观测到过拟合现象时，可以从新设计网络模型的容量，如降低网络的层数、降低网络的参数量、添加正则化手段、添加假设空间的约束等，使得模型的实际容量降低，从而减轻或解决过拟合现象；当观测到欠拟合现象时，可以尝试增大网络的容量，如加深网络的层数、增加网络的参数量，尝试更复杂的网络结构。

实际上，由于网络的实际容量可以随着训练的进行发生改变，因此在相同的网络设定下，随着训练的进行，可能观测到不同的过拟合、欠拟合状况。如图 9.10 所示为分类问题的典型训练曲线，红色曲线为训练准确率，蓝色曲线为测试准确率。从图中可以看到，在训练的前期，随着训练的进行，模型的训练准确率和测试准确率都呈现增大的趋势，此时并没有出现过拟合现象；在训练后期，即使是相同网络结构下，由于模型的实际容量发生改变，观察到了过拟合的现象，具体表现为训练准确度继续改善，但是泛化能力变弱（测试准确率减低）。

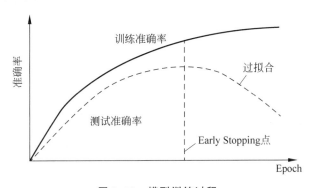

图 9.10　模型训练过程

这意味着，对于神经网络，即使网络结构超参数保持不变（即网络最大容量固定），模型依然可能会出现过拟合的现象，这是因为神经网络的有效容量和网络参数的状态息息相关，神经网络的有效容量可以很大，也可以通过稀疏化参数、添加正则化等手段降低有效容量。在训练的前中期，神经网络的过拟合现象没有出现，当随着训练 Epoch 数的增加，过拟合程度越来越严重。图 9.10 中竖直虚线所处的网络状态最佳，没有出现明显的过拟合现象，网络的泛化能力最佳。

那么如何选择合适的 Epoch 就提前停止训练（Early Stopping），避免出现过拟合现象？可以通过观察验证指标的变化，来预测最适合的 Epoch 可能的位置。具体地，对于分类问题，可以记录模型的验证准确率，并监控验证准确率的变化，当发现验证准确率连续 n 个

Epoch 没有下降时,可以预测可能已经达到了最适合的 Epoch 附近,从而提前终止训练。图 9.11 所示绘制了某次具体的训练过程中,训练和验证准确率随训练 Epoch 的变化曲线,可以观察到,在 Epoch 为 30 左右时,模型达到最佳状态,提前终止训练。

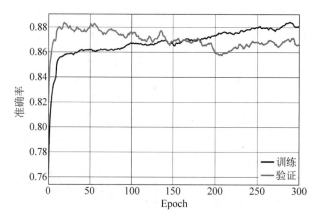

图 9.11　某实验训练曲线

算法 1 是采用提前停止的模型训练算法伪代码。

算法 1：带 Early stopping 功能的网络训练算法

随机初始化参数 θ

repeat

  for step$=1,2,\cdots,N$ **do**

    随机采样 Batch $\{(\boldsymbol{x},y)\}\sim D^{\text{train}}$

    $\theta\leftarrow\theta-\eta\,\nabla_{\theta}\,\mathcal{L}(f(\boldsymbol{x}),y)$

  end

  if 每第 n 个 Epoch **do**

  测试所有 $\{(\boldsymbol{x},y)\}\sim D^{\text{val}}$ 上的验证性能

    if 验证性能连续数次不提升 **do**

      保存网络状态,提前停止训练

    end

  do

until 训练达到最大回合数 Epoch

利用保存的网络测试 $\{(\boldsymbol{x},y)\}\sim D^{\text{test}}$ 性能

输出：网络参数 θ 与测试性能

9.4　模型设计

通过验证集可以判断网络模型是否过拟合或者欠拟合,从而为调整网络模型的容量提供判断依据。对于神经网络来说,网络的层数和参数量是网络容量很重要的参考指标,通过减少网络的层数,并减少每层中网络参数量的规模,可以有效降低网络的容量。反之,如果发现模型欠拟合,需要增大网络的容量,可以通过增加层数,增大每层的参数量等方式实现。

为了演示网络层数对网络容量的影响,可视化了一个分类任务的决策边界(Decision boundary)。图 9.12～图 9.15 分别演示在不同的网络层数下训练二分类任务的决策边界图,其中矩形块和圆形块分别代表了训练集上的 2 类样本,保持其他超参数一致,仅调整网络的层数,训练获得样本上的分类效果,可以看到,随着网络层数的加深,学习到的模型决策边界越来越逼近训练样本,出现了过拟合现象。对于此任务,2 层的神经网络即可获得不错的泛化能力,更深层数的网络并没有提升性能,反而出现过拟合现象,泛化能力变差,同时计算代价也更高。

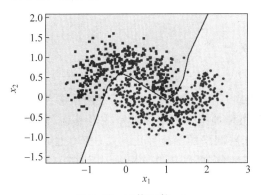

图 9.12　网络层数:2

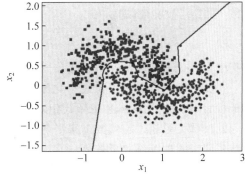

图 9.13　网络层数:3

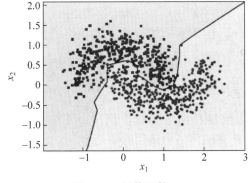

图 9.14　网络层数:4

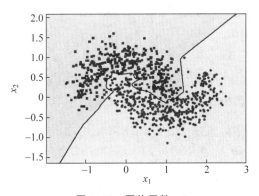

图 9.15　网络层数:6

9.5 正则化

通过设计不同层数、大小的网络模型可以为优化算法提供初始的函数假设空间,但是模型的实际容量可以随着网络参数的优化更新而产生变化。以多项式函数模型为例:

$$y = \beta_0 + \beta_1 x + \beta_2 x^2 + \beta_3 x^3 + \cdots + \beta_n x^n + \varepsilon$$

上述模型的容量可以通过 n 简单衡量。在训练的过程中,如果网络参数 $\beta_{k+1}, \beta_{k+2}, \cdots, \beta_n$ 均为 0,那么网络的实际容量退化到 k 次多项式的函数容量。因此,通过限制网络参数的稀疏性,可以来约束网络的实际容量。

这种约束一般通过在损失函数上添加额外的参数稀疏性惩罚项实现,在未加约束之前的优化目标是

$$\min \mathcal{L}(f_{\boldsymbol{\theta}}(\boldsymbol{x}), y), (\boldsymbol{x}, y) \in D^{\text{train}}$$

对模型的参数添加额外的约束后,优化的目标变为:

$$\min \mathcal{L}(f_{\boldsymbol{\theta}}(\boldsymbol{x}), y) + \lambda \cdot \Omega(\boldsymbol{\theta}), (\boldsymbol{x}, y) \in D^{\text{train}}$$

其中 $\Omega(\theta)$ 表示对网络参数 θ 的稀疏性约束函数。一般地,参数 θ 的稀疏性约束通过约束参数 θ 的 l 范数实现,即:

$$\Omega(\boldsymbol{\theta}) = \sum_{\theta_i} \|\boldsymbol{\theta}_i\|_l$$

其中 $\|\theta_i\|_l$ 表示参数 θ_i 的 l 范数。

新的优化目标除了要最小化原来的损失函数 $\mathcal{L}(x, y)$ 之外,还需要约束网络参数的稀疏性 $\Omega(\boldsymbol{\theta})$,优化算法会在降低 $\mathcal{L}(x, y)$ 的同时,尽可能地迫使网络参数 θ_i 变得稀疏,它们之间的权重关系通过超参数 λ 来平衡。较大的 λ 意味着网络的稀疏性更重要;较小的 λ 则意味着网络的训练误差更重要。通过选择合适的 λ 超参数,可以获得较好的训练性能,同时保证网络的稀疏性,从而获得不错的泛化能力。

常用的正则化方式有 L0、L1、L2 正则化。

9.5.1 L0 正则化

L0 正则化是指采用 L0 范数作为稀疏性惩罚项 $\Omega(\boldsymbol{\theta})$ 的正则化计算方式,即:

$$\Omega(\boldsymbol{\theta}) = \sum_{\theta_i} \|\boldsymbol{\theta}_i\|_0$$

其中 L0 范数 $\|\theta_i\|_0$ 定义为 θ_i 中非零元素的个数。通过约束 $\sum_{\theta_i} \|\theta_i\|_0$ 的大小可以迫使网络中的连接权值大部分为 0,从而降低网络的实际参数量和网络容量。但是由于 L0 范数 $\|\theta_i\|_0$ 并不可导,不能利用梯度下降算法进行优化,在神经网络中使用的并不多。

9.5.2 L1 正则化

采用 L1 范数作为稀疏性惩罚项 $\Omega(\boldsymbol{\theta})$ 的正则化计算方式称为 L1 正则化,即:

$$\Omega(\boldsymbol{\theta}) = \sum_{\boldsymbol{\theta}_i} \|\boldsymbol{\theta}_i\|_1$$

其中 L1 范数 $\|\theta_i\|_1$ 定义为张量 $\boldsymbol{\theta}_i$ 中所有元素的绝对值之和。L1 正则化也叫 Lasso Regularization，它是连续可导的，在神经网络中使用广泛。

L1 正则化可以实现如下：

```
# 创建网络参数 w1,w2
w1 = tf.random.normal([4,3])
w2 = tf.random.normal([4,2])
# 计算 L1 正则化项
loss_reg = tf.reduce_sum(tf.math.abs(w1))\
    + tf.reduce_sum(tf.math.abs(w2))
```

9.5.3　L2 正则化

采用 L2 范数作为稀疏性惩罚项 $\Omega(\boldsymbol{\theta})$ 的正则化计算方式称为 L2 正则化，即：

$$\Omega(\boldsymbol{\theta}) = \sum_{\boldsymbol{\theta}_i} \|\boldsymbol{\theta}_i\|_2$$

其中 L2 范数 $\|\theta_i\|_2$ 定义为张量 $\boldsymbol{\theta}_i$ 中所有元素的平方和。L2 正则化也叫 Ridge Regularization，它和 L1 正则化一样，也是连续可导的，在神经网络中使用广泛。

L2 正则化项实现如下：

```
# 创建网络参数 w1,w2
w1 = tf.random.normal([4,3])
w2 = tf.random.normal([4,2])

# 计算 L2 正则化项
loss_reg = tf.reduce_sum(tf.square(w1))\
    + tf.reduce_sum(tf.square(w2))
```

9.5.4　正则化效果

继续以月牙形的二分类数据为例。在维持网络结构等其他超参数不变的条件下，在损失函数上添加 L2 正则化项，并通过改变不同的正则化超参数 λ 来获得不同程度的正则化效果。

在训练了 500 个 Epoch 后，获得学习模型的分类决策边界，如图 9.16～图 9.19 分别代表了正则化系数 $\lambda=0.00001$、0.001、0.1、0.13 时的分类效果。可以看到，随着正则化系数 λ 的增加，网络对参数稀疏性的惩罚变大，从而迫使优化算法搜索让网络容量更小的模型。在 $\lambda=0.00001$ 时，正则化的作用比较微弱，网络出现了过拟合现象；但是 $\lambda=0.1$ 时，网络已经能够优化到合适的容量，并没有出现明显过拟合或者欠拟合现象。

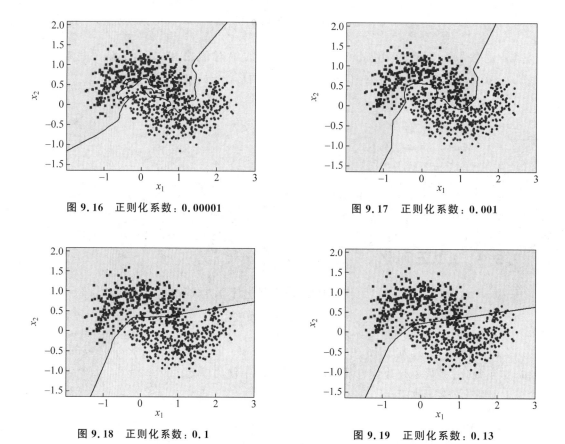

图 9.16 正则化系数：0.00001

图 9.17 正则化系数：0.001

图 9.18 正则化系数：0.1

图 9.19 正则化系数：0.13

实际训练时，一般优先尝试较小的正则化系数 λ，观测网络是否出现过拟合现象。然后尝试逐渐增大 λ 参数来增加网络参数稀疏性，提高泛化能力。但是，过大的 λ 参数有可能导致网络不收敛，需要根据实际任务调节。

在不同的正则化系数 λ 下，统计了网络中每个连接权值的数值范围。考虑网络的第 2 层的权值矩阵 W，其 shape 为 $[256, 256]$，即将输入长度为 256 的向量转换为 256 的输出向量。从全连接层权值连接的角度来看，W 一共包含了 256×256 根连接线的权值，将它对应到图 9.20～图 9.23 所示的 X-Y 网格中，其中 X 轴的范围为 $[0, 255]$，Y 轴的范围为 $[0, 255]$，X-Y 网格的所有整数点分别代表了 shape 为 $[256, 256]$ 的权值张量 W 的每个位置，每个网格点绘制出当前连接上的权值。从图 9.20～图 9.23 中可以看到，添加了不同程度的正则化约束对网络权值的影响。在 $\lambda = 0.00001$ 时，正则化的作用比较微弱，网络中权值数值相对较大，分布在 $[-1.6088, 1.1599]$；在添加较强稀疏性约束 $\lambda = 0.13$ 后，网络权值数值约束在 $[-0.1104, 0.0785]$ 较小范围中，具体的权值范围如表 9.1 所示，同时也可以观察到正则化后权值的稀疏性变化。

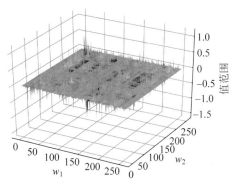

图 9.20　正则化系数：0.00001

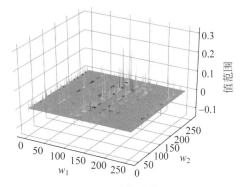

图 9.21　正则化系数：0.001

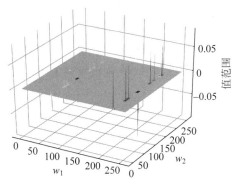

图 9.22　正则化系数：0.1

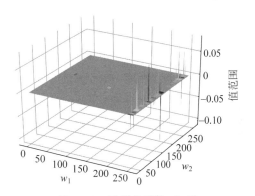

图 9.23　正则化系数：0.13

表 9.1　正则化后的网络权值范围

正则化系数 λ	W 最小值	W 最大值	W 平均值
0.00001	-1.6088	1.1599	0.0026
0.001	-0.1393	0.3168	0.0003
0.1	-0.0969	0.0832	0
0.13	-0.1104	0.0785	0

9.6　Dropout

2012 年，Hinton 等人在其论文 *Improving neural networks by preventing co-adaptation of feature detectors* 中使用了 Dropout 方法来提高模型性能。Dropout 通过随机断开神经网络的连接，减少每次训练时实际参与计算的模型的参数量；但是在测试时，Dropout 会恢复所有的连接，保证模型测试时获得最好的性能。

图 9.24 是全连接层网络在某次前向计算时连接状况的示意图。图 9.24（a）是标准的全连接神经网络，当前节点与前一层的所有输入节点相连。在添加了 Dropout 功能的网络

层中,如图 9.24(b)所示,每条连接是否断开符合某种预设的概率分布,如断开概率为 p 的伯努利分布。图 9.24(b)中显示了某次具体的采样结果,虚线代表了采样结果为断开的连接线,实线代表了采样结果不断开的连接线。

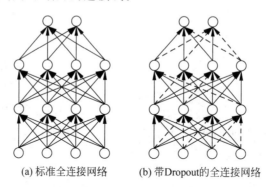

(a) 标准全连接网络   (b) 带Dropout的全连接网络

图 9.24   Dropout 示意图

在 TensorFlow 中,可以通过 tf. nn. dropout(x, rate)函数实现某条连接的 Dropout 功能,其中 rate 参数设置断开的概率值 p。例如:

```
♯ 添加 Dropout 操作,断开概率为 0.5
x = tf.nn.dropout(x, rate = 0.5)
```

也可以将 Dropout 作为一个网络层使用,在网络中间插入一个 Dropout 层。例如:

```
♯ 添加 Dropout 层,断开概率为 0.5
model.add( layers.Dropout( rate = 0.5))
```

为了验证 Dropout 层对网络训练的影响,在维持网络层数等超参数不变的条件下,通过在 5 层的全连接层中间隔插入不同数量的 Dropout 层来观测 Dropout 对网络训练的影响。如图 9.25～图 9.28 所示,分别绘制了不添加 Dropout 层,添加 1、2、4 层 Dropout 层网络模型的决策边界效果。可以看到,在不添加 Dropout 层时,网络模型与之前观测的结果一样,出现了明显的过拟合现象;随着 Dropout 层的增加,网络模型训练时的实际容量减少,泛化能力变强。

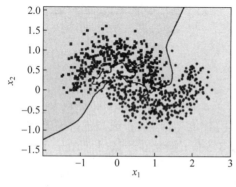

图 9.25   无 Dropout 层

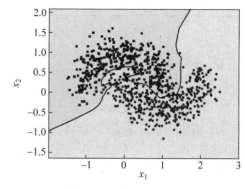

图 9.26   1 层 Dropout 层

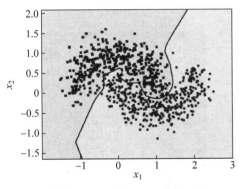

图 9.27　2 层 Dropout 层

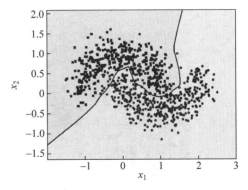

图 9.28　4 层 Dropout 层

9.7　数据增强

除了上述介绍的方式可以有效检测和抑制过拟合现象之外,增加数据集规模是解决过拟合最重要的途径。但是收集样本数据和标签往往是代价昂贵的,在有限的数据集上,通过数据增强技术可以增加训练的样本数量,获得一定程度上的性能提升。数据增强(Data Augmentation)是指在维持样本标签不变的条件下,根据先验知识改变样本的特征,使得新产生的样本也符合或者近似符合数据的真实分布。

以图片数据为例,介绍怎么做数据增强。数据集中的图片大小往往是不一致的,为了方便神经网络处理,需要将图片缩放到某个固定的大小,如图 9.29 所示,是缩放后的固定 224×224 大小的图片。对于图中的人物图片,根据先验知识,旋转、缩放、平移、裁剪、改变视角、遮挡某局部区域都不会改变图片的主体类别标签,因此针对图片数据,可以有多种数据增强方式。

TensorFlow 中提供了常用图片的处理函数,位于 tf.image 子模块中。通过 tf.image.resize 函数可以实现图片的缩放功能,将数据增强一般实现在预处理函数 preprocess 中,将图片从文件系统读取进来后,即可进行图片数据增强操作。例如:

```
def preprocess(x,y):
    ♯ 预处理函数
    ♯ x:图片的路径,y:图片的数字编码
    x = tf.io.read_file(x)
    x = tf.image.decode_jpeg(x, channels = 3) ♯ RGBA
    ♯ 图片缩放到 244×244 大小,这个大小根据网络设定自行调整
    x = tf.image.resize(x, [244, 244])
```

9.7.1　旋转

旋转图片是非常常见的图片数据增强方式,通过将原图进行一定角度的旋转运算,可以

获得不同角度的新图片,这些图片的标签信息维持不变,如图 9.30 所示。

图 9.29　不同大小的原图缩放到固定大小

图 9.30　旋转图片

通过 tf.image.rot90(x, k=1)可以实现图片按逆时针方式旋转 k 个 90°,例如:

```
# 图片逆时针旋转180°
x = tf.image.rot90(x,2)
```

9.7.2　翻转

图片的翻转分为沿水平轴翻转和竖直轴翻转,分别如图 9.31 和图 9.32 所示。在 TensorFlow 中,可以通过 tf.image.random_flip_left_right 和 tf.image.random_flip_up_down 实现图片在水平方向和竖直方向的随机翻转操作,例如:

```
# 随机水平翻转
x = tf.image.random_flip_left_right(x)
# 随机竖直翻转
x = tf.image.random_flip_up_down(x)
```

图 9.31　水平翻转

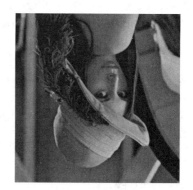

图 9.32　竖直翻转

9.7.3 裁剪

通过在原图的左右或者上下方向去掉部分边缘像素,可以保持图片主体不变,同时获得新的图片样本。在实际裁剪时,一般先将图片缩放到略大于网络输入尺寸的大小,再裁剪到合适大小。例如网络的输入大小为 224×224,那么可以先通过 resize() 函数将图片缩放到 244×244 大小,再随机裁剪到 224×224 大小。代码实现如下:

```
# 图片先缩放到稍大尺寸
x = tf.image.resize(x, [244, 244])
# 再随机裁剪到合适尺寸
x = tf.image.random_crop(x, [224,224,3])
```

图 9.33 是缩放到 244×244 大小的图片,图 9.34 是某次随机裁剪到 224×224 大小的例子,图 9.35 也是某次随机裁剪的例子。

图 9.33 裁剪前　　　　图 9.34 裁剪并缩放后-1　　　　图 9.35 裁剪并缩放后-2

9.7.4 生成数据

通过生成模型在原有数据上进行训练,学习到真实数据的分布,从而利用生成模型获得新的样本,这种方式也可以在一定程度上提升网络性能。如通过条件生成对抗网络(Conditional GAN,CGAN)可以生成带标签的样本数据,如图 9.36 所示。

9.7.5 其他方式

除了上述介绍的典型图片数据增强方式以外,可以根据先验知识,在不改变图片标签信息的条件下,任意变换图片数据,获得新的图片。图 9.37 演示了在原图上叠加高斯噪声后的图片数据,图 9.38 演示了通过改变图片的观察视角后获得的新图片,图 9.39 演示了在原图上随机遮挡部分区域获得的新图片。

图 9.36　CGAN 网络生成的手写数字图片

图 9.37　添加高斯噪声

图 9.38　变换视角

图 9.39　随机擦除

9.8　过拟合问题实战

前面大量使用了月牙形状的二分类数据集来演示网络模型在各种防止过拟合措施下的性能表现。本节实战将基于月牙形状的二分类数据集的过拟合与欠拟合模型,进行完整的实战。

9.8.1　构建数据集

使用的数据集样本特性向量长度为 2,标签为 0 或 1,分别代表了两种类别。借助于 scikit-learn 库中提供的 make_moons 工具,可以生成任意多数据的训练集。首先打开 cmd 命令终端,安装 scikit-learn 库,命令如下:

```
# pip 安装 scikit - learn 库
```

```
pip install – U scikit – learn
```

为了演示过拟合现象,只采样了 1000 个样本数据,同时添加标准差为 0.25 的高斯噪声数据。代码如下:

```
# 导入数据集生成工具
from sklearn.datasets import make_moons
# 从 moon 分布中随机采样 1000 个点,并切分为训练集 – 测试集
X, y = make_moons(n_samples = N_SAMPLES, noise = 0.25, random_state = 100)
X_train, X_test, y_train, y_test = train_test_split(X, y,
                                  test_size = TEST_SIZE, random_state = 42)
```

make_plot 函数可以方便地根据样本的坐标 X 和样本的标签 y 绘制出数据的分布图:

```
def make_plot(X, y, plot_name, file_name, XX = None, YY = None, preds = None):
    plt.figure()
    # sns.set_style("whitegrid")
    axes = plt.gca()
    axes.set_xlim([x_min,x_max])
    axes.set_ylim([y_min,y_max])
    axes.set(xlabel = "$ x_1 $", ylabel = "$ x_2 $")
    # 根据网络输出绘制预测曲面
    if(XX is not None and YY is not None and preds is not None):
        plt.contourf(XX, YY, preds.reshape(XX.shape), 25, alpha = 0.08,
                     cmap = cm.Spectral)
        plt.contour(XX, YY, preds.reshape(XX.shape), levels = [.5], cmap = "Greys",
                    vmin = 0, vmax = .6)
    # 绘制正负样本
    markers = ['o' if i == 1 else 's' for i in y.ravel()]
    mscatter(X[:, 0], X[:, 1], c = y.ravel(), s = 20,
             cmap = plt.cm.Spectral, edgecolors = 'none', m = markers)
    # 保存矢量图
    plt.savefig(OUTPUT_DIR + '/' + file_name)
```

绘制出采样的 1000 个样本分布,如图 9.40 所示,方块点为一个类别,圆点为另一个类别。

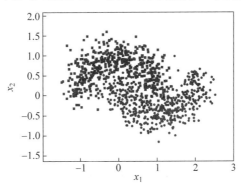

图 9.40 月牙形状二分类数据集分布

```
# 绘制数据集分布
make_plot(X, y, None, "dataset.svg")
```

9.8.2　网络层数的影响

为了探讨不同的网络深度下的过拟合程度，共进行了 5 次训练实验。在 $n \in [0,4]$ 时，构建网络层数为 $n+2$ 层的全连接层网络，并通过 Adam 优化器训练 500 个 Epoch，获得网络在训练集上的分隔曲线，如图 9.12～图 9.15 所示。

```
for n in range(5):                                         # 构建 5 种不同层数的网络
    model = Sequential()                                   # 创建容器
    # 创建第一层
    model.add(Dense(8, input_dim = 2, activation = 'relu'))
    for _ in range(n):                                     # 添加 n 层，共 n + 2 层
        model.add(Dense(32, activation = 'relu'))
    model.add(Dense(1, activation = 'sigmoid'))            # 创建最末层
    model.compile(loss = 'binary_crossentropy', optimizer = 'adam', metrics = ['accuracy'])
                                                           # 模型装配与训练
    history = model.fit(X_train, y_train, epochs = N_EPOCHS, verbose = 1)
    # 绘制不同层数的网络决策边界曲线
    preds = model.predict_classes(np.c_[XX.ravel(), YY.ravel()])
    title = "网络层数({})".format(n)
    file = "网络容量%f.png" % (2 + n * 1)
    make_plot(X_train, y_train, title, file, XX, YY, preds)
```

9.8.3　Dropout 的影响

为了探讨 Dropout 层对网络训练的影响，共进行了 5 次实验，每次实验使用 7 层的全连接层网络进行训练，但是在全连接层中间隔插入 0～4 个 Dropout 层，并通过 Adam 优化器训练 500 个 Epoch，网络训练效果如图 9.25～图 9.28 所示。

```
for n in range(5):                                         # 构建 5 种不同数量 Dropout 层的网络
model = Sequential()                                       # 创建
    # 创建第一层
    model.add(Dense(8, input_dim = 2, activation = 'relu'))
    counter = 0
    for _ in range(5):                                     # 网络层数固定为 5
        model.add(Dense(64, activation = 'relu'))
        if counter < n:                                    # 添加 n 个 Dropout 层
            counter += 1
            model.add(layers.Dropout(rate = 0.5))
    model.add(Dense(1, activation = 'sigmoid'))            # 输出层
    model.compile(loss = 'binary_crossentropy', optimizer = 'adam', metrics = ['accuracy'])
                                                           # 模型装配
```

```
# 训练
history = model.fit(X_train, y_train, epochs = N_EPOCHS, verbose = 1)
# 绘制不同 Dropout 层数的决策边界曲线
preds = model.predict_classes(np.c_[XX.ravel(), YY.ravel()])
title = "Dropout({})".format(n)
file = "Dropout%f.png" % (n)
make_plot(X_train, y_train, title, file, XX, YY, preds)
```

9.8.4　正则化的影响

为了探讨正则化系数 λ 对网络模型训练的影响,采用 L2 正则化方式,构建了 5 层的神经网络,其中第 2、3、4 层神经网络层的权值张量 W 均添加 L2 正则化约束项,代码如下:

```
def build_model_with_regularization(_lambda):
    # 创建带正则化项的神经网络
    model = Sequential()
    model.add(Dense(8, input_dim = 2, activation = 'relu'))     # 不带正则化项
    model.add(Dense(256, activation = 'relu',                    # 带 L2 正则化项
                kernel_regularizer = regularizers.l2(_lambda)))
    model.add(Dense(256, activation = 'relu',                    # 带 L2 正则化项
                kernel_regularizer = regularizers.l2(_lambda)))
    model.add(Dense(256, activation = 'relu',                    # 带 L2 正则化项
                kernel_regularizer = regularizers.l2(_lambda)))
    # 输出层
    model.add(Dense(1, activation = 'sigmoid'))
    model.compile(loss = 'binary_crossentropy', optimizer = 'adam', metrics = ['accuracy'])
                                                                 # 模型装配
    return model
```

在保持网络结构不变的条件下,通过调节正则化系数 λ = 0.00001、0.001、0.1、0.12、0.13 来测试网络的训练效果,并绘制出学习模型在训练集上的决策边界曲线,如图 9.16 ～图 9.19 所示。

```
for _lambda in [1e - 5, 1e - 3, 1e - 1, 0.12, 0.13]:            # 设置不同的正则化系数
    # 创建带正则化项的模型
model = build_model_with_regularization(_lambda)
    # 模型训练
    history = model.fit(X_train, y_train, epochs = N_EPOCHS, verbose = 1)
    # 绘制权值范围
    layer_index = 2
    plot_title = "正则化 - [lambda = {}]".format(str(_lambda))
file_name = "正则化_" + str(_lambda)
    # 绘制网络权值范围图
    plot_weights_matrix(model, layer_index, plot_title, file_name)
    # 绘制不同正则化系数的决策边界线
    preds = model.predict_classes(np.c_[XX.ravel(), YY.ravel()])
```

```
title = "正则化".format(_lambda)
file = "正则化%f.svg" % _lambda
make_plot(X_train, y_train, title, file, XX, YY, preds)
```

其中绘制矩阵范围 3D 图函数 plot_weights_matrix 代码如下：

```
def plot_weights_matrix(model, layer_index, plot_name, file_name):
    # 绘制权值范围函数
    # 提取指定层的权值矩阵
    weights = model.layers[LAYER_INDEX].get_weights()[0]
    # 提取最小值、最大值、均值
    min_val = round(weights.min(), 4)
    max_val = round(weights.max(), 4)
    mean_val = round(weights.mean(), 4)
    shape = weights.shape
    # 生成和权值矩阵等大小的网格坐标
    X = np.array(range(shape[1]))
    Y = np.array(range(shape[0]))
    X, Y = np.meshgrid(X, Y)
    print(file_name, min_val, max_val, mean_val)
    # 绘制 3D 图
    fig = plt.figure()
    ax = fig.gca(projection = '3d')
    ax.xaxis.set_pane_color((1.0, 1.0, 1.0, 0.0))
    ax.yaxis.set_pane_color((1.0, 1.0, 1.0, 0.0))
    ax.zaxis.set_pane_color((1.0, 1.0, 1.0, 0.0))
    # 绘制权值矩阵范围
    surf = ax.plot_surface(X, Y, weights, cmap = plt.get_cmap('rainbow'), linewidth = 0)
    # 设置坐标轴名
    ax.set_xlabel('网格 x 坐标', fontsize = 16, rotation = 0)
    ax.set_ylabel('网格 y 坐标', fontsize = 16, rotation = 0)
    ax.set_zlabel('权值', fontsize = 16, rotation = 90)
    # 保存矩阵范围图
    plt.savefig("./" + OUTPUT_DIR + "/" + file_name + ".svg")
```

参考文献

[1]　Goodfellow I，Bengio Y，Courville A. Deep Learning[M]. MIT Press，2016.

## 第 10 章

卷积神经网络

> 当前人工智能还未达到人类 5 岁水平，不过在感知方面进步飞快。未来在机器语音、视觉识别领域，5～10 年内超越人类没有悬念。——沈向洋

我们已经介绍了神经网络的基础理论、TensorFlow 的使用方法以及最基本的全连接层网络模型，对神经网络有了较为全面、深入的理解。但是对于深度学习，尚存一丝疑惑。深度学习的深度是指网络的层数较深，一般 5 层以上，而目前所介绍的神经网络层数大都实现为 5 层之内。那么深度学习与神经网络到底有什么区别和联系？

本质上深度学习和神经网络所指代的是同一类算法。20 世纪 80 年代，基于生物神经元数学模型的多层感知机（Multi-Layer Perceptron，MLP）实现的网络模型就被称为神经网络。由于当时的计算能力受限、数据规模较小等因素，神经网络一般只能训练到很少的层数，把这种规模的神经网络称为浅层神经网络（Shallow Neural Network）。浅层神经网络不太容易轻松提取数据的高层特征，表达能力一般，虽然在诸如数字图片识别等简单任务上取得不错效果，但很快被 20 世纪 90 年代新提出的支持向量机所超越。

加拿大多伦多大学 Geoffrey Hinton 教授长期坚持神经网络的研究，但由于当时支持向量机的流行，神经网络相关的研究工作遇到了重重阻碍。2006 年，Geoffrey Hinton[1] 提出了一种逐层预训练的算法，可以有效地初始化 Deep Belief Networks（DBN）网络，从而使得训练大规模、深层数（上百万的参数量）的神经网络成为可能。在论文中，Geoffrey Hinton 把深层的神经网络称为 Deep Neural Network，这一块的研究也因此称为 Deep Learning（深度学习）。由此看来，深度学习和神经网络本质上指代大体一致，深度学习更侧重于深层次的神经网络的相关研究。深度学习的"深度"将在本章的相关网络模型上得到淋漓尽致的体现。

在学习更深层次的网络模型之前，首先来探讨这样一个问题：20 世纪 80 年代时神经网络的理论研究基本已经到位，为什么却没能充分发掘出深层网络的巨大潜力？通过对这个问题的讨论，引出本章的核心内容：卷积神经网络。这也是层数可以轻松达到上百层的一类神经网络。

10.1　全连接网络的问题

首先分析全连接网络存在的问题。考虑一个简单的 4 层全连接层网络,输入是 28×28 打平后为 784 节点的手写数字图片向量,中间三个隐藏层的节点数都是 256,输出层的节点数是 10,如图 10.1 所示。

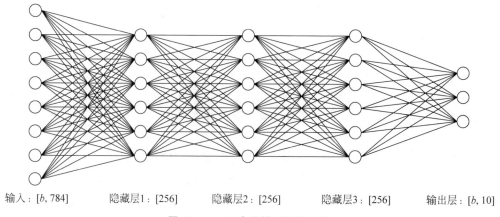

输入:$[b, 784]$　　　隐藏层1:$[256]$　　　隐藏层2:$[256]$　　　隐藏层3:$[256]$　　　输出层:$[b, 10]$

图 10.1　4 层全连接层网络结构

通过 TensorFlow 快速地搭建此网络模型,添加 4 个 Dense 层,并使用 Sequential 容器封装为一个网络对象:

```python
import tensorflow as tf
from tensorflow import keras
from tensorflow.keras import layers, Sequential, losses, optimizers, datasets
# 创建 4 层全连接网络
model = keras.Sequential([
    layers.Dense(256, activation = 'relu'),
    layers.Dense(256, activation = 'relu'),
    layers.Dense(256, activation = 'relu'),
    layers.Dense(10),
])
# build 模型,并打印模型信息
model.build(input_shape = (4, 784))
model.summary()
```

利用 summary()函数打印出模型每一层的参数量统计结果,如表 10.1 所示。网络的参数量是怎么计算的? 对于每一条连接线的权值标量,视作一个参数,因此对输入节点数为 n,输出节点数为 m 的全连接层,$\boldsymbol{W}$ 张量包含的参数量共有 $n \times m$ 个,$\boldsymbol{b}$ 向量包含的参数量有 m 个,则全连接层的总参数量为 $n \times m + m$。以第 1 层为例,输入特征长度为 784,输出特征长度为 256,当前层的参数量为 $784 \times 256 + 256 = 200960$,同样的方法可以计算第 2~4 层的参数量分别为：65792、65792、2570，总参数量约 34 万个。在计算机中，如果将单个权值保存为 float 类型的变量，至少需要占用 4B 内存（Python 语言中 float 类型占用内存更多），那么 34 万个网络参数至少需要约 1.34MB 内存。也就是说，单就存储网络的参数就需要 1.34MB 内存，实际上，网络的训练过程中还需要缓存计算图模型、梯度信息、输入和中间计算结果等，其中梯度相关运算占用资源非常多。

表 10.1　网络参数量统计

层　　数	隐藏层 1	隐藏层 2	隐藏层 3	输　出　层
参数量	200960	65792	65792	2570

那么训练这样一个网络到底需要多少内存？可以在现代 GPU 设备上简单模拟资源消耗情况。在 TensorFlow 中，如果不设置显存占用方式，那么默认会占用全部显存。这里将 TensorFlow 的显存使用方式设置为按需分配，观测其真实占用的 GPU 显存资源情况，代码如下：

```
# 获取所有 GPU 设备列表
gpus = tf.config.experimental.list_physical_devices('GPU')
if gpus:
  try:
    # 设置 GPU 显存占用为按需分配,增长式
    for gpu in gpus:
      tf.config.experimental.set_memory_growth(gpu, True)
  except RuntimeError as e:
    # 异常处理
    print(e)
```

上述代码插入在 TensorFlow 库导入后、模型创建前的位置，通过 tf.config.experimental.set_memory_growth(gpu, True) 设置 TensorFlow 按需申请显存资源，这样 TensorFlow 占用的显存大小即为运算需要的数量。在 Batch Size 设置为 32 的情况下，x 训练时观察到显存占用了约 708MB，内存占用约 870MB。由于现代深度学习框架设计考量不一样，这个数字仅做参考。即便如此，也能感受到 4 层的全连接层的计算代价并不小。

回到 20 世纪 80 年代，1.3MB 的网络参数量是什么概念？1989 年，Yann LeCun 在手写邮政编码识别的论文[2]中采用了一台 256KB 内存的计算机实现了他的算法，这台计算机还配备了一块 AT&T DSP-32C 的 DSP 计算卡（浮点数计算能力约为 25MFLOPS）。对于 1.3MB 的网络参数，256KB 内存的计算机连网络参数都尚且装载不下，更别提网络训练了。由此可见，全连接层较高的内存占用量严重限制了神经网络朝着更大规模、更深层数方向的发展。

10.1.1　局部相关性

接下来探索如何避免全连接网络的参数量过大的缺陷。为了便于讨论，以图片类型数

据为输入的场景为例。对于二维的图片数据,在进入全连接层之前,需要将矩阵数据打平成一维向量,然后每个像素点与每个输出节点两两相连,把连接关系非常形象地对应到图片的像素位置上,如图 10.2 所示。

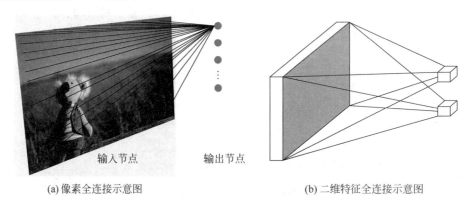

(a) 像素全连接示意图　　　　　　　　　　(b) 二维特征全连接示意图

图 10.2　二维特征全连接

可以看出,网络层的每个输出节点都与所有的输入节点相连接,用于提取所有输入节点的特征信息,这种稠密的连接方式是全连接层参数量大、计算代价高的根本原因。全连接层也称为稠密连接层(Dense Layer),输出与输入的关系为:

$$o_j = \sigma\left(\sum_{i \in \text{nodes}(I)} w_{ij} x_i + b_j \right)$$

其中 nodes(I) 表示 I 层的节点集合。

那么,输出节点是否有必要和全部的输入节点相连接?有没有一种近似的简化模型?可以分析输入节点对输出节点的重要性分布,仅考虑较重要的一部分输入节点,而抛弃重要性较低的部分节点,这样输出节点只需要与部分输入节点相连接,表达为:

$$o_j = \sigma\left(\sum_{i \in \text{top}(I,j,k)} w_{ij} x_i + b_j \right)$$

其中 top(I,j,k) 表示 I 层中对于 J 层中的 j 号节点重要性最高的前 k 个节点集合。通过这种方式,可以把全连接层的 $\|I\| \times \|J\|$ 个权值连接减少到 $k \times \|J\|$ 个,其中 $\|I\|$、$\|J\|$ 分布表示 I、J 层的节点数量。

那么问题就转变为探索 I 层输入节点对于 j 号输出节点的重要性分布。然而找出每个中间节点的重要性分布是件非常困难的事情,可以针对具体问题,利用先验知识把这个问题进一步简化。

在现实生活中,存在着大量以位置或距离作为重要性分布衡量标准的数据,例如和自己居住更近的人有可能对自己影响更大(位置相关),股票的走势预测应该更加关注近段时间的数据趋势(时间相关),图片每个像素点和周边像素点的关联度更大(位置相关)。以二维图片数据为例,如果简单地认为与当前像素欧式距离(Euclidean Distance)小于或等于 $\dfrac{k}{\sqrt{2}}$ 的像素点重要性较高,欧氏距离大于 $\dfrac{k}{\sqrt{2}}$ 的像素点重要性较低,那么就很轻松地简化了每个像素点的重要性分布问题。如图 10.3 所示,以实心网格所在的像素为参考点,它周边欧氏距离小于或等于 $\dfrac{k}{\sqrt{2}}$ 的像素点以矩形网格表示,网格内的像素点重要性较高,网格外的像素点较低。这个高、宽为 k 的窗口称为感受野(Receptive Field),它表征了每个像素对于中心像素的重要性分布情况,网格内的像素才会被考虑,网格外的像素对于中心像素会被简单地忽略。

这种基于距离的重要性分布假设特性称为局部相关性,它只关注和自己距离较近的部分节点,而忽略距离较远的节点。在这种重要性分布假设下,全连接层的连接模式变成了如图 10.4 所示,输出节点 j 只与以 j 为中心的局部区域(感受野)相连接,与其他像素无连接。

图 10.3　图片像素的重要性分布

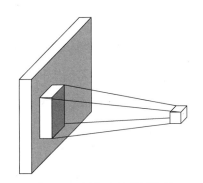

图 10.4　局部连接的网络层

利用局部相关性的思想,把感受野窗口的高、宽记为 k(感受野的高、宽可以不相等,为了便与表达,这里只讨论高、宽相等的情况),当前位置的节点与大小为 k 的窗口内的所有像素相连接,与窗口外的其他像素点无关,此时网络层的输入、输出关系表达如下:

$$o_j = \sigma\Bigg(\sum_{\mathrm{dist}(i,j)\leqslant\frac{k}{\sqrt{2}}} w_{ij}x_i + b_j\Bigg)$$

其中 $\mathrm{dist}(i,j)$ 表示节点 i、j 之间的欧氏距离。

10.1.2　权值共享

每个输出节点仅与感受野区域内 $k \times k$ 个输入节点相连接,输出层节点数为 $\|J\|$,则当前层的参数量为 $k \times k \times \|J\|$,相对于全连接层的 $\|I\| \times \|J\|$,考虑到 k 一般取值较小,如 1、3、5 等,$k \times k \ll \|I\|$,因此成功地将参数量减少了很多。

能否再将参数量进一步减少,例如只需要 $k \times k$ 个参数即可完成当前层的计算?答案是肯定的,通过权值共享的思想,对于每个输出节点 o_j,均使用相同的权值矩阵 $\boldsymbol{W}$,那么无

论输出节点的数量$\|J\|$是多少,网络层的参数量总是$k \times k$。如图 10.5 所示,在计算左上角位置的输出像素时,使用权值矩阵:

$$W = \begin{bmatrix} w_{11} & w_{12} & w_{13} \\ w_{21} & w_{22} & w_{23} \\ w_{31} & w_{32} & w_{33} \end{bmatrix}$$

与对应感受野内部的像素相乘累加,作为左上角像素的输出值;在计算右下方感受野区域时,共享权值参数 W,即使用相同的权值参数 W 相乘累加,得到右下角像素的输出值,此时网络层的参数量只有 $3 \times 3 = 9$ 个,且与输入、输出节点数无关。

图 10.5　权值共享矩阵

通过运用局部相关性和权值共享的思想,成功把网络的参数量从$\|I\| \times \|J\|$减少到$k \times k$(准确地说,是在单输入通道、单卷积核的条件下)。这种共享权值的"局部连接层"网络其实就是卷积神经网络。接下来将从数学角度介绍卷积运算,进而正式学习卷积神经网络的原理与计算方法。

10.1.3　卷积运算

在局部相关性的先验下,提出了简化的"局部连接层",对于窗口 $k \times k$ 内的所有像素,采用权值相乘累加的方式提取特征信息,每个输出节点提取对应感受野区域的特征信息。这种运算其实是信号处理领域的一种标准运算:离散卷积运算。离散卷积运算在计算机视觉中有着广泛地应用,这里给出卷积神经网络层从数学角度的阐述。

在信号处理领域,一维连续信号的卷积运算被定义两个函数的积分:函数 $f(\tau)$、函数 $g(\tau)$,其中 $g(\tau)$ 经过了翻转 $g(-\tau)$ 和平移后变成 $g(n-\tau)$。卷积的"卷"是指翻转平移操作,"积"是指积分运算,一维连续卷积定义为:

$$(f \otimes g)(n) = \int_{-\infty}^{+\infty} f(\tau) g(n-\tau) \mathrm{d}\tau$$

离散卷积将积分运算换成累加运算:

$$(f \otimes g)(n) = \sum_{\tau=-\infty}^{\infty} f(\tau) g(n-\tau)$$

至于卷积为什么要这么定义,限于篇幅不做深入阐述。重点介绍二维离散卷积运算。在计算机视觉中,卷积运算基于二维图片函数 $f(m,n)$ 和二维卷积核 $g(m,n)$,其中 $f(i,j)$ 和 $g(i,j)$ 仅在各自窗口有效区域存在值,其他区域视为 0,如图 10.6 所示。此时的二维离散卷积定义为:

$$[f \otimes g](m,n) = \sum_{i=-\infty}^{\infty} \sum_{j=-\infty}^{\infty} f(i,j) g(m-i, n-j)$$

我们来详细介绍二维离散卷积运算。首先,将卷积核 $g(i,j)$ 函数翻转(沿着 x 和 y 方

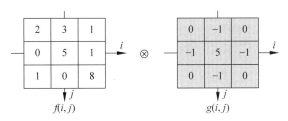

图 10.6 图片函数 $f(i,j)$ 与卷积核函数 $g(i,j)$

向各翻转一次),变成 $g(-i,-j)$。当 $(m,n)=(-1,-1)$ 时,$g(-1-i,-1-j)$ 表示卷积核函数翻转后再向左、向上各平移一个单元,此时:

$$[f \otimes g](-1,-1) = \sum_{i=-\infty}^{\infty} \sum_{j=-\infty}^{\infty} f(i,j)g(-1-i,-1-j)$$
$$= \sum_{i \in [-1,1]} \sum_{j \in [-1,1]} f(i,j)g(-1-i,-1-j)$$

二维函数只在 $i \in [-1,1]$,$j \in [-1,1]$ 存在有效值,其他位置为 0。按照计算公式,可以得到 $[f \otimes g](0,-1)=7$,如图 10.7 所示。

同样的方法,$(m,n)=(0,-1)$ 时:

$$[f \otimes g](0,-1) = \sum_{i \in [-1,1]} \sum_{j \in [-1,1]} f(i,j)g(0-i,-1-j)$$

即卷积核翻转后再向上平移一个单元后对应位置相乘累加,$[f \otimes g](0,-1)=7$,如图 10.8 所示。

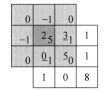

图 10.7 离散卷积运算-1

图 10.8 离散卷积运算-2

当 $(m,n)=(1,-1)$ 时:

$$[f \otimes g](1,-1) = \sum_{i \in [-1,1]} \sum_{j \in [-1,1]} f(i,j)g(1-i,-1-j)$$

即卷积核翻转后再向右、向上各平移一个单元后对应位置相乘累加,$[f \otimes g](1,-1)=1$,如图 10.9 所示。

当 $(m,n)=(-1,0)$ 时:

$$[f \otimes g](-1,0) = \sum_{i \in [-1,1]} \sum_{j \in [-1,1]} f(i,j)g(-1-i,-j)$$

即卷积核翻转后再向左平移一个单元后对应位置相乘累加,$[f \otimes g](-1,0)=1$,如图 10.10 所示。

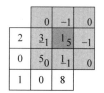

图 10.9　离散卷积运算-3

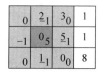

图 10.10　离散卷积运算-4

按照此种方式循环计算,可以计算出函数$[f \otimes g](m,m)$,$m \in [-1,1]$,$n \in [-1,1]$的所有值,如图 10.11 所示。

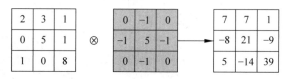

图 10.11　二维离散卷积运算

至此,成功完成图片函数与卷积核函数的卷积运算,得到一个新的特征图。

回顾"权值相乘累加"的运算,把它记为$[f \otimes g](m,n)$:

$$[f \otimes g](m,n) = \sum_{i \in [-w/2, w/2]} \sum_{j \in [-h/2, h/2]} f(i,j)g(i-m,j-m)$$

仔细比较它与标准的二维卷积运算不难发现,在"权值相乘累加"中的卷积核函数$g(m,n)$,并没有经过翻转。只不过对于神经网络来说,目标是学到一个函数$g(m,n)$使得$\mathcal{L}$越小越好,至于$g(m,n)$是不是恰好就是卷积运算中定义的"卷积核"函数并不十分重要,因为并不会直接利用它。在深度学习中,函数$g(m,n)$统一称为卷积核(Kernel),有时也称 Filter、Weight 等。由于始终使用$g(m,n)$函数完成卷积运算,卷积运算其实已经实现了权值共享的思想。

下面来小结二维离散卷积运算流程:每次通过移动卷积核,并与图片对应位置处的感受野像素相乘累加,得到此位置的输出值。卷积核即是行、列为k大小的权值矩阵$\boldsymbol{W}$,对应到特征图上大小为k的窗口即为感受野,感受野与权值矩阵$\boldsymbol{W}$相乘累加,得到此位置的输出值。通过权值共享,从左上方逐步向右、向下移动卷积核,提取每个位置上的像素特征,直至最右下方,完成卷积运算。可以看出,两种理解方式殊途同归,从数学角度理解,卷积神经网络即是完成了二维函数的离散卷积运算;从局部相关与权值共享角度理解,也能得到一样的效果。通过这两种角度,既能直观理解卷积神经网络的计算流程,又能严谨地从数学角度进行推导。正是基于卷积运算,卷积神经网络才能如此命名。

在计算机视觉领域,2D 卷积运算能够提取数据的有用特征,通过特定的卷积核与输入图片进行卷积运算,获得不同特征的输出图片,如表 10.2 所示,列举了一些常见的卷积核及其效果样片。

表 10.2　常见卷积核及其效果

原图效果	锐化效果	模糊效果	边缘提取效果
$\begin{bmatrix} 0 & 0 & 0 \\ 0 & 1 & 0 \\ 0 & 0 & 0 \end{bmatrix}$	$\begin{bmatrix} 0 & -1 & 0 \\ -1 & 5 & -1 \\ 0 & -1 & 0 \end{bmatrix}$	$\begin{bmatrix} 0.0625 & 0.125 & 0.0625 \\ 0.125 & 0.25 & 0.125 \\ 0.0625 & 0.125 & 0.0625 \end{bmatrix}$	$\begin{bmatrix} -1 & -1 & -1 \\ -1 & 8 & -1 \\ -1 & -1 & -1 \end{bmatrix}$

10.2　卷积神经网络

卷积神经网络通过充分利用局部相关性和权值共享的思想,大大地减少了网络的参数量,从而提高训练效率,更容易实现超大规模的深层网络。2012 年,加拿大多伦多大学 Alex Krizhevsky 将深层卷积神经网络应用在大规模图片识别挑战赛 ILSVRC-2012 上,在 ImageNet 数据集上取得了 15.3% 的 Top-5 错误率,排名第一,相对于第二名在 Top-5 错误率上降低了 10.9%[3],这一巨大突破引起了业界强烈关注,卷积神经网络迅速成为计算机视觉领域的新宠,随后在一系列的任务中,基于卷积神经网络的形形色色的模型相继被提出,并在原有的性能上取得了巨大提升。

现在介绍卷积神经网络层的具体计算流程。以 2D 图片数据为例,卷积层接受高、宽分别为 h、w,通道数为 c_{in} 的输入特征图 X,在 c_{out} 个高、宽都为 k,通道数为 c_{in} 的卷积核作用下,生成高、宽分别为 h'、w',通道数为 c_{out} 的特征图输出。注意,卷积核的高、宽可以不等,为了简化讨论,这里仅讨论高、宽都为 k 的情况,之后可以轻松推广到高、宽不等的情况。

首先从单通道输入、单卷积核的情况开始讨论,然后推广至多通道输入、单卷积核,最后讨论最常用,也是最复杂的多通道输入、多个卷积核的卷积层实现。

10.2.1　单通道输入和单卷积核

首先讨论单通道输入 $c_{in}=1$,如灰度图片只有灰度值一个通道,单个卷积核 $c_{out}=1$ 的情况。以输入 X 为 5×5 的矩阵,卷积核为 3×3 的矩阵为例,如图 10.12 所示。与卷积核同大小的感受野(输入 X 上方的粗线方框)首先移动至输入 X 最左上方,选中输入 X 上 3×3 的感受野元素,与卷积核(图片中间 3×3 方框)对应元素相乘:

$$\begin{bmatrix} 1 & -1 & 0 \\ -1 & -2 & 2 \\ 1 & 2 & -2 \end{bmatrix} \odot \begin{bmatrix} -1 & 1 & 2 \\ 1 & -1 & 3 \\ 0 & -1 & -2 \end{bmatrix} = \begin{bmatrix} -1 & -1 & 0 \\ -1 & 2 & 6 \\ 0 & -2 & 4 \end{bmatrix}$$

$\odot$符号表示哈达马积(Hadamard Product),即矩阵的对应元素相乘,它与矩阵相乘符号@是矩阵的两种最为常见的运算形式。运算后得到3×3的矩阵,这9个数值全部相加:

$$-1-1+0-1+2+6+0-2+4=7$$

得到标量7,写入输出矩阵第一行、第一列的位置,如图10.12所示。

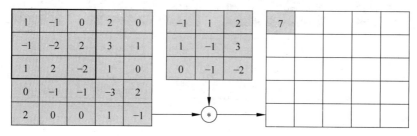

图10.12 3×3卷积运算-1

完成第一个感受野区域的特征提取后,感受野窗口向右移动一个步长单位(Strides,记为s,默认为1),选中图10.13中粗线方框中的9个感受野元素,按照同样的计算方法,与卷积核对应元素相乘累加,得到输出10,写入第一行、第二列位置。

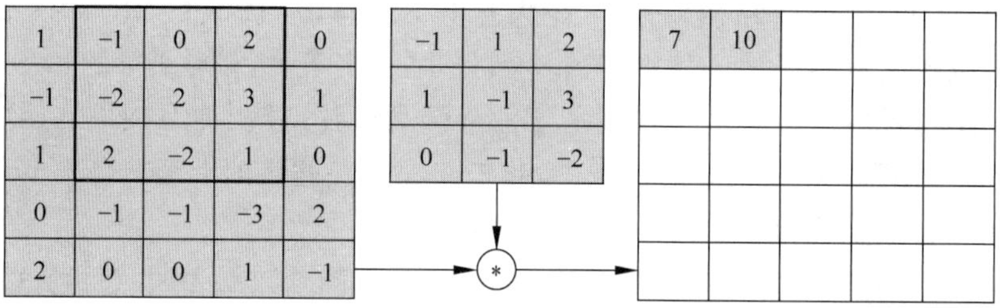

图10.13 3×3卷积运算-2

感受野窗口再次向右移动一个步长单位,选中图10.14中粗线方框中的元素,并与卷积核相乘累加,得到输出3,并写入输出的第一行、第三列位置,如图10.14所示。

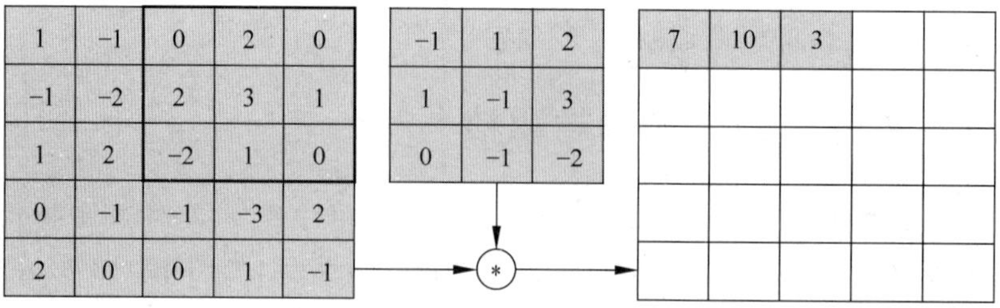

图10.14 3×3卷积运算-3

此时感受野已经移动至输入 X 的有效像素的最右边,无法向右边继续移动(在不填充无效元素的情况下),因此感受野窗口向下移动一个步长单位($s=1$),并回到当前行的行首位置,继续选中新的感受野元素区域,如图 10.15 所示,与卷积核运算得到输出 -1。此时的感受野由于经过向下移动一个步长单位,因此输出值 -1 写入第二行、第一列位置。

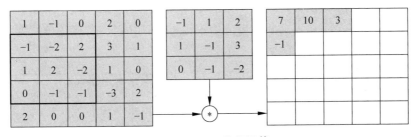

图 10.15　3×3 卷积运算-4

按照上述方法,每次感受野向右移动 $s=1$ 个步长单位,若超出输入边界,则向下移动 $s=1$ 个步长单位,并回到行首,直到感受野移动至最右边、最下方位置,如图 10.16 所示。每次选中的感受野区域元素,和卷积核对应元素相乘累加,并写入输出的对应位置。最终输出得到一个 3×3 的矩阵,比输入 5×5 略小,这是因为感受野不能超出元素边界的缘故。可以观察到,卷积运算的输出矩阵大小由卷积核的大小 k、输入 X 的高、宽 h/w、移动步长 s,是否填充等因素共同决定。这里为了演示计算过程,预绘制了一个与输入等大小的网格,并不表示输出高宽为 5×5,这里的实际输出高宽只有 3×3,如图 10.16 所示。

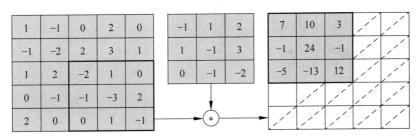

图 10.16　3×3 卷积运算-5

现在已经介绍了单通道输入、单个卷积核的运算流程。实际的神经网络输入通道数量往往较多,接下来将学习多通道输入、单个卷积核的卷积运算方法。

10.2.2　多通道输入和单卷积核

多通道输入的卷积层更为常见,例如彩色的图片包含了 R、G、B 3 个通道,每个通道上面的像素值表示 R、G、B 色彩的强度。下面以 3 通道输入、单个卷积核为例,将单通道输入的卷积运算方法推广到多通道的情况。如图 10.17 所示,每行的最左边 5×5 的矩阵表示输入 X 的 1~3 通道,第 2 列的 3×3 矩阵分别表示卷积核的 1~3 通道,第 3 列的矩阵表示当前通道上运算结果的中间矩阵,最右边一个矩阵表示卷积层运算的最终输出。

在多通道输入的情况下,卷积核的通道数需要和输入 X 的通道数量相匹配,卷积核的第 i 个通道和 X 的第 i 个通道运算,得到第 i 个中间矩阵,此时可以视为单通道输入与单卷积核的情况,所有通道的中间矩阵对应元素再次相加,作为最终输出。

具体的计算流程如下:在初始状态,如图 10.17 所示,每个通道上的感受野窗口同步落在对应通道上的最左边、最上方位置,每个通道上感受野区域元素与卷积核对应通道上的矩阵相乘累加,分别得到 3 个通道上的输出 7、−11、−1 的中间变量,这些中间变量相加得到输出 −5,写入对应位置。

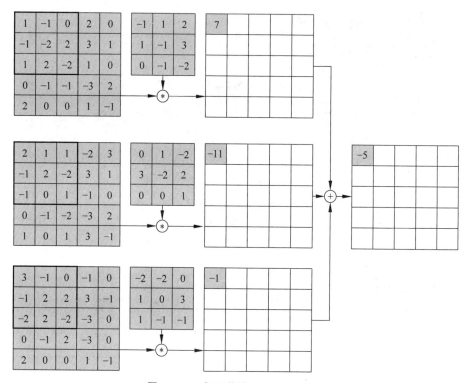

图 10.17　多通道输入、单卷积核-1

随后,感受野窗口同步在 X 的每个通道上向右移动 $s=1$ 个步长单位,此时感受野区域元素如图 10.18 所示,每个通道上面的感受野与卷积核对应通道上面的矩阵相乘累加,得到中间变量 10、20、20,全部相加得到输出 50,写入第一行、第二列元素位置。

以此方式同步移动感受野窗口,直至最右边、最下方位置,此时全部完成输入和卷积核的卷积运算,得到 3×3 的输出矩阵,如图 10.19 所示。

整个的计算如图 10.20 所示,输入的每个通道处的感受野均与卷积核的对应通道相乘累加,得到与通道数量相等的中间变量,这些中间变量全部相加即得到当前位置的输出值。输入通道的通道数量决定了卷积核的通道数。一个卷积核只能得到一个输出矩阵,无论输入 X 的通道数量是多少。

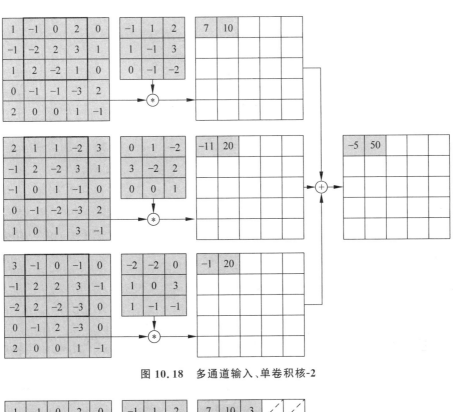

图 10.18 多通道输入、单卷积核-2

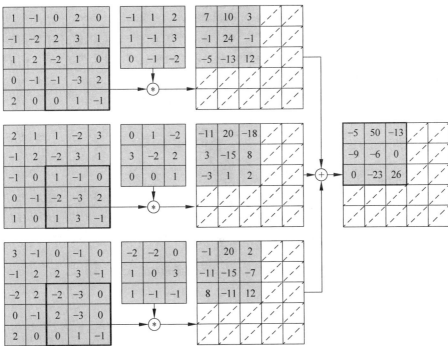

图 10.19 多通道输入、单卷积核-3

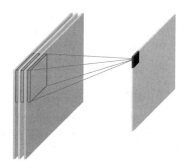

图 10.20　多通道输入、单卷积核

　　一般来说,一个卷积核只能完成某种逻辑的特征提取,当需要同时提取多种逻辑特征时,可以通过增加多个卷积核来得到多种特征,提高神经网络的表达能力,这就是多通道输入、多卷积核的情况。

10.2.3　多通道输入、多卷积核

　　多通道输入、多卷积核是卷积神经网络中最为常见的形式,前面已经介绍了单卷积核的运算过程,每个卷积核和输入 X 做卷积运算,得到一个输出矩阵。当出现多卷积核时,第 $i(i\in[1,n]$,n 为卷积核个数)个卷积核与输入 X 运算得到第 i 个输出矩阵(也称为输出张量 O 的通道 i),最后全部的输出矩阵在通道维度上进行拼接(Stack 操作,创建输出通道数的新维度),产生输出张量 O,O 包含了 n 个通道数。

　　以 3 通道输入、2 个卷积核的卷积层为例。第 1 个卷积核与输入 X 运算得到输出 O 的第 1 个通道,第 2 个卷积核与输入 X 运算得到输出 O 的第 2 个通道,如图 10.21 所示,输出的两个通道拼接在一起形成了最终输出 O。每个卷积核的大小 k、步长 s、填充设定等都是统一设置,这样才能保证输出的每个通道大小一致,从而满足拼接的条件。

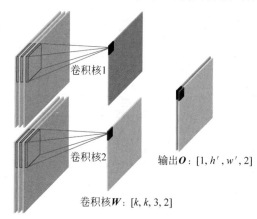

图 10.21　多卷积核

10.2.4 步长

在卷积运算中,如何控制感受野布置的密度?对于信息密度较大的输入,如物体数量很多的图片,为了尽可能的少漏掉有用信息,在网络设计时希望能够较密集地布置感受野窗口;对于信息密度较小的输入,如全是海洋的图片,可以适量地减少感受野窗口的数量。感受野密度的控制手段一般是通过移动步长(Strides)实现的。

步长是指感受野窗口每次移动的长度单位,对于二维输入来说,分为沿 x(向右)方向和 y(向下)方向的移动长度。为了简化讨论,这里只考虑 x/y 方向移动步长相同的情况,这也是神经网络中最常见的设定。如图 10.22 所示,实线代表的感受野窗口的位置是当前位置,虚线代表是上一次感受野所在位置,从上一次位置移动到当前位置的移动长度即是步长的定义。图 10.22 中感受野沿 x 方向的步长为 2,表达为步长 $s=2$。

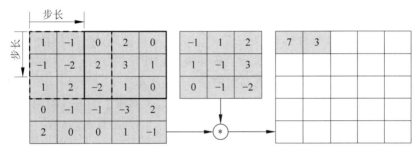

图 10.22 移动步长

当感受野移动至输入 X 右边的边界时,感受野向下移动一个步长 $s=2$,并回到行首。如图 10.23 所示,感受野向下移动 2 个单位,并回到行首位置,进行相乘累加运算。

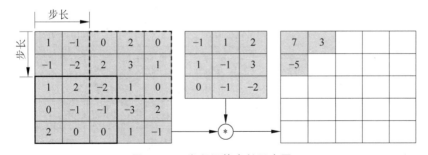

图 10.23 卷积运算步长示意图-1

循环往复移动,直至达到最下方、最右边边缘位置,如图 10.24 所示,最终卷积层输出的高、宽只有 2×2。对比前面 $s=1$ 的情形,输出高、宽由 3×3 降低为 2×2,感受野的数量减少为仅 4 个。

可以看到,通过设定步长 s,可以有效地控制信息密度的提取。当步长设计的较小时,感受野以较小幅度移动窗口,有利于提取到更多的特征信息,输出张量的尺寸也更大;当步

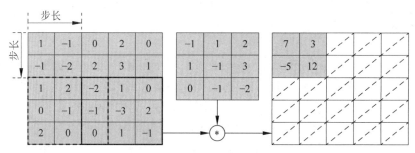

图 10.24　卷积运算步长示意图-2

长设计的较大时,感受野以较大幅度移动窗口,有利于减少计算代价,过滤冗余信息,输出张量的尺寸也更小。

10.2.5　填充

经过卷积运算后的输出 O 的高、宽一般会小于输入 X 的高、宽,即使是步长 $s=1$ 时,输出 O 的高、宽也会略小于输入 X 高、宽。在网络模型设计时,有时希望输出 O 的高、宽能够与输入 X 的高、宽相同,从而方便网络参数的设计、残差连接等。为了让输出 O 的高、宽能够与输入 X 的高、宽相等,一般通过在原输入 X 的高和宽维度上面进行填充(Padding)若干无效元素操作,得到增大的输入 X'。通过精心设计填充单元的数量,在 X' 上面进行卷积运算得到输出 O 的高、宽可以和原输入 X 相等,甚至更大。

如图 10.25 所示,在高/行方向的上(Top)、下(Bottom),宽/列方向的左(Left)、右(Right)均可以进行不定数量的填充操作,填充的数值一般默认为 0,也可以填充自定义的数据。图 10.25 中上、下方向各填充 1 行,左、右方向各填充 2 列,得到新的输入 X'。

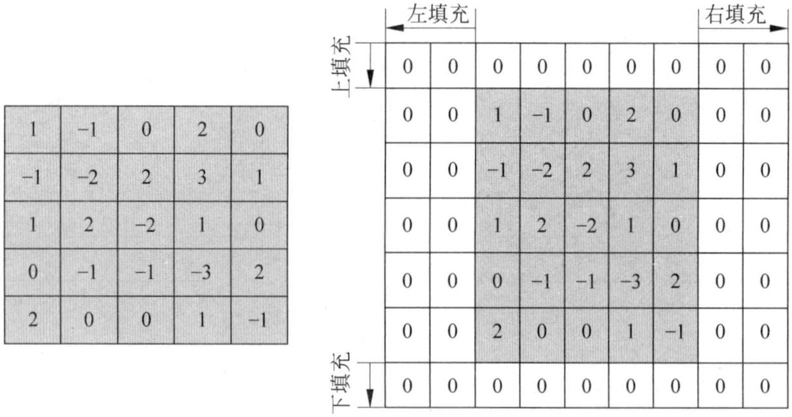

图 10.25　矩阵填充

那么添加填充后的卷积层如何运算?同样的方法,仅仅是把参与运算的输入从 X 换成了填充后得到的新张量 X'。如图 10.26 所示,感受野的初始位置在填充后的 X' 的左上方,完成相乘累加运算,得到输出 1,写入输出张量的对应位置。

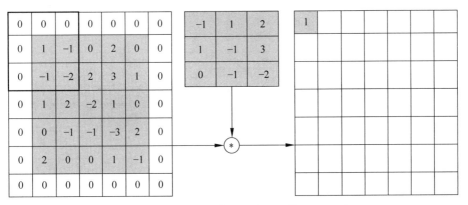

图 10.26 填充后卷积运算-1

移动步长 $s=1$ 个单位,重复运算逻辑,得到输出 0,如图 10.27 所示。

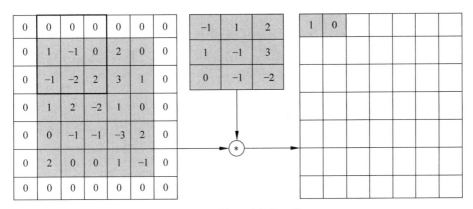

图 10.27 填充后卷积运算-2

循环往复,最终得到 5×5 的输出张量,如图 10.28 所示。

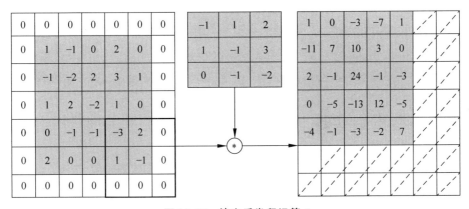

图 10.28 填充后卷积运算-3

通过精心设计的 padding 方案，即上、下、左、右各填充一个单位，记为 $p=1$，可以得到输出 O 和输入 X 的高、宽相等的结果；在不加 padding 的情况下，如图 10.29 所示，只能得到 3×3 的输出 O，略小于输入 X。

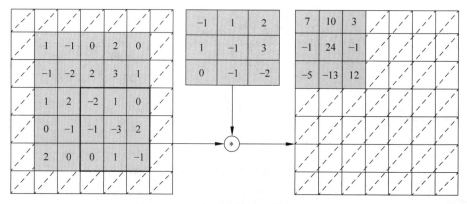

图 10.29　不填充时卷积运算输出大小

卷积神经层的输出尺寸 $[b,h',w',c_{out}]$ 由卷积核的数量 c_{out}、卷积核的大小 k、步长 s、填充数 p（只考虑上、下填充数量 p_h 相同，左、右填充数量 p_w 相同的情况）以及输入 X 的高、宽 h/w 共同决定，它们之间的数学关系可以表达为：

$$h' = \left\lfloor \frac{h + 2 \times p_h - k}{s} \right\rfloor + 1$$

$$w' = \left\lfloor \frac{w + 2 \times p_w - k}{s} \right\rfloor + 1$$

其中 p_h、p_w 分别表示高、宽方向的填充数量，$\lfloor \cdot \rfloor$ 表示向下取整。以上面的例子为例，$h = w = 5$，$k = 3$，$p_h = p_w = 1$，$s = 1$，输出的高、宽分别为：

$$h' = \left\lfloor \frac{5 + 2 \times 1 - 3}{1} \right\rfloor + 1 = \lfloor 4 \rfloor + 1 = 5$$

$$w' = \left\lfloor \frac{5 + 2 \times 1 - 3}{1} \right\rfloor + 1 = \lfloor 4 \rfloor + 1 = 5$$

在 TensorFlow 中，在 $s=1$ 时，如果希望输出 O 和输入 X 高、宽相等，只需要简单地设置参数 padding= 'SAME' 即可使 TensorFlow 自动计算 padding 数量，非常方便。

10.3　卷积层实现

在 TensorFlow 中，既可以通过自定义权值的底层实现方式搭建神经网络，也可以直接调用现成的卷积层类的高层方式快速搭建复杂网络。下面主要以 2D 卷积为例，介绍如何实现卷积神经网络层。

10.3.1 自定义权值

在 TensorFlow 中,通过 tf. nn. conv2d 函数可以方便地实现 2D 卷积运算。tf. nn. conv2d 基于输入 $\boldsymbol{X}$:$[b,h,w,c_{in}]$ 和卷积核 $\boldsymbol{W}$:$[k,k,c_{in},c_{out}]$ 进行卷积运算,得到输出 $\boldsymbol{O}[b,h',w',c_{out}]$,其中 c_{in} 表示输入通道数,c_{out} 表示卷积核的数量,也是输出特征图的通道数。例如:

```
In [1]:
x = tf.random.normal([2,5,5,3])                    # 模拟输入,3 通道,高、宽为 5
# 需要根据[k,k,cin,cout]格式创建 W 张量,4 个 3×3 大小卷积核
w = tf.random.normal([3,3,3,4])
# 步长为 1, padding 为 0
out = tf.nn.conv2d(x,w,strides = 1,padding = [[0,0],[0,0],[0,0],[0,0]])
Out[1]:                                             # 输出张量的 shape
TensorShape([2, 3, 3, 4])
```

其中 padding 参数的设置格式为:

padding = [[0,0],[上,下],[左,右],[0,0]]

例如,上、下、左、右各填充一个单位,则 padding 参数设置为[[0,0],[1,1],[1,1],[0,0]],实现如下:

```
In [2]:
x = tf.random.normal([2,5,5,3])                    # 模拟输入,3 通道,高、宽为 5
# 需要根据[k,k,cin,cout]格式创建,4 个 3×3 大小卷积核
w = tf.random.normal([3,3,3,4])
# 步长为 1, padding 为 1,
out = tf.nn.conv2d(x,w,strides = 1,padding = [[0,0],[1,1],[1,1],[0,0]])
Out[2]: # 输出张量的 shape
TensorShape([2, 5, 5, 4])
```

特别地,通过设置参数 padding= 'SAME'、strides=1 可以直接得到输入、输出同大小的卷积层,其中 padding 的具体数量由 TensorFlow 自动计算并完成填充操作。例如:

```
In [3]:
x = tf.random.normal([2,5,5,3])                    # 模拟输入,3 通道,高、宽为 5
w = tf.random.normal([3,3,3,4])                    # 4 个 3×3 大小的卷积核
# 步长为 1,padding 设置为输出、输入同大小
# 需要注意的是, padding = same 只有在 strides = 1 时才是同大小
out = tf.nn.conv2d(x,w,strides = 1,padding = 'SAME')
Out[3]: TensorShape([2, 5, 5, 4])
```

当 $s>1$ 时,设置 padding= 'SAME'使得输出高、宽将减少为原来的 $\dfrac{1}{s}$。例如:

```
In [4]:
x = tf.random.normal([2,5,5,3])
w = tf.random.normal([3,3,3,4])
# 高、宽先 padding 成可以整除 3 的最小整数 6,然后 6 按 3 倍减少,得到 2×2
out = tf.nn.conv2d(x,w,strides = 3,padding = 'SAME')
Out [4]:TensorShape([2, 2, 2, 4])
```

卷积神经网络层与全连接层一样,可以设置网络带偏置向量。tf.nn.conv2d 函数是没有实现偏置向量计算的,添加偏置只需要手动累加偏置张量即可。例如:

```
# 根据[cout]格式创建偏置向量
b = tf.zeros([4])
# 在卷积输出上叠加偏置向量,它会自动 broadcasting 为[b,h',w',cout]
out = out + b
```

10.3.2　卷积层类

通过卷积层类 layers.Conv2D 可以不需要手动定义卷积核 W 和偏置 b 张量,直接调用类实例即可完成卷积层的前向计算,实现更加高层和快捷。在 TensorFlow 中,API 的命名有一定的规律,首字母大写的对象一般表示类,全部小写的一般表示函数,如 layers.Conv2D 表示卷积层类,nn.conv2d 表示卷积运算函数。使用类方式会(在创建类时或 build 时)自动创建需要的权值张量和偏置向量等,用户不需要记忆卷积核张量的定义格式,因此使用起来更简单方便,但是灵活性也略低。函数方式的接口需要自行定义权值和偏置等,更加灵活和底层。

在新建卷积层类时,只需要指定卷积核数量参数 filters,卷积核大小 kernel_size,步长 strides,填充 padding 等即可。如下创建了 4 个 3×3 大小的卷积核的卷积层,步长为 1,padding 方案为'SAME':

```
layer = layers.Conv2D(4,kernel_size = 3,strides = 1,padding = 'SAME')
```

如果卷积核高、宽不等,步长行、列方向不等,此时需要将 kernel_size 参数设计为 tuple 格式 (k_h,k_w),strides 参数设计为 (s_h,s_w)。如下创建 4 个 3×4 大小的卷积核,竖直方向移动步长 $s_h=2$,水平方向移动步长 $s_w=1$:

```
layer = layers.Conv2D(4,kernel_size = (3,4),strides = (2,1),padding = 'SAME')
```

创建完成后,通过调用实例的(__ call __方法)即可完成前向计算,例如:

```
In [5]:
# 创建卷积层类
layer = layers.Conv2D(4,kernel_size = 3,strides = 1,padding = 'SAME')
out = layer(x)                                    # 前向计算
out.shape                                         # 输出张量的 shape
Out[5]:TensorShape([2, 5, 5, 4])
```

在类 Conv2D 中，保存了卷积核张量 **W** 和偏置 **b**，可以通过类成员 trainable_variables 直接返回 **W** 和 **b** 的列表。例如：

```
In [6]:
# 返回所有待优化张量列表
layer.trainable_variables
Out[6]:
[< tf.Variable 'conv2d/kernel:0' shape = (3, 3, 3, 4) dtype = float32, numpy =
array([[[[ 0.13485974, − 0.22861657, 0.01000655, 0.11988598],
         [ 0.12811887, 0.20501086, − 0.29820845, − 0.19579397],
         [ 0.00858489, − 0.24469738, − 0.08591779, − 0.27885547]], …
< tf.Variable 'conv2d/bias:0' shape = (4,) dtype = float32, numpy = array([0., 0., 0., 0.],
dtype = float32)>]
```

通过调用 layer.trainable_variables 可以返回 Conv2D 类维护的 **W** 和 **b** 张量，这个类成员在获取网络层的待优化变量时非常有用。也可以直接调用类实例名 layer.kernel、layer.bias 访问 **W** 和 **b** 张量。

10.4　LeNet-5 实战

20 世纪 90 年代，Yann LeCun 等人提出了用于手写数字和机器打印字符图片识别的神经网络，被命名为 LeNet-5[4]。LeNet-5 的提出，使得卷积神经网络在当时能够成功被商用，广泛应用在邮政编码、支票号码识别等任务中。图 10.30 是 LeNet-5 的网络结构，它接受 32×32 大小的数字、字符图片，经过第一个卷积层得到 $[b,28,28,6]$ 形状的张量，经过一个向下采样层，张量尺寸缩小到 $[b,14,14,6]$，经过第二个卷积层，得到 $[b,10,10,16]$ 形状的张量，同样经过下采样层，张量尺寸缩小到 $[b,5,5,16]$，在进入全连接层之前，先将张量打成 $[b,400]$ 的张量，送入输出节点数分别为 120、84 的 2 个全连接层，得到 $[b,84]$ 的张量，最后通过 Gaussian connections 层。

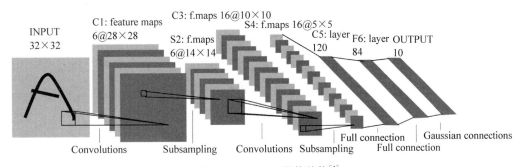

图 10.30　LeNet-5 网络结构[4]

现在看来，LeNet-5 网络层数较少（2 个卷积层和 2 个全连接层），参数量较少，计算代价较低，尤其在现代 GPU 的加持下，数分钟即可训练好 LeNet-5 网络。

在 LeNet-5 的基础上进行了少许调整，使得它更容易在现代深度学习框架上实现。首先将输入 X 形状由 32×32 调整为 28×28，然后将 2 个下采样层实现为最大池化层（降低特征图的高、宽，后续会介绍），最后利用全连接层替换掉 Gaussian connections 层。下文统一称修改的网络也为 LeNet-5 网络。网络结构如图 10.31 所示。

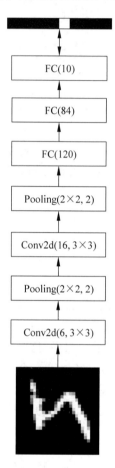

图 10.31　手写数字图片识别模型结构

基于 MNIST 手写数字图片数据集训练 LeNet-5 网络，并测试其最终准确度。前面已经介绍了如何在 TensorFlow 中加载 MNIST 数据集，此处不再赘述。

首先通过 Sequential 容器创建 LeNet-5，代码如下：

```
from tensorflow.keras import Sequential

network = Sequential([                                      # 网络容器
    layers.Conv2D(6, kernel_size = 3, strides = 1),          # 第 1 个卷积层, 6 个 3×3 卷积核
    layers.MaxPooling2D(pool_size = 2, strides = 2),         # 高、宽各减半的池化层
    layers.ReLU(),                                          # 激活函数
    layers.Conv2D(16, kernel_size = 3, strides = 1),        # 第 2 个卷积层, 16 个 3×3 卷积核
```

```
        layers.MaxPooling2D(pool_size = 2, strides = 2),      # 高、宽各减半的池化层
        layers.ReLU(),                                        # 激活函数
        layers.Flatten(),                                     # 打平层, 方便全连接层处理

        layers.Dense(120, activation = 'relu'),              # 全连接层, 120 个节点
        layers.Dense(84, activation = 'relu'),               # 全连接层, 84 个节点
        layers.Dense(10)                                      # 全连接层, 10 个节点
        ])
# build 一次网络模型, 给输入 X 的形状, 其中 4 为随意给的 batchsz
network.build(input_shape = (4, 28, 28, 1))
# 统计网络信息
network.summary()
```

通过 summary() 函数统计出每层的参数量, 打印出网络结构信息和每层参数量详情, 如表 10.3 所示, 可以与全连接网络的参数量表 10.1 进行比较。

表 10.3　网络参数量统计

层	卷积层 1	卷积层 2	全连接层 1	全连接层 2	全连接层 3
参数量	60	880	48120	10164	850

可以看到, 卷积层的参数量非常少, 主要的参数量集中在全连接层。由于卷积层将输入特征维度降低很多, 从而使得全连接层的参数量不至于过大, 整个模型的参数量约 60kB, 而表 10.1 中的全连接网络参数量达到了 34 万个, 因此通过卷积神经网络可以显著降低网络参数量, 同时增加网络深度。

在训练阶段, 首先将数据集中 shape 为 $[b, 28, 28]$ 的输入 X 增加一个维度, 调整 shape 为 $[b, 28, 28, 1]$, 送入模型进行前向计算, 得到输出张量 output, shape 为 $[b, 10]$。新建交叉熵损失函数类(损失函数也能使用类方式)用于处理分类任务, 通过设定 from_logits = True 标志位将 softmax 激活函数实现在损失函数中, 不需要手动添加损失函数, 提升数值计算稳定性。代码如下:

```
# 导入误差计算, 优化器模块
from tensorflow.keras import losses, optimizers
# 创建损失函数的类, 在实际计算时直接调用类实例即可
criteon = losses.CategoricalCrossentropy(from_logits = True)
```

训练部分实现如下:

```
# 构建梯度记录环境
with tf.GradientTape() as tape:
    # 插入通道维度, = >[b, 28, 28, 1]
    x = tf.expand_dims(x, axis = 3)
    # 前向计算, 获得 10 类别的概率分布, [b, 784] = > [b, 10]
    out = network(x)
    # 真实标签 one - hot 编码, [b] => [b, 10]
    y_onehot = tf.one_hot(y, depth = 10)
    # 计算交叉熵损失函数, 标量
```

```
loss = criteon(y_onehot, out)
```

获得损失值后,通过 TensorFlow 的梯度记录器 tf. GradientTape()计算损失函数 loss 对网络参数 network. trainable_variables 之间的梯度,并通过 optimizer 对象自动更新网络权值参数。代码如下:

```
# 自动计算梯度
grads = tape.gradient(loss, network.trainable_variables)
# 自动更新参数
optimizer.apply_gradients(zip(grads, network.trainable_variables))
```

重复上述步骤若干次后即可完成训练工作。

在测试阶段,由于不需要记录梯度信息,代码一般不需要写在 with tf. GradientTape() as tape 环境中。前向计算得到的输出经过 softmax 函数后,代表了网络预测当前图片输入 x 属于类别 i 的概率 $P(x$ 标签是 $i|x)$, $i \in [0,9]$。通过 argmax 函数选取概率最大的元素所在的索引,作为当前 x 的预测类别,与真实标注 y 比较,通过计算比较结果中间 True 的数量并求和来统计预测正确的样本的个数,最后除以总样本的个数,得出网络的测试准确度。代码如下:

```
# 记录预测正确的数量,总样本数量
correct, total = 0,0
for x,y in db_test: # 遍历所有训练集样本
    # 插入通道维度, =>[b,28,28,1]
    x = tf.expand_dims(x,axis = 3)
    # 前向计算,获得 10 类别的预测分布,[b, 784] => [b, 10]
    out = network(x)
    # 真实的流程时先经过 softmax,再 argmax
    # 但是由于 softmax 不改变元素的大小相对关系,故省去
    pred = tf.argmax(out, axis = -1)
    y = tf.cast(y, tf.int64)
    # 统计预测正确数量
    correct += float(tf.reduce_sum(tf.cast(tf.equal(pred, y),tf.float32)))
    # 统计预测样本总数
    total += x.shape[0]
# 计算准确率
print('test acc:', correct/total)
```

在数据集上面循环训练 30 个 Epoch 后,网络的训练准确度达到了 98.1%,测试准确度也达到了 97.7%。对于非常简单的手写数字图片识别任务,古老的 LeNet-5 网络已经可以取得很好的效果,但是稍复杂一点的任务,例如彩色动物图片识别,LeNet-5 性能就会急剧下降。

10.5 表示学习

已经介绍完卷积神经网络层的工作原理与实现方法,复杂的卷积神经网络模型也是基于卷积层的堆叠构成的。在过去的一段时间内,研究人员发现网络层数越深,模型的表达能

力越强,也就越有可能取得更好的性能。那么层层堆叠的卷积网络到底学到了什么特征,使得层数越深,网络的表达能力越强?

2014 年,Matthew D. Zeiler 等人[5]尝试利用可视化的方法去理解卷积神经网络到底学到了什么。通过将每层的特征图利用"反卷积"网络(Deconvolutional Network)映射回输入图片,即可查看学到的特征分布,如图 10.32 所示。可以观察到,第 2 层的特征对应到边、角、色彩等底层图像提取;第 3 层开始捕获到纹理这些中层特征;第 4、5 层呈现了物体的部

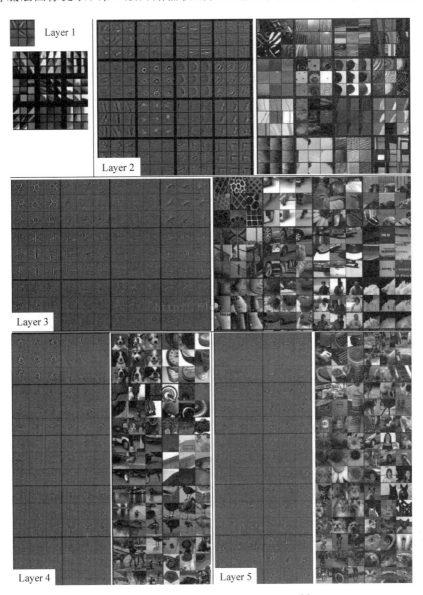

图 10.32　卷积神经网络特征可视化[5]

分特征,如小狗的脸部、鸟类的脚部等高层特征。通过这些可视化的手段,可以一定程度上感受卷积神经网络的特征学习过程。

图片数据的识别过程一般认为也是表示学习(Representation Learning)的过程,从接收到的原始像素特征开始,逐渐提取边缘、角点等底层特征,到纹理等中层特征,再到头部、物体部件等高层特征,最后的网络层基于这些学习到的抽象特征表示(Representation)做分类逻辑的学习。学习到的特征越高层、越准确,就越有利于分类器的分类,从而获得较好的性能。从表示学习的角度来理解,卷积神经网络通过层层堆叠来逐层提取特征,网络训练的过程可以看成特征的学习过程,基于学习到的高层抽象特征可以方便地进行分类任务。

应用表示学习的思想,训练好的卷积神经网络往往能够学习到较好的特征,这种特征的提取方法一般是通用的。例如在猫、狗动物上学习到头、脚、身躯等特征的表示,在其他动物上也能够一定程度上使用。基于这种思想,可以将在任务 A 上训练好的深层神经网络的前面数个特征提取层迁移到任务 B 上,只需要训练任务 B 的分类逻辑(表现为网络的最末数层),即可取得非常好的效果,这种方式是迁移学习的一种,从神经网络角度也称为网络微调(Fine-tuning)。

10.6　梯度传播

在完成手写数字图片识别实战后,对卷积神经网络的使用有了初步的了解。现在来解决一个关键问题,卷积层通过移动感受野的方式实现离散卷积操作,那么它的梯度传播是怎么进行的?

考虑一简单的情形,输入为 3×3 的单通道矩阵,与一个 2×2 的卷积核,进行卷积运算,输出结果打平后直接与虚构的标注计算误差,如图 10.33 所示。下面讨论这种情况下的梯度更新方式。

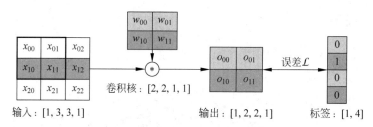

图 10.33　卷积层梯度传播举例

首先推导出输出张量 O 的表达形式:

$$o_{00} = x_{00}w_{00} + x_{01}w_{01} + x_{10}w_{10} + x_{11}w_{11} + b$$

$$o_{01} = x_{01}w_{00} + x_{02}w_{01} + x_{11}w_{10} + x_{12}w_{11} + b$$

$$o_{10} = x_{10}w_{00} + x_{11}w_{01} + x_{20}w_{10} + x_{21}w_{11} + b$$

$$o_{11} = x_{11}w_{00} + x_{12}w_{01} + x_{21}w_{10} + x_{22}w_{11} + b$$

以 w_{00} 的梯度计算为例,通过链式法则分解:

$$\frac{\partial \mathcal{L}}{\partial w_{00}} = \sum_{i \in \{00,01,10,11\}} \frac{\partial \mathcal{L}}{\partial o_i} \frac{\partial o_i}{\partial w_{00}}$$

其中$\frac{\partial \mathcal{L}}{\partial o_i}$可直接由误差函数推导出来,直接来考虑$\frac{\partial o_i}{\partial w_i}$,例如:

$$\frac{\partial o_{00}}{\partial w_{00}} = \frac{\partial(x_{00}w_{00} + x_{01}w_{01} + x_{10}w_{10} + x_{11}w_{11} + b)}{w_{00}} = x_{00}$$

同样的方法,可以推导出:

$$\frac{\partial o_{01}}{\partial w_{00}} = \frac{\partial(x_{01}w_{00} + x_{02}w_{01} + x_{11}w_{10} + x_{12}w_{11} + b)}{w_{00}} = x_{01}$$

$$\frac{\partial o_{10}}{\partial w_{00}} = \frac{\partial(x_{10}w_{00} + x_{11}w_{01} + x_{20}w_{10} + x_{21}w_{11} + b)}{w_{00}} = x_{10}$$

$$\frac{\partial o_{11}}{\partial w_{00}} = \frac{\partial(x_{11}w_{00} + x_{12}w_{01} + x_{21}w_{10} + x_{22}w_{11} + b)}{w_{00}} = x_{11}$$

可以观察到,通过循环移动感受野的方式并没有改变网络层可导性,同时梯度的推导也并不复杂,只是当网络层数增大以后,人工梯度推导将变得十分烦琐。不过不需要担心,深度学习框架可以自动完成所有参数的梯度计算与更新,只需要设计好网络结构即可。

10.7 池化层

在卷积层中,可以通过调节步长参数 s 实现特征图的高、宽成倍缩小,从而降低了网络的参数量。实际上,除了通过设置步长,还有一种专门的网络层可以实现尺寸缩减功能,它就是这里要介绍的池化层(Pooling Layer)。

池化层同样基于局部相关性的思想,通过从局部相关的一组元素中进行采样或信息聚合,从而得到新的元素值。特别地,最大池化层(Max Pooling)从局部相关元素集中选取最大的一个元素值,平均池化层(Average Pooling)从局部相关元素集中计算平均值并返回。以 5×5 输入 $\boldsymbol{X}$ 的最大池化层为例,考虑池化感受野窗口大小 $k=2$,步长 $s=1$ 的情况,如图 10.34 所示。虚线方框代表第一个感受野的位置,感受野元素集合为:

$$\{1, -1, -1, -2\}$$

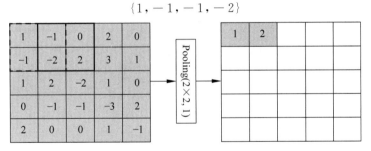

图 10.34 最大池化举例-1

在最大池化采样的方法下,通过

$$x' = \max(\{1, -1, -1, -2\}) = 1$$

计算出当前位置的输出值为1,并写入对应位置。

若采用的是平均池化操作,则此时的输出值应为:

$$x' = \mathrm{avg}(\{1, -1, -1, -2\}) = -0.75$$

计算完当前位置的感受野后,与卷积层的计算步骤类似,将感受野按着步长向右移动若干单位,此时的输出

$$x' = \max(-1, 0, -2, 2) = 2$$

同样的方法,逐渐移动感受野窗口至最右边,计算出输出 $x' = \max(2, 0, 3, 1) = 1$,此时窗口已经到达输入边缘,按照卷积层同样的方式,感受野窗口向下移动一个步长,并回到行首,如图 10.35 所示。

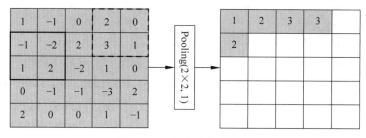

图 10.35　最大池化举例-2

循环往复,直至最下方、最右边,获得最大池化层的输出,长、宽为 4×4,略小于输入 $\boldsymbol{X}$ 的高、宽,如图 10.36 所示。

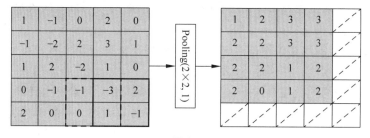

图 10.36　最大池化举例-3

由于池化层没有需要学习的参数,计算简单,并且可以有效减低特征图的尺寸,非常适合图片这种类型的数据,在计算机视觉相关任务中得到了广泛的应用。

通过精心设计池化层感受野的高、宽 k 和步长 s 参数,可以实现各种降维运算。例如,一种常用的池化层设定使感受野大小 $k=2$,步长 $s=2$,这样可以实现输出只有输入高、宽一半的目的。如图 10.37 和图 10.38 所示,感受野 $k=3$,步长 $s=2$,输入 $\boldsymbol{X}$ 高、宽为 5×5,输出 $\boldsymbol{O}$ 高、宽只有 2×2。

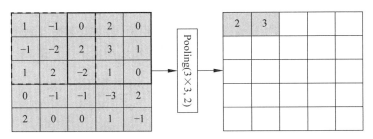

图 10.37 池化层实现高、宽减半-1

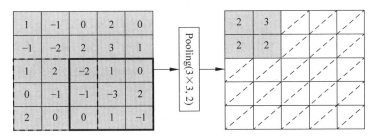

图 10.38 池化层实现高、宽减半-2

10.8 BatchNorm 层

卷积神经网络的出现,网络参数量大大减低,使得几十层的深层网络成为可能。然而,在残差网络出现之前,网络的加深使得网络训练变得非常不稳定,甚至出现网络长时间不更新甚至不收敛的现象,同时网络对超参数比较敏感,超参数的微量扰动也会导致网络的训练轨迹完全改变。

2015 年,Google 研究人员 Sergey Ioffe 等提出了一种参数标准化(Normalize)的手段,并基于参数标准化设计了 Batch Normalization(简写为 BatchNorm,或 BN)层[6]。BN 层的提出,使得网络的超参数的设定更加自由,例如更大的学习率、更随意的网络初始化等,同时网络的收敛速度更快,性能也更好。BN 层提出后便广泛地应用在各种深度网络模型上,卷积层、BN 层、ReLU 层、池化层一度成为网络模型的标配单元块,通过堆叠 Conv-BN-ReLU-Pooling 方式往往可以获得不错的模型性能。

首先来探索,为什么需要对网络中的数据进行标准化操作? 这个问题很难从理论层面解释透彻,即使是 BN 层的作者给出的解释也未必让所有人信服。与其纠结其缘由,不如通过具体问题来感受数据标准化后的好处。

考虑 Sigmoid 激活函数和它的梯度分布,如图 10.39 所示,Sigmoid 函数在 $x \in [-2,2]$ 区间的导数值在 $[0.1,0.25]$ 区间分布;当 $x > 2$ 或 $x < -2$ 时,Sigmoid 函数的导数变得很小,逼近于 0,从而容易出现梯度弥散现象。为了避免因为输入较大或者较小而导致

Sigmoid 函数出现梯度弥散现象,将函数输入 x 标准化映射到 0 附近的一段较小区间将变得非常重要,可以从图 10.39 看到,通过标准化重映射后,值被映射在 0 附近,此处的导数值不至于过小,从而不容易出现梯度弥散现象。这是使用标准化手段受益的一个例子。

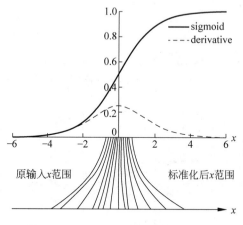

图 10.39　Sigmoid 函数及其导数曲线

可以再看另一个例子。考虑 2 个输入节点的线性模型,如图 10.40(a)所示。

$$\mathcal{L} = a = x_1 w_1 + x_2 w_2 + b$$

讨论如下 2 种输入分布下的优化问题:

❑ 输入 $x_1 \in [1,10], x_2 \in [1,10]$

❑ 输入 $x_1 \in [1,10], x_2 \in [100,1000]$

由于模型相对简单,可以绘制出 2 种 x_1、x_2 下,函数的损失等高线图,图 10.40(b)是 $x_1 \in [1,10]$、$x_2 \in [100,1000]$ 时的某条优化轨迹线,图 10.40(c)是 $x_1 \in [1,10]$、$x_2 \in [1,10]$ 时的某条优化轨迹线,图中的圆环中心即为全局极值点。

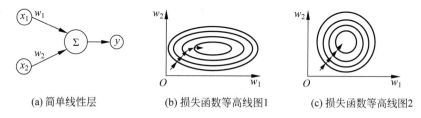

(a) 简单线性层　　　　(b) 损失函数等高线图1　　　(c) 损失函数等高线图2

图 10.40　数据标准化举例

考虑到

$$\frac{\partial \mathcal{L}}{\partial w_1} = x_1$$

$$\frac{\partial \mathcal{L}}{\partial w_2} = x_2$$

当 x_1、x_2 输入分布相近时,$\dfrac{\partial \mathcal{L}}{\partial w_1}$、$\dfrac{\partial \mathcal{L}}{\partial w_2}$ 偏导数值相当,函数的优化轨迹如图 10.40(c)所示;

当 x_1、x_2 输入分布差距较大时,例如 $x_1 \ll x_2$,则

$$\frac{\partial \mathcal{L}}{\partial w_1} \ll \frac{\partial \mathcal{L}}{\partial w_2}$$

损失函数等势线在 w_2 轴更加陡峭,某条可能的优化轨迹如图 10.40(b)所示。对比 2 条优化轨迹线可以观察到,x_1、x_2 分布相近时图 10.40(c)中收敛更加快速,优化轨迹更理想。

通过上述的 2 个例子,能够经验性归纳出:网络层输入 x 分布相近,并且分布在较小范围内时(如 0 附近),更有利于函数的优化。那么如何保证输入 x 的分布相近? 数据标准化可以实现此目的,通过数据标准化操作可以将数据 x 映射到 $\hat{x}$:

$$\hat{x} = \frac{x - \mu_r}{\sqrt{\sigma_r^2 + \varepsilon}}$$

其中 μ_r、σ_r^2 来自统计的所有数据的均值和方差,ε 是为防止出现除 0 错误而设置的较小数字,如 $1e-8$。

在基于 Batch 的训练阶段,如何获取每个网络层所有输入的统计数据 μ_r、σ_r^2? 考虑 Batch 内部的均值 μ_B 和方差 σ_B^2:

$$\mu_B = \frac{1}{m} \sum_{i=1}^{m} x_i$$

$$\sigma_B^2 = \frac{1}{m} \sum_{i=1}^{m} (x_i - \mu_B)^2$$

可以视为近似于 μ_r、σ_r^2,其中 m 为 Batch 样本数。因此,在训练阶段,通过

$$\hat{x}_{\text{train}} = \frac{x_{\text{train}} - \mu_B}{\sqrt{\sigma_B^2 + \varepsilon}}$$

标准化输入,并记录每个 Batch 的统计数据 μ_B、σ_B^2,用于统计真实的全局 μ_r、σ_r^2。

在测试阶段,根据记录的每个 Batch 的 μ_B、σ_B^2 估计出所有训练数据的 μ_r、σ_r^2,按着

$$\hat{x}_{\text{test}} = \frac{x_{\text{test}} - \mu_r}{\sqrt{\sigma_r^2 + \varepsilon}}$$

将每层的输入标准化。

上述的标准化运算并没有引入额外的待优化变量,μ_r、σ_r^2 和 μ_B、σ_B^2 均由统计得到,不需要参与梯度更新。实际上,为了提高 BN 层的表达能力,BN 层作者引入了 scale and shift 技巧,将 $\hat{x}$ 变量再次映射变换:

$$\tilde{x} = \hat{x} \cdot \gamma + \beta$$

其中,γ 参数实现对标准化后的 $\hat{x}$ 再次进行缩放,β 参数实现对标准化的 $\hat{x}$ 进行平移,不同的是,γ、β 参数均由反向传播算法自动优化,实现网络层"按需"缩放平移数据的分布的目的。

下面来学习在 TensorFlow 中实现的 BN 层的方法。

10.8.1 前向传播

将 BN 层的输入记为 x,输出记为 $\tilde{x}$。分训练阶段和测试阶段来讨论前向传播过程。

训练阶段:首先计算当前 Batch 的 μ_B、σ_B^2,根据

$$\tilde{x}_{\text{train}} = \frac{x_{\text{train}} - \mu_B}{\sqrt{\sigma_B^2 + \varepsilon}} \cdot \gamma + \beta$$

计算 BN 层的输出。

同时按照

$$\mu_r \leftarrow \text{momentum} \cdot \mu_r + (1 - \text{momentum}) \cdot \mu_B$$

$$\sigma_r^2 \leftarrow \text{momentum} \cdot \sigma_r^2 + (1 - \text{momentum}) \cdot \sigma_B^2$$

迭代更新全局训练数据的统计值 μ_r 和 σ_r^2,其中 momentum 是需要设置一个超参数,用于平衡 μ_r、σ_r^2 的更新幅度:当 momentum=0 时,μ_r 和 σ_r^2 直接被设置为最新一个 Batch 的 μ_B 和 σ_B^2;当 momentum=1 时,μ_r 和 σ_r^2 保持不变,忽略最新一个 Batch 的 μ_B 和 σ_B^2,在 TensorFlow 中,momentum 默认设置为 0.99。

测试阶段:BN 层根据

$$\tilde{x}_{\text{test}} = \frac{x_{\text{test}} - \mu_r}{\sqrt{\sigma_r^2 + \varepsilon}} \cdot \gamma + \beta$$

计算输出 $\tilde{x}_{\text{test}}$,其中 μ_r、σ_r^2、γ、β 均来自训练阶段统计或优化的结果,在测试阶段直接使用,并不会更新这些参数。

10.8.2 反向更新

在训练模式下的反向更新阶段,反向传播算法根据损失 $\mathcal{L}$ 求解梯度 $\frac{\partial \mathcal{L}}{\partial \gamma}$ 和 $\frac{\partial \mathcal{L}}{\partial \beta}$,并按照梯度更新法则自动优化 γ、β 参数。

注意,对于 2D 特征图输入 $\boldsymbol{X}$:$[b,h,w,c]$,BN 层并不是计算每个点的 μ_B、σ_B^2,而是在通道轴 c 上面统计每个通道上面所有数据的 μ_B、σ_B^2,因此 μ_B、σ_B^2 是每个通道上所有其他维度的均值和方差。以 shape 为 $[100,32,32,3]$ 的输入为例,在通道轴 c 上面的均值计算如下:

```
In [7]:
# 构造输入
x = tf.random.normal([100,32,32,3])
# 将其他维度合并,仅保留通道维度
x = tf.reshape(x,[-1,3])
```

```
# 计算其他维度的均值
ub = tf.reduce_mean(x, axis = 0)
ub
Out[7]:                                    # 通道维度的均值
< tf.Tensor: id = 62, shape = (3,), dtype = float32, numpy = array([ - 0.00222636, - 0.00049868,
 - 0.00180082], dtype = float32)>
```

数据有 c 个通道数,则有 c 个均值产生。

除了在 c 轴上面统计数据 μ_B、σ_B^2 的方式,也很容易将其推广至其他维度计算均值的方式,如图 10.41 所示。

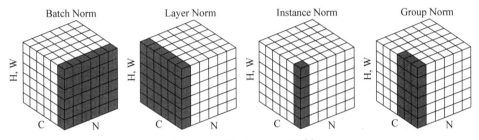

图 10.41　不同标准化方案[7]

❑ Layer Norm:统计每个样本的所有特征的均值和方差。

❑ Instance Norm:统计每个样本的每个通道上特征的均值和方差。

❑ Group Norm:将 c 通道分成若干组,统计每个样本的通道组内的特征均值和方差。

上面提到的 Normalization 方法均由独立的几篇论文提出,并在某些应用上验证了其相当或者优于 BatchNorm 算法的效果。由此可见,深度学习算法研究并非难于上青天,只要多思考、多锻炼算法工程能力,人人都有机会发表创新性成果。

10.8.3　BN 层实现

在 TensorFlow 中,通过 layers.BatchNormalization() 类可以非常方便地实现 BN 层:

```
# 创建 BN 层
layer = layers.BatchNormalization()
```

与全连接层、卷积层不同,BN 层的训练阶段和测试阶段的行为不同,需要通过设置 training 标志位来区分训练模式还是测试模式。

以 LeNet-5 的网络模型为例,在卷积层后添加 BN 层,代码如下:

```
network = Sequential([                     # 网络容器
    layers.Conv2D(6, kernel_size = 3, strides = 1),
    # 插入 BN 层
    layers.BatchNormalization(),
    layers.MaxPooling2D(pool_size = 2, strides = 2),
```

```
        layers.ReLU(),
        layers.Conv2D(16,kernel_size = 3,strides = 1),
        # 插入 BN 层
        layers.BatchNormalization(),
        layers.MaxPooling2D(pool_size = 2,strides = 2),
        layers.ReLU(),
        layers.Flatten(),
        layers.Dense(120, activation = 'relu'),
        # 此处也可以插入 BN 层
        layers.Dense(84, activation = 'relu'),
        # 此处也可以插入 BN 层
        layers.Dense(10)
                        ])
```

在训练阶段,需要设置网络的参数 training＝True 以区分 BN 层是训练还是测试模型,代码如下:

```
with tf.GradientTape() as tape:
    # 插入通道维度
    x = tf.expand_dims(x,axis = 3)
    # 前向计算,设置计算模式,[b, 784] => [b, 10]
    out = network(x, training = True)
```

在测试阶段,需要设置 training＝False,避免 BN 层采用错误的行为,代码如下:

```
for x,y in db_test:                              # 遍历测试集
    # 插入通道维度
    x = tf.expand_dims(x,axis = 3)
    # 前向计算,测试模式
    out = network(x, training = False)
```

10.9 经典卷积网络

自 2012 年 AlexNet[3] 提出以来,各种各样的深度卷积神经网络模型相继被提出,其中比较有代表性的有 VGG 系列[8]、GoogLeNet 系列[9]、ResNet 系列[10]、DenseNet 系列[11] 等,它们的网络层数整体趋势逐渐增多。以网络模型在 ILSVRC 挑战赛 ImageNet 数据集上面的分类性能表现为例,如图 10.42 所示,在 AlexNet 出现之前的网络模型都是浅层的神经网络,Top-5 错误率均在 25％以上,AlexNet 8 层的深层神经网络将 Top-5 错误率降低至 16.4％,性能提升巨大,后续的 VGG、GoogLeNet 模型继续将错误率降低至 6.7％;ResNet 的出现首次将网络层数提升至 152 层,错误率也降低至 3.57％。

本节将重点介绍网络模型的特点。

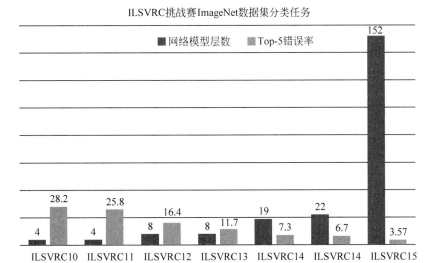

图 10.42　ImageNet 数据集分类任务的模型性能

10.9.1　AlexNet

2012 年,ILSVRC12 挑战赛 ImageNet 数据集分类任务的冠军 Alex Krizhevsky 提出了 8 层的深度神经网络模型 AlexNet,它接收输入为 224×224 大小的彩色图片数据,经过 5 个卷积层和 3 个全连接层后得到样本属于 1000 个类别的概率分布。为了降低特征图的维度,AlexNet 在第 1、2、5 个卷积层后添加了 Max Pooling 层,如图 10.43 所示,网络的参数量达到了 6000 万个。为了能够在当时的显卡设备 NVIDIA GTX 580(3GB 显存)上训练模型,Alex Krizhevsky 将卷积层、前 2 个全连接层等拆开在两块显卡上面分别训练,最后一层合并到一张显卡上面,进行反向传播更新。AlexNet 在 ImageNet 取得了 15.3% 的 Top-5 错误率,比第二名在错误率上降低了 10.9%。

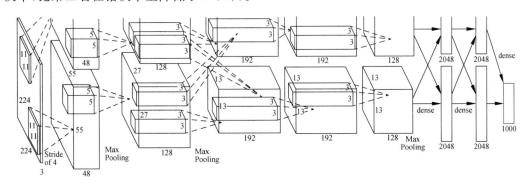

图 10.43　AlexNet 网络结构[3]

AlexNet 的创新之处在于：

- 层数达到了较深的 8 层。
- 采用了 ReLU 激活函数，过去的神经网络大多采用 Sigmoid 激活函数，计算相对复杂，容易出现梯度弥散现象。
- 引入 Dropout 层。Dropout 提高了模型的泛化能力，防止过拟合。

10.9.2　VGG 系列

AlexNet 模型的优越性能启发了业界朝着更深层的网络模型方向研究。2014 年，ILSVRC14 挑战赛 ImageNet 数据集分类任务的亚军牛津大学 VGG 实验室提出了 VGG11、VGG13、VGG16、VGG19 等一系列的网络模型(见图 10.45)，并将网络深度最高提升至 19 层[8]。以 VGG16 为例，它接受 224×224 大小的彩色图片数据，经过 2 个 Conv-Conv-Pooling 单元和 3 个 Conv-Conv-Conv-Pooling 单元的堆叠，最后通过 3 层全连接层输出当前图片分别属于 1000 类别的概率分布，如图 10.44 所示。VGG16 在 ImageNet 取得了 7.4% 的 Top-5 错误率，比 AlexNet 在错误率上降低了 7.9%。

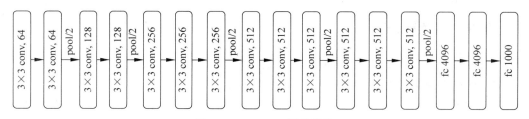

图 10.44　VGG16 网络结构

VGG 系列网络的创新之处在于：

- 层数提升至 19 层。
- 全部采用更小的 3×3 卷积核，相对于 AlexNet 中 7×7 的卷积核，参数量更少，计算代价更低。
- 采用更小的池化层 2×2 窗口和步长 $s=2$，而 AlexNet 中是步长 $s=2$、3×3 的池化窗口。

10.9.3　GoogLeNet

3×3 的卷积核参数量更少，计算代价更低，同时在性能表现上甚至更优越，因此业界开始探索卷积核最小的情况：1×1 卷积核。如图 10.46 所示，输入为 3 通道的 5×5 图片，与单个 1×1 的卷积核进行卷积运算，每个通道的数据与对应通道的卷积核运算，得到 3 个通道的中间矩阵，对应位置相加得到最终的输出张量。对于输入 shape 为 $[b,h,w,c_{in}]$，1×1 卷积层的输出为 $[b,h,w,c_{out}]$，其中 c_{in} 为输入数据的通道数，c_{out} 为输出数据的通道数，也是 1×1 卷积核的数量。1×1 卷积核的一个特别之处在于，它可以不改变特征图的宽、高，而只对通道数 c 进行变换。

ConvNet Configuration					
A	A-LRN	B	C	D	E
11 weight layers	11 weight layers	13 weight layers	16 weight layers	16 weight layers	19 weight layers
input(224×224 RGB image)					
conv3-64	conv3-64	conv3-64	conv3-64	conv3-64	conv3-64
	LRN	**conv3-64**	conv3-64	conv3-64	conv3-64
maxpool					
conv3-128	conv3-128	conv3-128	conv3-128	conv3-128	conv3-128
		conv3-128	conv3-128	conv3-128	conv3-128
maxpool					
conv3-256	conv3-256	conv3-256	conv3-256	conv3-256	conv3-256
conv3-256	conv3-256	conv3-256	conv3-256	conv3-256	conv3-256
			conv1-256	conv**3**-256	conv3-256
					conv3-256
maxpool					
conv3-512	conv3-512	conv3-512	conv3-512	conv3-512	conv3-512
conv3-512	conv3-512	conv3-512	conv3-512	conv3-512	conv3-512
			conv1-512	conv**3**-512	conv3-512
					conv3-512
maxpool					
conv3-512	conv3-512	conv3-512	conv3-512	conv3-512	conv3-512
conv3-512	conv3-512	conv3-512	conv3-512	conv3-512	conv3-512
			conv1-512	conv**3**-512	conv3-512
					conv3-512
maxpool					
FC-4096					
FC-4096					
FC-1000					
soft-max					

图 10.45　VGG 系列网络结构配置[8]

2014 年,ILSVRC14 挑战赛的冠军 Google 提出了大量采用 3×3 和 1×1 卷积核的网络模型:GoogLeNet,网络层数达到了 22 层[9]。虽然 GoogLeNet 的层数远大于 AlexNet,但是它的参数量却只有 AlexNet 的 $\frac{1}{12}$,同时性能也远好于 AlexNet。在 ImageNet 数据集分类任务上,GoogLeNet 取得了 6.7% 的 Top-5 错误率,比 VGG16 在错误率上降低了 0.7%。

GoogLeNet 网络采用模块化设计的思想,通过大量堆叠 Inception 模块,形成了复杂的网络结构。如图 10.47 所示,Inception 模块的输入为 X,通过 4 个子网络得到 4 个网络输出,在通道轴上面进行拼接合并,形成 Inception 模块的输出。这 4 个子网络如下:

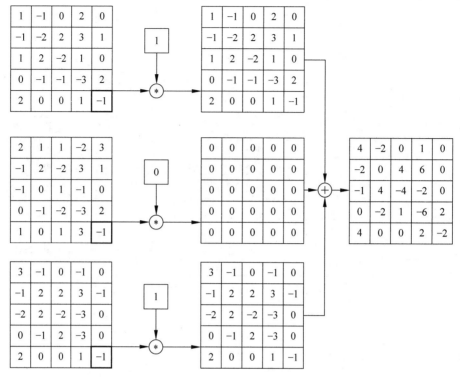

图 10.46　1×1 卷积核

- 1×1 卷积层。
- 1×1 卷积层,再通过一个 3×3 卷积层。
- 1×1 卷积层,再通过一个 5×5 卷积层。
- 3×3 最大池化层,再通过 1×1 卷积层。

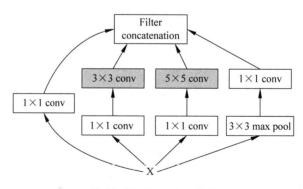

图 10.47　Inception 模块

GoogLeNet 的网络结构如图 10.48 所示,其中矩形框中部分的网络结构即为图 10.47 的网络结构。

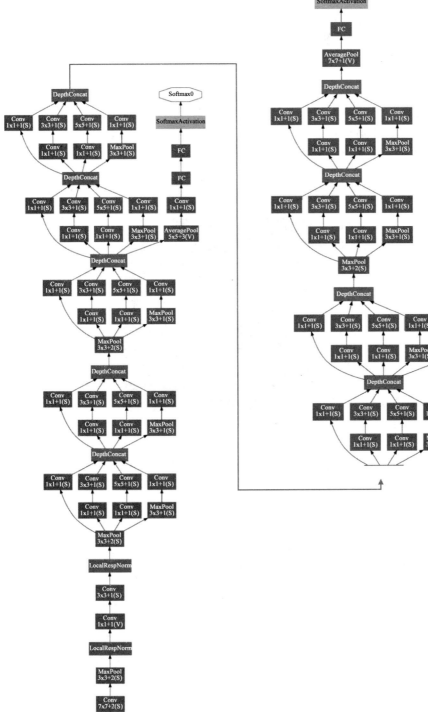

图 10.48 GoogLeNet 网络结构[9]

10.10　CIFAR10 与 VGG13 实战

　　MNIST 是机器学习最常用的数据集之一，但由于手写数字图片非常简单，并且 MNIST 数据集只保存了图片灰度信息，并不适合输入设计为 R、G、B 3 通道的网络模型。本节将介绍另一个经典的图片分类数据集：CIFAR10。

　　CIFAR10 数据集由加拿大 Canadian Institute For Advanced Research 发布，它包含了飞机、汽车、鸟、猫共十大类物体的彩色图片，每个种类收集了 6000 张 32×32 大小图片，共 60000 张图片。其中 50000 张作为训练数据集，1 万张作为测试数据集。每个种类样片如图 10.49 所示。

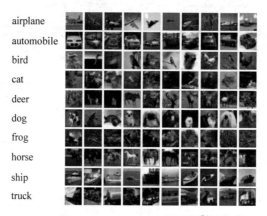

图 10.49　CIFAR10 数据集[①]

　　在 TensorFlow 中，同样地，不需要手动下载、解析和加载 CIFAR10 数据集，通过 datasets.cifar10.load_data()函数就可以直接加载切割好的训练集和测试集。例如：

```
# 在线下载,加载 CIFAR10 数据集
(x,y), (x_test, y_test) = datasets.cifar10.load_data()
# 删除 y 的一个维度,[b,1] => [b]
y = tf.squeeze(y, axis=1)
y_test = tf.squeeze(y_test, axis=1)
# 打印训练集和测试集的形状
print(x.shape, y.shape, x_test.shape, y_test.shape)
# 构建训练集对象,随机打乱,预处理,批量化
train_db = tf.data.Dataset.from_tensor_slices((x,y))
train_db = train_db.shuffle(1000).map(preprocess).batch(128)
# 构建测试集对象,预处理,批量化
test_db = tf.data.Dataset.from_tensor_slices((x_test,y_test))
```

---

　　① 图片来自 https://www.cs.toronto.edu/~kriz/cifar.html

```
test_db = test_db.map(preprocess).batch(128)
# 从训练集中采样一个 Batch,并观察
sample = next(iter(train_db))
print('sample:', sample[0].shape, sample[1].shape,
      tf.reduce_min(sample[0]), tf.reduce_max(sample[0]))
```

TensorFlow 会自动将数据集下载在 C:\Users\用户名\.keras\datasets 路径下,用户可以查看,也可手动删除不需要的数据集缓存。上述代码运行后,得到训练集的 $\boldsymbol{X}$ 和 $\boldsymbol{y}$ 形状为(50000, 32, 32, 3)和(50000),测试集的 $\boldsymbol{X}$ 和 $\boldsymbol{y}$ 形状为(10000,32,32,3)和(10000),分别代表图片大小为 32×32,彩色图片,训练集样本数为 50000,测试集样本数为 10000。

CIFAR10 图片识别任务并不简单,这主要是由于 CIFAR10 的图片内容需要大量细节才能呈现,而保存的图片分辨率仅有 32×32,使得部分主体信息较为模糊,甚至人眼都很难分辨。浅层的神经网络表达能力有限,很难训练优化到较好的性能,本节将基于表达能力更强的 VGG13 网络,根据数据集特点修改部分网络结构,完成 CIFAR10 图片识别。修改如下:

- 将网络输入调整为 32×32。原网络输入为 224×224,导致全连接层输入特征维度过大,网络参数量过大。
- 3 个全连接层的维度调整为[256,64,10],满足 10 分类任务的设定。

图 10.50 是调整后的 VGG13 网络结构,统称为 VGG13 网络模型。

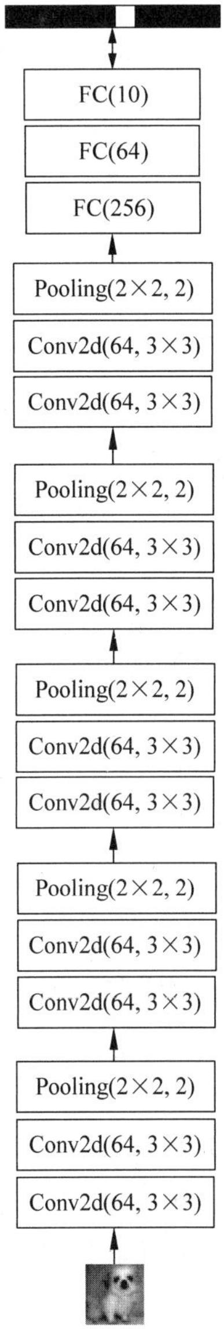

图 10.50 调整的 VGG13 模型结构

将网络实现为 2 个子网络:卷积子网络和全连接子网络。卷积子网络由 5 个子模块构成,每个子模块包含了 Conv-Conv-MaxPooling 单元结构,代码如下:

```
conv_layers = [                      # 先创建包含多网络层的列表
    # Conv - Conv - Pooling 单元 1
    # 64 个 3×3 卷积核, 输入输出同大小
    layers.Conv2D(64, kernel_size = [3, 3], padding = "same",
activation = tf.nn.relu),
    layers.Conv2D(64, kernel_size = [3, 3], padding = "same",
activation = tf.nn.relu),
    # 高、宽减半
    layers.MaxPool2D(pool_size = [2, 2], strides = 2, padding = 'same'),

    # Conv - Conv - Pooling 单元 2,输出通道提升至 128,高、宽大小减半
    layers.Conv2D(128, kernel_size = [3, 3], padding = "same",
activation = tf.nn.relu),
    layers.Conv2D(128, kernel_size = [3, 3], padding = "same",
```

```
    activation = tf.nn.relu),
        layers.MaxPool2D(pool_size = [2, 2], strides = 2, padding = 'same'),

        # Conv - Conv - Pooling 单元 3, 输出通道提升至 256, 高、宽大小减半
        layers.Conv2D(256, kernel_size = [3, 3], padding = "same", activation = tf.nn.relu),
        layers.Conv2D(256, kernel_size = [3, 3], padding = "same", activation = tf.nn.relu),
        layers.MaxPool2D(pool_size = [2, 2], strides = 2, padding = 'same'),

        # Conv - Conv - Pooling 单元 4, 输出通道提升至 512, 高、宽大小减半
        layers.Conv2D(512, kernel_size = [3, 3], padding = "same", activation = tf.nn.relu),
        layers.Conv2D(512, kernel_size = [3, 3], padding = "same", activation = tf.nn.relu),
        layers.MaxPool2D(pool_size = [2, 2], strides = 2, padding = 'same'),

        # Conv - Conv - Pooling 单元 5, 输出通道提升至 512, 高、宽大小减半
        layers.Conv2D(512, kernel_size = [3, 3], padding = "same", activation = tf.nn.relu),
        layers.Conv2D(512, kernel_size = [3, 3], padding = "same", activation = tf.nn.relu),
        layers.MaxPool2D(pool_size = [2, 2], strides = 2, padding = 'same')
]
    # 利用前面创建的层列表构建网络容器
conv_net = Sequential(conv_layers)
```

全连接子网络包含了 3 个全连接层, 每层添加 ReLU 非线性激活函数, 最后一层除外。代码如下:

```
# 创建 3 层全连接层子网络
fc_net = Sequential([
    layers.Dense(256, activation = tf.nn.relu),
    layers.Dense(128, activation = tf.nn.relu),
    layers.Dense(10, activation = None),
])
```

子网络创建完成后, 通过如下代码查看网络的参数量:

```
# build2 个子网络, 并打印网络参数信息
conv_net.build(input_shape = [4, 32, 32, 3])
fc_net.build(input_shape = [4, 512])
conv_net.summary()
fc_net.summary()
```

卷积网络总参数量约为 940 万个, 全连接网络总参数量约为 17.7 万个, 网络总参数量约为 950 万个, 相比于原始版本的 VGG13 参数量减少了很多。

由于将网络实现为 2 个子网络, 在进行梯度更新时, 需要合并 2 个子网络的待优化参数列表。代码如下:

```
# 列表合并, 合并 2 个子网络的参数
variables = conv_net.trainable_variables + fc_net.trainable_variables
```

```
# 对所有参数求梯度
grads = tape.gradient(loss, variables)
# 自动更新
optimizer.apply_gradients(zip(grads, variables))
```

运行 cifar10_train.py 文件即可开始训练模型,在训练完 50 个 Epoch 后,网络的测试准确率达到了 77.5%。

10.11 卷积层变种

卷积神经网络的研究产生了各种各样优秀的网络模型,还提出了各种卷积层的变种,本节将重点介绍数种典型的卷积层变种。

10.11.1 空洞卷积

普通的卷积层为了减少网络的参数量,卷积核的设计通常选择较小的 1×1 和 3×3 感受野大小。小卷积核使得网络提取特征时的感受野区域有限,但是增大感受野的区域又会增加网络的参数量和计算代价,因此需要权衡设计。

空洞卷积(Dilated/Atrous Convolution)的提出较好地解决这个问题,空洞卷积在普通卷积的感受野上增加一个 Dilation Rate 参数,用于控制感受野区域的采样步长,如图 10.51 所示。当感受野的采样步长 Dilation Rate 为 1 时,每个感受野采样点之间的距离为 1,此时的空洞卷积退化为普通的卷积;当 Dilation Rate 为 2 时,感受野每 2 个单元采样一个点,如图 10.51 中间的灰色矩形框中灰色格子所示,每个采样格子之间的距离为 2;同样的方法,图 10.51 右边的 Dilation Rate 为 3,采样步长为 3。尽管 Dilation Rate 的增大会使得感受野区域增大,但是实际参与运算的点数仍然保持不变。

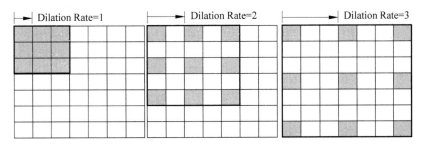

图 10.51　感受野采样步长

以输入为单通道的 7×7 张量,单个 3×3 卷积核为例,如图 10.52 所示。在初始位置,感受野从最上、最右位置开始采样,每隔一个点采样一次,共采集 9 个数据点,如图 10.52 中灰色矩形框所示。这 9 个数据点与卷积核相乘运算,写入输出张量的对应位置。

卷积核窗口按着步长为 $s=1$ 向右移动一个单位,如图 10.53 所示,同样进行隔点采样,

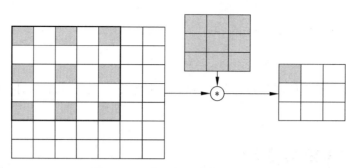

图 10.52　空洞卷积计算示意图-1

共采样 9 个数据点,与卷积核完成相乘累加运算,写入输出张量对应位置,直至卷积核移动至最下方、最右边位置。注意区分,卷积核窗口的移动步长 s 和感受野区域的采样步长 Dilation Rate 是不同的概念。

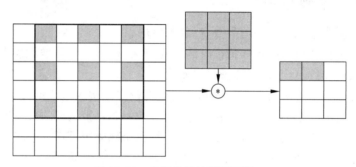

图 10.53　空洞卷积计算示意图-2

空洞卷积在不增加网络参数的条件下,提供了更大的感受野窗口。但是在使用空洞卷积设置网络模型时,需要精心设计 Dilation Rate 参数来避免出现网格效应,同时较大的 Dilation Rate 参数并不利于小物体的检测、语义分割等任务。

在 TensorFlow 中,可以通过设置 layers. Conv2D()类的 dilation_rate 参数来选择使用普通卷积还是空洞卷积。例如:

```
In [8]:
x = tf.random.normal([1,7,7,1])                    # 模拟输入
# 空洞卷积,1 个 3×3 的卷积核
layer = layers.Conv2D(1,kernel_size = 3,strides = 1,dilation_rate = 2)
out = layer(x)                                     # 前向计算
out. shape
Out[8]: TensorShape([1, 3, 3, 1])
```

当 dilation_rate 参数设置为默认值 1 时,使用普通卷积方式进行运算;当 dilation_rate 参数大于 1 时,采样空洞卷积方式进行计算。

10.11.2 转置卷积

转置卷积(Transposed Convolution,或 Fractionally Strided Convolution,部分资料也称之为反卷积/Deconvolution,实际上反卷积在数学上定义为卷积的逆过程,但转置卷积并不能恢复出原卷积的输入,因此称为反卷积并不妥当)通过在输入之间填充大量的 padding 来实现输出高、宽大于输入高、宽的效果,从而实现向上采样的目的,如图 10.54 所示。先介绍转置卷积的计算过程,再介绍转置卷积与普通卷积的联系。

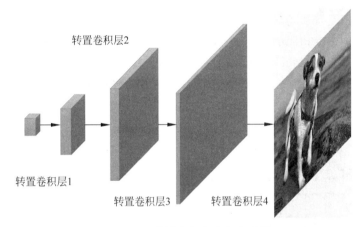

图 10.54 转置卷积实现向上采样

为了简化讨论,此处只讨论输入 $h=w$,即输入高、宽相等的情况。

(1) $o+2p-k$ 为 s 倍数

考虑输入为 2×2 的单通道特征图,转置卷积核为 3×3 大小,步长 $s=2$,填充 $p=0$ 的例子。首先在输入数据点之间均匀插入 $s-1$ 个空白数据点,得到 3×3 的矩阵,如图 10.55 第 2 个矩阵所示,根据填充量在 3×3 矩阵周围填充相应 $k-p-1=3-0-1=2$ 行/列,此时输入张量的高、宽为 7×7,如图 10.55 中第 3 个矩阵所示。

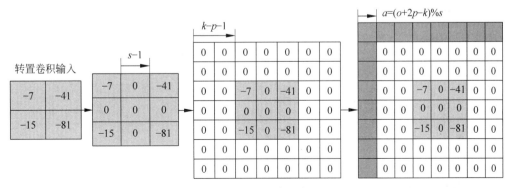

图 10.55 输入填充步骤

在 7×7 的输入张量上,进行 3×3 卷积核,步长 $s'=1$,填充 $p=0$ 的普通卷积运算(注意,此阶段的普通卷积的步长 s' 始终为 1,与转置卷积的步长 s 不同),根据普通卷积的输出计算公式,得到输出大小为:

$$o = \left\lfloor \frac{i + 2 \times p - k}{s'} \right\rfloor + 1 = \left\lfloor \frac{7 + 2 \times 0 - 3}{1} \right\rfloor + 1 = 5$$

5×5 大小的输出。直接按照此计算流程给出最终转置卷积输出与输入关系。在 $o + 2p - k$ 为 s 倍数时,满足关系:

$$o = (i-1)s + k - 2p$$

转置卷积并不是普通卷积的逆过程,但是二者之间有一定的联系,同时转置卷积也是基于普通卷积实现的。在相同的设定下,输入 x 经过普通卷积运算后得到 $o = \text{Conv}(x)$,将 o 送入转置卷积运算后,得到 $x' = \text{ConvTranspose}(o)$,其中 $x' \neq x$,但是 x' 与 x 形状相同。可以用输入为 5×5,步长 $s = 2$,填充 $p = 0$,3×3 卷积核的普通卷积运算进行验证演示,如图 10.56 所示。

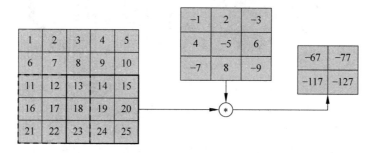

图 10.56 利用普通卷积恢复等大小输入

可以看到,将转置卷积的输出 5×5 在同设定条件下送入普通卷积,可以得到 2×2 的输出,此大小恰好就是转置卷积的输入大小,同时也观察到,输出的 2×2 矩阵并不是转置卷积输入的 2×2 矩阵。转置卷积与普通卷积并不是互为逆过程,不能恢复出对方的输入内容,仅能恢复出等大小的张量。因此称之为反卷积并不贴切。

基于 TensorFlow 实现上述例子的转置卷积运算,代码如下:

```
In [8]:
# 创建 X 矩阵,高宽为 5×5
x = tf.range(25) + 1
# Reshape 为合法维度的张量
x = tf.reshape(x,[1,5,5,1])
x = tf.cast(x, tf.float32)
# 创建固定内容的卷积核矩阵
w = tf.constant([[ -1,2, -3.],[4, -5,6],[ -7,8, -9]])
# 调整为合法维度的张量
w = tf.expand_dims(w,axis = 2)
w = tf.expand_dims(w,axis = 3)
```

```
# 进行普通卷积运算
out = tf.nn.conv2d(x,w,strides = 2,padding = 'VALID')
out
Out[9]:                                          # 输出的高宽为 2×2
<tf.Tensor: id = 14, shape = (1, 2, 2, 1), dtype = float32, numpy =
array([[[[ - 67.],
         [ - 77.]],
        [[ - 117.],
         [ - 127.]]]], dtype = float32)>
```

现在将普通卷积的输出作为转置卷积的输入，验证转置卷积的输出是否为 $5×5$，代码如下：

```
In [10]:
# 普通卷积的输出作为转置卷积的输入，进行转置卷积运算
xx = tf.nn.conv2d_transpose(out, w, strides = 2,
    padding = 'VALID',
    output_shape = [1,5,5,1])
Out[10]:                                          # 输出的高宽为 5×5
<tf.Tensor: id = 117, shape = (5, 5), dtype = float32, numpy =
array([[   67., - 134.,   278., - 154.,   231.],
       [ - 268.,   335., - 710.,   385., - 462.],
       [   586., - 770.,  1620., - 870.,  1074.],
       [ - 468.,   585., - 1210.,   635., - 762.],
       [   819., - 936.,  1942., - 1016.,  1143.]], dtype = float32)>
```

可以看到，转置卷积能够恢复出同大小的普通卷积的输入，但转置卷积的输出并不等同于普通卷积的输入。

（2）$o+2p-k$ 不为 s 倍数

让我们更加深入地分析卷积运算中输入与输出大小关系的一个细节。考虑卷积运算的输出表达式：

$$o = \left\lfloor \frac{i + 2 \times p - k}{s} \right\rfloor + 1$$

当步长 $s > 1$ 时，$\left\lfloor \dfrac{i+2 \times p - k}{s} \right\rfloor$ 向下取整运算使得出现多种不同输入尺寸 i 对应到相同的输出尺寸 o 上。例如，考虑输入大小为 $6×6$，卷积核大小为 $3×3$，步长为 1 的卷积运算，代码如下：

```
In [11]:
x = tf.random.normal([1,6,6,1])
# 6×6 的输入经过普通卷积
out = tf.nn.conv2d(x,w,strides = 2,padding = 'VALID')
out.shape
x = tf.random.normal([1,6,6,1])...
```

```
Out[12]:                                              # 输出的高宽同样为 2×2，与输入为 5×5 时一样
< tf.Tensor: id = 21, shape = (1, 2, 2, 1), dtype = float32, numpy =
array([[[[ 20.438847 ],
          [ 19.160788 ]],
         [[  0.8098897],
          [ - 28.30303 ]]]], dtype = float32)>
```

此种情况也能获得 2×2 大小的卷积输出，与图 10.56 中可以获得相同大小的输出。因此，不同输入大小的卷积运算可能获得相同大小的输出。考虑到卷积与转置卷积输入、输出大小关系互换，从转置卷积的角度来说，输入尺寸 i 经过转置卷积运算后，可能获得不同的输出 o 大小。因此通过在图 10.55 中填充 a 行、a 列来实现不同大小的输出 o，从而恢复普通卷积不同大小的输入的情况，其中 a 关系为：

$$a = (o + 2p - k)\%s$$

此时转置卷积的输出变为：

$$o = (i - 1)s + k - 2p + a$$

在 TensorFlow 中间，不需要手动指定 a 参数，只需要指定输出尺寸即可，TensorFlow 会自动推导需要填充的行、列数 a，前提是输出尺寸合法。例如：

```
In [13]:
# 恢复出 6×6 大小
xx = tf.nn.conv2d_transpose(out, w, strides = 2,
    padding = 'VALID',
    output_shape = [1,6,6,1])
xx
Out[13]:
< tf.Tensor: id = 23, shape = (1, 6, 6, 1), dtype = float32, numpy =
array([[[[ - 20.438847 ],
          [  40.877693 ],
          [ - 80.477325 ],
          [  38.321575 ],
          [ - 57.48236 ],
          [  0.     ]],...
```

通过改变参数 output_shape＝[1,5,5,1]也可以获得高宽为 5×5 的张量。

（3）矩阵角度

转置卷积的转置是指卷积核矩阵 $\boldsymbol{W}$ 产生的稀疏矩阵 $\boldsymbol{W}'$ 在计算过程中需要先转置 $\boldsymbol{W}'^{\mathrm{T}}$，再进行矩阵相乘运算，而普通卷积并没有转置 $\boldsymbol{W}'$ 的步骤。这也是它被称为转置卷积的名字由来。

考虑普通 Conv2d 运算：$\boldsymbol{X}$ 和 $\boldsymbol{W}$，需要根据 strides 将卷积核在行、列方向循环移动获取参与运算的感受野的数据，串行计算每个窗口处的"相乘累加"值，计算效率极低。为了加速运算，在数学上可以将卷积核 $\boldsymbol{W}$ 根据 strides 重排成稀疏矩阵 $\boldsymbol{W}'$，再通过 $\boldsymbol{W}'@\boldsymbol{X}'$ 一次完成

运算(实际上,$\boldsymbol{W}'$矩阵过于稀疏,导致很多无用的 0 乘运算,很多深度学习框架也不是通过这种方式实现的)。

以 4 行 4 列的输入 $\boldsymbol{X}$,高、宽为 3×3,步长为 1,无 padding 的卷积核 $\boldsymbol{W}$ 的卷积运算为例,首先将 $\boldsymbol{X}$ 打平成 $\boldsymbol{X}'$,如图 10.57 所示。

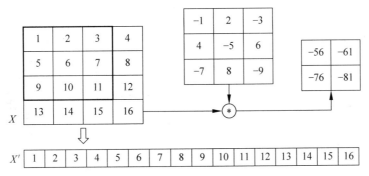

图 10.57 转置卷积 $\boldsymbol{X}'$

然后将卷积核 $\boldsymbol{W}$ 转换成稀疏矩阵 $\boldsymbol{W}'$,如图 10.58 所示。

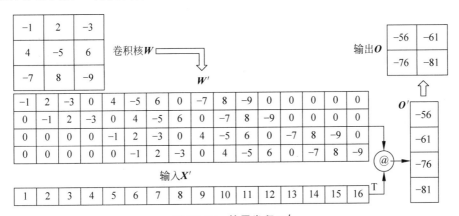

图 10.58 转置卷积 $\boldsymbol{W}'$

此时通过一次矩阵相乘即可实现普通卷积运算:

$$\boldsymbol{O}' = \boldsymbol{W}' @ \boldsymbol{X}'$$

如果给定 $\boldsymbol{O}$,希望能够生成与 $\boldsymbol{X}$ 同形状大小的张量,怎么实现? 将 $\boldsymbol{W}'$ 转置后与图 10.57 方法重排后的 $\boldsymbol{O}'$ 完成矩阵相乘即可:

$$\boldsymbol{X}' = \boldsymbol{W}'^{\mathrm{T}} @ \boldsymbol{O}'$$

得到的 $\boldsymbol{X}'$ 通过 Reshape 操作变为与原来的输入 $\boldsymbol{X}$ 尺寸一致,但是内容不同。例如 $\boldsymbol{O}'$ 的 shape 为 $[4,1]$,$\boldsymbol{W}'^{\mathrm{T}}$ 的 shape $[16,4]$,矩阵相乘得到 $\boldsymbol{X}'$ 的 shape 为 $[16,1]$,Reshape 后即可产生 $[4,4]$ 形状的张量。由于转置卷积在矩阵运算时,需要将 $\boldsymbol{W}'$ 转置后才能与转置卷积的输入 $\boldsymbol{O}'$ 矩阵相乘,故称为转置卷积。

　　转置卷积具有"放大特征图"的功能,在生成对抗网络、语义分割等中得到了广泛应用,如 DCGAN[12]中的生成器通过堆叠转置卷积层实现逐层"放大"特征图,最后获得十分逼真的生成图片,如图 10.59 所示。

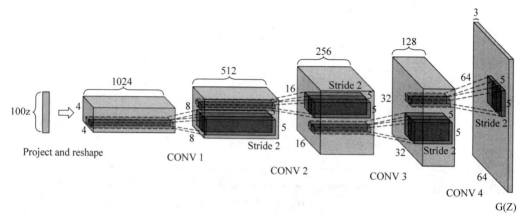

图 10.59　DCGAN 生成器网络结构[12]

（4）转置卷积实现

　　在 TensorFlow 中,可以通过 nn.conv2d_transpose 实现转置卷积运算。先通过 nn.conv2d 完成普通卷积运算。注意转置卷积的卷积核的定义格式为$[k,k,c_{out},c_{in}]$。例如:

```
In [14]:
# 创建 4x4 大小的输入
x = tf.range(16) + 1
x = tf.reshape(x,[1,4,4,1])
x = tf.cast(x, tf.float32)
# 创建 3x3 卷积核
w = tf.constant([[-1,2,-3.],[4,-5,6],[-7,8,-9]])
w = tf.expand_dims(w,axis=2)
w = tf.expand_dims(w,axis=3)
# 普通卷积运算
out = tf.nn.conv2d(x,w,strides=1,padding='VALID')
Out[14]:
<tf.Tensor: id=42, shape=(2,2), dtype=float32, numpy=
array([[-56., -61.],
       [-76., -81.]], dtype=float32)>
```

　　在保持 strides=1,padding='VALID',卷积核不变的情况下,通过卷积核 W 与输出 out 的转置卷积运算尝试恢复与输入 X 相同大小的高、宽、张量,代码如下:

```
In [15]:                                       # 恢复 4×4 大小的输入
xx = tf.nn.conv2d_transpose(out, w, strides=1, padding='VALID', output_shape=[1,4,4,1])
tf.squeeze(xx)
Out[15]:
```

```
< tf.Tensor: id = 44, shape = (4, 4), dtype = float32, numpy =
array([[   56., − 51.,   46.,   183.],
       [ − 148., − 35.,   35., − 123.],
       [   88.,   35., − 35.,    63.],
       [  532., − 41.,   36.,   729.]], dtype = float32)>
```

可以看到,转置卷积生成了 4×4 的特征图,但特征图的数据与输入 **X** 并不相同。

在使用 tf. nn. conv2d_transpose 进行转置卷积运算时,需要额外手动设置输出的高、宽。tf. nn. conv2d_transpose 并不支持自定义 padding 设置,只能设置为 VALID 或者 SAME。

当设置 padding = 'VALID'时,输出大小表达为:

$$o = (i − 1)s + k$$

当设置 padding = 'SAME'时,输出大小表达为:

$$o = i \times s$$

如果用户对转置卷积的原理细节暂时无法理解,可以牢记上述两个表达式即可。例如, 2×2 的转置卷积输入与 3×3 的卷积核运算,strides = 1,padding = 'VALID'时,输出大小为:

$$h' = w' = (2 − 1) \times 1 + 3 = 4$$

2×2 的转置卷积输入与 3×3 的卷积核运算,strides = 3,padding = 'SAME'时,输出大小为:

$$h' = w' = 2 \times 3 = 6$$

转置卷积也可以和其他层一样,通过 layers. Conv2DTranspose 类创建一个转置卷积层,然后调用实例即可完成前向计算:

```
In [16]: # 创建转置卷积类
layer = layers.Conv2DTranspose(1,kernel_size = 3,strides = 1,padding = 'VALID')
xx2 = layer(out)    # 通过转置卷积层
xx2
Out[16]:
< tf.Tensor: id = 130, shape = (1, 4, 4, 1), dtype = float32, numpy =
array([[[[ 9.7032385 ],
         [ 5.485071 ],
         [ − 1.6490463 ],
         [ 1.6279562 ]],...
```

10. 11. 3　分离卷积

这里以深度可分离卷积(Depth-wise Separable Convolution)为例。普通卷积在对多通道输入进行运算时,卷积核的每个通道与输入的每个通道分别进行卷积运算,得到多通道的特征图,再对应元素相加产生单个卷积核的最终输出,如图 10.60 所示。

分离卷积的计算流程则不同,卷积核的每个通道与输入的每个通道进行卷积运算,得到多个通道的中间特征,如图 10.61 所示。这个多通道的中间特征张量接下来进行多个 1×1

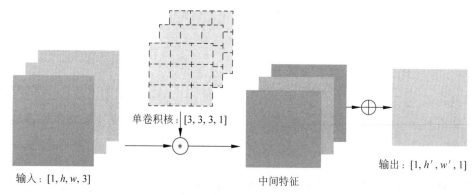

图 10.60　普通卷积计算

卷积核的普通卷积运算,得到多个高、宽不变的输出,这些输出在通道轴上面进行拼接,从而产生最终的分离卷积层的输出。可以看到,分离卷积层包含了两步卷积运算,第一步卷积运算是单个卷积核,第二步卷积运算包含了多个卷积核。

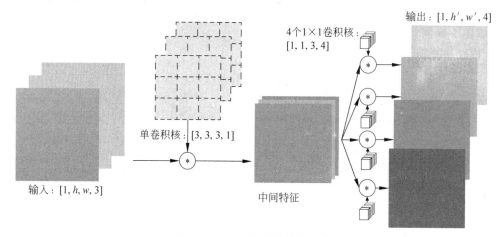

图 10.61　深度可分离卷积计算

采用分离卷积有什么优势?一个很明显的优势在于,同样的输入和输出,采用 Separable Convolution 的参数量约是普通卷积的 $\frac{1}{3}$。考虑图 10.61 中的普通卷积和分离卷积的例子。普通卷积的参数量:

$$3 \times 3 \times 3 \times 4 = 108$$

分离卷积的第一部分参数量:

$$3 \times 3 \times 3 \times 1 = 27$$

第二部分参数量:

$$1 \times 1 \times 3 \times 4 = 14$$

分离卷积的总参数量只有 39,但是却能实现普通卷积同样的输入、输出尺寸变换。分离卷积在 Xception 和 MobileNets 等对计算代价敏感的领域中得到了大量应用。

10.12 深度残差网络

　　AlexNet、VGG、GoogLeNet 等网络模型的出现将神经网络的发展带入了几十层的阶段,研究人员发现网络的层数越深,越有可能获得更好的泛化能力。但是当模型加深以后,网络变得越来越难训练,这主要是由于梯度弥散和梯度爆炸现象造成的。在较深层数的神经网络中,梯度信息由网络的末层逐层传向网络的首层时,传递的过程中会出现梯度接近于 0 或梯度值非常大的现象。网络层数越深,这种现象可能会越严重。

　　如何解决深层神经网络的梯度弥散和梯度爆炸现象?一个很自然的想法是,既然浅层神经网络不容易出现这些梯度现象,那么可以尝试给深层神经网络添加一种回退到浅层神经网络的机制。当深层神经网络可以轻松地回退到浅层神经网络时,深层神经网络可以获得与浅层神经网络相当的模型性能,而不至于更糟糕。

　　通过在输入和输出之间添加一条直接连接的 Skip Connection 可以让神经网络具有回退的能力。以 VGG13 深度神经网络为例,假设观察到 VGG13 模型出现梯度弥散现象,而 10 层的网络模型并没有观测到梯度弥散现象,那么可以考虑在最后的两个卷积层添加 Skip Connection,如图 10.62 所示。通过这种方式,网络模型可以自动选择是否经由这两个卷积层完成特征变换,还是直接跳过这两个卷积层而选择 Skip Connection,抑或结合两个卷积层和 Skip Connection 的输出。

　　2015 年,微软亚洲研究院何凯明等人发表了基于 Skip Connection 的深度残差网络(Residual Neural Network, ResNet)算法[10],并提出了 18 层、34 层、50 层、101 层、152 层的 ResNet-18、ResNet-34、ResNet-50、ResNet-101 和 ResNet-152 等模型,甚至成功训练出层数达到 1202 层的极深层神经网络。ResNet 在 ILSVRC 2015 挑战赛 ImageNet 数据集上的分类、检测等任务上面均获得了最好性能,ResNet 论文至今已经获得超 25000 条的引用量,可见 ResNet 在人工智能行业的影响力。

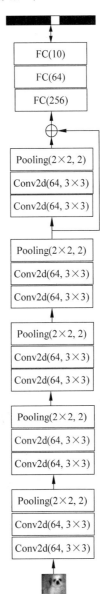

图 10.62　添加了 Skip Connection 的 VGG13 网络结构

10.12.1　ResNet 原理

ResNet 通过在卷积层的输入和输出之间添加 Skip Connection 实现层数回退机制,如图 10.63 所示,输入 x 通过两个卷积层,得到特征变换后的输出 $\mathcal{F}(x)$,与输入 x 进行对应元素的相加运算,得到最终输出 $\mathcal{H}(x)$:

$$\mathcal{H}(x) = x + \mathcal{F}(x)$$

$\mathcal{H}(x)$ 称为残差模块(Residual Block,ResBlock)。由于被 Skip Connection 包围的卷积神经网络需要学习映射 $\mathcal{F}(x) = \mathcal{H}(x) - x$,故称为残差网络。

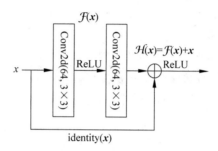

图 10.63　残差模块

为了能够满足输入 x 与卷积层的输出 $\mathcal{F}(x)$ 相加运算,需要输入 x 的 shape 与 $\mathcal{F}(x)$ 的 shape 完全一致。当出现 shape 不一致时,一般通过在 Skip Connection 上添加额外的卷积运算环节将输入 x 变换到与 $\mathcal{F}(x)$ 相同的 shape,如图 10.63 中 identity(x) 函数所示,其中 identity(x) 以 1×1 的卷积运算居多,主要用于调整输入的通道数。

图 10.64 对比了 34 层的深度残差网络、34 层的普通深度网络以及 19 层的 VGG 网络结构。可以看到,深度残差网络通过堆叠残差模块,达到了较深的网络层数,从而获得了训练稳定、性能优越的深层网络模型。

10.12.2　ResBlock 实现

深度残差网络并没有增加新的网络层类型,只是通过在输入和输出之间添加一条 Skip Connection,因此并没有针对 ResNet 的底层实现。在 TensorFlow 中通过调用普通卷积层即可实现残差模块。

首先创建一个新类,在初始化阶段创建残差块中需要的卷积层、激活函数层等,首先新建 $\mathcal{F}(x)$ 卷积层,代码如下:

```python
class BasicBlock(layers.Layer):
    # 残差模块类
    def __init__(self, filter_num, stride=1):
        super(BasicBlock, self).__init__()
```

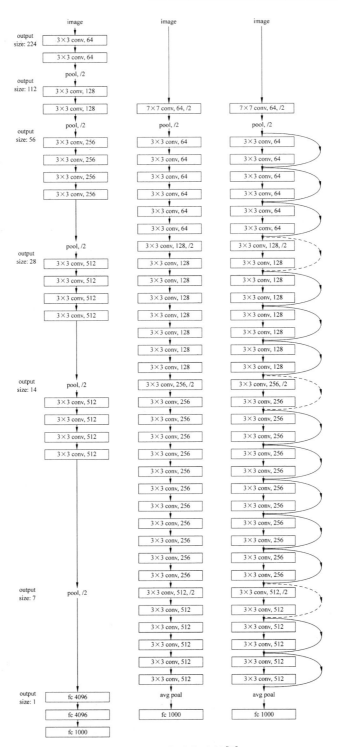

图 10.64　网络结构比较[10]

```
# f(x)包含了2个普通卷积层,创建卷积层1
self.conv1 = layers.Conv2D(filter_num, (3, 3), strides = stride, padding = 'same')
self.bn1 = layers.BatchNormalization()
self.relu = layers.Activation('relu')
# 创建卷积层2
self.conv2 = layers.Conv2D(filter_num, (3, 3), strides = 1, padding = 'same')
self.bn2 = layers.BatchNormalization()
```

当 $\mathcal{F}(x)$ 的形状与 x 不同时,无法直接相加,需要新建 identity(x) 卷积层,来完成 x 的形状转换。紧跟上面代码,实现如下:

```
if stride != 1:                                    # 插入 identity 层
    self.downsample = Sequential()
    self.downsample.add(layers.Conv2D(filter_num, (1, 1), strides = stride))
else:                                              # 否则,直接连接
    self.downsample = lambda x:x
```

在前向传播时,只需要将 $\mathcal{F}(x)$ 与 identity(x) 相加,并添加 ReLU 激活函数即可。前向计算函数代码如下:

```
def call(self, inputs, training = None):
    # 前向传播函数
    out = self.conv1(inputs)                       # 通过第一个卷积层
    out = self.bn1(out)
    out = self.relu(out)
    out = self.conv2(out)                          # 通过第二个卷积层
    out = self.bn2(out)
    # 输入通过 identity() 转换
    identity = self.downsample(inputs)
    # f(x) + x 运算
    output = layers.add([out, identity])
    # 再通过激活函数并返回
    output = tf.nn.relu(output)
    return output
```

10.13　DenseNet

Skip Connection 的思想在 ResNet 上面获得了巨大的成功,研究人员开始尝试不同的 Skip Connection 方案,其中比较流行的就是 DenseNet[11]。DenseNet 将前面所有层的特征图信息通过 Skip Connection 与当前层输出进行聚合,与 ResNet 的对应位置相加方式不同,DenseNet 采用在通道轴 c 维度进行拼接操作,聚合特征信息。

如图 10.65 所示，输入 $\boldsymbol{X}_0$ 通过 H_1 卷积层得到输出 $\boldsymbol{X}_1$，$\boldsymbol{X}_1$ 与 $\boldsymbol{X}_0$ 在通道轴上进行拼接，得到聚合后的特征张量，送入 H_2 卷积层，得到输出 $\boldsymbol{X}_2$，同样的方法，$\boldsymbol{X}_2$ 与前面所有层的特征信息 $\boldsymbol{X}_1$ 与 $\boldsymbol{X}_0$ 进行聚合，再送入下一层。如此循环，直至最后一层的输出 $\boldsymbol{X}_4$ 和前面所有层的特征信息：$\{\boldsymbol{X}_i\}_{i=0,1,2,3}$ 进行聚合得到模块的最终输出。这样一种基于 Skip Connection 稠密连接的模块称为 Dense Block。

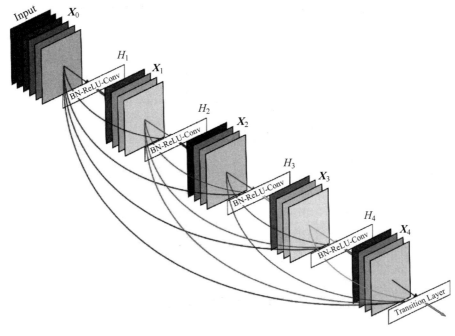

图 10.65　Dense Block 结构[①]

DenseNet 通过堆叠多个 Dense Block 构成复杂的深层神经网络，如图 10.66 所示。

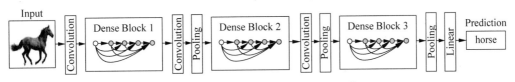

图 10.66　一个典型的 DenseNet 结构[②]

图 10.67 比较了不同版本的 DenseNet 的性能、DenseNet 与 ResNet 的性能比较，以及 DenseNet 与 ResNet 训练曲线。

---

① 图片来自 https：//github.com/liuzhuang13/DenseNet
② 图片来自 https：//github.com/liuzhuang13/DenseNet

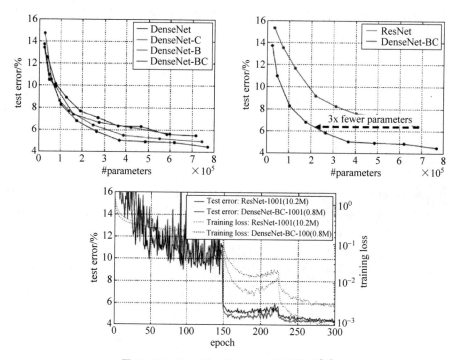

图 10.67　DenseNet 与 ResNet 性能比较[11]

10.14　CIFAR10 与 ResNet18 实战

本节将实现 18 层的深度残差网络 ResNet18,并在 CIFAR10 图片数据集上训练与测试。并将与 13 层的普通神经网络 VGG13 进行简单的性能比较。

标准的 ResNet18 接受输入为 224×224 大小的图片数据,将 ResNet18 进行适量调整,使得它输入大小为 32×32,输出维度为 10。调整后的 ResNet18 网络结构如图 10.68 所示。

首先实现中间两个卷积层,Skip Connection 1×1 卷积层的残差模块。代码如下:

```
class BasicBlock(layers.Layer):
    # 残差模块
    def __init__(self, filter_num, stride=1):
        super(BasicBlock, self).__init__()
        # 第一个卷积单元
        self.conv1 = layers.Conv2D(filter_num, (3, 3), strides=stride, padding='same')
        self.bn1 = layers.BatchNormalization()
        self.relu = layers.Activation('relu')
        # 第二个卷积单元
        self.conv2 = layers.Conv2D(filter_num, (3, 3), strides=1, padding='same')
        self.bn2 = layers.BatchNormalization()
```

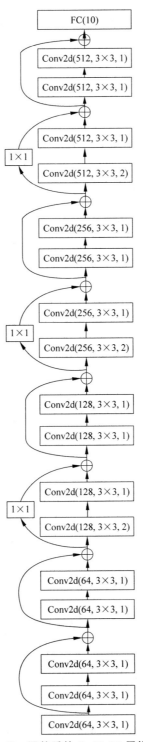

图 10.68 调整后的 ResNet18 网络结构

```
        if stride != 1:                              # 通过 1x1 卷积完成 shape 匹配
            self.downsample = Sequential()
            self.downsample.add(layers.Conv2D(filter_num, (1, 1), strides = stride))
        else:                                        # shape 匹配,直接短接
            self.downsample = lambda x:x

    def call(self, inputs, training = None):
        # 前向计算函数
        # [b, h, w, c],通过第一个卷积单元
        out = self.conv1(inputs)
        out = self.bn1(out)
        out = self.relu(out)
        # 通过第二个卷积单元
        out = self.conv2(out)
        out = self.bn2(out)
        # 通过 identity 模块
        identity = self.downsample(inputs)
        # 2 条路径输出直接相加
        output = layers.add([out, identity])
        output = tf.nn.relu(output)                  # 激活函数

        return output
```

在设计深度卷积神经网络时,一般按照特征图高、宽 h/w 逐渐减少,通道数 c 逐渐增大的经验法则。可以通过堆叠通道数逐渐增大的 Res Block 来实现高层特征的提取,通过 build_resblock 可以一次完成多个残差模块的新建。代码如下:

```
def build_resblock(self, filter_num, blocks, stride = 1):
    # 辅助函数,堆叠 filter_num 个 BasicBlock
    res_blocks = Sequential()
    # 只有第一个 BasicBlock 的步长可能不为 1,实现下采样
    res_blocks.add(BasicBlock(filter_num, stride))

    for _ in range(1, blocks):                       # 其他 BasicBlock 步长都为 1
        res_blocks.add(BasicBlock(filter_num, stride = 1))

    return res_blocks
```

下面实现通用的 ResNet 网络模型。代码如下:

```
class ResNet(keras.Model):
    # 通用的 ResNet 实现类
    def __init__(self, layer_dims, num_classes = 10): # [2, 2, 2, 2]
        super(ResNet, self).__init__()
        # 根网络,预处理
        self.stem = Sequential([layers.Conv2D(64, (3, 3), strides = (1, 1)),
                                layers.BatchNormalization(),
                                layers.Activation('relu'),
```

```
                          layers.MaxPool2D(pool_size = (2, 2), strides = (1, 1),
                              padding = 'same')
                      ])
        # 堆叠 4 个 Block,每个 Block 包含了多个 BasicBlock,设置步长不一样
        self.layer1 = self.build_resblock(64, layer_dims[0])
        self.layer2 = self.build_resblock(128, layer_dims[1], stride = 2)
        self.layer3 = self.build_resblock(256, layer_dims[2], stride = 2)
        self.layer4 = self.build_resblock(512, layer_dims[3], stride = 2)

        # 通过 Pooling 层将高宽降低为 1x1
        self.avgpool = layers.GlobalAveragePooling2D()
        # 最后连接一个全连接层分类
        self.fc = layers.Dense(num_classes)

    def call(self, inputs, training = None):
        # 前向计算函数: 通过根网络
        x = self.stem(inputs)
        # 一次通过 4 个模块
        x = self.layer1(x)
        x = self.layer2(x)
        x = self.layer3(x)
        x = self.layer4(x)

        # 通过池化层
        x = self.avgpool(x)
        # 通过全连接层
        x = self.fc(x)

        return x
```

通过调整每个 Res Block 的堆叠数量和通道数可以产生不同的 ResNet,如通过 64-64-128-128-256-256-512-512 通道数配置,共 8 个 Res Block,可得到 ResNet18 的网络模型。每个 ResBlock 包含了 2 个主要的卷积层,因此卷积层数量是 $8 \times 2 = 16$,加上网络末尾的全连接层,共 18 层。创建 ResNet18 和 ResNet34 可以简单实现如下:

```
def resnet18():
    # 通过调整模块内部 BasicBlock 的数量和配置实现不同的 ResNet
    return ResNet([2, 2, 2, 2])

def resnet34():
    # 通过调整模块内部 BasicBlock 的数量和配置实现不同的 ResNet
    return ResNet([3, 4, 6, 3])
```

下面完成 CIFAR10 数据集的加载工作,代码如下:

```
(x,y), (x_test, y_test) = datasets.cifar10.load_data()    # 加载数据集
y = tf.squeeze(y, axis = 1)                               # 删除不必要的维度
y_test = tf.squeeze(y_test, axis = 1)                     # 删除不必要的维度
print(x.shape, y.shape, x_test.shape, y_test.shape)
```

```
train_db = tf.data.Dataset.from_tensor_slices((x,y))           # 构建训练集
# 随机打散,预处理,批量化
train_db = train_db.shuffle(1000).map(preprocess).batch(512)

test_db = tf.data.Dataset.from_tensor_slices((x_test,y_test))  # 构建测试集
# 随机打散,预处理,批量化
test_db = test_db.map(preprocess).batch(512)
# 采样一个样本
sample = next(iter(train_db))
print('sample:', sample[0].shape, sample[1].shape,
        tf.reduce_min(sample[0]), tf.reduce_max(sample[0]))
```

数据的预处理逻辑比较简单,直接将数据范围映射到 $[-1,1]$。这里也可以基于 ImageNet 数据图片的均值和标准差做标准化处理。代码如下:

```
def preprocess(x, y):
    # 将数据映射到-1~1
    x = 2 * tf.cast(x, dtype = tf.float32) / 255. - 1
    y = tf.cast(y, dtype = tf.int32)                              # 类型转换
    return x,y
```

网络训练逻辑和普通的分类网络训练部分一样,固定训练 50 个 Epoch。代码如下:

```
for epoch in range(50):                                          # 训练 epoch
    for step, (x,y) in enumerate(train_db):
        with tf.GradientTape() as tape:
            # [b, 32, 32, 3] => [b, 10],前向传播
            logits = model(x)
            # [b] => [b, 10],one-hot 编码
            y_onehot = tf.one_hot(y, depth = 10)
            # 计算交叉熵
            loss = tf.losses.categorical_crossentropy(y_onehot, logits, from_logits = True)
            loss = tf.reduce_mean(loss)
        # 计算梯度信息
        grads = tape.gradient(loss, model.trainable_variables)
        # 更新网络参数
        optimizer.apply_gradients(zip(grads, model.trainable_variables))
```

ResNet18 的网络参数量共 1100 万个,经过 50 个 Epoch 后,网络的准确率达到了 79.3%。这里的实战代码比较精简,在精挑超参数、数据增强等手段加持下,准确率可以达到更高。

参考文献

[1] Hinton G E, Osindero S, Teh Y W. A Fast Learning Algorithm for Deep Belief Nets[J]. Neural Comput., 2006,18(7):1527-1554.

[2]　LeCun Y, Boser B, Denker J S, et al. Backpropagation Applied to Handwritten Zip Code Recognition [J]. Neural Comput. ,1989,1(12): 541-551.

[3]　Krizhevsky A, Sutskever I, Hinton G E. ImageNet Classification with Deep Convolutional Neural Networks[C]//Pereira F, Burges C J C, Bottou L et al. Advances in Neural Information Processing Systems 25. Curran Associates, Inc. , 2012: 1097-1105.

[4]　Lecun Y, Bottou L, Bengio Y, et al. Gradient-based learning applied to document recognition[C]// Proceedings of the IEEE, 1998.

[5]　Zeiler M D, Fergus R. Visualizing and Understanding Convolutional Networks [C]//Computer Vision— ECCV 2014, Cham, 2014.

[6]　Ioffe S, Szegedy C. Batch Normalization: Accelerating Deep Network Training by Reducing Internal Covariate Shift[DB/OL] . (2019-10-03) [2015-02-11]. https://arxiv. org/abs/1502. 03167.

[7]　Wu Y, He K. Group Normalization[DB/OL]. (2019-10-03) [2018-03-22]. https://arxiv. org/abs/ 1803. 08494.

[8]　Simonyan K, Zisserman A. Very Deep Convolutional Networks for Large-Scale Image Recognition [DB/OL]. (2019-10-03)[2014-09-04]. https://arxiv. org/abs/1409. 1556.

[9]　Szegedy C, Liu W, Jia Y, et al. Going Deeper with Convolutions[C]//Computer Vision and Pattern Recognition (CVPR), 2015.

[10]　He K, Zhang X, Ren S et al. Deep Residual Learning for Image Recognition[DB/OL]. (2019-10-03) [2015-12-10]. https://arxiv. org/abs/1512. 03385.

[11]　Huang G, Liu Z , Weinberger K Q. Densely Connected Convolutional Networks[DB/OL](2019-10-03) [2016-08-25] . https://arxiv. org/abs/1608. 06993.

[12]　Radford A, Metz L, Chintala S, Unsupervised Representation Learning with Deep Convolutional Generative Adversarial Networks [C]//International Conference on Learning Representations (ICLR), 2015.

## 第 11 章

循环神经网络

> 人工智能的强力崛起，可能是人类历史上最好的事情，也可能是最糟糕的事情。——史蒂芬·霍金

卷积神经网络利用数据的局部相关性和权值共享的思想大大减少了网络的参数量，非常适合于图片这种具有空间（Spatial）局部相关性的数据，已经被成功地应用到计算机视觉领域的一系列任务上。自然界的信号除了具有空间维度之外，还有一个时间（Temporal）维度。具有时间维度的信号非常常见，例如正在阅读的文本、说话时发出的语音信号、随着时间变化的股市参数等。这类数据并不一定具有局部相关性，同时数据在时间维度上的长度也是可变的，卷积神经网络并不擅长处理此类数据。

如何解决这一类信号的分析、识别等问题是将人工智能推向通用人工智能路上必须解决的一项任务。本章将要介绍的循环神经网络可以较好地解决此类问题。在介绍循环神经网络之前，首先介绍对于具有时间先后顺序的数据的表示方法。

11.1 序列表示方法

具有先后顺序的数据一般称为序列（Sequence），例如随时间而变化的商品价格数据就是非常典型的序列。考虑某件商品 A 在 1～6 月的价格变化趋势，记为一维向量：$[x_1, x_2, x_3, x_4, x_5, x_6]$，它的 shape 为 $[6]$。如果要表示 b 件商品在 1～6 月的价格变化趋势，可以记为 2 维张量：

$$[[x_1^{(1)}, x_2^{(1)}, \cdots, x_6^{(1)}], [x_1^{(2)}, x_2^{(2)}, \cdots, x_6^{(2)}], \cdots, [x_1^{(b)}, x_2^{(b)}, \cdots, x_6^{(b)}]]$$

其中 b 表示商品的数量，张量 shape 为 $[b, 6]$。

这么看来，序列信号表示起来并不麻烦，只需要一个 shape 为 $[b, s]$ 的张量即可，其中 b 为序列数量，s 为序列长度。但是对于很多信号并不能直接用一个标量数值表示，例如每个时间戳产生长度为 n 的特征向量，则需要 shape 为 $[b, s, n]$ 的张量才能表示。考虑更复杂的文本数据：句子。它在每个时间戳上面产生的单词是一个字符，并不是数值，不能直接用某

个标量表示。已经知道神经网络本质上是一系列的矩阵相乘、相加等数学运算,它并不能够直接处理字符串类型的数据。如果希望神经网络能够用于自然语言处理任务,如何把单词或字符转化为数值就变得尤为关键。接下来主要探讨文本序列的表示方法,其他非数值类型的信号可以参考文本序列的表示方法。

对于一个含有 n 个单词的句子,单词的一种简单表示方法就是前面介绍的 One-hot 编码。以英文句子为例,假设只考虑最常用的 1 万个单词,那么每个单词就可以表示为某位为 1,其他位置为 0 且长度为 1 万的稀疏 One-hot 向量;对于中文句子,如果也只考虑最常用的 5000 个汉字,同样的方法,一个汉字可以用长度为 5000 的 One-hot 向量表示。如图 11.1 所示,如果只考虑 n 个地名单词,可以将每个地名编码为长度 n 的 One-hot 向量。

```
        Rome  Paris        word V
Rome  = [1, 0, 0, 0, 0, 0, ..., 0]
Paris = [0, 1, 0, 0, 0, 0, ..., 0]
Italy = [0, 0, 1, 0, 0, 0, ..., 0]
France= [0, 0, 0, 1, 0, 0, ..., 0]
```

图 11.1 地名系统 One-hot 编码方案

我们把文字编码为数值的过程称为 Word Embedding。One-hot 的编码方式实现 Word Embedding 简单直观,编码过程不需要学习和训练。但是 One-hot 编码的向量是高维度而且极其稀疏的,大量的位置为 0,计算效率较低,同时也不利于神经网络的训练。从语义角度来讲,One-hot 编码还有一个严重的问题,它忽略了单词先天具有的语义相关性。例如,对于单词 like、dislike、Rome、Paris 来说,like 和 dislike 在语义角度就强相关,它们都表示喜欢的程度;Rome 和 Paris 同样也是强相关,它们都表示欧洲的两个地点。对于一组这样的单词来说,如果采用 One-hot 编码,得到的向量之间没有相关性,不能很好地体现原有文字的语义相关度,因此 One-hot 编码具有明显的缺陷。

在自然语言处理领域,有专门的一个研究方向在探索如何学习到单词的表示向量(Word Vector),使得语义层面的相关性能够很好地通过 Word Vector 体现出来。一个衡量词向量之间相关度的方法就是余弦相关度(Cosine similarity):

$$\text{similarity}(\boldsymbol{a}, \boldsymbol{b}) \triangleq \cos(\theta) = \frac{\boldsymbol{a} \times \boldsymbol{b}}{|\boldsymbol{a}| \times |\boldsymbol{b}|}$$

其中 $\boldsymbol{a}$ 和 $\boldsymbol{b}$ 代表了两个词向量。图 11.2 演示了单词 France 和 Italy 的相似度,以及单词 ball 和 crocodile 的相似度,θ 为两个词向量之间的夹角。可以看到 $\cos(\theta)$ 较好地反映了语义相关性。

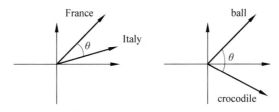

图 11.2 余弦相似度

11.1.1　Embedding 层

在神经网络中,单词的表示向量可以直接通过训练的方式得到,把单词的表示层称为 Embedding 层。Embedding 层负责把单词编码为某个词向量 v,它接受的是采用数字编码的单词编号 i,如 2 表示 I,3 表示 me 等,系统总单词数量记为 N_{vocab},输出长度为 n 的向量 v:

$$v = f_\theta(i \mid N_{vocab}, n)$$

Embedding 层实现起来非常简单,构建一个 shape 为 $[N_{vocab}, n]$ 的查询表对象 table,对于任意的单词编号 i,只需要查询到对应位置上的向量并返回即可:

$$v = \text{table}[i]$$

Embedding 层是可训练的,它可放置在神经网络之前,完成单词到向量的转换,得到的表示向量可以继续通过神经网络完成后续任务,并计算误差 $\mathcal{L}$,采用梯度下降算法来实现端到端(end-to-end)的训练。

在 TensorFlow 中,可以通过 layers.Embedding(N_{vocab}, n)来定义一个 Word Embedding 层,其中 N_{vocab} 参数指定词汇数量,n 指定单词向量的长度。例如:

```
x = tf.range(10)                    # 生成 10 个单词的数字编码
x = tf.random.shuffle(x)            # 打散
# 创建共 10 个单词,每个单词用长度为 4 的向量表示的层
net = layers.Embedding(10, 4)
out = net(x)                        # 获取词向量
```

上述代码创建了 10 个单词的 Embedding 层,每个单词用长度为 4 的向量表示,可以传入数字编码为 0~9 的输入,得到这 4 个单词的词向量,这些词向量随机初始化的,尚未经过网络训练,例如:

```
< tf.Tensor: id = 96, shape = (10, 4), dtype = float32, numpy =
array([[ - 0.00998075, - 0.04006485,   0.03493755, 0.03328368],
       [ - 0.04139598, - 0.02630153, - 0.01353856, 0.02804044],...
```

可以直接查看 Embedding 层内部的查询表 table:

```
In [1]: net.embeddings
Out[1]:
< tf.Variable 'embedding_4/embeddings:0' shape = (10, 4) dtype = float32, numpy =
array([[ 0.04112223, 0.01824595, - 0.01841902, 0.00482471],
       [ - 0.00428962, - 0.03172196, - 0.04929272, 0.04603403],...
```

并查看 net.embeddings 张量的可优化属性为 True,即可通过梯度下降算法优化。

```
In [2]: net.embeddings.trainable
Out[2]:True
```

11.1.2 预训练的词向量

Embedding 层的查询表是随机初始化的,需要从零开始训练。实际上,可以使用预训练的 Word Embedding 模型来得到单词的表示方法,基于预训练模型的词向量相当于迁移了整个语义空间的知识,往往能得到更好的性能。

目前应用比较广泛的预训练模型有 Word2Vec 和 GloVe 等。它们已经在海量语料库训练得到了较好的词向量表示方法,并可以直接导出学习到的词向量表,方便迁移到其他任务。例如 GloVe 模型 GloVe.6B.50d,词汇量为 40 万,每个单词使用长度为 50 的向量表示,用户只需要下载对应的模型文件即可,glove6b50dtxt.zip 模型文件约 69MB。

如何使用这些预训练的词向量模型来帮助提升 NLP 任务的性能?非常简单,对于 Embedding 层,不再采用随机初始化的方式,而是利用已经预训练好的模型参数去初始化 Embedding 层的查询表。例如:

```
# 从预训练模型中加载词向量表
embed_glove = load_embed('glove.6B.50d.txt')
# 直接利用预训练的词向量表初始化 Embedding 层
net.set_weights([embed_glove])
```

经过预训练的词向量模型初始化的 Embedding 层可以设置为不参与训练:net.trainable = False,那么预训练的词向量就直接应用到此特定任务上;如果希望能够学到区别于预训练词向量模型不同的表示方法,那么可以把 Embedding 层包含进反向传播算法中去,利用梯度下降来微调单词表示方法。

11.2 循环神经网络

现在考虑如何处理序列信号,以文本序列为例,考虑一个句子:
$$\text{"I hate this boring movie"}$$
通过 Embedding 层,可以将它转换为 shape 为 $[b,s,n]$ 的张量,b 为句子数量,s 为句子长度,n 为词向量长度。上述句子可以表示为 shape 为 $[1,5,10]$ 的张量,其中 5 代表句子单词长度,10 表示词向量长度。

接下来逐步探索能够处理序列信号的网络模型,为了便于表达,以情感分类任务为例,如图 11.3 所示。情感分类任务通过分析给出的文本序列,提炼出文本数据表达的整体语义特征,从而预测输入文本的情感类型:正面评价或者负面评价。从分类角度来看,情感分类问题就是一个简单的二分类问题,与图片分类不一样的是,由于输入是文本序列,传统的卷积神经网络并不能取得很好的效果。那什么类型的网络擅长处理序列数据?

11.2.1 全连接层可行吗

首先想到对于每个词向量,分别使用一个全连接层网络

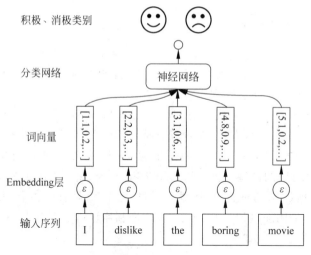

图 11.3　情感分类任务

$$o = \sigma(W_t x_t + b_t)$$

提取语义特征,如图 11.4 所示,各个单词的词向量通过 s 个全连接层分类网络 1 提取每个单词的特征,所有单词的特征最后合并,并通过分类网络 2 输出序列的类别概率分布,对于长度为 s 的句子来说,至少需要 s 个全网络层。

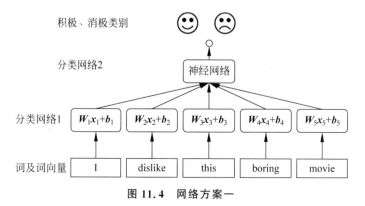

图 11.4　网络方案一

这种方案的缺点如下:

❑ 网络参数量是相当可观的,内存占用和计算代价较高,同时由于每个序列的长度 s 并不相同,网络结构是动态变化的。

❑ 每个全连接层子网络 W_i 和 b_i 只能感受当前词向量的输入,并不能感知之前和之后的语境信息,导致句子整体语义的缺失,每个子网络只能根据自己的输入来提取高层特征,有如管中窥豹。

接下来逐一解决这两大缺陷。

11.2.2 权值共享

在介绍卷积神经网络时就比较过,卷积神经网络之所以在处理局部相关数据时优于全连接网络,是因为它充分利用了权值共享的思想,大大减少了网络的参数量,使得网络训练起来更加高效。那么,在处理序列信号的问题上,能否借鉴权值共享的思想?

图 11.4 中的方案,s 个全连接层的网络并没有实现权值同享。尝试将这 s 个网络层参数共享,这样其实相当于使用一个全连接网络提取所有单词的特征信息,如图 11.5 所示。

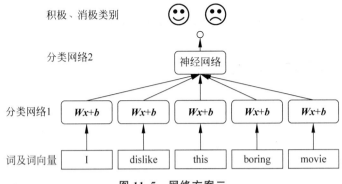

图 11.5 网络方案二

通过权值共享后,参数量大大减少,网络训练变得更加稳定高效。但是,这种网络结构并没有考虑序列之间的先后顺序,将词向量打乱次序仍然能获得相同的输出,无法获取有效的全局语义信息。

11.2.3 全局语义

如何赋予网络提取整体语义特征的能力?或者说,如何让网络能够按序提取词向量的语义信息,并累积成整个句子的全局语义信息?我们想到了内存(Memory)机制。如果网络能够提供一个单独的内存变量,每次提取词向量的特征并刷新内存变量,直至最后一个输入完成,此时的内存变量即存储了所有序列的语义特征,并且由于输入序列之间的先后顺序,使得内存变量内容与序列顺序紧密关联。

将上述 Memory 机制实现为一个状态张量 h,如图 11.6 所示,除了原来的 W_{xh} 参数共享外,这里额外增加了一个 W_{hh} 参数,每个时间戳 t 上状态张量 h 刷新机制为:

$$h_t = \sigma(W_{xh}x_t + W_{hh}h_{t-1} + b)$$

其中状态张量 h_0 为初始的内存状态,可以初始化为全 0,经过 s 个词向量的输入后得到网络最终的状态张量 h_s,h_s 较好地代表了句子的全局语义信息,基于 h_s 通过某个全连接层分类器即可完成情感分类任务。

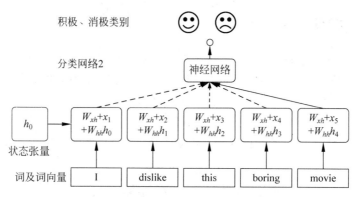

图 11.6　循环神经网络（未添加偏置）

11.2.4　循环神经网络原理

通过一步步地探索，最终提出了一种"新型"的网络结构，如图 11.7 所示，在每个时间戳 t，网络层接受当前时间戳的输入 $\boldsymbol{x}_t$ 和上一个时间戳的网络状态向量 $\boldsymbol{h}_{t-1}$，经过

$$\boldsymbol{h}_t = f_\theta(\boldsymbol{h}_{t-1}, \boldsymbol{x}_t)$$

变换后得到当前时间戳的新状态向量 $\boldsymbol{h}_t$，并写入内存状态中，其中 f_θ 代表了网络的运算逻辑，θ 为网络参数集。在每个时间戳上，网络层均有输出产生 $\boldsymbol{o}_t$，$\boldsymbol{o}_t = g_\phi(\boldsymbol{h}_t)$，即将网络的状态向量变换后输出。

上述网络结构在时间戳上折叠，如图 11.8 所示，网络循环接受序列的每个特征向量 $\boldsymbol{x}_t$，并刷新内部状态向量 $\boldsymbol{h}_t$，同时形成输出 $\boldsymbol{o}_t$。对于这种网络结构，把它称为循环网络结构（Recurrent Neural Network，RNN）。

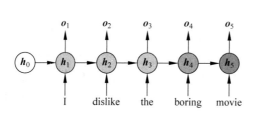

图 11.7　展开的 RNN 模型

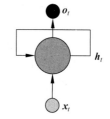

图 11.8　折叠的 RNN 模型

更特别地，如果使用张量 $\boldsymbol{W}_{xh}$、$\boldsymbol{W}_{hh}$ 和偏置 $\boldsymbol{b}$ 来参数化 f_θ 网络，并按照

$$\boldsymbol{h}_t = \sigma(\boldsymbol{W}_{xh}\boldsymbol{x}_t + \boldsymbol{W}_{hh}\boldsymbol{h}_{t-1} + \boldsymbol{b})$$

方式更新内存状态，把这种网络称为基本的循环神经网络，如无特别说明，一般说的循环神经网络即指这种实现。在循环神经网络中，激活函数更多地采用 tanh 函数，并且可以选择不使用偏执 $\boldsymbol{b}$ 来进一步减少参数量。状态向量 $\boldsymbol{h}_t$ 可以直接用作输出，即 $\boldsymbol{o}_t = \boldsymbol{h}_t$，也可以对 $\boldsymbol{h}_t$ 做一个简单的线性变换 $\boldsymbol{o}_t = \boldsymbol{W}_{ho}\boldsymbol{h}_t$ 后得到每个时间戳上的网络输出 $\boldsymbol{o}_t$。

11.3　梯度传播

　　通过循环神经网络的更新表达式可以看出输出对张量 $\boldsymbol{W}_{xh}$、$\boldsymbol{W}_{hh}$ 和偏置 $\boldsymbol{b}$ 均是可导的，可以利用自动梯度算法来求解网络的梯度。此处仅简单地推导一下 RNN 的梯度传播公式，并观察其特点。

　　考虑梯度 $\dfrac{\partial \mathcal{L}}{\partial \boldsymbol{W}_{hh}}$，其中 $\mathcal{L}$ 为网络的误差，只考虑最后一个时刻 t 的输出 $\boldsymbol{o}_t$ 与真实值之间的差距。由于 $\boldsymbol{W}_{hh}$ 被每个时间戳 i 上权值共享，在计算 $\dfrac{\partial \mathcal{L}}{\partial \boldsymbol{W}_{hh}}$ 时需要将每个中间时间戳 i 上面的梯度求和，利用链式法则展开为

$$\frac{\partial \mathcal{L}}{\partial \boldsymbol{W}_{hh}} = \sum_{i=1}^{t} \frac{\partial \mathcal{L}}{\partial \boldsymbol{o}_t} \frac{\partial \boldsymbol{o}_t}{\partial \boldsymbol{h}_t} \frac{\partial \boldsymbol{h}_t}{\partial \boldsymbol{h}_i} \frac{\partial^+ \boldsymbol{h}_i}{\partial \boldsymbol{W}_{hh}}$$

其中 $\dfrac{\partial \mathcal{L}}{\partial \boldsymbol{o}_t}$ 可以基于损失函数直接求得，$\dfrac{\partial \boldsymbol{o}_t}{\partial h_t}$ 在 $\boldsymbol{o}_t = \boldsymbol{h}_t$ 的情况下：

$$\frac{\partial \boldsymbol{o}_t}{\partial \boldsymbol{h}_t} = I$$

而 $\dfrac{\partial^+ \boldsymbol{h}_i}{\partial \boldsymbol{W}_{hh}}$ 的梯度将 $\boldsymbol{h}_i$ 展开后也可以求得：

$$\frac{\partial^+ \boldsymbol{h}_i}{\partial \boldsymbol{W}_{hh}} = \frac{\partial \sigma(\boldsymbol{W}_{xh}\boldsymbol{x}_t + \boldsymbol{W}_{hh}\boldsymbol{h}_{t-1} + \boldsymbol{b})}{\partial \boldsymbol{W}_{hh}}$$

其中 $\dfrac{\partial^+ \boldsymbol{h}_i}{\partial \boldsymbol{W}_{hh}}$ 只考虑到一个时间戳的梯度传播，即"直接"偏导数，与 $\dfrac{\partial L}{\partial \boldsymbol{W}_{hh}}$ 考虑 $i = 1, 2, \cdots, t$ 所有的时间戳的偏导数不同。

　　因此，只需要推导出 $\dfrac{\partial \boldsymbol{h}_t}{\partial \boldsymbol{h}_i}$ 的表达式即可完成循环神经网络的梯度推导。利用链式法则，把 $\dfrac{\partial \boldsymbol{h}_t}{\partial \boldsymbol{h}_i}$ 分拆为连续时间戳的梯度表达式：

$$\frac{\partial \boldsymbol{h}_t}{\partial \boldsymbol{h}_i} = \frac{\partial \boldsymbol{h}_t}{\partial \boldsymbol{h}_{t-1}} \frac{\partial \boldsymbol{h}_{t-1}}{\partial \boldsymbol{h}_{t-2}} \cdots \frac{\partial \boldsymbol{h}_{i+1}}{\partial \boldsymbol{h}_i} = \prod_{k=i}^{t-1} \frac{\partial \boldsymbol{h}_{k+1}}{\partial \boldsymbol{h}_k}$$

考虑

$$\boldsymbol{h}_{k+1} = \sigma(\boldsymbol{W}_{xh}\boldsymbol{x}_{k+1} + \boldsymbol{W}_{hh}\boldsymbol{h}_k + \boldsymbol{b})$$

那么

$$\frac{\partial \boldsymbol{h}_{k+1}}{\partial \boldsymbol{h}_k} = \boldsymbol{W}_{hh}^{\mathrm{T}} \operatorname{diag}(\sigma'(\boldsymbol{W}_{xh}\boldsymbol{x}_{k+1} + \boldsymbol{W}_{hh}\boldsymbol{h}_k + \boldsymbol{b}))$$

其中 $\operatorname{diag}(\boldsymbol{x})$ 把向量 $\boldsymbol{x}$ 的每个元素作为矩阵的对角元素，得到其他元素全为 0 的对角矩阵，例如：

$$\mathrm{diag}([3,2,1]) = \begin{bmatrix} 3 & 0 & 0 \\ 0 & 2 & 0 \\ 0 & 0 & 1 \end{bmatrix}$$

因此

$$\frac{\partial \boldsymbol{h}_t}{\partial \boldsymbol{h}_i} = \prod_{j=i}^{t-1} \boldsymbol{W}_{hh}^{\mathrm{T}} \mathrm{diag}(\sigma'(\boldsymbol{W}_{xh}\boldsymbol{x}_{j+1} + \boldsymbol{W}_{hh}\boldsymbol{h}_j + \boldsymbol{b}))$$

至此，$\frac{\partial \mathcal{L}}{\partial \boldsymbol{W}_{hh}}$ 的梯度推导完成。

由于深度学习框架可以自动推导梯度，只需要简单地了解循环神经网络的梯度传播方式即可。在推导 $\frac{\partial \mathcal{L}}{\partial \boldsymbol{W}_{hh}}$ 的过程中发现，$\frac{\partial \boldsymbol{h}_t}{\partial \boldsymbol{h}_i}$ 的梯度包含了 $\boldsymbol{W}_{hh}$ 的连乘运算，会在后面介绍，这是导致循环神经网络训练困难的根本原因。

11.4 RNN 层使用方法

在介绍完循环神经网络的算法原理之后，学习如何在 TensorFlow 中实现 RNN 层。在 TensorFlow 中，可以通过 layers.SimpleRNNCell 来完成 $\sigma(\boldsymbol{W}_{xh}\boldsymbol{x}_t + \boldsymbol{W}_{hh}\boldsymbol{h}_{t-1} + \boldsymbol{b})$ 计算。注意，在 TensorFlow 中，RNN 表示通用意义上的循环神经网络，对于目前介绍的基础循环神经网络，它一般称为 SimpleRNN。SimpleRNN 与 SimpleRNNCell 的区别在于，带 Cell 的层仅仅是完成了一个时间戳的前向运算，不带 Cell 的层一般是基于 Cell 层实现的，它在内部已经完成了多个时间戳的循环运算，因此使用起来更为方便快捷。

先介绍 SimpleRNNCell 的使用方法，再介绍 SimpleRNN 层的使用方法。

11.4.1 SimpleRNNCell

以某输入特征长度 $n = 4$，Cell 状态向量特征长度 $h = 3$ 为例，首先新建一个 SimpleRNNCell，不需要指定序列长度 s，代码如下：

```
In [3]:
cell = layers.SimpleRNNCell(3)            # 创建 RNN Cell,内存向量长度为 3
cell.build(input_shape = (None,4))        # 输出特征长度 n = 4
cell.trainable_variables                  # 打印 wxh, whh, b 张量
Out[3]:
[< tf.Variable 'kernel:0' shape = (4, 3) dtype = float32, numpy = ...>,
< tf.Variable 'recurrent_kernel:0' shape = (3, 3) dtype = float32, numpy = ...>,
< tf.Variable 'bias:0' shape = (3,) dtype = float32, numpy = array([0., 0., 0.], dtype = float32)>]
```

可以看到，SimpleRNNCell 内部维护了 3 个张量，kernel 变量即 $\boldsymbol{W}_{xh}$ 张量，recurrent_kernel 变量即 $\boldsymbol{W}_{hh}$ 张量，bias 变量即偏置 $\boldsymbol{b}$ 向量。但是 RNN 的 Memory 向量 $\boldsymbol{h}$ 并不由

SimpleRNNCell 维护,需要用户自行初始化向量 h_0 并记录每个时间戳上的 h_t。

通过调用 Cell 实例即可完成前向运算:

$$o_t,[h_t]=\mathrm{Cell}(x_t,[h_{t-1}])$$

对于 SimpleRNNCell 来说,$o_t=h_t$,并没有经过额外的线性层转换,是同一个对象;$[h_t]$ 通过一个 List 包裹起来,这么设置是为了与 LSTM、GRU 等 RNN 变种格式统一。在循环神经网络的初始化阶段,状态向量 h_0 一般初始化为全 0 向量,例如:

```
In [4]:
# 初始化状态向量,用列表包裹,统一格式
h0 = [tf.zeros([4, 64])]
x = tf.random.normal([4, 80, 100])          # 生成输入张量,4 个 80 单词的句子
xt = x[:,0,:]                               # 所有句子的第 1 个单词
# 构建输入特征 n = 100,序列长度 s = 80,状态长度 = 64 的 Cell
cell = layers.SimpleRNNCell(64)
out, h1 = cell(xt, h0)                      # 前向计算
print(out.shape, h1[0].shape)
Out[4]: (4, 64) (4, 64)
```

可以看到经过一个时间戳的计算后,输出和状态张量的 shape 都为 $[b,h]$,打印出这两者的 id 如下:

```
In [5]:print(id(out), id(h1[0]))
Out[5]:2154936585256 2154936585256
```

两者 id 一致,即状态向量直接作为输出向量。对于长度为 s 的训练来说,需要循环通过 Cell 类 s 次才算完成一次网络层的前向运算。例如:

```
h = h0                                  # h 保存每个时间戳上的状态向量列表
# 在序列长度的维度解开输入,得到 xt:[b,n]
for xt in tf.unstack(x, axis = 1):
    out, h = cell(xt, h)                # 前向计算,out 和 h 均被覆盖
# 最终输出可以聚合每个时间戳上的输出,也可以只取最后时间戳的输出
out = out
```

最后一个时间戳的输出变量 out 将作为网络的最终输出。实际上,也可以将每个时间戳上的输出保存,然后求和或者均值,将其作为网络的最终输出。

11.4.2　多层 SimpleRNNCell 网络

和卷积神经网络一样,循环神经网络虽然在时间轴上展开了多次,但只能算一个网络层。通过在深度方向堆叠多个 Cell 类实现深层卷积神经网络一样的效果,大大的提升网络的表达能力。但是和卷积神经网络动辄几十、上百的深度层数来比,循环神经网络很容易出现梯度弥散和梯度爆炸到现象,深层的循环神经网络训练起来非常困难,目前常见的循环神经网络模型层数一般控制在十层以内。

这里以两层的循环神经网络为例,介绍利用 Cell 方式构建多层 RNN 网络。首先新建两个 SimpleRNNCell 单元,代码如下:

```
x = tf.random.normal([4,80,100])
xt = x[:,0,:]                              # 取第一个时间戳的输入 x0
# 构建 2 个 Cell,先 cell0,后 cell1,内存状态向量长度都为 64
cell0 = layers.SimpleRNNCell(64)
cell1 = layers.SimpleRNNCell(64)
h0 = [tf.zeros([4,64])]                    # cell0 的初始状态向量
h1 = [tf.zeros([4,64])]                    # cell1 的初始状态向量
```

在时间轴上循环计算多次来实现整个网络的前向运算,每个时间戳上的输入 xt 首先通过第一层,得到输出 out0,再通过第二层,得到输出 out1,代码如下:

```
for xt in tf.unstack(x, axis = 1):
    # xt 作为输入,输出为 out0
    out0, h0 = cell0(xt, h0)
    # 上一个 cell 的输出 out0 作为本 cell 的输入
    out1, h1 = cell1(out0, h1)
```

上述方式先完成一个时间戳上的输入在所有层上的传播,再循环计算完所有时间戳上的输入。

实际上,也可以先完成输入在第一层上所有时间戳的计算,并保存第一层在所有时间戳上的输出列表,再计算第二层、第三层等的传播。代码如下:

```
# 保存上一层的所有时间戳上面的输出
middle_sequences = []
# 计算第一层的所有时间戳上的输出,并保存
for xt in tf.unstack(x, axis = 1):
    out0, h0 = cell0(xt, h0)
    middle_sequences.append(out0)
# 计算第二层的所有时间戳上的输出
# 如果不是末层,需要保存所有时间戳上面的输出
for xt in middle_sequences:
    out1, h1 = cell1(xt, h1)
```

使用这种方式,需要一个额外的 List 来保存上一层所有时间戳上面的状态信息:middle_sequences.append(out0)。这两种方式效果相同,可以根据个人喜好选择编程风格。

注意,循环神经网络的每一层、每一个时间戳上面均有状态输出,那么对于后续任务来说,应该收集哪些状态输出最有效?一般来说,最末层 Cell 的状态有可能保存了高层的全局语义特征,因此一般使用最末层的输出作为后续任务网络的输入。更特别地,每层最后一个时间戳上的状态输出包含了整个序列的全局信息,如果只希望选用一个状态变量来完成后续任务,例如情感分类问题,一般选用最末层、最末时间戳的状态输出最为合适。

11.4.3 SimpleRNN 层

通过 SimpleRNNCell 层的使用,可以非常深入地理解循环神经网络前向运算的每个细节,但是在实际使用中,为了简便,不希望手动参与循环神经网络内部的计算过程,例如每一层的 **h** 状态向量的初始化,以及每一层在时间轴上展开的运算。通过 SimpleRNN 层高层接口可以非常方便地实现此目的。

例如要完成单层循环神经网络的前向运算,可以方便地实现如下:

```
In [6]:
layer = layers.SimpleRNN(64)              # 创建状态向量长度为 64 的 SimpleRNN 层
x = tf.random.normal([4, 80, 100])
out = layer(x)                            # 和普通卷积网络一样,一行代码即可获得输出
out.shape
Out[6]: TensorShape([4, 64])
```

可以看到,通过 SimpleRNN 可以仅需一行代码即可完成整个前向运算过程,它默认返回最后一个时间戳上的输出。

如果希望返回所有时间戳上的输出列表,可以设置 return_sequences＝True 参数,代码如下:

```
In [7]:
# 创建 RNN 层时,设置返回所有时间戳上的输出
layer = layers.SimpleRNN(64,return_sequences = True)
out = layer(x)                            # 前向计算
out                                       # 输出,自动进行了 concat 操作
Out[7]:
< tf.Tensor: id = 12654, shape = (4, 80, 64), dtype = float32, numpy =
array([[[ 0.31804922, 0.7904409 , 0.13204293, ..., 0.02601025,
         - 0.7833339 , 0.65577114], …>
```

可以看到,返回的输出张量 shape 为[4,80,64],中间维度的 80 即为时间戳维度。同样的,对于多层循环神经网络,可以通过堆叠多个 SimpleRNN 实现,如两层的网络,用法和普通的网络类似。例如:

```
net = keras.Sequential([                  # 构建 2 层 RNN 网络
# 除最末层外,都需要返回所有时间戳的输出,用作下一层的输入
layers.SimpleRNN(64, return_sequences = True),
layers.SimpleRNN(64),
])
out = net(x)                              # 前向计算
```

每层都需要上一层在每个时间戳上面的状态输出,因此除了最末层以外,所有的 RNN 层都需要返回每个时间戳上面的状态输出,通过设置 return_sequences＝True 来实现。可以看到,使用 SimpleRNN 层,与卷积神经网络的用法类似,非常简洁和高效。

11.5 RNN 情感分类问题实战

现在利用基础的 RNN 网络来挑战情感分类问题。网络结构如图 11.9 所示，RNN 网络共两层，循环提取序列信号的语义特征，利用第 2 层 RNN 层的最后时间戳的状态向量 $\boldsymbol{h}_s^{(2)}$ 作为句子的全局语义特征表示，送入全连接层构成的分类网络 3，得到样本 $\boldsymbol{x}$ 为积极情感的概率 $P(\boldsymbol{x}$ 为积极情感$|\boldsymbol{x})\in[0,1]$。

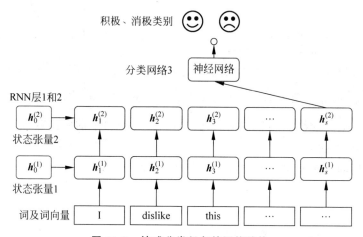

图 11.9 情感分类任务的网络结构

11.5.1 数据集

这里使用经典的 IMDB 影评数据集来完成情感分类任务。IMDB 影评数据集包含了 50000 条用户评价，评价的标签分为消极和积极，其中 IMDB 评级 <5 的用户评价标注为 0，即消极；IMDB 评价 ≥7 的用户评价标注为 1，即积极。25000 条影评用于训练集，25000 条用于测试集。

通过 Keras 提供的数据集 datasets 工具即可加载 IMDB 数据集，代码如下：

```
In [8]:
batchsz = 128                    # 批量大小
total_words = 10000              # 词汇表大小 N_vocab
max_review_len = 80              # 句子最大长度 s,大于的句子部分将截断,小于的将填充
embedding_len = 100              # 词向量特征长度 n
# 加载 IMDB 数据集,此处的数据采用数字编码,一个数字代表一个单词
(x_train, y_train), (x_test, y_test) = keras.datasets.imdb.load_data(num_words = total_
words)
# 打印输入的形状,标签的形状
print(x_train.shape, len(x_train[0]), y_train.shape)
print(x_test.shape, len(x_test[0]), y_test.shape)
```

```
Out[8]:
(25000,) 218 (25000,)
(25000,) 68 (25000,)
```

可以看到，x_train 和 x_test 是长度为 25000 的一维数组，数组的每个元素是不定长 List，保存了数字编码的每个句子，例如训练集的第一个句子共有 218 个单词，测试集的第一个句子共有 68 个单词，每个句子都包含了句子起始标志 ID。

那么每个单词是如何编码为数字的？可以通过查看它的编码表获得编码方案，例如：

```
In [9]:
# 数字编码表
word_index = keras.datasets.imdb.get_word_index()
# 打印出编码表的单词和对应的数字
for k,v in word_index.items():
print(k,v)
Out[10]:
...diamiter 88301
moveis 88302
mardi 14352
wells' 11583
850pm 88303...
```

由于编码表的键为单词，值为 ID，这里翻转编码表，并添加标志位的编码 ID，代码如下：

```
# 前面 4 个 ID 是特殊位
word_index = {k:(v + 3) for k,v in word_index.items()}
word_index["< PAD >"] = 0                        # 填充标志
word_index["< START >"] = 1                      # 起始标志
word_index["< UNK >"] = 2                        # 未知单词的标志
word_index["< UNUSED >"] = 3
# 翻转编码表
reverse_word_index = dict([(value, key) for (key, value) in word_index.items()])
```

对于一个数字编码的句子，通过如下函数转换为字符串数据：

```
def decode_review(text):
    return ''.join([reverse_word_index.get(i, '?') for i in text])
```

例如转换某个句子，代码如下：

```
In [11]:decode_review(x_train[0])
Out[11]:
"< START > this film was just brilliant casting location scenery story direction everyone's …
< UNK > father came from...
```

对于长度参差不齐的句子，人为设置一个阈值，对大于此长度的句子，选择截断部分单词，可以选择截去句首单词，也可以截去句尾单词；对于小于此长度的句子，可以选择在句首或句尾填充，句子截断功能可以通过 keras. preprocessing. sequence. pad_sequences () 函

数方便实现,例如:

```
# 截断和填充句子,使得等长,此处长句子保留句子后面的部分,短句子在前面填充
x_train = keras.preprocessing.sequence.pad_sequences(x_train, maxlen = max_review_len)
x_test = keras.preprocessing.sequence.pad_sequences(x_test, maxlen = max_review_len)
```

截断或填充为相同长度后,通过 Dataset 类包裹成数据集对象,并添加常用的数据集处理流程,代码如下:

```
In [12]:
# 构建数据集,打散,批量,并丢掉最后一个不够 batchsz 的 batch
db_train = tf.data.Dataset.from_tensor_slices((x_train, y_train))
db_train = db_train.shuffle(1000).batch(batchsz, drop_remainder = True)
db_test = tf.data.Dataset.from_tensor_slices((x_test, y_test))
db_test = db_test.batch(batchsz, drop_remainder = True)
# 统计数据集属性
print('x_train shape:', x_train.shape, tf.reduce_max(y_train), tf.reduce_min(y_train))
print('x_test shape:', x_test.shape)
Out[12]:
x_train shape: (25000, 80) tf.Tensor(1, shape = (), dtype = int64) tf.Tensor(0, shape = (),
dtype = int64)
x_test shape: (25000, 80)
```

可以看到截断填充后的句子长度统一为80,即设定的句子长度阈值。drop_remainder = True 参数设置丢弃掉最后一个 Batch,因为其真实的 Batch Size 可能小于预设的 Batch Size。

11.5.2 网络模型

创建自定义的模型类 MyRNN,继承自 Model 基类,需要新建 Embedding 层,两个 RNN 层,分类网络层,代码如下:

```
class MyRNN(keras.Model):
    # Cell方式构建多层网络
    def __init__(self, units):
        super(MyRNN, self).__init__()
        # [b, 64],构建Cell初始化状态向量,重复使用
        self.state0 = [tf.zeros([batchsz, units])]
        self.state1 = [tf.zeros([batchsz, units])]
        # 词向量编码 [b, 80] = > [b, 80, 100]
        self.embedding = layers.Embedding(total_words, embedding_len,
                                          input_length = max_review_len)
        # 构建2个Cell,使用dropout技术防止过拟合
        self.rnn_cell0 = layers.SimpleRNNCell(units, dropout = 0.5)
        self.rnn_cell1 = layers.SimpleRNNCell(units, dropout = 0.5)
        # 构建分类网络,用于将CELL的输出特征进行分类,2分类
        # [b, 80, 100] = > [b, 64] = > [b, 1]
        self.outlayer = layers.Dense(1)
```

其中词向量编码为长度 $n=100$，RNN 的状态向量长度 $h=$ units 参数，分类网络完成二分类任务，故输出节点设置为 1。

前向传播逻辑如下：输入序列通过 Embedding 层完成词向量编码，循环通过两个 RNN 层，提取语义特征，取最后一层的最后时间戳的状态向量输出送入分类网络，经过 Sigmoid 激活函数后得到输出概率。代码如下：

```python
def call(self, inputs, training = None):
    x = inputs                              # [b, 80]
    # 获取词向量: [b, 80] => [b, 80, 100]
    x = self.embedding(x)
    # 通过 2 个 RNN CELL,[b, 80, 100] => [b, 64]
    state0 = self.state0
    state1 = self.state1
    for word in tf.unstack(x, axis = 1):    # word: [b, 100]
        out0, state0 = self.rnn_cell0(word, state0, training)
        out1, state1 = self.rnn_cell1(out0, state1, training)
    # 末层最后一个输出作为分类网络的输入: [b, 64] => [b, 1]
    x = self.outlayer(out1, training)
    # 通过激活函数,p(y is pos|x)
    prob = tf.sigmoid(x)

    return prob
```

11.5.3 训练与测试

为了简便，这里使用 Keras 的 Compile&Fit 方式训练网络，设置优化器为 Adam 优化器，学习率为 0.001，误差函数选用二分类的交叉熵损失函数 BinaryCrossentropy，测试指标采用准确率即可。代码如下：

```python
def main():
    units = 64                              # RNN 状态向量长度 n
    epochs = 20                             # 训练 epochs

    model = MyRNN(units)                    # 创建模型
    # 装配
    model.compile(optimizer = optimizers.Adam(0.001),
                  loss = losses.BinaryCrossentropy(),
                  metrics = ['accuracy'])
    # 训练和验证
    model.fit(db_train, epochs = epochs, validation_data = db_test)
    # 测试
    model.evaluate(db_test)
```

网络固定训练 20 个 Epoch 后，在测试集上获得了 80.1% 的准确率。

11.6　梯度弥散和梯度爆炸

循环神经网络的训练并不稳定,网络的深度也不能任意地加深。那么,为什么循环神经网络会出现训练困难的问题? 简单回顾梯度推导中的关键表达式:

$$\frac{\partial \boldsymbol{h}_t}{\partial \boldsymbol{h}_i} = \prod_{j=i}^{t-1} \boldsymbol{W}_{hh}^{\mathrm{T}} \mathrm{diag}(\sigma'(\boldsymbol{W}_{xh}\boldsymbol{x}_{j+1} + \boldsymbol{W}_{hh}\boldsymbol{h}_j + b))$$

也就是说,从时间戳 i 到时间戳 t 的梯度 $\frac{\partial \boldsymbol{h}_t}{\partial \boldsymbol{h}_i}$ 包含了 $\boldsymbol{W}_{hh}$ 的连乘运算。当 $\boldsymbol{W}_{hh}$ 的最大特征值 (Largest Eigenvalue)小于 1 时,多次连乘运算会使得 $\frac{\partial \boldsymbol{h}_t}{\partial \boldsymbol{h}_i}$ 的元素值接近于零;当 $\frac{\partial \boldsymbol{h}_t}{\partial \boldsymbol{h}_i}$ 的值大于 1 时,多次连乘运算会使得 $\frac{\partial \boldsymbol{h}_t}{\partial \boldsymbol{h}_i}$ 的元素值爆炸式增长。

可以从下面的两个例子直观地感受梯度弥散和梯度爆炸现象的产生,代码如下:

```
In [13]:
W = tf.ones([2,2])                          # 任意创建某矩阵
eigenvalues = tf.linalg.eigh(W)[0]          # 计算矩阵的特征值
eigenvalues
Out[13]:
< tf.Tensor: id = 923, shape = (2,), dtype = float32, numpy = array([0., 2.], dtype = float32)>
```

可以看到,全 1 矩阵的最大特征值为 2。计算 $\boldsymbol{W}$ 矩阵的 $\boldsymbol{W}^1 \sim \boldsymbol{W}^{10}$ 运算结果,并绘制为次方与矩阵的 L2-范数的曲线图,如图 11.10 所示。可以看到,当 $\boldsymbol{W}$ 矩阵的最大特征值大于 1 时,矩阵多次相乘会使得结果越来越大。

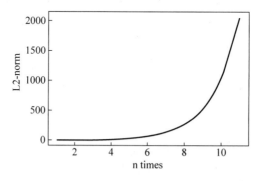

图 11.10　最大特征值大于 1 时的矩阵相乘

```
val = [W]
for i in range(10):                         # 矩阵相乘 n 次方
    val.append([val[ - 1]@W])
# 计算 L2 范数
```

```
norm = list(map(lambda x:tf.norm(x).numpy(),val))
```

考虑最大特征值小于 1 时的情况。例如：

```
In [14]:
W = tf.ones([2,2]) * 0.4                  # 任意创建某矩阵
eigenvalues = tf.linalg.eigh(W)[0]        # 计算特征值
print(eigenvalues)
Out[14]:
tf.Tensor([0. 0.8], shape = (2,), dtype = float32)
```

可以看到此时的 **W** 矩阵最大特征值是 0.8。相同的方法，考虑 **W** 矩阵的多次相乘运算结果，代码如下：

```
val = [W]
for i in range(10):
val.append([val[-1]@W])
# 计算 L2 范数
norm = list(map(lambda x:tf.norm(x).numpy(),val))
plt.plot(range(1,12),norm)
```

它的 L2-范数曲线如图 11.11 所示。可以看到，当 **W** 矩阵的最大特征值小于 1 时，矩阵多次相乘会使得结果越来越小，接近于 0。

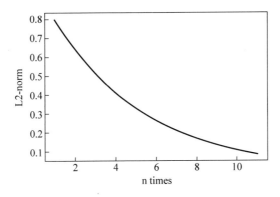

图 11.11　最大特征值小于 1 时的矩阵相乘

把梯度值接近于 0 的现象称为梯度弥散（Gradient Vanishing），把梯度值远大于 1 的现象称为梯度爆炸（Gradient Exploding）。梯度弥散和梯度爆炸是神经网络优化过程中间比较容易出现的两种情况，也是不利于网络训练的。那么梯度弥散和梯度爆炸具体表现在哪些地方？

考虑梯度下降算法：

$$\theta' = \theta - \eta \ \nabla_\theta \mathcal{L}$$

当出现梯度弥散时，$\nabla_\theta \mathcal{L} \approx 0$，此时 $\theta' \approx \theta$，也就是说每次梯度更新后参数基本保持不变，神经

网络的参数长时间得不到更新,具体表现为$\mathcal{L}$几乎保持不变,其他评测指标,如准确度,也保持不变。当出现梯度爆炸时,$\nabla_\theta \mathcal{L} \gg 1$,此时梯度的更新步长$\eta \nabla_\theta \mathcal{L}$非常大,使得更新后的$\theta'$与$\theta$差距很大,网络$\mathcal{L}$出现突变现象,甚至可能出现来回震荡、不收敛的现象。

通过推导循环神经网络的梯度传播公式,发现循环神经网络很容易出现梯度弥散和梯度爆炸的现象。如何解决这两个问题?

11.6.1 梯度裁剪

梯度爆炸可以通过梯度裁剪(Gradient Clipping)的方式在一定程度上得到解决。梯度裁剪与张量限幅非常类似,也是通过将梯度张量的数值或者范数限制在某个较小的区间内,从而将远大于1的梯度值减少,避免出现梯度爆炸。

在深度学习中,有3种常用的梯度裁剪方式。

❏ 直接对张量的数值进行限幅,使得张量W的所有元素$w_{ij} \in [\min, \max]$。在 TensorFlow中,可以通过tf.clip_by_value()函数来实现。例如:

```
In [15]:
a = tf.random.uniform([2,2])
tf.clip_by_value(a,0.4,0.6)                    # 梯度值裁剪
Out[15]:
< tf.Tensor: id = 1262, shape = (2, 2), dtype = float32, numpy =
array([[0.5410726, 0.6 ],
       [0.4 , 0.6 ]], dtype = float32)>
```

❏ 通过限制梯度张量W的范数来实现梯度裁剪。例如对W的二范数$\|W\|_2$约束在$[0, \max]$,如果$\|W\|_2$大于$\max$值,则按照

$$W' = \frac{W}{\|W\|_2} \cdot \max$$

方式将$\|W'\|_2$约束$\max$内。可以通过tf.clip_by_norm函数方便地实现梯度张量W裁剪。例如:

```
In [16]:
a = tf.random.uniform([2,2]) * 5
# 按范数方式裁剪
b = tf.clip_by_norm(a, 5)
# 裁剪前和裁剪后的张量范数
tf.norm(a),tf.norm(b)
Out[16]:
(< tf.Tensor: id = 1338, shape = (), dtype = float32, numpy = 5.380655 >,
 < tf.Tensor: id = 1343, shape = (), dtype = float32, numpy = 5.0 >)
```

可以看到,对于大于$\max$的L2范数的张量,通过裁剪后范数值缩减为5。

❏ 神经网络的更新方向是由所有参数的梯度张量W共同表示的,前两种方式只考虑单个梯度张量的限幅,会出现网络更新方向发生变动的情况。如果能够考虑所有参数

的梯度 $\boldsymbol{W}$ 的范数,实现等比例的缩放,那么就能既很好地限制网络的梯度值,同时不改变网络的更新方向。这就是第 3 种梯度裁剪的方式:全局范数裁剪。在 TensorFlow 中,可以通过 tf. clip_by_global_norm 函数快捷地缩放整体网络梯度 $\boldsymbol{W}$ 的范数。

令 $\boldsymbol{W}^{(i)}$ 表示网络参数的第 i 个梯度张量,首先通过

$$\text{global\_norm} = \sqrt{\sum_i \| \boldsymbol{W}^{(i)} \|_2^2}$$

计算网络的总范数 global_norm,对第 i 个参数 $\boldsymbol{W}^{(i)}$,通过

$$\boldsymbol{W}^{(i)} = \frac{\boldsymbol{W}^{(i)} \cdot \text{max\_norm}}{\max(\text{global\_norm}, \text{max\_norm})}$$

进行裁剪,其中 max_norm 是用户指定的全局最大范数值。例如:

```
In [17]:
w1 = tf.random.normal([3,3])                    # 创建梯度张量1
w2 = tf.random.normal([3,3])                    # 创建梯度张量2
# 计算 global norm
global_norm = tf.math.sqrt(tf.norm(w1) ** 2 + tf.norm(w2) ** 2)
# 根据 global norm 和 max norm = 2 裁剪
(ww1,ww2),global_norm = tf.clip_by_global_norm([w1,w2],2)
# 计算裁剪后的张量组的 global norm
global_norm2 = tf.math.sqrt(tf.norm(ww1) ** 2 + tf.norm(ww2) ** 2)
# 打印裁剪前的全局范数和裁剪后的全局范数
print(global_norm, global_norm2)
Out[17]:
tf.Tensor(4.1547523, shape = (), dtype = float32)
tf.Tensor(2.0, shape = (), dtype = float32)
```

可以看到,通过裁剪后,网络参数的梯度组的总范数缩减到 max_norm = 2。注意,tf. clip_by_global_norm 返回裁剪后的张量 List 和 global_norm 这两个对象,其中 global_norm 表示裁剪前的梯度总范数和。

通过梯度裁剪,可以较大程度的抑制梯度爆炸现象。如图 11.12 所示,图中曲面表示的 $J(w, b)$ 函数在不同网络参数 w 和 b 下的误差值 J,其中有一块区域 $J(w, b)$ 函数的梯度变化较大,一旦网络参数进入此区域,很容易出现梯度爆炸的现象,使得网络状态迅速恶化。图 11.12(b)演示了添加梯度裁剪后的优化轨迹,由于对梯度进行了有效限制,使得每次更新的步长得到有效控制,从而防止网络突然恶化。

在网络训练时,梯度裁剪一般在计算出梯度后,梯度更新之前进行。例如:

```
with tf.GradientTape() as tape:
  logits = model(x)                             # 前向传播
  loss = criteon(y, logits)                     # 误差计算
# 计算梯度值
grads = tape.gradient(loss, model.trainable_variables)
grads, _ = tf.clip_by_global_norm(grads, 25)    # 全局梯度裁剪
```

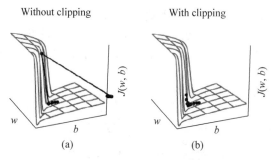

图 11.12　梯度裁剪的优化轨迹[1]

```
# 利用裁剪后的梯度张量更新参数
optimizer.apply_gradients(zip(grads, model.trainable_variables))
```

11.6.2　梯度弥散

对于梯度弥散现象,可以通过增大学习率、减少网络深度、添加 Skip Connection(短接)等一系列的措施抑制。

增大学习率 η 可以在一定程度防止梯度弥散现象,当出现梯度弥散时,网络的梯度 $\nabla_\theta \mathcal{L}$ 接近于 0,此时若学习率 η 也较小,如 $\eta=1e-5$,则梯度更新步长更加微小。通过增大学习率,如令 $\eta=1e-2$,有可能使得网络的状态得到快速更新,从而逃离梯度弥散区域。

对于深层次的神经网络,梯度由最末层逐渐向首层传播,梯度弥散一般更有可能出现在网络的开始数层。在深度残差网络出现之前,几十上百层的深层网络训练起来非常困难,前面数层的网络梯度极容易出现梯度离散现象,从而使得网络参数长时间得不到更新。深度残差网络较好地克服了梯度弥散现象,从而让神经网络层数达到成百上千。一般来说,减少网络深度可以减轻梯度弥散现象,但是网络层数减少后,网络表达能力也会偏弱,需要用户自行平衡。

11.7　RNN 短时记忆

循环神经网络除了训练困难,还有一个更严重的问题,那就是短时记忆(Short-term memory)。考虑一个长句子:

今天天气太美好了,尽管路上发生了一件不愉快的事情……我马上调整好状态,开开心心地准备迎接美好的一天。

根据理解,之所以能够“开开心心地准备迎接美好的一天”,在于句子最开始处点名了“今天天气太美好了”。可见人类是能够很好地理解长句子的,但是循环神经网络却不一定。研究人员发现,循环神经网络在处理较长的句子时,往往只能够理解有限长度内的信息,而对于较长范围类的有用信息往往不能够很好地利用起来。把这种现象称为短时记忆。

那么,能否延长这种短时记忆,使得循环神经网络可以有效利用较大范围内的训练数据,从而提升性能? 1997 年,瑞士人工智能科学家 Jürgen Schmidhuber 提出了长短时记忆网络(Long Short-Term Memory,LSTM)。LSTM 相对于基础的 RNN 网络来说,记忆能力更强,更擅长处理较长的序列信号数据,LSTM 提出后,被广泛应用在序列预测、自然语言处理等任务中,几乎取代了基础的 RNN 模型。

接下来将介绍更加流行、更强大的 LSTM 网络。

11.8 LSTM 原理

基础的 RNN 网络结构如图 11.13 所示,上一个时间戳的状态向量 $\boldsymbol{h}_{t-1}$ 与当前时间戳的输入 $\boldsymbol{x}_t$ 经过线性变换后,通过激活函数 tanh 后得到新的状态向量 $\boldsymbol{h}_t$。相对于基础的 RNN 网络只有一个状态向量 $\boldsymbol{h}_t$,LSTM 新增了一个状态向量 $\boldsymbol{C}_t$,同时引入了门控(Gate)机制,通过门控单元来控制信息的遗忘和刷新,如图 11.14 所示。

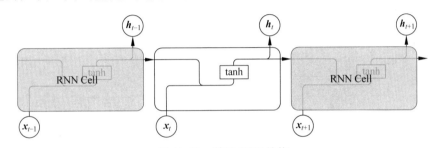

图 11.13 基础 RNN 结构

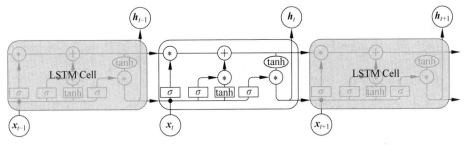

图 11.14 LSTM 结构

在 LSTM 中,有两个状态向量 c 和 h,其中 c 作为 LSTM 的内部状态向量,可以理解为 LSTM 的内存状态向量 Memory,而 h 表示 LSTM 的输出向量。相对于基础的 RNN 来说,LSTM 把内部 Memory 和输出分开为两个变量,同时利用 3 个门控:输入门(Input Gate)、遗忘门(Forget Gate)和输出门(Output Gate)来控制内部信息的流动。

门控机制可以理解为控制数据流通量的一种手段,类比于水阀门:当水阀门全部打开时,水流畅通无阻地通过;当水阀门全部关闭时,水流完全被隔断。在 LSTM 中,阀门开和程度利用门控值向量 g 表示,如图 11.15 所示,通过 $\sigma(g)$ 激活函数将门控压缩到 $[0,1]$ 区间,当 $\sigma(g)=0$ 时,门控全部关闭,输出 $o=0$;当 $\sigma(g)=1$ 时,门控全部打开,输出 $o=x$。通过门控机制可以较好地控制数据的流量程度。

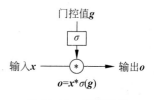

图 11.15 门控机制

下面分别来介绍三个门控的原理及其作用。

11.8.1 遗忘门

遗忘门作用于 LSTM 状态向量 c 上面,用于控制上一个时间戳的记忆 c_{t-1} 对当前时间戳的影响。遗忘门的控制变量 g_f 由

$$g_f = \sigma(W_f[h_{t-1}, x_t] + b_f)$$

产生,如图 11.16 所示,其中 W_f 和 b_f 为遗忘门的参数张量,可由反向传播算法自动优化,σ 为激活函数,一般使用 Sigmoid 函数。当门控 $g_f=1$ 时,遗忘门全部打开,LSTM 接受上一个状态 c_{t-1} 的所有信息;当门控 $g_f=0$ 时,遗忘门关闭,LSTM 直接忽略 c_{t-1},输出为 0 的向量。这也是遗忘门的名字由来。

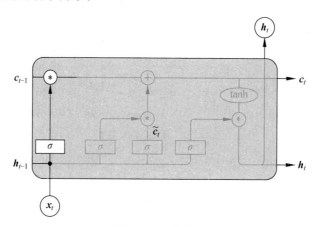

图 11.16 遗忘门

经过遗忘门后,LSTM 的状态向量变为 $g_f c_{t-1}$。

11.8.2 输入门

输入门用于控制 LSTM 对输入的接收程度。首先通过对当前时间戳的输入 x_t 和上一个时间戳的输出 h_{t-1} 做非线性变换得到新的输入向量 $\tilde{c}_t$:

$$\tilde{c}_t = \tanh(W_c[h_{t-1}, x_t] + b_c)$$

其中 W_c 和 b_c 为输入门的参数,需要通过反向传播算法自动优化,tanh 为激活函数,用于将输入标准化到 $[-1,1]$ 区间。$\tilde{c}_t$ 并不会全部刷新进入 LSTM 的 Memory,而是通过输入门控制接受输入的量。输入门的控制变量同样来自于输入 x_t 和输出 h_{t-1}:

$$\boldsymbol{g}_i = \sigma(\boldsymbol{W}_i[\boldsymbol{h}_{t-1}, \boldsymbol{x}_t] + \boldsymbol{b}_i)$$

其中 $\boldsymbol{W}_i$ 和 $\boldsymbol{b}_i$ 为输入门的参数,需要通过反向传播算法自动优化,σ 为激活函数,一般使用 Sigmoid 函数。输入门控制变量 $\boldsymbol{g}_i$ 决定了 LSTM 对当前时间戳的新输入 $\tilde{\boldsymbol{c}}_t$ 的接受程度:当 $\boldsymbol{g}_i = 0$ 时,LSTM 不接受任何的新输入 $\tilde{\boldsymbol{c}}_t$;当 $\boldsymbol{g}_i = 1$ 时,LSTM 全部接受新输入 $\tilde{\boldsymbol{c}}_t$,如图 11.17 所示。

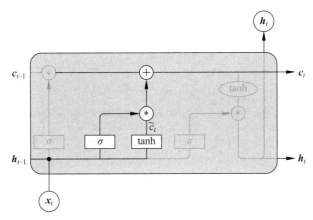

图 11.17　输入门

经过输入门后,待写入 Memory 的向量为 $\boldsymbol{g}_i\tilde{\boldsymbol{c}}_t$。

11.8.3　刷新 Memory

在遗忘门和输入门的控制下,LSTM 有选择地读取了上一个时间戳的记忆 $\boldsymbol{c}_{t-1}$ 和当前时间戳的新输入 $\tilde{\boldsymbol{c}}_t$,状态向量 $\boldsymbol{c}_t$ 的刷新方式为:

$$\boldsymbol{c}_t = \boldsymbol{g}_i\tilde{\boldsymbol{c}}_t + \boldsymbol{g}_f\boldsymbol{c}_{t-1}$$

得到的新状态向量 $\boldsymbol{c}_t$ 即为当前时间戳的状态向量,如图 11.17 所示。

11.8.4　输出门

LSTM 的内部状态向量 $\boldsymbol{c}_t$ 并不会直接用于输出,这一点和基础的 RNN 不一样。基础的 RNN 网络的状态向量 $\boldsymbol{h}$ 既用于记忆,又用于输出,所以基础的 RNN 可以理解为状态向量 $\boldsymbol{c}$ 和输出向量 $\boldsymbol{h}$ 是同一个对象。在 LSTM 内部,状态向量并不会全部输出,而是在输出门的作用下有选择地输出。输出门的门控变量 $\boldsymbol{g}_o$ 为:

$$\boldsymbol{g}_o = \sigma(\boldsymbol{W}_o[\boldsymbol{h}_{t-1}, \boldsymbol{x}_t] + \boldsymbol{b}_o)$$

其中 $\boldsymbol{W}_o$ 和 $\boldsymbol{b}_o$ 为输出门的参数,同样需要通过反向传播算法自动优化,σ 为激活函数,一般使用 Sigmoid 函数。当输出门 $\boldsymbol{g}_o = 0$ 时,输出关闭,LSTM 的内部记忆完全被隔断,无法用作输出,此时输出为 0 的向量;当输出门 $\boldsymbol{g}_o = 1$ 时,输出完全打开,LSTM 的状态向量 $\boldsymbol{c}_t$ 全部用于输出。LSTM 的输出由:

$$h_t = g_o \cdot \tanh(c_t)$$

产生，即内存向量 c_t 经过 tanh 激活函数后与输入门作用，得到 LSTM 的输出。由于 $g_o \in [0,1]$，$\tanh(c_t) \in [-1,1]$，因此 LSTM 的输出 $h_t \in [-1,1]$，如图 11.18 所示。

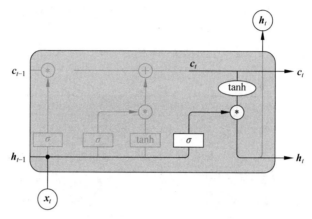

图 11.18　输出门

11.8.5　小结

LSTM 虽然状态向量和门控数量较多，计算流程相对复杂。但是由于每个门控功能清晰明确，每个状态的作用也比较好理解。这里将典型的门控行为列举出来，并解释其代码的 LSTM 行为，如表 11.1 所示。

表 11.1　输入门和遗忘门的典型行为

输 入 门 控	遗 忘 门 控	LSTM 行为
0	1	只使用记忆
1	1	综合输入和记忆
0	0	清零记忆
1	0	输入覆盖记忆

11.9　LSTM 层使用方法

在 TensorFlow 中，同样有两种方式实现 LSTM 网络。既可以使用 LSTMCell 来手动完成时间戳上面的循环运算，也可以通过 LSTM 层方式一步完成前向运算。

11.9.1　LSTMCell

LSTMCell 的用法和 SimpleRNNCell 基本一致，区别在于 LSTM 的状态变量 List 有

两个,即$[\boldsymbol{h}_t,\boldsymbol{c}_t]$,需要分别初始化,其中 List 第一个元素为 $\boldsymbol{h}_t$,第二个元素为 $\boldsymbol{c}_t$。调用 cell 完成前向运算时,返回两个元素,第一个元素为 cell 的输出,也就是 $\boldsymbol{h}_t$,第二个元素为 cell 的更新后的状态 List:$[\boldsymbol{h}_t,\boldsymbol{c}_t]$。首先新建一个状态向量长度 $h=64$ 的 LSTM Cell,其中状态向量 $\boldsymbol{c}_t$ 和输出向量 $\boldsymbol{h}_t$ 的长度都为 h,代码如下:

```
In [18]:
x = tf.random.normal([2,80,100])
xt = x[:,0,:]                           # 得到一个时间戳的输入
cell = layers.LSTMCell(64)              # 创建 LSTM Cell
# 初始化状态和输出 List,[h,c]
state = [tf.zeros([2,64]),tf.zeros([2,64])]
out, state = cell(xt, state)            # 前向计算
# 查看返回元素的 id
id(out),id(state[0]),id(state[1])
Out[18]: (1537587122408, 1537587122408, 1537587122728)
```

可以看到,返回的输出 out 和 List 的第一个元素 $\boldsymbol{h}_t$ 的 id 是相同的,这与基础的 RNN 初衷一致,都是为了格式的统一。

通过在时间戳上展开循环运算,即可完成一次层的前向传播,写法与基础的 RNN 一样。例如:

```
# 在序列长度维度上解开,循环送入 LSTM Cell 单元
for xt in tf.unstack(x, axis = 1):
    # 前向计算
    out, state = cell(xt, state)
```

输出可以仅使用最后一个时间戳上的输出,也可以聚合所有时间戳上的输出向量。

11.9.2　LSTM 层

通过 layers.LSTM 层可以方便地一次完成整个序列的运算。首先新建 LSTM 网络层,例如:

```
# 创建一层 LSTM 层,内存向量长度为 64
layer = layers.LSTM(64)
# 序列通过 LSTM 层,默认返回最后一个时间戳的输出 h
out = layer(x)
```

经过 LSTM 层前向传播后,默认只会返回最后一个时间戳的输出,如果需要返回每个时间戳上面的输出,需要设置 return_sequences=True 标志。例如:

```
# 创建 LSTM 层时,设置返回每个时间戳上的输出
layer = layers.LSTM(64, return_sequences = True)
# 前向计算,每个时间戳上的输出自动进行了 concat,拼成一个张量
out = layer(x)
```

此时返回的 out 包含了所有时间戳上面的状态输出,它的 shape 是 $[2,80,64]$,其中的 80 代表了 80 个时间戳。

对于多层神经网络,可以通过 Sequential 容器包裹多层 LSTM 层,并设置所有非末层网络 return_sequences＝True,这是因为非末层的 LSTM 层需要上一层在所有时间戳的输出作为输入。例如:

```
# 和 CNN 网络一样,LSTM 也可以简单地层层堆叠
net = keras.Sequential([
    layers.LSTM(64, return_sequences = True),    # 非末层需要返回所有时间戳输出
    layers.LSTM(64)
])
# 一次通过网络模型,即可得到最末层、最后一个时间戳的输出
out = net(x)
```

11.10 GRU 简介

LSTM 具有更长的记忆能力,在大部分序列任务上面都取得了比基础的 RNN 模型更好的性能表现,更重要的是,LSTM 不容易出现梯度弥散现象。但是 LSTM 结构相对较复杂、计算代价较高、模型参数量较大。因此,科学家们尝试简化 LSTM 内部的计算流程,特别是减少门控数量。研究发现,遗忘门是 LSTM 中最重要的门控[2],甚至发现只有遗忘门的简化版网络在多个基准数据集上面优于标准 LSTM 网络。在众多的简化版 LSTM 中,门控循环网络(Gated Recurrent Unit,GRU)是应用最广泛的 RNN 变种之一。GRU 把内部状态向量和输出向量合并,统一为状态向量 h,门控数量也减少到 2 个:复位门(Reset Gate)和更新门(Update Gate),如图 11.19 所示。

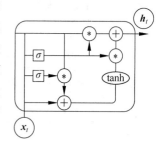

下面来分别介绍复位门和更新门的原理与功能。

图 11.19 GRU 网络结构

11.10.1 复位门

复位门用于控制上一个时间戳的状态 h_{t-1} 进入 GRU 的量。门控向量 g_r 由当前时间戳输入 x_t 和上一时间戳状态 h_{t-1} 变换得到,关系如下:

$$g_r = \sigma(W_r[h_{t-1}, x_t] + b_r)$$

其中 W_r 和 b_r 为复位门的参数,由反向传播算法自动优化,σ 为激活函数,一般使用 Sigmoid 函数。门控向量 g_r 只控制状态 h_{t-1},而不会控制输入 x_t:

$$\tilde{h}_t = \tanh(W_h[g_r h_{t-1}, x_t] + b_h)$$

当 $g_r = 0$ 时,新输入 $\tilde{h}_t$ 全部来自于输入 x_t,不接受 h_{t-1},此时相当于复位 h_{t-1}。当 $g_r = 1$ 时,h_{t-1} 和输入 x_t 共同产生新输入 $\tilde{h}_t$,如图 11.20 所示。

11.10.2 更新门

更新门用于控制上一时间戳状态 $\boldsymbol{h}_{t-1}$ 和新输入 $\tilde{\boldsymbol{h}}_t$ 对新状态向量 $\boldsymbol{h}_t$ 的影响程度。更新门控向量 $\boldsymbol{g}_z$ 由

$$\boldsymbol{g}_z = \sigma(\boldsymbol{W}_z[\boldsymbol{h}_{t-1}, \boldsymbol{x}_t] + \boldsymbol{b}_z)$$

得到,其中 $\boldsymbol{W}_z$ 和 $\boldsymbol{b}_z$ 为更新门的参数,由反向传播算法自动优化,σ 为激活函数,一般使用 Sigmoid 函数。$\boldsymbol{g}_z$ 用于控制新输入 $\tilde{\boldsymbol{h}}_t$ 信号,$1-\boldsymbol{g}_z$ 用于控制状态 $\boldsymbol{h}_{t-1}$ 信号:

$$\boldsymbol{h}_t = (1-\boldsymbol{g}_z)\boldsymbol{h}_{t-1} + \boldsymbol{g}_z\tilde{\boldsymbol{h}}_t$$

可以看到,$\tilde{\boldsymbol{h}}_t$ 和 $\boldsymbol{h}_{t-1}$ 对 $\boldsymbol{h}_t$ 的更新量处于相互竞争、此消彼长的状态。当更新门 $\boldsymbol{g}_z = 0$ 时,$\boldsymbol{h}_t$ 全部来自上一时间戳状态 $\boldsymbol{h}_{t-1}$;当更新门 $\boldsymbol{g}_z = 1$ 时,$\boldsymbol{h}_t$ 全部来自新输入 $\tilde{\boldsymbol{h}}_t$,如图 11.21 所示。

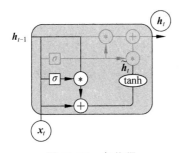

图 11.20 复位门

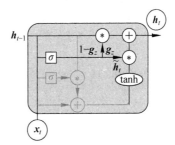

图 11.21 更新门

11.10.3 GRU 使用方法

同样地,在 TensorFlow 中,也有 Cell 方式和层方式实现 GRU 网络。GRUCell 和 GRU 层的使用方法和之前的 SimpleRNNCell、LSTMCell、SimpleRNN 和 LSTM 非常类似。首先是 GRUCell 的使用,创建 GRU Cell 对象,并在时间轴上循环展开运算。例如:

```
In [19]:
# 初始化状态向量,GRU 只有一个
h = [tf.zeros([2,64])]
cell = layers.GRUCell(64)           # 新建 GRU Cell,向量长度为 64
# 在时间戳维度上解开,循环通过 cell
for xt in tf.unstack(x, axis = 1):
    out, h = cell(xt, h)
# 输出形状
out.shape
Out[19]:TensorShape([2, 64])
```

通过 layers.GRU 类可以方便创建一层 GRU 网络层,通过 Sequential 容器可以堆叠多

层 GRU 层的网络。例如：

```
net = keras.Sequential([
    layers.GRU(64, return_sequences = True),
    layers.GRU(64)
])
out = net(x)
```

11.11　LSTM/GRU 情感分类问题再战

前面介绍了情感分类问题，并利用 SimpleRNN 模型完成了情感分类问题的实战，在介绍完更为强大的 LSTM 和 GRU 网络后，将网络模型进行升级。得益于 TensorFlow 在循环神经网络相关接口的格式统一，在原来的代码基础上只需要修改少量几处，便可以完美的升级到 LSTM 模型或 GRU 模型。

11.11.1　LSTM 模型

首先是 Cell 方式。LSTM 网络的状态 List 共有两个，需要分别初始化各层的 h 和 c 向量。例如：

```
self.state0 = [tf.zeros([batchsz, units]),tf.zeros([batchsz, units])]
self.state1 = [tf.zeros([batchsz, units]),tf.zeros([batchsz, units])]
```

并将模型修改为 LSTMCell 模型。代码如下：

```
self.rnn_cell0 = layers.LSTMCell(units, dropout = 0.5)
self.rnn_cell1 = layers.LSTMCell(units, dropout = 0.5)
```

其他代码不需要修改即可运行。

对于层方式，只需要修改网络模型一处即可，修改如下：

```
# 构建 RNN,换成 LSTM 类即可
self.rnn = keras.Sequential([
    layers.LSTM(units, dropout = 0.5, return_sequences = True),
    layers.LSTM(units, dropout = 0.5)
])
```

11.11.2　GRU 模型

首先是 Cell 方式。GRU 的状态 List 只有一个，和基础 RNN 一样，只需要修改创建 Cell 的类型，代码如下：

```
# 构建 2 个 Cell
```

```
self.rnn_cell0 = layers.GRUCell(units, dropout = 0.5)
self.rnn_cell1 = layers.GRUCell(units, dropout = 0.5)
```

对于层方式,修改网络层类型即可,代码如下:

```
# 构建 RNN
self.rnn = keras.Sequential([
    layers.GRU(units, dropout = 0.5, return_sequences = True),
    layers.GRU(units, dropout = 0.5)
])
```

11.12 预训练的词向量

在情感分类任务时,Embedding 层是从零开始训练的。实际上,对于文本处理任务来说,领域知识大部分是共享的,因此能够利用在其他任务上训练好的词向量来初始化 Embedding 层,完成领域知识迁移。基于预训练的 Embedding 层开始训练,少量样本时也能取得不错的效果。

以预训练的 GloVe 词向量为例,演示如何利用预训练的词向量模型提升任务性能。首先从官网下载预训练的 GloVe 词向量表,选择特征长度为 100 的文件 glove.6B.100d.txt,其中每个词汇使用长度为 100 的向量表示,下载后解压即可,如图 11.22 所示。

Name	Date modified	Type	Size
glove.6B.50d.txt	1/3/2018 9:04 PM	Text Document	167,335 KB
glove.6B.100d.txt	8/5/2014 6:14 AM	Text Document	338,982 KB

图 11.22 GloVe 词向量模型文件

利用 Python 文件 IO 代码读取单词的编码向量表,并存储到 Numpy 数组中。代码如下:

```
print('Indexing word vectors.')
embeddings_index = {}                        # 提取单词及其向量,保存在字典中
# 词向量模型文件存储路径
GLOVE_DIR = r'C:\Users\z390\Downloads\glove6b50dtxt'
with open(os.path.join(GLOVE_DIR, 'glove.6B.100d.txt'), encoding = 'utf-8') as f:
    for line in f:
        values = line.split()
        word = values[0]
        coefs = np.asarray(values[1:], dtype = 'float32')
        embeddings_index[word] = coefs
print('Found % s word vectors.' % len(embeddings_index))
```

GloVe.6B 版本共存储了 40 万个词汇的向量表。前面实战中只考虑最多 1 万个常见的词汇,根据词汇的数字编码表依次从 GloVe 模型中获取其词向量,并写入对应位置。代码如下:

```
num_words = min(total_words, len(word_index))
embedding_matrix = np.zeros((num_words, embedding_len))          # 词向量表
for word, i in word_index.items():
    if i >= MAX_NUM_WORDS:
        continue  # 过滤掉其他词汇
    embedding_vector = embeddings_index.get(word)                # 从 GloVe 查询词向量
    if embedding_vector is not None:
        # words not found in embedding index will be all-zeros.
        embedding_matrix[i] = embedding_vector                   # 写入对应位置
print(applied_vec_count, embedding_matrix.shape)
```

在获得了词汇表数据后，利用词汇表初始化 Embedding 层即可，并设置 Embedding 层
不参与梯度优化。代码如下：

```
# 创建 Embedding 层
self.embedding = layers.Embedding(total_words, embedding_len,
                                  input_length = max_review_len,
                                  trainable = False)             # 不参与梯度更新
self.embedding.build(input_shape = (None, max_review_len))
# 利用 GloVe 模型初始化 Embedding 层
self.embedding.set_weights([embedding_matrix])                   # 初始化
```

其他部分均保持一致。可以简单地比较通过预训练的 GloVe 模型初始化的 Embedding 层的
训练结果和随机初始化的 Embedding 层的训练结果，在训练完 50 个 Epochs 后，预训练模
型的准确率达到了 84.7%，提升了约 2%。

参考文献

[1] Goodfellow I, Bengio Y, Courville A. Deep Learning[M]. MIT Press, 2016.

[2] Westhuizen J, Lasenby J. The unreasonable effectiveness of the forget gate[DB/OL]. (2019-10-05)
     [2018-04-13]. https://arxiv.org/abs/1804.04849.

## 第 12 章

自 编 码 器

假设机器学习是一个蛋糕,强化学习是蛋糕上的樱桃,监督学习是外面的糖衣,无监督学习则是蛋糕本体。——Yann LeCun

前面介绍了在给出样本及其标签的情况下,神经网络如何学习的算法,这类算法需要学习的是在给定样本 x 下的条件概率 $P(y|x)$。在社交网络蓬勃发展的现在,获取海量的样本数据 x,如照片、语音、文本等,是相对容易的,但困难的是获取这些数据所对应的标签信息,例如机器翻译,除了收集源语言的对话文本外,还需要待翻译的目标语言文本数据。数据的标注工作目前主要还是依赖人的先验知识(Prior Knowledge)来完成,如亚马逊的 Mechanical Turk 系统专门负责数据标注业务,从全世界招纳兼职人员完成客户的数据标注任务。深度学习所需要的数据规模一般非常大,这种强依赖人工完成数据标注的方式代价较高,而且不可避免地引入标注人员的主观先验偏差。

面对海量的无标注数据,有没有办法能够从中学习到数据的分布 $P(x)$ 的算法?这就是本章要介绍的无监督学习(Unsupervised Learning)算法。特别地,如果算法把 x 作为监督信号来学习,这类算法称为自监督学习(Self-supervised Learning),本章要介绍的自编码器算法就是属于自监督学习范畴。

12.1 自编码器原理

让我们来考虑有监督学习中神经网络的功能:

$$o = f_\theta(x), \quad x \in R^{d_{in}}, \quad o \in R^{d_{out}}$$

d_{in} 是输入的特征向量长度,d_{out} 是网络输出的向量长度。对于分类问题,网络模型通过把长度为 d_{in} 输入特征向量 x 变换到长度为 d_{out} 的输出向量 o,这个过程可以看成是特征降维的过程,把原始的高维输入向量 x 变换到低维的变量 o。特征降维(Dimensionality Reduction)在机器学习中有广泛地应用,如文件压缩(Compression)、数据预处理(Preprocessing)等。最常见的降维算法有主成分分析法(Principal Components Analysis,

PCA），通过对协方差矩阵进行特征分解而得到数据的主要成分，但是 PCA 本质上是一种线性变换，提取特征的能力极为有限。

能否利用神经网络的强大非线性表达能力去学习到低维的数据表示？问题的关键在于，训练神经网络一般需要一个显式的标签数据（或监督信号），但是无监督的数据没有额外的标注信息，只有数据 x 本身。

于是，尝试着利用数据 x 本身作为监督信号来指导网络的训练，即希望神经网络能够学习到映射 $f_\theta : x \rightarrow x$。把网络 f_θ 切分为两个部分，前面的子网络尝试学习映射关系 $g_{\theta_1} : x \rightarrow z$，后面的子网络尝试学习映射关系 $h_{\theta_2} : z \rightarrow x$，如图 12.1 所示。把 g_{θ_1} 看成一个数据编码（Encode）的过程，把高维度的输入 x 编码成低维度的隐变量 z（Latent Variable，或隐藏变量），称为 Encoder 网络（编码器）；h_{θ_2} 看成数据解码（Decode）的过程，把编码过后的输入 z 解码为高维度的 x，称为 Decoder 网络（解码器）。

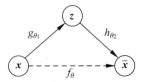

图 12.1 自编码器模型

编码器和解码器共同完成了输入数据 x 的编码和解码过程，把整个网络模型 f_θ 称为自动编码器（Auto-Encoder），简称自编码器。如果使用深层神经网络来参数化 g_{θ_1} 和 h_{θ_2} 函数，则称为深度自编码器（Deep Auto-encoder），如图 12.2 所示。

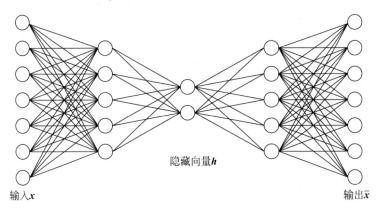

隐藏向量h

输入x 输出$\bar{x}$

图 12.2 利用神经网络参数化的自编码器

自编码器能够将输入变换到隐藏向量 z，并通过解码器重建（Reconstruct，或恢复）出 $\bar{x}$。希望解码器的输出能够完美地或者近似恢复出原来的输入，即 $\bar{x} \approx x$，那么，自编码器的优化目标可以写成：

$$\min \mathcal{L} = \text{dist}(x, \bar{x})$$
$$\bar{x} = h_{\theta_2}(g_{\theta_1}(x))$$

其中 $\text{dist}(x, \bar{x})$ 表示 x 和 $\bar{x}$ 的距离度量，称为重建误差函数。最常见的度量方法有欧氏距离（Euclidean distance）的平方，计算方法如下：

$$\mathcal{L} = \sum_i (x_i - \bar{x}_i)^2$$

它和均方误差原理上是等价的。自编码器网络和普通的神经网络并没有本质的区别,只不过训练的监督信号由标签 y 变成了自身 x。借助于深层神经网络的非线性特征提取能力,自编码器可以获得良好的数据表示,相对于 PCA 等线性方法,自编码器性能更加优秀,甚至可以更加完美地恢复出输入 x。

在图 12.3(a)中,第 1 行是随机采样自测试集的真实 MNIST 手写数字图片,第 2、3、4行分别是基于长度为 30 的隐藏向量,使用自编码器、Logistic PCA 和标准 PCA 算法恢复出的重建样本图片;在图 12.3(b)中,第 1 行为真实的人像图片,第 2、3 行分别是基于长度为30 的隐藏向量,使用自编码器和标准 PCA 算法恢复出的重建样本。可以看到,使用深层神经网络的自编码器重建出图片相对清晰,还原度较高,而 PCA 算法重建出的图片较模糊。

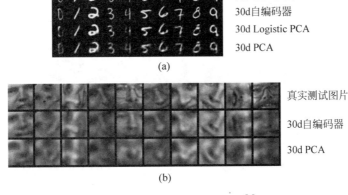

图 12.3　自编码器对比 PCA[1]

12.2　FashionMNIST 图片重建实战

自编码器算法原理非常简单,实现方便,训练也较稳定,相对于 PCA 算法,神经网络的强大表达能力可以学习输入的高层抽象的隐藏特征向量 z,同时也能够基于 z 重建出输入。这里基于 FashionMNIST 数据集进行图片重建实战。

12.2.1　Fashion MNIST 数据集

Fashion MNIST 是一个定位在比 MNIST 图片识别问题稍复杂的数据集,它的设定与MNIST 几乎完全一样,包含了 10 种不同类型的衣服、鞋子、包等灰度图片,图片大小为28×28,共 70000 张图片,其中 60000 张用于训练集,10000 张用于测试集,如图 12.4 所示,每行是一种类别图片。可以看到,Fashion MNIST 除了图片内容与 MNIST 不一样,其他设定都相同,大部分情况可以直接替换掉原来基于 MNIST 训练的算法代码,而不需要额外修改。由于 Fashion MNIST 图片识别相对于 MNIST 图片更难,因此可以用于测试稍复杂的算法性能。

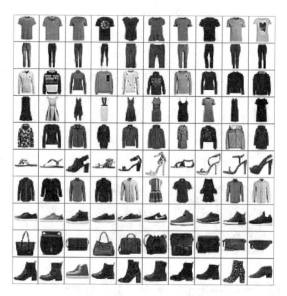

图 12.4 Fashion MNIST 数据集

在 TensorFlow 中,加载 Fashion MNIST 数据集同样非常方便,利用 keras. datasets. fashion_mnist. load_data()函数即可在线下载、管理和加载。代码如下:

```
# 加载 Fashion MNIST 图片数据集
(x_train, y_train), (x_test, y_test) = keras.datasets.fashion_mnist.load_data()
# 归一化
x_train, x_test = x_train.astype(np.float32) / 255., x_test.astype(np.float32) / 255.
# 只需要通过图片数据即可构建数据集对象,不需要标签
train_db = tf.data.Dataset.from_tensor_slices(x_train)
train_db = train_db.shuffle(batchsz * 5).batch(batchsz)
# 构建测试集对象
test_db = tf.data.Dataset.from_tensor_slices(x_test)
test_db = test_db.batch(batchsz)
```

12.2.2 编码器

利用编码器将输入图片 $x \in R^{784}$ 降维到较低维度的隐藏向量:$h \in R^{20}$,并基于隐藏向量 h 利用解码器重建图片,自编码器模型如图 12.5 所示,编码器由 3 层全连接层网络组成,输出节点数分别为 256、128、20,解码器同样由 3 层全连接网络组成,输出节点数分别为 128、256、784。

首先是编码器子网络的实现。利用 3 层的神经网络将长度为 784 的图片向量数据依次降维到 256、128,最后降维到 h_dim 维度,每层使用 ReLU 激活函数,最后一层不使用激活

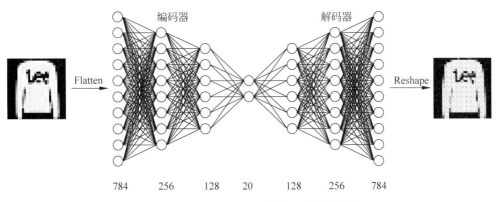

编码器 解码器

Flatten Reshape

784   256   128   20   128   256   784

图 12.5 Fashion MNIST 自编码器网络结构

函数。代码如下：

```
# 创建 Encoders 网络,实现在自编码器类的初始化函数中
self.encoder = Sequential([
    layers.Dense(256, activation = tf.nn.relu),
    layers.Dense(128, activation = tf.nn.relu),
    layers.Dense(h_dim)
])
```

12.2.3 解码器

然后再创建解码器子网络,这里基于隐藏向量 h_dim 依次升维到 128、256、784 长度,除最后一层,激活函数使用 ReLU 函数。解码器的输出为 784 长度的向量,代表了打平后的 28×28 大小图片,通过 Reshape 操作即可恢复为图片矩阵。代码如下：

```
# 创建 Decoders 网络
self.decoder = Sequential([
    layers.Dense(128, activation = tf.nn.relu),
    layers.Dense(256, activation = tf.nn.relu),
    layers.Dense(784)
])
```

12.2.4 自编码器

上述的编码器和解码器两个子网络均实现在自编码器类 AE 中,在初始化函数中同时创建这两个子网络。代码如下：

```
class AE(keras.Model):
    # 自编码器模型类,包含了 Encoder 和 Decoder2 个子网络
    def __init__(self):
```

```
        super(AE, self).__init__()
        # 创建 Encoders 网络
        self.encoder = Sequential([
            layers.Dense(256, activation = tf.nn.relu),
            layers.Dense(128, activation = tf.nn.relu),
            layers.Dense(h_dim)
        ])
        # 创建 Decoders 网络
        self.decoder = Sequential([
            layers.Dense(128, activation = tf.nn.relu),
            layers.Dense(256, activation = tf.nn.relu),
            layers.Dense(784)
        ])
```

接下来将前向传播过程实现在 call 函数中,输入图片首先通过 encoder 子网络得到隐藏向量 **h**,再通过 decoder 得到重建图片。依次调用编码器和解码器的前向传播函数即可,代码如下:

```
def call(self, inputs, training = None):
    # 前向传播函数
    # 编码获得隐藏向量 h,[b, 784] => [b, 20]
    h = self.encoder(inputs)
    # 解码获得重建图片,[b, 20] => [b, 784]
    x_hat = self.decoder(h)

    return x_hat
```

12.2.5 网络训练

自编码器的训练过程与分类器的基本一致,通过误差函数计算出重建向量 $\bar{x}$ 与原始输入向量 **x** 之间的距离,再利用 TensorFlow 的自动求导机制同时求出 encoder 和 decoder 的梯度,循环更新即可。

首先创建自编码器实例和优化器,并设置合适的学习率。例如:

```
# 创建网络对象
model = AE()
# 指定输入大小
model.build(input_shape = (4, 784))
# 打印网络信息
model.summary()
# 创建优化器,并设置学习率
optimizer = optimizers.Adam(lr = lr)
```

这里固定训练 100 个 Epoch,每次通过前向计算获得重建图片向量,并利用 tf. nn. sigmoid_cross_entropy_with_logits 损失函数计算重建图片与原始图片直接的误差,实际上利用 MSE 误差函数也是可行的。代码如下：

```
for epoch in range(100):                          # 训练 100 个 Epoch
    for step, x in enumerate(train_db):           # 遍历训练集
        # 打平,[b, 28, 28] => [b, 784]
        x = tf.reshape(x, [-1, 784])
        # 构建梯度记录器
        with tf.GradientTape() as tape:
            # 前向计算获得重建的图片
            x_rec_logits = model(x)
            # 计算重建图片与输入之间的损失函数
            rec_loss = tf.nn.sigmoid_cross_entropy_with_logits(labels = x, logits = x_rec_
logits)
            # 计算均值
            rec_loss = tf.reduce_mean(rec_loss)
        # 自动求导,包含了 2 个子网络的梯度
        grads = tape.gradient(rec_loss, model.trainable_variables)
        # 自动更新,同时更新 2 个子网络
        optimizer.apply_gradients(zip(grads, model.trainable_variables))

        if step % 100 == 0:
            # 间隔性打印训练误差
            print(epoch, step, float(rec_loss))
```

12.2.6 图片重建

与分类问题不同的是,自编码器的模型性能一般不好量化评价,尽管 $\mathcal{L}$ 值可以在一定程度上代表网络的学习效果,但最终希望获得还原度较高、样式较丰富的重建样本。因此一般需要根据具体问题来讨论自编码器的学习效果,例如对于图片重建,一般依赖于人工主观评价图片生成的质量,或利用某些图片逼真度计算方法（如 Inception Score 和 Frechet Inception Distance）来辅助评估。

为了测试图片重建效果,把数据集切分为训练集与测试集,其中测试集不参与训练。从测试集中随机采样测试图片 $x \in D^{\text{test}}$,经过自编码器计算得到重建后的图片,然后将真实图片与重建图片保存为图片阵列,并可视化,方便比对。代码如下：

```
# 重建图片,从测试集采样一批图片
x = next(iter(test_db))
logits = model(tf.reshape(x, [-1, 784]))          # 打平并送入自编码器
x_hat = tf.sigmoid(logits)                        # 将输出转换为像素值,使用
                                                  # sigmoid 函数

# 恢复为 28×28,[b, 784] => [b, 28, 28]
x_hat = tf.reshape(x_hat, [-1, 28, 28])

# 输入的前 50 张 + 重建的前 50 张图片合并,[b, 28, 28] => [2b, 28, 28]
```

```
x_concat = tf.concat([x[:50], x_hat[:50]], axis = 0)
x_concat = x_concat.numpy() * 255.                         # 恢复为 0～255
x_concat = x_concat.astype(np.uint8)                       # 转换为整型
save_images(x_concat, 'ae_images/rec_epoch_%d.png'%epoch)  # 保存图片
```

图片重建的效果如图 12.6～图 12.8 所示,其中每张图片的左边 5 列为真实图片,右边 5 列为对应的重建图片。可以看到,第一个 Epoch 时,图片重建效果较差,图片非常模糊,逼真度较差;随着训练的进行,重建图片边缘越来越清晰,第 100 个 Epoch 时,重建的图片效果已经比较接近真实图片。

图 12.6　第 1 个 Epoch

图 12.7　第 10 个 Epoch

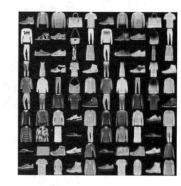

图 12.8　第 100 个 Epoch

这里的 save_images 函数负责将多张图片合并并保存为一张大图,这部分代码使用 PIL 图片库完成图片阵列逻辑,代码如下:

```
def save_images(imgs, name):
    # 创建 280×280 大小图片阵列
    new_im = Image.new('L', (280, 280))
    index = 0
    for i in range(0, 280, 28):            # 10 行图片阵列
        for j in range(0, 280, 28):        # 10 列图片阵列
            im = imgs[index]
            im = Image.fromarray(im, mode = 'L')
            new_im.paste(im, (i, j))       # 写入对应位置
            index += 1
    # 保存图片阵列
    new_im.save(name)
```

12.3　自编码器变种

一般而言,自编码器网络的训练较为稳定,但是由于损失函数是直接度量重建样本与真实样本的底层特征之间的距离,而不是评价重建样本的逼真度和多样性等抽象指标,因此在

某些任务上效果一般,如图片重建,容易出现重建图片边缘模糊,逼真度相对真实图片仍有不小差距。为了尝试让自编码器学习到数据的真实分布,产生了一系列的自编码器变种网络。下面将介绍典型的自编码器变种模型。

12.3.1　Denoising Auto-Encoder

为了防止神经网络记忆住输入数据的底层特征,Denoising Auto-Encoders 给输入数据添加随机的噪声扰动,如给输入 x 添加采样自高斯分布的噪声 ε:

$$\bar{x} = x + \varepsilon, \quad \varepsilon \sim \mathcal{N}(0, \mathrm{var})$$

添加噪声后,网络需要从 $\bar{x}$ 学习到数据的真实隐藏变量 z,并还原出原始的输入 x,如图 12.9 所示。模型的优化目标为:

$$\theta^* = \underbrace{\mathrm{argmin}\,\mathrm{dist}(h_{\theta_2}(g_{\theta_1}(\tilde{x})), x)}_{\theta}$$

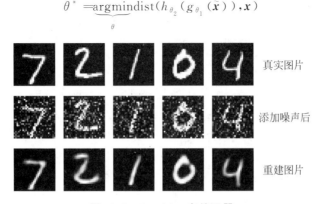

真实图片

添加噪声后

重建图片

图 12.9　Denoising 自编码器

12.3.2　Dropout Auto-Encoder

自编码器网络同样面临过拟合的风险,Dropout Auto-Encoder 通过随机断开网络的连接来减少网络的表达能力,防止过拟合。Dropout Auto-Encoder 实现非常简单,通过在网络层中插入 Dropout 层即可实现网络连接的随机断开。

12.3.3　Adversarial Auto-Encoder

为了能够方便地从某个已知的先验分布中 $p(z)$ 采样隐藏变量 z,方便利用 $p(z)$ 来重建输入,对抗自编码器(Adversarial Auto-Encoder)利用额外的判别器网络(Discriminator,简称 D 网络)来判定降维的隐藏变量 z 是否采样自先验分布 $p(z)$,如图 12.10 所示。判别器网络的输出为一个属于 $[0,1]$ 区间的变量,表征隐藏向量是否采样自先验分布 $p(z)$:所有采样自先验分布 $p(z)$ 的 z 标注为真,采样自编码器的条件概率 $q(z|x)$ 的 z 标注为假。通过这种方式训练,除了可以重建样本,还可以约束条件概率分布 $q(z|x)$ 逼近先验分布 $p(z)$。

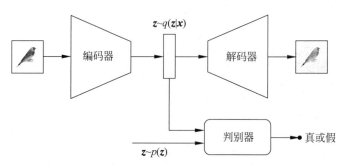

图 12.10　对抗自编码器

对抗自编码器是从第 13 章要介绍的生成对抗网络算法衍生而来，在学习完对抗生成网络后可以加深对抗自编码器的理解。

12.4　变分自编码器

基本的自编码器本质上是学习输入 x 和隐藏变量 z 之间映射关系，它是一个判别模型（Discriminative model），并不是生成模型（Generative model）。那么能否将自编码器调整为生成模型，方便地生成样本？

给定隐藏变量的分布 $p(z)$，如果可以学到条件概率分布 $p(x|z)$，则通过对联合概率分布 $p(x,z)=p(x|z)$，$p(z)$ 进行采样，生成不同的样本。变分自编码器（Variational Auto-Encoders，VAE）就可以实现此目的，如图 12.11 所示。如果从神经网络的角度来理解，VAE 和前面的自编码器一样，非常直观好理解；但是 VAE 的理论推导稍复杂，接下来先从神经网络的角度去阐述 VAE，再从概率角度去推导 VAE。

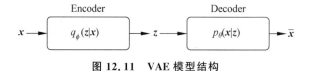

图 12.11　VAE 模型结构

从神经网络的角度来看，VAE 相对于自编码器模型，同样具有编码器和解码器两个子网络。解码器接受输入 x，输出为隐变量 z；解码器负责将隐变量 z 解码为重建的 $\bar{x}$。不同的是，VAE 模型对隐变量 z 的分布有显式地约束，希望隐变量 z 符合预设的先验分布 $p(z)$。因此，在损失函数的设计上，除了原有的重建误差项外，还添加了隐变量 z 分布的约束项。

12.4.1　VAE 原理

从概率的角度，假设任何数据集都采样自某个分布 $p(x|z)$，z 是隐藏变量，代表了某种

内部特征,例如手写数字的图片 x,z 可以表示字体的大小、书写风格、加粗、斜体等设定,它符合某个先验分布 $p(z)$,在给定具体隐藏变量 z 的情况下,可以从学到了分布 $p(x|z)$中采样一系列的生成样本,这些样本都具有 z 所表示的共性。

通常可以假设 $p(z)$符合已知的分布,例如 $\mathcal{N}(0,1)$。在 $p(z)$已知的条件下,我们的目的就是希望能学会生成概率模型 $p(x|z)$。这里可以采用最大似然估计(Maximum Likelihood Estimation)方法:一个好的模型,应该拥有很大的概率生成真实的样本 $x \in D$。如果生成模型 $p(x|z)$是用 θ 来参数化,因此神经网络的优化目标是:

$$\max_{\theta} p(x) = \int_z p(x \mid z) p(z) \mathrm{d}z$$

很遗憾的是,由于 z 是连续变量,上述积分没法转换为离散形式,导致很难直接优化。

换一个思路,利用变分推断(Variational Inference)的思想,通过分布 $q_{\phi}(z|x)$来逼近 $p(z|x)$,即需要最小化 $q_{\phi}(z|x)$与 $p(z|x)$之间的距离:

$$\min_{\phi} D_{\mathrm{KL}}(q_{\phi}(z \mid x) \parallel p(z \mid x))$$

其中 KL 散度 D_{KL} 是一种衡量分布 q 和 p 之间的差距的度量,定义为:

$$D_{\mathrm{KL}}(q \parallel p) = \int_x q(x) \log \frac{q(x)}{p(x)} \mathrm{d}x$$

严格地说,距离一般是对称的,而 KL 散度并不对称。将 KL 散度展开为:

$$D_{\mathrm{KL}}(q_{\phi}(z \mid x) \parallel p(z \mid x)) = \int_z q_{\phi}(z \mid x) \log \frac{q_{\phi}(z \mid x)}{p(z \mid x)} \mathrm{d}z$$

利用性质

$$p(z \mid x) \cdot p(x) = p(x,z)$$

可以得到

$$
\begin{aligned}
D_{\mathrm{KL}}(q_{\phi}(z \mid x) \parallel p(z \mid x)) &= \int_z q_{\phi}(z \mid x) \log \frac{q_{\phi}(z \mid x) p(x)}{p(x,z)} \mathrm{d}z \\
&= \int_z q_{\phi}(z \mid x) \log \frac{q_{\phi}(z \mid x)}{p(x,z)} \mathrm{d}z + \int_z q_{\phi}(z \mid x) \log p(x) \mathrm{d}z \\
&= -\underbrace{\left(-\int_z q_{\phi}(z \mid x) \log \frac{q_{\phi}(z \mid x)}{p(x,z)} \mathrm{d}z\right)}_{\mathcal{L}(\phi,\theta)} + \log p(x)
\end{aligned}
$$

将 $-\int_z q_{\phi}(z \mid x) \log \frac{q_{\phi}(z \mid x)}{p(x,z)} \mathrm{d}z$ 定义为 $\mathcal{L}(\phi,\theta)$ 项,上式即为

$$D_{\mathrm{KL}}(q_{\phi}(z \mid x) \parallel p(z \mid x)) = -\mathcal{L}(\phi,\theta) + \log p(x)$$

其中

$$\mathcal{L}(\phi,\theta) = -\int_z q_{\phi}(z \mid x) \log \frac{q_{\phi}(z \mid x)}{p(x,z)} \mathrm{d}z$$

考虑到

$$D_{KL}(q_\phi(z \mid x) \parallel p(z \mid x)) \geqslant 0$$

因此

$$\mathcal{L}(\phi, \theta) \leqslant \log p(x)$$

也就是说，$\mathcal{L}(\phi, \theta)$ 是 $\log p(x)$ 的下界限（Lower Bound），优化目标 $\mathcal{L}(\phi, \theta)$ 称为 Evidence Lower Bound Objective（ELBO）。我们的目标是最大化似然概率 $p(x)$，或最大化 $\log p(x)$，那么可以通过最大化其下界限 $\mathcal{L}(\phi, \theta)$ 实现。

现在分析如何最大化 $\mathcal{L}(\phi, \theta)$ 函数，展开可得：

$$
\begin{aligned}
\mathcal{L}(\theta, \phi) &= \int_z q_\phi(z \mid x) \log \frac{p_\theta(x, z)}{q_\phi(z \mid x)} \\
&= \int_z q_\phi(z \mid x) \log \frac{p(z) p_\theta(x \mid z)}{q_\phi(z \mid x)} \\
&= \int_z q_\phi(z \mid x) \log \frac{p(z)}{q_\phi(z \mid x)} + \int_z q_\phi(z \mid x) \log p_\theta(x \mid z) \\
&= -\int_z q_\phi(z \mid x) \log \frac{q_\phi(z \mid x)}{p(z)} + E_{z \sim q}[\log p_\theta(x \mid z)] \\
&= -D_{KL}(q_\phi(z \mid x) \parallel p(z)) + E_{z \sim q}[\log p_\theta(x \mid z)]
\end{aligned}
$$

因此

$$\mathcal{L}(\theta, \phi) = -D_{KL}(q_\phi(z \mid x) \parallel p(z)) + E_{z \sim q}[\log p_\theta(x \mid z)] \tag{12-1}$$

可以用编码器网络参数化 $q_\phi(z|x)$ 函数，解码器网络参数化 $p_\theta(x|z)$ 函数，通过计算解码器的输出分布 $q_\phi(z|x)$ 与先验分布 $p(z)$ 之间的 KL 散度，以及解码器的似然概率 $\log p_\theta(x|z)$ 构成的损失函数，即可优化 $\mathcal{L}(\theta, \phi)$ 目标。

特别地，当 $q_\phi(z|x)$ 和 $p(z)$ 都假设为正态分布时，$D_{KL}(q_\phi(z|x) \parallel p(z))$ 计算可以简化为：

$$D_{KL}(q_\phi(z \mid x) \parallel p(z)) = \log \frac{\sigma_2}{\sigma_1} + \frac{\sigma_1^2 + (\mu_1 - \mu_2)^2}{2\sigma_2^2} - \frac{1}{2}$$

更特别地，当 $q_\phi(z|x)$ 为正态分布 $\mathcal{N}(\mu_1, \sigma_1)$，$p(z)$ 为正态分布 $N(0,1)$ 时，即 $\mu_2 = 0, \sigma_2 = 1$，此时

$$D_{KL}(q_\phi(z \mid x) \parallel p(z)) = -\log \sigma_1 + 0.5\sigma_1^2 + 0.5\mu_1^2 - 0.5 \tag{12-2}$$

上述过程将 $\mathcal{L}(\theta, \phi)$ 表达式中的 $D_{KL}(q_\phi(z|x) \parallel p(z))$ 项变得更易于计算，而 $E_{z \sim q}[\log p_\theta(x|z)]$ 同样可以基于自编码器中的重建误差函数实现。

因此，VAE 模型的优化目标由最大化 $\mathcal{L}(\phi, \theta)$ 函数转换为：

$$\min D_{KL}(q_\phi(z \mid x) \parallel p(z))$$

和

$$\max E_{z \sim q}[\log p_\theta(x \mid z)]$$

第一项优化目标可以理解为约束隐变量 z 的分布,第二项优化目标理解为提高网络的重建效果。可以看到,经过推导,VAE 模型同样非常地直观,好理解。

12.4.2　Reparameterization Trick

现在考虑上述 VAE 模型在实现时遇到的一个严重的问题。隐变量 z 采样自编码器的输出 $q_\phi(z|x)$,如图 12.12(a)所示。当 $q_\phi(z|x)$ 和 $p(z)$ 都假设为正态分布时,编码器输出正态分布的均值 $\boldsymbol{\mu}$ 和方差 σ^2,解码器的输入采样自 $\mathcal{N}(\boldsymbol{\mu},\sigma^2)$。由于采样操作的存在,导致梯度传播是不连续的,无法通过梯度下降算法端到端式的训练 VAE 网络。

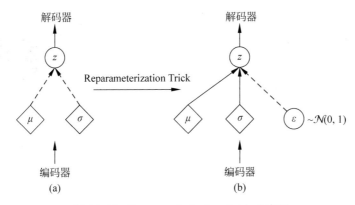

图 12.12　Reparameterization Trick 示意图

论文[2]里提出了一种连续可导的解决方案,称为 Reparameterization Trick。它通过 $z=\boldsymbol{\mu}+\sigma\odot\varepsilon$ 方式采样隐变量 z,其中 $\dfrac{\partial z}{\partial \mu}$ 和 $\dfrac{\partial z}{\partial \sigma}$ 均是连续可导,从而将梯度传播连接起来。如图 12.12(b)所示,ε 变量采样自标准正态分布 $\mathcal{N}(0,I)$,$\boldsymbol{\mu}$ 和 σ 由编码器网络产生,通过 $z=\boldsymbol{\mu}+\sigma\odot\varepsilon$ 方式即可获得采样后的隐变量,同时保证梯度传播是连续的。

VAE 网络模型如图 12.13 所示,输入 x 通过编码器网络 $q_\phi(z|x)$ 计算得到隐变量 z 的均值与方差,通过 Reparameterization Trick 方式采样获得隐变量 z,并送入解码器网络,获得分布 $p_\theta(x|z)$,并通过式(12-1)计算误差并优化参数。

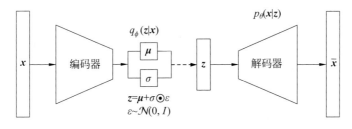

图 12.13　VAE 模型结构

12.5 VAE 图片生成实战

本节基于 VAE 模型实战 Fashion MNIST 图片的重建与生成。如图 12.14 所示,输入为 Fashion MNIST 图片向量,经过 3 个全连接层后得到隐向量 z 的均值与方差,分别用两个输出节点数为 20 的全连接层表示,FC2 的 20 个输出节点表示 20 个特征分布的均值向量 $\boldsymbol{\mu}$,FC3 的 20 个输出节点表示 20 个特征分布的取 log 后的方差向量。通过 Reparameterization Trick 采样获得长度为 20 的隐向量 z,并通过 FC4 和 FC5 重建出样本图片。

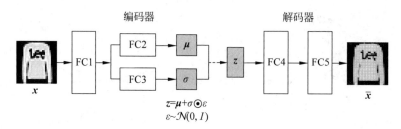

图 12.14 VAE 模型结构

VAE 作为生成模型,除了可以重建输入样本,还可以单独使用解码器生成样本。通过从先验分布 $p(z)$ 中直接采样获得隐向量 z,经过解码后可以产生生成的样本。

12.5.1 VAE 模型

将 Encoder 和 Decoder 子网络实现在 VAE 大类中,在初始化函数中,分别创建 Encoder 和 Decoder 需要的网络层。代码如下:

```
class VAE(keras.Model):
    # 变分自编码器
    def __init__(self):
        super(VAE, self).__init__()

        # Encoder 网络
        self.fc1 = layers.Dense(128)
        self.fc2 = layers.Dense(z_dim)        # 均值输出
        self.fc3 = layers.Dense(z_dim)        # 方差输出

        # Decoder 网络
        self.fc4 = layers.Dense(128)
        self.fc5 = layers.Dense(784)
```

Encoder 的输入先通过共享层 FC1,然后分别通过 FC2 与 FC3 网络,获得隐向量分布的均值向量与方差的 log 向量值。代码如下:

```
def encoder(self, x):
    # 获得编码器的均值和方差
    h = tf.nn.relu(self.fc1(x))
    # 均值向量
    mu = self.fc2(h)
    # 方差的 log 向量
    log_var = self.fc3(h)

    return mu, log_var
```

Decoder 接受采样后的隐向量 z，并解码为图片输出。代码如下：

```
def decoder(self, z):
    # 根据隐藏变量 z 生成图片数据
    out = tf.nn.relu(self.fc4(z))
    out = self.fc5(out)
    # 返回图片数据,784 向量
    return out
```

在 VAE 的前向计算过程中，首先通过编码器获得输入的隐向量 z 的分布，然后利用 Reparameterization Trick 实现的 reparameterize 函数采样获得隐向量 z，最后通过解码器即可恢复重建的图片向量。实现如下：

```
def call(self, inputs, training = None):
    # 前向计算
    # 编码器[b, 784] => [b, z_dim], [b, z_dim]
    mu, log_var = self.encoder(inputs)
    # 采样 reparameterization trick
    z = self.reparameterize(mu, log_var)
    # 通过解码器生成
    x_hat = self.decoder(z)
    # 返回生成样本,及其均值与方差
    return x_hat, mu, log_var
```

12.5.2 Reparameterization 技巧

Reparameterize 函数接受均值与方差参数，并从正态分布 $\mathcal{N}(0, I)$ 中采样获得 ε，通过 $z = \boldsymbol{\mu} + \sigma \odot \varepsilon$ 方式返回采样隐向量。代码如下：

```
def reparameterize(self, mu, log_var):
    # reparameterize 技巧,从正态分布采样 epsion
    eps = tf.random.normal(log_var.shape)
    # 计算标准差
    std = tf.exp(log_var) ** 0.5
    # reparameterize 技巧
```

```
z = mu + std * eps
return z
```

12.5.3 网络训练

网络固定训练 100 个 Epoch，每次从 VAE 模型中前向计算获得重建样本，通过交叉熵损失函数计算重建误差项 $E_{z\sim q}\left[\log p_{\theta}(\boldsymbol{x}|\boldsymbol{z})\right]$，根据式 (122) 计算 $D_{\mathrm{KL}}\left(q_{\phi}(\boldsymbol{z}|\boldsymbol{x})\parallel p(\boldsymbol{z})\right)$ 误差项，并自动求导和更新整个网络模型。代码如下：

```
# 创建网络对象
model = VAE()
model.build(input_shape = (4, 784))
# 优化器
optimizer = optimizers.Adam(lr)

for epoch in range(100):                          # 训练 100 个 Epoch
    for step, x in enumerate(train_db):           # 遍历训练集
        # 打平,[b, 28, 28] => [b, 784]
        x = tf.reshape(x, [-1, 784])
        # 构建梯度记录器
        with tf.GradientTape() as tape:
            # 前向计算
            x_rec_logits, mu, log_var = model(x)
            # 重建损失值计算
            rec_loss = tf.nn.sigmoid_cross_entropy_with_logits(labels = x, logits = x_rec_logits)
            rec_loss = tf.reduce_sum(rec_loss) / x.shape[0]
            # 计算 KL 散度 N(mu, var) VS N(0, 1)
            # 公式参考:https://stats.stackexchange.com/questions/7440/kl-divergence-
between-two-univariate-gaussians
            kl_div = -0.5 * (log_var + 1 - mu ** 2 - tf.exp(log_var))
            kl_div = tf.reduce_sum(kl_div) / x.shape[0]
            # 合并误差项
            loss = rec_loss + 1. * kl_div
        # 自动求导
        grads = tape.gradient(loss, model.trainable_variables)
        # 自动更新
        optimizer.apply_gradients(zip(grads, model.trainable_variables))

        if step % 100 == 0:
            # 打印训练误差
            print(epoch, step, 'kl div:', float(kl_div), 'rec loss:', float(rec_loss))
```

12.5.4 图片生成

图片生成只利用到解码器网络，首先从先验分布 $\mathcal{N}(0, I)$ 中采样获得隐向量，再通过解

码器获得图片向量，最后 Reshape 为图片矩阵。例如：

```
# 测试生成效果，从正态分布随机采样 z
z = tf.random.normal((batchsz, z_dim))
logits = model.decoder(z)                        # 仅通过解码器生成图片
x_hat = tf.sigmoid(logits)                       # 转换为像素范围
x_hat = tf.reshape(x_hat, [-1, 28, 28]).numpy() * 255.
x_hat = x_hat.astype(np.uint8)
save_images(x_hat, 'vae_images/epoch_%d_sampled.png'%epoch) # 保存生成图片

# 重建图片，从测试集采样图片
x = next(iter(test_db))
logits, _, _ = model(tf.reshape(x, [-1, 784]))   # 打平并送入自编码器
x_hat = tf.sigmoid(logits)                        # 将输出转换为像素值
# 恢复为 28×28,[b, 784] => [b, 28, 28]
x_hat = tf.reshape(x_hat, [-1, 28, 28])
# 输入的前 50 张 + 重建的前 50 张图片合并,[b, 28, 28] => [2b, 28, 28]
x_concat = tf.concat([x[:50], x_hat[:50]], axis=0)
x_concat = x_concat.numpy() * 255.                # 恢复为 0~255
x_concat = x_concat.astype(np.uint8)
save_images(x_concat, 'vae_images/epoch_%d_rec.png'%epoch) # 保存重建图片
```

图片重建的效果如图 12.15～图 12.17 所示，分别显示了在第 1、10、100 个 Epoch 时，输入测试集的图片，获得的重建效果，每张图片的左 5 列为真实图片，右 5 列为对应的重建效果。如图 12.18～图 12.20 所示，分别显示了在第 1、10、100 个 Epoch 时，图片的生成效果。

图 12.15　图片重建：epoch＝1

图 12.16　图片重建：epoch＝10

可以看到，图片重建的效果是要略好于图片生成的，这也说明了图片生成是更为复杂的任务，VAE 模型虽然具有图片生成的能力，但是生成的效果仍然不够优秀，人眼还是能够较轻松地分辨出机器生成的和真实的图片样本。在第 13 章将要介绍的生成对抗网络在图片生成方面表现更为优秀。

图 12.17　图片重建：epoch＝100

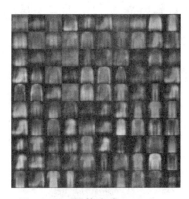

图 12.18　图片生成：epoch＝1

图 12.19　图片生成：epoch＝10

图 12.20　图片生成：epoch＝100

参考文献

[1]　Hinton G E. Reducing the Dimensionality of Data with Neural［J］. Science，2006，313（5786）：504-507.

[2]　Kingma D P，Welling M. Auto-Encoding Variational Bayes［C］//2nd International Conference on Learning Representations，ICLR 2014，Banff，AB，Canada，April 14-16，2014，Conference Track Proceedings，2014.

## 第 13 章

生成对抗网络

> 我不能创造的事物,我就还没有完全理解它。——理查德·费曼

在生成对抗网络(Generative Adversarial Network,GAN)发明之前,变分自编码器被认为是理论完备,实现简单,使用神经网络训练起来很稳定,生成的图片逼近度也较高,但是人眼还是可以很轻易地分辨出真实图片与机器生成的图片。

2014 年,Université de Montréal 大学 Yoshua Bengio(2018 年图灵奖获得者)的学生 Ian Goodfellow 提出了生成对抗网络 GAN[1],从而开辟了深度学习最炙手可热的研究方向之一。从 2014—2019 年,GAN 的研究稳步推进,研究捷报频传,最新的 GAN 算法在图片生成上的效果甚至达到了肉眼难辨的程度,着实令人振奋。由于 GAN 的发明,Ian Goodfellow 荣获 GAN 之父称号,并获得 2017 年麻省理工科技评论颁发的 35 Innovators Under 35 奖项。图 13.1 展示了从 2014—2018 年,GAN 模型取得了图书生成的效果,可以看到不管是图片大小,还是图片逼真度,都有了巨大的提升。

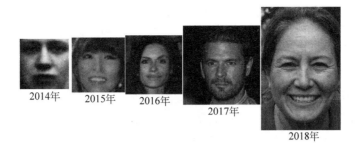

2014年　2015年　2016年　2017年　2018年

图 13.1　GAN 模型 2014—2018 年的图片生成效果①

接下来,将从生活中博弈学习的实例出发,一步步引出 GAN 算法的设计思想和模型结构。

---

① 图片来自 https://twitter.com/goodfellow_ian/status/1084973596236144640? lang=en

13.1　博弈学习实例

用一个漫画家的成长轨迹来形象介绍生成对抗网络的思想。考虑一对双胞胎兄弟,分别称为老二 G 和老大 D,G 学习如何绘制漫画,D 学习如何鉴赏画作。还在娃娃时代的两兄弟,尚且只学会了如何使用画笔和纸张,G 绘制了一张不明所以的画作,如图 13.2(a)所示。由于此时 D 鉴别能力不高,觉得 G 的作品还行,但是人物主体不够鲜明。在 D 的指引和鼓励下,G 开始尝试学习如何绘制主体轮廓和使用简单的色彩搭配。

一年后,G 提升了绘画的基本功,D 也通过分析名作和初学者 G 的作品,初步掌握了鉴别作品的能力。此时 D 觉得 G 的作品人物主体有了,如图 13.2(b)所示,但是色彩的运用还不够成熟。数年后,G 的绘画基本功已经很扎实了,可以轻松绘制出主体鲜明、颜色搭配合适和逼真度较高的画作,如图 13.2(c)所示,但是 D 同样通过观察 G 和其他名作的差别,提升了画作鉴别能力,觉得 G 的画作技艺已经趋于成熟,但是对生活的观察尚且不够,作品没有传达神情且部分细节不够完美。又过了数年,G 的绘画功力达到了炉火纯青的地步,绘制的作品细节完美、风格迥异、惟妙惟肖,宛如大师级水准,如图 13.2(d)所示,即便此时的 D 鉴别功力也相当出色,亦很难将 G 和其他大师级的作品区分开来。

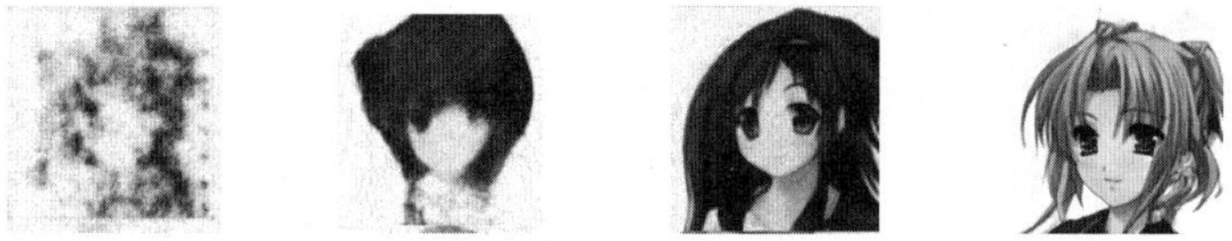

(a)　　　　　　(b)　　　　　　(c)　　　　　　(d)

图 13.2　画家的成长轨迹示意图

上述画家的成长历程其实是一个生活中普遍存在的学习过程,通过双方的博弈学习,相互提高,最终达到一个平衡点。GAN 网络借鉴了博弈学习的思想,分别设立了两个子网络:负责生成样本的生成器 G 和负责鉴别真伪的鉴别器 D。类比到画家的例子,生成器 G 就是老二,鉴别器 D 就是老大。鉴别器 D 通过观察真实的样本和生成器 G 产生的样本之间的区别,学会如何鉴别真假,其中真实的样本为真,生成器 G 产生的样本为假。而生成器 G 同样也在学习,它希望产生的样本能够获得鉴别器 D 的认可,即在鉴别器 D 中鉴别为真,因此生成器 G 通过优化自身的参数,尝试使得自己产生的样本在鉴别器 D 中判别为真。生成器 G 和鉴别器 D 相互博弈,共同提升,直至达到平衡点。此时生成器 G 生成的样本非常逼真,使得鉴别器 D 真假难分。

在原始的 GAN 论文中,Ian Goodfellow 使用了另一个形象的比喻来介绍 GAN 模型:生成器 G 的功能就是产生一系列非常逼真的假钞试图欺骗鉴别器 D,而鉴别器 D 通过学习真钞和生成器 G 生成的假钞来掌握钞票的鉴别方法。这两个网络在相互博弈的过程中间同步提升,直到生成器 G 产生的假钞非常的逼真,连鉴别器 D 都真假难辨。

这种博弈学习的思想使得 GAN 的网络结构和训练过程与之前的网络模型略有不同，下面来详细介绍 GAN 的网络结构和算法原理。

13.2 GAN 原理

现在正式介绍生成对抗网络的网络结构和训练方法。

13.2.1 网络结构

生成对抗网络包含了两个子网络：生成网络(Generator，G)和判别网络(Discriminator，D)，其中生成网络 G 负责学习样本的真实分布，判别网络 D 负责将生成网络采样的样本与真实样本区分开来。

（1）**生成网络 G(z)**：生成网络 G 和自编码器的 Decoder 功能类似，从先验分布 $p_z(\cdot)$ 中采样隐藏变量 $z \sim p_z(\cdot)$，通过生成网络 G 参数化的 $p_g(x|z)$ 分布，获得生成样本 $x \sim p_g(x|z)$，如图 13.3 所示。隐藏变量 z 的先验分布 $p_z(\cdot)$ 可以假设为其中已知的分布，例如多元均匀分布 $z \sim \mathrm{Uniform}(-1,1)$。

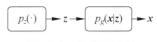

图 13.3 生成网络 G

$p_g(x|z)$ 可以用深度神经网络来参数化，如图 13.4 所示。从均匀分布 $p_z(\cdot)$ 中采样出隐藏变量 z，经过多层转置卷积层网络参数化的 $p_g(x|z)$ 分布中采样出样本 x_f。从输入输出层面来看，生成器 G 的功能是将隐向量 z 通过神经网络转换为样本向量 x_f，下标 f 代表假样本(Fake samples)。

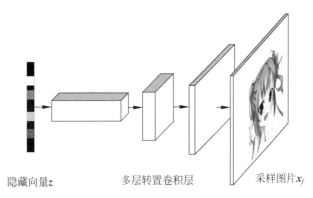

隐藏向量z   多层转置卷积层   采样图片x_f

图 13.4 转置卷积构成的生成网络

（2）**判别网络 D(x)**：判别网络和普通的二分类网络功能类似，它接受输入样本 x 的数据集，包含了采样自真实数据分布 $p_r(\cdot)$ 的样本 $x_r \sim p_r(\cdot)$，也包含了采样自生成网络的假样本 $x_f \sim p_g(x|z)$，x_r 和 x_f 共同组成了判别网络的训练数据集。判别网络输出为 x 属于真实样本的概率 $P(x$ 为真$|x)$，把所有真实样本 x_r 的标签标注为真(1)，所有生成网络产

生的样本 x_f 标注为假(0),通过最小化判别网络 D 的预测值与标签之间的误差来优化判别网络参数,如图 13.5 所示。

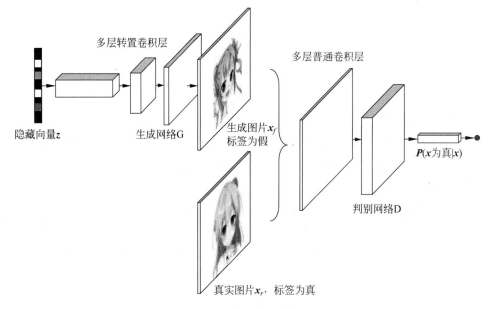

隐藏向量z 　　生成网络G　　生成图片x_f 标签为假

多层转置卷积层

多层普通卷积层

$P(x$为真$|x)$

判别网络D

真实图片x_r,标签为真

图 13.5　生成网络和判别网络

13.2.2　网络训练

　　GAN 博弈学习的思想体现在它的训练方式上,由于生成器 G 和判别器 D 的优化目标不一样,不能和之前的网络模型的训练一样,只采用一个损失函数。下面分别介绍如何训练生成器 G 和判别器 D。

　　对于判别网络 D,它的目标是能够很好地分辨出真样本 x_r 与假样本 x_f。以图片生成为例,它的目标是最小化图片的预测值和真实值之间的交叉熵损失函数:

$$\min_\theta \mathcal{L} = \mathrm{CE}(D_\theta(\boldsymbol{x}_r), y_r, D_\theta(\boldsymbol{x}_f), y_f)$$

其中 $D_\theta(\boldsymbol{x}_r)$ 代表真实样本 $\boldsymbol{x}_r$ 在判别网络 D_θ 的输出,θ 为判别网络的参数集,$D_\theta(\boldsymbol{x}_f)$ 为生成样本 $\boldsymbol{x}_f$ 在判别网络的输出,y_r 为 $\boldsymbol{x}_r$ 的标签,由于真实样本标注为真,故 $y_r = 1$,y_f 为生成样本的 $\boldsymbol{x}_f$ 的标签,由于生成样本标注为假,故 $y_f = 0$。CE 函数代表交叉熵损失函数 CrossEntropy。二分类问题的交叉熵损失函数定义为:

$$\mathcal{L} = -\sum_{x_r \sim p_r(\cdot)} \log D_\theta(\boldsymbol{x}_r) - \sum_{x_f \sim p_g(\cdot)} \log(1 - D_\theta(\boldsymbol{x}_f))$$

因此判别网络 D 的优化目标是:

$$\theta^* = \underset{\theta}{\mathrm{argmin}} -\sum_{x_r \sim p_r(\cdot)} \log D_\theta(\boldsymbol{x}_r) - \sum_{x_f \sim p_g(\cdot)} \log(1 - D_\theta(\boldsymbol{x}_f))$$

把 $\min_\theta \mathcal{L}$ 问题转换为 $\max_\theta -\mathcal{L}$,并写成期望形式:

$$\theta^* = \underset{\theta}{\operatorname{argmax}} E_{\boldsymbol{x}_r \sim p_r(.)} \log D_\theta(\boldsymbol{x}_r) + E_{\boldsymbol{x}_f \sim p_g(.)} \log(1 - D_\theta(\boldsymbol{x}_f))$$

对于生成网络 $G(z)$，希望 $\boldsymbol{x}_f = G(z)$ 能够很好地骗过判别网络 D，假样本 $\boldsymbol{x}_f$ 在判别网络的输出越接近真实的标签越好。也就是说，在训练生成网络时，希望判别网络的输出 $D(G(z))$ 越逼近 1 越好，最小化 $D(G(z))$ 与 1 之间的交叉熵损失函数：

$$\min_\phi \mathcal{L} = \mathrm{CE}(D(G_\phi(z)), 1) = -\log D(G_\phi(z))$$

把 $\min_\phi \mathcal{L}$ 问题转换成 $\max_\phi -\mathcal{L}$，并写成期望形式：

$$\phi^* = \underset{\phi}{\operatorname{argmax}} E_{z \sim p_z(.)} \log D(G_\phi(z))$$

再次等价转化为：

$$\phi^* = \underset{\phi}{\operatorname{argmin}} \mathcal{L} = E_{z \sim p_z(.)} \log[1 - D(G_\phi(z))]$$

其中 ϕ 为生成网络 G 的参数集，可以利用梯度下降算法来优化参数 ϕ。

13.2.3　统一目标函数

把判别网络的目标和生成网络的目标合并，写成 min－max 博弈形式：

$$\min_\phi \max_\theta \mathcal{L}(D, G) = E_{\boldsymbol{x}_r \sim p_r(.)} \log D_\theta(\boldsymbol{x}_r) + E_{\boldsymbol{x}_f \sim p_g(.)} \log(1 - D_\theta(\boldsymbol{x}_f))$$

$$= E_{\boldsymbol{x} \sim p_r(.)} \log D_\theta(\boldsymbol{x}) + E_{z \sim p_z(.)} \log(1 - D_\theta(G_\phi(z))) \qquad (13\text{-}1)$$

算法流程如下：

算法 1：GAN 训练算法

随机初始化参数 θ 和 φ

repeat

 for k 次 **do**

  随机采样隐向量 $z \sim p_z(\cdot)$

  随机采样真实样本 $\boldsymbol{x}_r \sim p_r(\cdot)$

  根据梯度上升算法更新 D 网络：

$$\nabla_\theta E_{\boldsymbol{x}_r \sim p_r(.)} \log D_\theta(\boldsymbol{x}_r) + E_{\boldsymbol{x}_f \sim p_g(.)} \log(1 - D_\theta(\boldsymbol{x}_f))$$

  随机采样隐向量 $z \sim p_z(\cdot)$

  根据梯度下降算法更新 G 网络：

$$\nabla_\phi E_{z \sim p_z(.)} \log(1 - D_\theta(G_\phi(z)))$$

 end for

until 训练回合数达到要求

输出：训练好的生成器 G_ϕ

13.3　DCGAN 实战

本节完成一个二次元动漫头像图片生成实战,参考 DCGAN[2] 的网络结构,其中判别器 D 利用普通卷积层实现,生成器 G 利用转置卷积层实现,如图 13.6 所示。

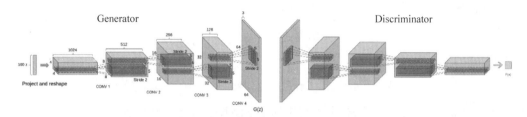

图 13.6　DCGAN 网络结构

13.3.1　动漫图片数据集

这里使用的是一组二次元动漫头像的数据集①,共 51223 张图片,无标注信息,图片主体已裁剪、对齐并统一缩放到 96×96 大小,部分样片如图 13.7 所示。

图 13.7　动漫头像图片数据集

对于自定义的数据集,需要自行完成数据的加载和预处理工作,这里聚焦在 GAN 算法本身,在第 15 章会详细介绍如何加载自己的数据集,这里直接通过预编写好的 make_anime_dataset 函数返回已经处理好的数据集对象。代码如下:

```
# 数据集路径,从 https://pan.baidu.com/s/1eSifHcA 提取码:g5qa 下载解压
img_path = glob.glob(r'C:\Users\z390\Downloads\faces\ * .jpg')
# 构建数据集对象,返回数据集 Dataset 类和图片大小
```

---

① 数据集整理自 https://github.com/chenyuntc/pytorch-book

```
dataset, img_shape, _ = make_anime_dataset(img_path, batch_size, resize = 64)
```

其中 dataset 对象就是 tf.data.Dataset 类实例,已经完成了随机打散、预处理和批量化等操作,可以直接迭代获得样本批,img_shape 是预处理后的图片大小。

13.3.2 生成器

生成网络 G 由 5 个转置卷积层单元堆叠而成,实现特征图高、宽的层层放大,特征图通道数的层层减少。首先将长度为 100 的隐藏向量 z 通过 Reshape 操作调整为 $[b,1,1,100]$ 的 4 维张量,并依序通过转置卷积层,放大高、宽维度,减少通道数维度,最后得到高、宽为 64,通道数为 3 的彩色图片。每个卷积层中间插入 BN 层来提高训练稳定性,卷积层选择不使用偏置向量。生成器的类代码实现如下:

```
class Generator(keras.Model):
    # 生成器网络类
    def __init__(self):
        super(Generator, self).__init__()
        filter = 64
        # 转置卷积层 1,输出 channel 为 filter * 8,核大小 4,步长 1,不使用 padding,不使用偏置
        self.conv1 = layers.Conv2DTranspose(filter * 8, 4,1, 'valid', use_bias = False)
        self.bn1 = layers.BatchNormalization()
        # 转置卷积层 2
        self.conv2 = layers.Conv2DTranspose(filter * 4, 4,2, 'same', use_bias = False)
        self.bn2 = layers.BatchNormalization()
        # 转置卷积层 3
        self.conv3 = layers.Conv2DTranspose(filter * 2, 4,2, 'same', use_bias = False)
        self.bn3 = layers.BatchNormalization()
        # 转置卷积层 4
        self.conv4 = layers.Conv2DTranspose(filter * 1, 4,2, 'same', use_bias = False)
        self.bn4 = layers.BatchNormalization()
        # 转置卷积层 5
        self.conv5 = layers.Conv2DTranspose(3, 4,2, 'same', use_bias = False)
```

生成网络 G 的前向传播过程实现如下:

```
def call(self, inputs, training = None):
    x = inputs # [z, 100]
    # Reshape 乘 4D 张量,方便后续转置卷积运算:(b, 1, 1, 100)
    x = tf.reshape(x, (x.shape[0], 1, 1, x.shape[1]))
    x = tf.nn.relu(x) # 激活函数
    # 转置卷积 - BN - 激活函数:(b, 4, 4, 512)
    x = tf.nn.relu(self.bn1(self.conv1(x), training = training))
    # 转置卷积 - BN - 激活函数:(b, 8, 8, 256)
    x = tf.nn.relu(self.bn2(self.conv2(x), training = training))
    # 转置卷积 - BN - 激活函数:(b, 16, 16, 128)
    x = tf.nn.relu(self.bn3(self.conv3(x), training = training))
    # 转置卷积 - BN - 激活函数:(b, 32, 32, 64)
    x = tf.nn.relu(self.bn4(self.conv4(x), training = training))
```

```
    # 转置卷积 - 激活函数:(b, 64, 64, 3)
    x = self.conv5(x)
    x = tf.tanh(x)  # 输出 x 范围为 - 1～1,与预处理一致

    return x
```

生成网络的输出大小为$[b,64,64,3]$的图片张量,数值范围为-1～1。

13.3.3 判别器

判别网络 D 与普通的分类网络相同,接受大小为$[b,64,64,3]$的图片张量,连续通过 5 个卷积层实现特征的层层提取,卷积层最终输出大小为$[b,2,2,1024]$,再通过池化层 GlobalAveragePooling2D 将特征大小转换为$[b,1024]$,最后通过一个全连接层获得二分类任务的概率。判别网络 D 类的代码实现如下:

```
class Discriminator(keras.Model):
    # 判别器类
    def __init__(self):
        super(Discriminator, self).__init__()
        filter = 64
        # 卷积层 1
        self.conv1 = layers.Conv2D(filter, 4, 2, 'valid', use_bias = False)
        self.bn1 = layers.BatchNormalization()
        # 卷积层 2
        self.conv2 = layers.Conv2D(filter * 2, 4, 2, 'valid', use_bias = False)
        self.bn2 = layers.BatchNormalization()
        # 卷积层 3
        self.conv3 = layers.Conv2D(filter * 4, 4, 2, 'valid', use_bias = False)
        self.bn3 = layers.BatchNormalization()
        # 卷积层 4
        self.conv4 = layers.Conv2D(filter * 8, 3, 1, 'valid', use_bias = False)
        self.bn4 = layers.BatchNormalization()
        # 卷积层 5
        self.conv5 = layers.Conv2D(filter * 16, 3, 1, 'valid', use_bias = False)
        self.bn5 = layers.BatchNormalization()
        # 全局池化层
        self.pool = layers.GlobalAveragePooling2D()
        # 特征打平层
        self.flatten = layers.Flatten()
        # 2分类全连接层
        self.fc = layers.Dense(1)
```

判别器 D 的前向计算过程实现如下:

```
def call(self, inputs, training = None):
    # 卷积 - BN - 激活函数:(4, 31, 31, 64)
    x = tf.nn.leaky_relu(self.bn1(self.conv1(inputs), training = training))
    # 卷积 - BN - 激活函数:(4, 14, 14, 128)
    x = tf.nn.leaky_relu(self.bn2(self.conv2(x), training = training))
```

```
# 卷积 - BN - 激活函数:(4, 6, 6, 256)
x = tf.nn.leaky_relu(self.bn3(self.conv3(x), training = training))
# 卷积 - BN - 激活函数:(4, 4, 4, 512)
x = tf.nn.leaky_relu(self.bn4(self.conv4(x), training = training))
# 卷积 - BN - 激活函数:(4, 2, 2, 1024)
x = tf.nn.leaky_relu(self.bn5(self.conv5(x), training = training))
# 卷积 - BN - 激活函数:(4, 1024)
x = self.pool(x)
# 打平
x = self.flatten(x)
# 输出,[b, 1024] = > [b, 1]
logits = self.fc(x)

return logits
```

判别器的输出大小为 $[b,1]$,类内部没有使用 Sigmoid 激活函数,通过 Sigmoid 激活函数后可获得 b 个样本属于真实样本的概率。

13.3.4　训练与可视化

(1) **判别网络**:根据式(13-1),判别网络的训练目标是最大化 $\mathcal{L}(D,G)$ 函数,使得真实样本预测为真的概率接近于 1,生成样本预测为真的概率接近于 0。将判断器的误差函数实现在 d_loss_fn 函数中,将所有真实样本标注为 1,所有生成样本标注为 0,并通过最小化对应的交叉熵损失函数来实现最大化 $\mathcal{L}(D,G)$ 函数。d_loss_fn 函数实现如下:

```
def d_loss_fn(generator, discriminator, batch_z, batch_x, is_training):
    # 计算判别器的误差函数
    # 采样生成图片
    fake_image = generator(batch_z, is_training)
    # 判定生成图片
    d_fake_logits = discriminator(fake_image, is_training)
    # 判定真实图片
    d_real_logits = discriminator(batch_x, is_training)
    # 真实图片与 1 之间的误差
    d_loss_real = celoss_ones(d_real_logits)
    # 生成图片与 0 之间的误差
    d_loss_fake = celoss_zeros(d_fake_logits)
    # 合并误差
    loss = d_loss_fake + d_loss_real

    return loss
```

其中,celoss_ones 函数计算当前预测概率与标签 1 之间的交叉熵损失,代码如下:

```
def celoss_ones(logits):
    # 计算属于与标签为 1 的交叉熵
    y = tf.ones_like(logits)
    loss = keras.losses.binary_crossentropy(y, logits, from_logits = True)
```

```
        return tf.reduce_mean(loss)
```

celoss_zeros 函数计算当前预测概率与标签 0 之间的交叉熵损失,代码如下:

```
def celoss_zeros(logits):
    # 计算属于与标签为 0 的交叉熵
    y = tf.zeros_like(logits)
    loss = keras.losses.binary_crossentropy(y, logits, from_logits = True)
    return tf.reduce_mean(loss)
```

(2) **生成网络**:生成网络的训练目标是最小化$\mathcal{L}(D,G)$目标函数,由于真实样本与生成器无关,因此误差函数只需要考虑最小化 $E_{z\sim p_z(\cdot)}\log(1-D_\theta(G_\phi(z)))$ 项即可。可以通过将生成的样本标注为 1,最小化此时的交叉熵误差。注意,在反向传播误差的过程中,判别器也参与了计算图的构建,但是此阶段只需要更新生成器网络参数,而不更新判别器的网络参数。生成器的误差函数代码如下:

```
def g_loss_fn(generator, discriminator, batch_z, is_training):
    # 采样生成图片
    fake_image = generator(batch_z, is_training)
    # 在训练生成网络时,需要迫使生成图片判定为真
    d_fake_logits = discriminator(fake_image, is_training)
    # 计算生成图片与 1 之间的误差
    loss = celoss_ones(d_fake_logits)

    return loss
```

(3) **网络训练**:在每个 Epoch,首先从先验分布 $p_z(\cdot)$ 中随机采样隐藏向量,从真实数据集中随机采样真实图片,通过生成器和判别器计算判别器网络的损失,并优化判别器网络参数 θ。在训练生成器时,需要借助于判别器来计算误差,但是只计算生成器的梯度信息并更新 ϕ。这里设定判别器训练 $k=5$ 次后,生成器训练一次。

首先创建生成网络和判别网络,并分别创建对应的优化器。代码如下:

```
generator = Generator()                                        # 创建生成器
generator.build(input_shape = (4, z_dim))
discriminator = Discriminator()                                # 创建判别器
discriminator.build(input_shape = (4, 64, 64, 3))
# 分别为生成器和判别器创建优化器
g_optimizer = keras.optimizers.Adam(learning_rate = learning_rate, beta_1 = 0.5)
d_optimizer = keras.optimizers.Adam(learning_rate = learning_rate, beta_1 = 0.5)
```

主训练部分代码实现如下:

```
for epoch in range(epochs):                                    # 训练 epochs 次
    # 1. 训练判别器
    for _ in range(5):
        # 采样隐藏向量
        batch_z = tf.random.normal([batch_size, z_dim])
        batch_x = next(db_iter)                                # 采样真实图片
```

```
    ♯ 判别器前向计算
    with tf.GradientTape() as tape:
        d_loss = d_loss_fn(generator, discriminator, batch_z, batch_x, is_training)
    grads = tape.gradient(d_loss, discriminator.trainable_variables)
    d_optimizer.apply_gradients(zip(grads, discriminator.trainable_variables))
♯ 2.训练生成器
♯ 采样隐藏向量
batch_z = tf.random.normal([batch_size, z_dim])
batch_x = next(db_iter)                                   ♯ 采样真实图片
♯ 生成器前向计算
with tf.GradientTape() as tape:
    g_loss = g_loss_fn(generator, discriminator, batch_z, is_training)
grads = tape.gradient(g_loss, generator.trainable_variables)
g_optimizer.apply_gradients(zip(grads, generator.trainable_variables))
```

每间隔 100 个 Epoch,进行一次图片生成测试。通过从先验分布中随机采样隐向量,送入生成器获得生成图片,并保存为文件。

如图 13.8 所示,展示了 DCGAN 模型在训练过程中保存的生成图片样例,可以观察到,大部分图片主体明确,色彩逼真,图片多样性较丰富,图片效果较为贴近数据集中真实的图片。同时也能发现仍有少量生成图片损坏,无法通过人眼辨识图片主体。要想获得图 13.8 中的图片生成效果,需要精心设计网络模型结构,并精调网络超参数。

图 13.8　DCGAN 图片生成效果

13.4 GAN 变种

在原始的 GAN 论文中,Ian Goodfellow 从理论层面分析了 GAN 网络的收敛性,并且在多个经典图片数据集上测试了图片生成的效果,如图 13.9 所示,其中图 13.9(a)为 MNIST 数据,图 13.9(b)为 Toronto Face 数据集,图 13.9(c)和图 13.9(d)为 CIFAR10 数据集。

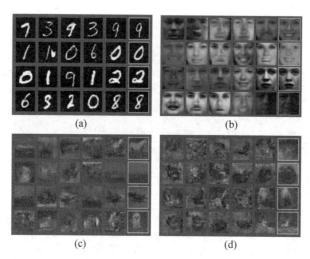

(a)　　　　　　　　(b)

(c)　　　　　　　　(d)

图 13.9　原始 GAN 图片生成效果[1]

可以看到,原始 GAN 模型在图片生成效果上并不突出,和 VAE 差别不明显,此时并没有展现出它强大的分布逼近能力。但是由于 GAN 在理论方面较新颖,实现方面也有很多可以改进的地方,大大地激发了学术界的研究兴趣。在接下来的数年里,GAN 的研究如火如荼地进行,并且也取得了实质性的进展。接下来将介绍几个意义比较重大的 GAN 变种。

13.4.1　DCGAN

最初始的 GAN 网络主要基于全连接层实现生成器 G 和判别器 D 网络,由于图片的维度较高,网络参数量巨大,训练的效果并不优秀。DCGAN[2] 提出了使用转置卷积层实现的生成网络,普通卷积层来实现的判别网络,大大地降低了网络参数量,同时图片的生成效果也大幅提升,展现了 GAN 模型在图片生成效果上超越 VAE 模型的潜质。此外,DCGAN 作者还提出了一系列经验性的 GAN 网络训练技巧,这些技巧在 GAN 提出之前被证实有益于网络的稳定训练。前面已经使用 DCGAN 模型完成了二次元动漫头像的图片生成实战。

13.4.2　InfoGAN

InfoGAN[3]尝试使用无监督的方式去学习输入 x 的可解释隐向量 z 的表示方法（Interpretable Representation），即希望隐向量 z 能够对应到数据的语义特征。例如对于 MNIST 手写数字图片，可以认为数字的类别、字体大小和书写风格等是图片的隐藏变量，希望模型能够学习到这些分离的（Disentangled）可解释特征表示方法，从而可以通过人为控制隐变量来生成指定内容的样本。对于 CelebA 名人照片数据集，希望模型可以把发型、眼镜佩戴情况、面部表情等特征分隔开，从而生成指定形态的人脸图片。

分离的可解释特征有什么好处？它可以让神经网络的可解释性更强，例如 z 包含一些分离的可解释特征，那么可以通过仅改变这一个位置上面的特征来获得不同语义的生成数据，如图 13.10 所示，通过将"戴眼镜男士"与"不戴眼镜男士"的隐向量相减，并与"不戴眼镜女士"的隐向量相加，可以生成"戴眼镜女士"的生成图片。

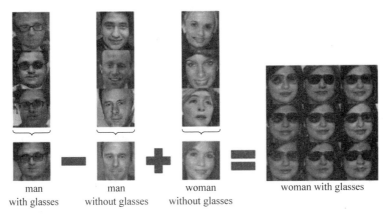

man
with glasses　　man
without glasses　　woman
without glasses　　woman with glasses

图 13.10　分离的特征示意图[3]

13.4.3　CycleGAN

CycleGAN[4]是华人朱俊彦提出的无监督方式进行图片风格相互转换的算法，由于算法清晰简单，实验效果完成得较好，这项工作受到了很多的赞誉。CycleGAN 基本的假设是，如果由图片 A 转换到图片 B，再从图片 B 转换到 A′，那么 A′应该和 A 是同一张图片。因此除了设立标准的 GAN 损失项外，CycleGAN 还增设了循环一致性损失（Cycle Consistency Loss），来保证 A′尽可能与 A 逼近。CycleGAN 图片的转换效果如图 13.11 所示。

13.4.4　WGAN

GAN 的训练问题一直被诟病，很容易出现训练不收敛和模式崩塌的现象。WGAN[5]

图 13.11　图片转换效果[4]

从理论层面分析了原始的 GAN 使用 JS 散度存在的缺陷,并提出了可以使用 Wasserstein 距离来解决这个问题。在 WGAN-GP[6] 中,作者提出了通过添加梯度惩罚项,从工程层面很好地实现了 WGAN 算法,并且实验性证实了 WGAN 训练稳定的优点。

13.4.5　Equal GAN

从 GAN 的诞生至 2017 年底,GAN Zoo 已经收集超过了 214 种 GAN 网络变种①。这些 GAN 的变种或多或少地提出了一些创新,然而 Google Brain 的几位研究员在[7]论文中提供了另一个观点:没有证据表明测试的 GAN 变种算法一直持续地比最初始的 GAN 要好。论文中对这些 GAN 变种进行了相对公平、全面的比较,在有足够计算资源的情况下,发现几乎所有的 GAN 变种都能达到相似的性能(FID 分数)。这项工作提醒业界是否这些 GAN 变种具有本质上的创新。

13.4.6　Self-Attention GAN

Attention 机制在自然语言处理(NLP)中间已经用得非常广泛了,Self-Attention GAN (SAGAN)[8] 借鉴了 Attention 机制,提出了基于自注意力机制的 GAN 变种。SAGAN 把图片的逼真度指标:Inception score,从最好的 36.8 提升到 52.52,Frechet Inception Distance,从 27.62 降到 18.65,如图 13.12 所示。从图片生成效果上来看,SAGAN 取得的突破是十分显著的,同时也启发业界对自注意力机制的关注。

---

① 数据来自 http://www.sohu.com/a/207570263_610300

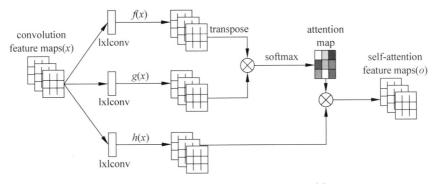

图 13.12 SAGAN 中采用 Attention 机制[8]

13.4.7 BigGAN

在 SAGAN 的基础上,BigGAN[9]尝试将 GAN 的训练扩展到大规模上,利用正交正则化等技巧保证训练过程的稳定性。BigGAN 的意义在于启发人们,GAN 网络的训练同样可以从大数据、大算力等方面受益。BigGAN 图片生成效果达到了前所未有的高度:Inception score 记录提升到 166.5(提高了 52.52);Frechet Inception Distance 下降到 7.4,降低了 18.65,如图 13.13 所示,图片的分辨率可达 512×512,图片细节极其逼真。

图 13.13 BigGAN 生成图片样片

13.5 纳什均衡

现在从理论层面进行分析,通过博弈学习的训练方式,生成器 G 和判别器 D 分别会达到什么平衡状态。具体地,将探索以下两个问题:

❑ 固定 G,D 会收敛到什么最优状态 D^*?

❑ 在 D 达到最优状态 D^* 后,G 会收敛到什么状态?

首先通过 $x_r \sim p_r(\cdot)$ 一维正态分布的例子给出一个直观的解释。如图 13.14 所示,黑色虚线代表真实数据的分布 $p_r(\cdot)$,为某正态分布 $\mathcal{N}(\mu,\sigma^2)$,实线代表生成网络学习到的分

布 $x_f \sim p_g(\cdot)$，蓝色虚线代表判别器的决策边界曲线，图 13.14(a)～(d)分别代表生成网络的学习轨迹。在初始状态，如图 13.14(a)所示，$p_g(\cdot)$ 分布与 $p_r(\cdot)$ 差异较大，判别器可以很轻松地学习到明确的决策边界，即图 13.14(a)中的虚线，将来自 $p_g(\cdot)$ 的采样点判定为 0，$p_r(\cdot)$ 中的采样点判定为 1。随着生成网络的分布 $p_g(\cdot)$ 越来越逼近真实分布 $p_r(\cdot)$，判别器越来越困难将真假样本区分开，如图 13.14(b)和(c)所示。最后，生成网络学习到的分布 $p_g(\cdot)=p_r(\cdot)$ 时，此时从生成网络中采样的样本非常逼真，判别器无法区分，即判定为真假样本的概率均等，如图 13.14(d)所示。

这个例子直观地解释了 GAN 网络的训练过程。

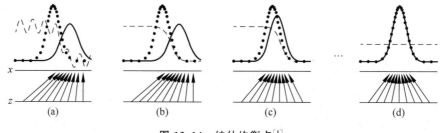

图 13.14　纳什均衡点[1]

13.5.1　判别器状态

现在来推导第一个问题。回顾 GAN 的损失函数：

$$\mathcal{L}(G,D) = \int_x p_r(\boldsymbol{x}) \log(D(\boldsymbol{x})) \, \mathrm{d}\boldsymbol{x} + \int_z p_z(\boldsymbol{z}) \log(1 - D(g(\boldsymbol{z}))) \, \mathrm{d}\boldsymbol{z}$$

$$= \int_x p_r(\boldsymbol{x}) \log(D(\boldsymbol{x})) + p_g(\boldsymbol{x}) \log(1 - D(\boldsymbol{x})) \, \mathrm{d}\boldsymbol{x}$$

对于判别器 D，优化的目标是最大化 $\mathcal{L}(G,D)$ 函数，需要找出函数：

$$f_\theta = p_r(\boldsymbol{x}) \log(D(\boldsymbol{x})) + p_g(\boldsymbol{x}) \log(1 - D(\boldsymbol{x}))$$

的最大值，其中 θ 为判别器 D 的网络参数。

来考虑 f_θ 更通用的函数的最大值情况：

$$f(x) = A \log x + B \log(1-x)$$

要求得函数 $f(x)$ 的最大值。考虑 $\log$ 函数的底数为 10 时 $f(x)$ 的导数：

$$\frac{\mathrm{d}f(x)}{\mathrm{d}x} = A \frac{1}{\ln 10} \frac{1}{x} - B \frac{1}{\ln 10} \frac{1}{1-x}$$

$$= \frac{1}{\ln 10} \left(\frac{A}{x} - \frac{B}{1-x} \right)$$

$$= \frac{1}{\ln 10} \frac{A - (A+B)x}{x(1-x)}$$

令 $\dfrac{\mathrm{d}f(x)}{\mathrm{d}x} = 0$，可以求得 $f(x)$ 函数的极值点：

$$x = \frac{A}{A+B}$$

因此,可以得知,f_θ 函数的极值点同样为:

$$D_\theta = \frac{p_r(\boldsymbol{x})}{p_r(\boldsymbol{x}) + p_g(\boldsymbol{x})}$$

也就是说,判别器网络 D_θ 处于 D_{θ^*} 状态时,f_θ 函数取得最大值,$\mathcal{L}(G,D)$ 函数也取得最大值。

现在回到最大化 $\mathcal{L}(G,D)$ 的问题,$\mathcal{L}(G,D)$ 的最大值点在:

$$D^* = \frac{A}{A+B} = \frac{p_r(\boldsymbol{x})}{p_r(\boldsymbol{x}) + p_g(\boldsymbol{x})}$$

时取得,此时也是 D_θ 的最优状态 D^*。

13.5.2 生成器状态

在推导第二个问题之前,先介绍与 KL 散度类似的另一个分布距离度量标准:JS 散度,它定义为 KL 散度的组合:

$$D_{\mathrm{KL}}(p \parallel q) = \int_x p(x) \log \frac{p(x)}{q(x)} \mathrm{d}x$$

$$D_{\mathrm{JS}}(p \parallel q) = \frac{1}{2} D_{\mathrm{KL}}\left(p \parallel \frac{p+q}{2}\right) + \frac{1}{2} D_{\mathrm{KL}}\left(q \parallel \frac{p+q}{2}\right)$$

JS 散度克服了 KL 散度不对称的缺陷。

当 D 达到最优状态 D^* 时,来考虑此时 p_r 和 p_g 的 JS 散度:

$$D_{\mathrm{JS}}(p_r \parallel p_g) = \frac{1}{2} D_{\mathrm{KL}}\left(p_r \parallel \frac{p_r+p_g}{2}\right) + \frac{1}{2} D_{\mathrm{KL}}\left(p_g \parallel \frac{p_r+p_g}{2}\right)$$

根据 KL 散度的定义展开为:

$$D_{\mathrm{JS}}(p_r \parallel p_g) = \frac{1}{2}\left(\log 2 + \int_x p_r(\boldsymbol{x}) \log \frac{p_r(\boldsymbol{x})}{p_r + p_g(\boldsymbol{x})} \mathrm{d}\boldsymbol{x}\right) +$$
$$\frac{1}{2}\left(\log 2 + \int_x p_g(\boldsymbol{x}) \log \frac{p_g(\boldsymbol{x})}{p_r + p_g(\boldsymbol{x})} \mathrm{d}\boldsymbol{x}\right)$$

合并常数项可得:

$$D_{\mathrm{JS}}(p_r \parallel p_g) = \frac{1}{2}(\log 2 + \log 2) +$$
$$\frac{1}{2}\left(\int_x p_r(\boldsymbol{x}) \log \frac{p_r(\boldsymbol{x})}{p_r + p_g(\boldsymbol{x})} \mathrm{d}\boldsymbol{x} + \int_x p_g(\boldsymbol{x}) \log \frac{p_g(\boldsymbol{x})}{p_r + p_g(\boldsymbol{x})} \mathrm{d}\boldsymbol{x}\right)$$

即:

$$D_{\mathrm{JS}}(p_r \parallel p_g) = \frac{1}{2}(\log 4) +$$

$$\frac{1}{2}\left(\int_x p_r(\boldsymbol{x})\log\frac{p_r(\boldsymbol{x})}{p_r+p_g(\boldsymbol{x})}\mathrm{d}\boldsymbol{x}+\int_x p_g(\boldsymbol{x})\log\frac{p_g(\boldsymbol{x})}{p_r+p_g(\boldsymbol{x})}\mathrm{d}\boldsymbol{x}\right)$$

考虑在判别网络到达 D^* 时，此时的损失函数为：

$$\mathcal{L}(G,D^*)=\int_x p_r(\boldsymbol{x})\log(D^*(\boldsymbol{x}))+p_g(\boldsymbol{x})\log(1-D^*(\boldsymbol{x}))\mathrm{d}\boldsymbol{x}$$

$$=\int_x p_r(\boldsymbol{x})\log\frac{p_r(\boldsymbol{x})}{p_r+p_g(\boldsymbol{x})}\mathrm{d}\boldsymbol{x}+\int_x p_g(\boldsymbol{x})\log\frac{p_g(\boldsymbol{x})}{p_r+p_g(\boldsymbol{x})}\mathrm{d}\boldsymbol{x}$$

因此在判别网络到达 D^* 时，$D_{\mathrm{JS}}(p_r\parallel p_g)$ 与 $\mathcal{L}(G,D^*)$ 满足关系：

$$D_{\mathrm{JS}}(p_r\parallel p_g)=\frac{1}{2}(\log4+\mathcal{L}(G,D^*))$$

即：

$$\mathcal{L}(G,D^*)=2D_{\mathrm{JS}}(p_r\parallel p_g)-2\log2$$

对于生成网络 G 而言，训练目标是 $\min_G\mathcal{L}(G,D)$，考虑到 JS 散度具有性质：

$$D_{\mathrm{JS}}(p_r\parallel p_g)\geqslant0$$

因此 $\mathcal{L}(G,D^*)$ 取得最小值仅在 $D_{\mathrm{JS}}(p_r\parallel p_g)=0$ 时(此时 $p_g=p_r$)，$\mathcal{L}(G,D^*)$ 取得最小值：

$$\mathcal{L}(G^*,D^*)=-2\log2$$

此时生成网络 G^* 的状态：

$$p_g=p_r$$

即 G^* 的学到的分布 p_g 与真实分布 p_r 一致，网络达到平衡点，此时：

$$D^*=\frac{p_r(\boldsymbol{x})}{p_r(\boldsymbol{x})+p_g(\boldsymbol{x})}=0.5$$

13.5.3　纳什均衡点

通过上面的推导，可以总结出生成网络 G 最终将收敛到真实分布，即：

$$p_g=p_r$$

此时生成的样本与真实样本来自同一分布，真假难辨，在判别器中均有相同的概率判定为真或假，即

$$D(\cdot)=0.5$$

此时损失函数为：

$$\mathcal{L}(G^*,D^*)=-2\log2$$

13.6　GAN 训练难题

尽管从理论层面分析了 GAN 网络能够学习到数据的真实分布，但是在工程实现中，常常出现 GAN 网络训练困难的问题，主要体现在 GAN 模型对超参数较为敏感，需要精心挑选能使模型工作的超参数设定，同时也容易出现模式崩塌现象。

13.6.1　超参数敏感

超参数敏感是指网络的结构设定、学习率、初始化状态等超参数对网络的训练过程影响较大，微量的超参数调整将可能导致网络的训练结果截然不同。图 13.15(a) 为 GAN 模型良好训练得到的生成样本，图 13.15(b) 中的网络由于没有采用 Batch Normalization 层等设置，导致 GAN 网络训练不稳定，无法收敛，生成的样本与真实样本差距非常大。

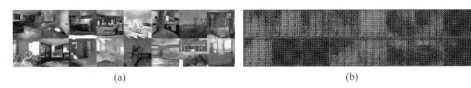

(a)　　　　　　　　　　　　　　　　(b)

图 13.15　超参数敏感实例[5]

为了能较好地训练 GAN 网络，DCGAN 论文作者提出了不使用 Pooling 层、多使用 Batch Normalization 层、不使用全连接层、生成网络中激活函数应使用 ReLU、最后一层使用 tanh 激活函数、判别网络激活函数应使用 LeakyReLU 等一系列经验性的训练技巧。但是这些技巧仅能在一定程度上避免出现训练不稳定的现象，并没有从理论层面解释为什么会出现训练困难以及如何解决训练不稳定的问题。

13.6.2　模式崩塌

模式崩塌(Mode Collapse)是指模型生成的样本单一，多样性很差的现象。由于判别器只能鉴别单个样本是否采样自真实分布，并没有对样本多样性进行显式约束，导致生成模型可能倾向于生成真实分布的部分区间中的少量高质量样本，以此来在判别器中获得较高的概率值，而不会学习到全部的真实分布。模式崩塌现象在 GAN 中比较常见，如图 13.16 所示，在训练过程中，通过可视化生成网络的样本可以观察到，生成的图片种类非常单一，生成网络总是倾向于生成某种单一风格的样本图片，以此骗过判别器。

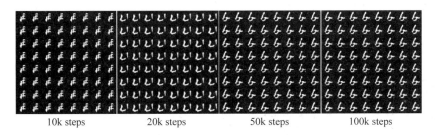

10k steps　　　　20k steps　　　　50k steps　　　　100k steps

图 13.16　图片生成模型崩塌[10]

另一个直观地理解模式崩塌的例子如图 13.17 所示，第一行为未出现模式崩塌现象的生成网络的训练过程，最后一列为真实分布，即 2D 高斯混合模型；第二行为出现模式崩塌现象的生成网络的训练过程,最后一列为真实分布。可以看到真实的分布由 8 个高斯模型混合而成,出现模式崩塌后,生成网络总是倾向于逼近真实分布的某个狭窄区间,如图 13.17第 2 行前 6 列所示,从此区间采样的样本往往能够在判别器中较大概率判断为真实样本,从而骗过判别器。但是这种现象并不是希望看到的,希望生成网络能够逼近真实的分布,而不是真实分布中的某部分。

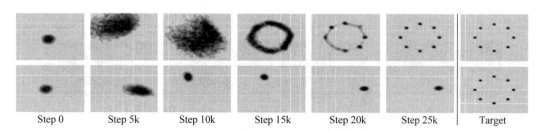

Step 0　　　 Step 5k　　　 Step 10k　　　 Step 15k　　　 Step 20k　　　 Step 25k　　　 Target

图 13.17　模型崩塌[10]

如何解决 GAN 训练的难题,让 GAN 可以像普通的神经网络一样训练较为稳定?WGAN 模型给出了一种解决方案。

13.7　WGAN 原理

WGAN 算法从理论层面分析了 GAN 训练不稳定的原因,并提出了有效地解决方法。那么是什么原因导致了 GAN 训练如此不稳定?WGAN 提出是因为 JS 散度在不重叠的分布 p 和 q 上的梯度曲面是恒定为 0 的。如图 13.18 所示,当分布 p 和 q 不重叠时,JS 散度的梯度值始终为 0,从而导致此时 GAN 的训练出现梯度弥散现象,参数长时间得不到更新,网络无法收敛。

接下来将详细阐述 JS 散度的缺陷以及如何解决。

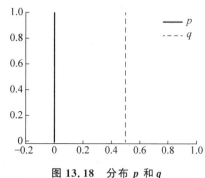

图 13.18　分布 p 和 q

13.7.1　JS 散度的缺陷

为了避免过多的理论推导,这里通过一个简单的分布实例来解释 JS 散度的缺陷。考虑完全不重叠($\theta \neq 0$)的两个分布 p 和 q,其中分布 p 为:

$$\forall (x,y) \in p, x=0, y \sim U(0,1)$$

分布 q 为:

$$\forall (x,y) \in q, x=\theta, y \sim U(0,1)$$

其中 $U(0,1)$ 表示 0~1 区间采样的均匀分布,$\theta \in R$。当 $\theta = 0$ 时,分布 p 和 q 重叠,两者相

等；当 $\theta \neq 0$ 时，分布 p 和 q 不重叠。

来分析上述分布 p 和 q 之间的 JS 散度随 θ 的变化情况。根据 KL 散度与 JS 散度的定义，计算 $\theta = 0$ 时的 JS 散度 $D_{\mathrm{JS}}(p \| q)$：

$$D_{\mathrm{KL}}(p \| q) = \sum_{x=0, y \sim U(0,1)} 1 \cdot \log \frac{1}{0} = +\infty$$

$$D_{\mathrm{KL}}(q \| p) = \sum_{x=\theta, y \sim U(0,1)} 1 \cdot \log \frac{1}{0} = +\infty$$

$$D_{\mathrm{JS}}(p \| q) = \frac{1}{2} \left(\sum_{x=0, y \sim U(0,1)} 1 \cdot \log \frac{1}{1/2} + \sum_{x=0, y \sim U(0,1)} 1 \cdot \log \frac{1}{1/2} \right) = \log 2$$

当 $\theta = 0$ 时，两个分布完全重叠，此时的 JS 散度和 KL 散度都取得最小值，即 0：

$$D_{\mathrm{KL}}(p \| q) = D_{\mathrm{KL}}(q \| p) = D_{\mathrm{JS}}(p \| q) = 0$$

从上面的推导，可以得到 $D_{\mathrm{JS}}(p \| q)$ 随 θ 的变化趋势：

$$D_{\mathrm{JS}}(p \| q) = \begin{cases} \log 2 & \theta \neq 0 \\ 0 & \theta = 0 \end{cases}$$

也就是说，当两个分布完全不重叠时，无论分布之间的距离远近，JS 散度为恒定值 $\log 2$，此时 JS 散度将无法产生有效的梯度信息；当两个分布出现重叠时，JS 散度才会平滑变动，产生有效梯度信息；当完全重合后，JS 散度取得最小值 0。如图 13.19 所示，曲线分割两个正态分布，由于两个分布没有重叠，生成样本位置处的梯度值始终为 0，无法更新生成网络的参数，从而出现网络训练困难的现象。

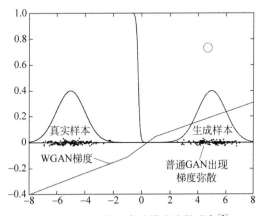

图 13.19　JS 散度出现梯度弥散现象[5]

因此，JS 散度在分布 p 和 q 不重叠时是无法平滑地衡量分布之间的距离，从而导致此位置上无法产生有效梯度信息，出现 GAN 训练不稳定的情况。要解决此问题，需要使用一种更好的分布距离衡量标准，使得它即使在分布 p 和 q 不重叠时，也能平滑反映分布之间的真实距离变化。

13.7.2　EM 距离

WGAN 论文发现了 JS 散度导致 GAN 训练不稳定的问题，并引入了一种新的分布距离度量方法：Wasserstein 距离，也叫推土机距离（Earth-Mover Distance，简称 EM 距离），它表示了从一个分布变换到另一个分布的最小代价，定义为：

$$W(p,q) = \inf_{\gamma \sim \prod(p,q)} E_{(x,y) \sim \gamma} \left[\| x - y \| \right]$$

其中 $\prod(p,q)$ 是分布 p 和 q 组合起来的所有可能的联合分布的集合，对于每个可能的联合分布 $\gamma \sim \prod(p,q)$，计算距离 $\| x-y \|$ 的期望 $E_{(x,y) \sim \gamma}\left[\| x-y \| \right]$，其中 (x,y) 采样自联合分布 γ。不同的联合分布 γ 有不同的期望 $E_{(x,y) \sim \gamma}\left[\| x-y \| \right]$，这些期望中的下确界即定义为分布 p 和 q 的 Wasserstein 距离。其中 $\inf\{ \cdot \}$ 表示集合的下确界，例如 $\{x | 1 < x < 3, x \in R\}$ 的下确界为 1。

继续考虑图 13.18 中的例子，直接给出分布 p 和 q 之间的 EM 距离的表达式：

$$W(p,q) = |\theta|$$

绘制出 JS 散度和 EM 距离的曲线，如图 13.20 所示，可以看到，JS 散度在 $\theta = 0$ 处不连续，其他位置导数均为 0，而 EM 距离总能够产生有效的导数信息，因此 EM 距离相对于 JS 散度更适合指导 GAN 网络的训练。

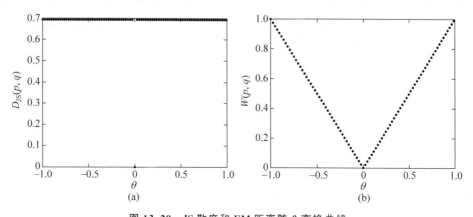

图 13.20　JS 散度和 EM 距离随 θ 变换曲线

13.7.3　WGAN-GP

考虑到几乎不可能遍历所有的联合分布 γ 去计算距离 $\| x-y \|$ 的期望 $E_{(x,y) \sim \gamma}\left[\| x-y \| \right]$，因此直接计算生成网络分布 p_g 与真实数据分布 p_r 的 $W(p_r, p_g)$ 距离是不现实的，WGAN 作者基于 Kantorovich-Rubinstein 对偶性将直接求 $W(p_r, p_g)$ 转换为求：

$$W(p_r, p_g) = \frac{1}{K} \sup_{\| f \|_L \leqslant K} E_{x \sim p_r} \left[f(x) \right] - E_{x \sim p_g} \left[f(x) \right]$$

其中 $\sup\{ \cdot \}$ 表示集合的上确界，$\| f \|_L \leqslant K$ 表示函数 $f: R \to R$ 满足 K-阶 Lipschitz 连续

性,即满足

$$| f(x_1) - f(x_2) | \leqslant K \cdot | x_1 - x_2 |$$

于是,使用判别网络 $D_\theta(\boldsymbol{x})$ 参数化 $f(\boldsymbol{x})$ 函数,在 D_θ 满足 1 阶-Lipschitz 约束的条件下,即 $K=1$,此时:

$$W(p_r, p_g) = \sup_{\|D_\theta\|_L \leqslant 1} E_{x \sim p_r}[D_\theta(\boldsymbol{x})] - E_{x \sim p_g}[D_\theta(\boldsymbol{x})]$$

因此求解 $W(p_r, p_g)$ 的问题可以转化为:

$$\max_\theta E_{x \sim p_r}[D_\theta(\boldsymbol{x})] - E_{x \sim p_g}[D_\theta(\boldsymbol{x})]$$

这就是判别器 D 的优化目标。判别网络函数 $D_\theta(\boldsymbol{x})$ 需要满足 1 阶-Lipschitz 约束:

$$\nabla_{\hat{x}} D(\hat{x}) \leqslant I$$

在 WGAN-GP 论文中,作者提出采用增加梯度惩罚项(Gradient Penalty)方法来迫使判别网络满足 1 阶-Lipschitz 函数约束,同时作者发现将梯度值约束在 1 周围时工程效果更好,因此梯度惩罚项定义为:

$$GP \triangleq E_{\hat{x} \sim P_{\hat{x}}}[(\|\nabla_{\hat{x}} D(\hat{x})\|_2 - 1)^2]$$

因此 WGAN 的判别器 D 的训练目标为:

$$\max_\theta \mathcal{L}(G, D) = \underbrace{E_{x_r \sim p_r}[D(\boldsymbol{x}_r)] - E_{x_f \sim p_g}[D(\boldsymbol{x}_f)]}_{\text{EM距离}} - \underbrace{\lambda E_{\hat{x} \sim P_{\hat{x}}}[(\|\nabla_{\hat{x}} D(\hat{x})\|_2 - 1)^2]}_{\text{GP惩罚项}}$$

其中 $\hat{x}$ 来自于 $\boldsymbol{x}_r$ 与 $\boldsymbol{x}_f$ 的线性差值:

$$\hat{x} = t\boldsymbol{x}_r + (1-t)\boldsymbol{x}_f, \quad t \in [0,1]$$

判别器 D 的目标是最小化上述的误差 $\mathcal{L}(G, D)$,即迫使生成器 G 的分布 p_g 与真实分布 p_r 之间 EM 距离 $E_{x_r \sim p_r}[D(\boldsymbol{x}_r)] - E_{x_f \sim p_g}[D(\boldsymbol{x}_f)]$ 项尽可能大,$\|\nabla_{\hat{x}} D(\hat{x})\|_2$ 逼近于 1。

WGAN 的生成器 G 的训练目标为:

$$\min_\phi \mathcal{L}(G, D) = \underbrace{E_{x_r \sim p_r}[D(\boldsymbol{x}_r)] - E_{x_f \sim p_g}[D(\boldsymbol{x}_f)]}_{\text{EM距离}}$$

即使得生成器的分布 p_g 与真实分布 p_r 之间的 EM 距离越小越好。考虑到 $E_{x_r \sim p_r}[D(\boldsymbol{x}_r)]$ 一项与生成器无关,因此生成器的训练目标简写为:

$$\min_\phi \mathcal{L}(G, D) = -E_{x_f \sim p_g}[D(\boldsymbol{x}_f)]$$
$$= -E_{z \sim p_z(\cdot)}[D(G(z))]$$

从实现来看,判别网络 D 的输出不需要添加 Sigmoid 激活函数,这是因为原始版本的判别器的功能是作为二分类网络,添加 Sigmoid 函数获得类别的概率;而 WGAN 中判别器作为 EM 距离的度量网络,其目标是衡量生成网络的分布 p_g 和真实分布 p_r 之间的 EM 距离,属于实数空间,因此不需要添加 Sigmoid 激活函数。在误差函数计算时,WGAN 也没有 log 函数存在。在训练 WGAN 时,WGAN 作者推荐使用 RMSProp 或 SGD 等不带动量的优化器。

WGAN 从理论层面发现了原始 GAN 容易出现训练不稳定的原因,并给出了一种新的距离度量标准和工程实现解决方案,取得了较好的效果。WGAN 还在一定程度上缓解了模式崩塌的问题,使用 WGAN 的模型不容易出现模式崩塌的现象。注意,WGAN 一般并不能提升模型的生成效果,仅仅是保证了模型训练的稳定性。当然,保证模型能够稳定地训练也是取得良好效果的前提。如图 13.21 所示,原始版本的 DCGAN 在不使用 BN 层等设定时出现了训练不稳定的现象,在同样设定下,使用 WGAN 来训练判别器可以避免此现象,如图 13.22 所示。

图 13.21 不带 BN 层的 DCGAN 生成器效果[5]   图 13.22 不带 BN 层的 WGAN 生成器效果[5]

13.8 WGAN-GP 实战

WGAN-GP 模型可以在原来 GAN 代码实现的基础上仅做少量修改。WGAN-GP 模型的判别器 D 的输出不再是样本类别的概率,输出不需要添加 Sigmoid 激活函数。同时添加梯度惩罚项,实现如下:

```
def gradient_penalty(discriminator, batch_x, fake_image):
    # 梯度惩罚项计算函数
    batchsz = batch_x.shape[0]

    # 每个样本均随机采样 t,用于插值
    t = tf.random.uniform([batchsz, 1, 1, 1])
    # 自动扩展为 x 的形状,[b, 1, 1, 1] => [b, h, w, c]
    t = tf.broadcast_to(t, batch_x.shape)
    # 在真假图片之间做线性插值
    interplate = t * batch_x + (1 - t) * fake_image
    # 在梯度环境中计算 D 对插值样本的梯度
    with tf.GradientTape() as tape:
        tape.watch([interplate])                    # 加入梯度观察列表
        d_interplote_logits = discriminator(interplate)
```

```
grads = tape.gradient(d_interplote_logits, interplate)

# 计算每个样本的梯度的范数:[b, h, w, c] => [b, -1]
grads = tf.reshape(grads, [grads.shape[0], -1])
gp = tf.norm(grads, axis=1) # [b]
# 计算梯度惩罚项
gp = tf.reduce_mean( (gp-1.)**2 )

    return gp
```

WGAN 判别器的损失函数计算与 GAN 不一样,WGAN 是直接最大化真实样本的输出值,最小化生成样本的输出值,并没有交叉熵计算的过程。代码实现如下:

```
def d_loss_fn(generator, discriminator, batch_z, batch_x, is_training):
    # 计算 D 的损失函数
    fake_image = generator(batch_z, is_training)              # 假样本
    d_fake_logits = discriminator(fake_image, is_training)    # 假样本的输出
    d_real_logits = discriminator(batch_x, is_training)       # 真样本的输出
    # 计算梯度惩罚项
    gp = gradient_penalty(discriminator, batch_x, fake_image)
    # WGAN-GP D 损失函数的定义,这里并不是计算交叉熵,而是直接最大化正样本的输出
    # 最小化假样本的输出和梯度惩罚项
    loss = tf.reduce_mean(d_fake_logits) - tf.reduce_mean(d_real_logits) + 10. * gp

    return loss, gp
```

WGAN 生成器 G 的损失函数是只需要最大化生成样本在判别器 D 的输出值即可,同样没有交叉熵的计算步骤。代码实现如下:

```
def g_loss_fn(generator, discriminator, batch_z, is_training):
    # 生成器的损失函数
    fake_image = generator(batch_z, is_training)
    d_fake_logits = discriminator(fake_image, is_training)
    # WGAN-GP G 损失函数,最大化假样本的输出值
    loss = - tf.reduce_mean(d_fake_logits)

    return loss
```

WGAN 的主训练逻辑基本相同,与原始的 GAN 相比,判别器 D 的作用是作为一个 EM 距离的计量器存在,因此判别器估计越准确,对生成器越有利,可以在训练一个 Step 时训练判别器 D 多次,训练生成器 G 一次,从而获得较为精准的 EM 距离估计。

参考文献

[1] Goodfellow I, Pouget-Abadie J, Mirza M, et al. Generative Adversarial Nets[C]// Ghahramani Z, Welling M, Cortes C, et al. Advances in Neural Information Processing Systems 27. Curran

Associates, Inc. , 2014: 2672-2680.

[2] Radford A, Metz L, Chintala S, Unsupervised Representation Learning with Deep Convolutional Generative Adversarial Networks[C]//International Conference on Learning Representations(ICLR), 2015.

[3] Chen X, Duan Y, Houthooft R, J. Schulman, I. Sutskever 和 P. Abbeel, "InfoGAN: Interpretable Representation Learning by Information Maximizing Generative Adversarial Nets[C] // Lee D D, Sugiyama M, Luxburg U V, et al. *Advances in Neural Information Processing Systems* 29. Curran Associates, Inc. , 2016: 2172-2180.

[4] Zhu J-Y, Park T, Isola P, et al. Unpaired Image-to-Image Translation using Cycle-Consistent Adversarial Networks[C]//Computer Vision (ICCV), 2017 IEEE International Conference on, 2017.

[5] Arjovsky M, Chintala S, Bottou L. Wasserstein Generative Adversarial Networks[C]//Proceedings of the 34th International Conference on Machine Learning, International Convention Centre, Sydney, Australia, 2017.

[6] I. Gulrajani, F. Ahmed, M. Arjovsky, V. Dumoulin 和 A. C. Courville, "Improved Training of Wasserstein GANs[C] // Guyon I, Luxburg U V, Bengio S, et al. *Advances in Neural Information Processing Systems* 30. Curran Associates, Inc. , 2017:5767-5777.

[7] Lucic M, Kurach K, Michalski M, et al. Are GANs Created Equal? A Large-scale Study[C]// Proceedings of the 32Nd International Conference on Neural Information Processing Systems, USA, 2018.

[8] Zhang H, Goodfellow I, Metaxas D. Self-Attention Generative Adversarial Networks [C]// Proceedings of the 36th International Conference on Machine Learning, Long Beach, California, USA, 2019.

[9] Brock A, Donahue J, Simonyan K. Large Scale GAN Training for High Fidelity Natural Image Synthesis[C]//International Conference on Learning Representations, 2019.

[10] Metz L, Poole B, Pfau D,et al. Unrolled Generative Adversarial Networks[DB/OL]. (2019-11-01) [2016-11-07]. https://arxiv.org/abs/1611.02163.

## 第 14 章

强 化 学 习

人工智能＝深度学习＋强化学习——David Silver

强化学习是机器学习领域除有监督学习、无监督学习外的另一个研究分支,它主要利用智能体与环境进行交互,从而学习到能获得良好结果的策略。与有监督学习不同,强化学习的动作并没有明确的标注信息,只有来自环境反馈的奖励信息,它通常具有一定的滞后性,用于反映动作的"好与坏"。

随着深度神经网络的兴起,强化学习这一领域也获得了蓬勃的发展。2015 年,英国 DeepMind 公司提出了基于深度神经网络的强化学习算法 DQN,在太空入侵者、打砖块、乒乓球等 49 个 Atari 游戏中取得了与人类相当的游戏水平[1];2017 年,DeepMind 提出的 AlphaGo 程序以 3：0 的比分战胜当时围棋世界排名第一的选手柯洁[2];同年,AlphaGo 的新版本 AlphaGo Zero 在无任何人类知识的条件下,通过自我对弈训练的方式以 100：0 战胜了 AlphaGo[3];2019 年,OpenAI Five 程序以 2：0 战胜 Dota2 世界冠军 OG 队伍,尽管这次比赛的游戏规则有所限制,但是对于 Dota2 这种需要超强个体智能水平和良好团队协作的游戏,这次胜利无疑再次坚定了人类对于 AGI 的信念。

本章将介绍强化学习中的主流算法,其中包含在太空入侵者等游戏上取得类人水平的 DQN 算法、制胜 Dota2 的主要功臣 PPO 算法等。

14.1 先睹为快

强化学习算法的设计与传统的有监督学习不太一样,包含了大量的新的数学公式推导。在进入强化学习算法的学习过程之前,先通过一个简单的例子来感受强化学习算法的魅力。

本节不需掌握每个细节,以直观感受为主,获得第一印象即可。

14.1.1 平衡杆游戏

平衡杆游戏系统包含了 3 个物体：滑轨、小车和杆。如图 14.1 所示,小车可以自由在滑轨上移动,杆的一侧通过轴承固定在小车上。在初始状态,小车位于滑轨中央,杆竖直立在小车上,智能体通过控制小车的左右移动来控制杆的平衡,当杆与竖直方向的角度大于某个角度或者小车偏离滑轨中心位置一定距离后即视为游戏结束。游戏时间越长,游戏给予的回报也就越多,智能体的操控水平也越高。

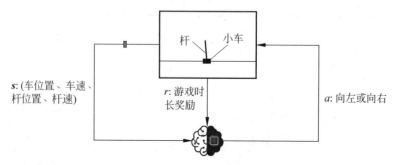

图 14.1　平衡杆游戏系统

为了简化环境状态的表示,这里直接取高层的环境特征向量 s 作为智能体的输入,它一共包含了 4 个高层特征,分别为小车位置、小车速度、杆角度和杆的速度。智能体的输出动作 a 为向左移动或者向右移动,动作施加在平衡杆系统上会产生一个新的状态,同时系统也会返回一个奖励值,这个奖励值可以简单地记为 1,即时长加 1。在每个时间戳 t 上面,智能体通过观察环境状态 s_t 而产生动作 a_t,环境接收动作后状态改变为 s_{t+1},并返回奖励 r_t。

14.1.2　Gym 平台

在强化学习中,可以直接通过机器人与真实环境进行交互,并通过传感器获得更新后的环境状态与奖励。但是考虑到真实环境的复杂性以及实验代价等因素,一般优先在虚拟的软件环境中测试算法,再考虑迁移到真实环境中。

强化学习算法可以通过大量的虚拟游戏环境来测试,为了方便研究人员调试和评估算法模型,OpenAI 开发了 Gym 游戏交互平台,用户通过 Python 语言,只需要少量代码即可完成游戏的创建与交互,使用起来非常方便。

OpenAI Gym 环境包括了众多简单经典的控制小游戏,如平衡杆、过山车(见图 14.2)等,也可以调用 Atari 游戏环境和复杂的 MuJoco 物理环境模拟器(见图 14.3)。在 Atari 游戏环境中,有大家耳熟能详的小游戏,如太空侵略者、打砖块(见图 14.4)、赛车等,这些游戏规模虽小,但是对决策能力要求很高,非常适合评估算法的智能程度。

目前在 Windows 平台安装 Gym 环境可能会遇到一些问题,因为 Gym 调用的部分软件库对 Windows 平台支持并不友好,推荐用户使用基于 Linux 的图形系统安装。本章使用的平衡杆游戏环境可以在 Windows 平台上完美使用,但是其他复杂的游戏环境则不一定。

图 14.2　过山车

图 14.3　行走机器人

图 14.4　打砖块

运行 pip install gym 命令只会安装 Gym 环境的基本库,平衡杆游戏已经包含在基本库中。如需要使用 Atari 或 Mujoco 模拟器,需要额外的安装步骤。以安装 Atari 模拟器为例:

```
git clone https://github.com/openai/gym.git          # 拉取源代码
cd gym                                                # 进入目录
pip install − e '.[all]'                              # 安装 Gym
```

一般来说,在 Gym 环境中创建游戏并进行交互主要包含如下 5 个步骤:

(1) 创建游戏。通过 gym.make(name) 即可创建指定名称 name 的游戏,并返回游戏对象 env。

(2) 复位游戏状态。一般游戏环境都具有初始状态,通过调用 env.reset() 即可复位游戏状态,同时返回游戏的初始状态 observation。

(3) 显示游戏画面。通过调用 env.render() 即可显示每个时间戳的游戏画面,一般用做测试。在训练时渲染画面会引入一定的计算代价,因此训练时可不显示画面。

(4) 与游戏环境交互。通过 env.step(action) 即可执行 action 动作,并返回新的状态 observation、当前奖励 reward、游戏是否结束标志 done 以及额外的信息载体 info。通过循环此步骤即可持续与环境交互,直至游戏回合结束。

(5) 销毁游戏。调用 env.close() 即可。

下面演示了一段平衡杆游戏 CartPole-v1 的交互代码,每次交互时在动作空间:{向左,向右} 中随机采样一个动作,与环境进行交互,直至游戏结束。代码如下:

```
import gym                                   # 导入 gym 游戏平台
env = gym.make("CartPole − v1")             # 创建平衡杆游戏环境
observation = env.reset()                    # 复位游戏,回到初始状态
for _ in range(1000):                        # 循环交互 1000 次
    env.render()                             # 显示当前时间戳的游戏画面
    action = env.action_space.sample()       # 随机生成一个动作
    # 与环境交互,返回新的状态,奖励,是否结束标志,其他信息
```

```
observation, reward, done, info = env.step(action)
if done:                                          # 游戏回合结束,复位状态
    observation = env.reset()
env.close()                                       # 销毁游戏环境
```

14.1.3 策略网络

下面探讨强化学习中最为关键的环节:如何判断和决策?把判断和决策称为策略(Policy)。策略的输入是状态 s,输出为某具体的动作 a 或动作的分布 $\pi_\theta(a|s)$,其中 θ 为策略函数 π 的参数,可以利用神经网络来参数化 π_θ 函数,如图 14.5 所示,图中神经网络 π_θ 的输入为平衡杆系统的状态 s,即长度为 4 的向量,输出为所有动作的概率 $\pi_\theta(a|s)$:向左的概率 $P(向左|s)$ 和向右的概率 $P(向右|s)$,并满足所有动作概率之和为 1 的关系:

$$\sum_{a \in A} \pi_\theta(a \mid s) = 1$$

其中 A 为所有动作的集合。π_θ 网络代表了智能体的策略,称为策略网络。很自然地,可以将策略函数具体化为输入节点为 4 个,中间多个全连接隐藏层,输出层的输出节点数为 2 的神经网络,代表了这两个动作的概率分布。在交互时,选择概率最大的动作

$$a_t = \underset{a}{\mathrm{argmax}}\,\pi_\theta(a \mid s_t)$$

作为决策结果,作用于环境中,并得到新的状态 s_{t+1} 和奖励 r_t,如此循环往复,直至游戏回合结束。

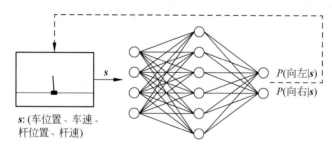

图 14.5 策略网络

将策略网络实现为一个 2 层的全连接网络,第 1 层将长度为 4 的向量转换为长度为128 的向量,第 2 层将 128 的向量转换为 2 的向量,即动作的概率分布。和普通的神经网络的创建过程一样,代码如下:

```
class Policy(keras.Model):
    # 策略网络,生成动作的概率分布
    def __init__(self):
        super(Policy, self).__init__()
        self.data = []                            # 存储轨迹
        # 输入为长度为 4 的向量,输出为左、右 2 个动作,指定 W 张量的初始化方案
        self.fc1 = layers.Dense(128, kernel_initializer = 'he_normal')
```

```
        self.fc2 = layers.Dense(2, kernel_initializer = 'he_normal')
        ♯ 网络优化器
        self.optimizer = optimizers.Adam(lr = learning_rate)

    def call(self, inputs, training = None):
        ♯ 状态输入 s 的 shape 为向量:[4]
        x = tf.nn.relu(self.fc1(inputs))
        x = tf.nn.softmax(self.fc2(x), axis = 1)        ♯ 获得动作的概率分布
        return x
```

在交互时,将每个时间戳上的状态输入 s_t、动作分布输出 a_t、环境奖励 r_t 和新状态 s_{t+1} 作为一个 4 元组 item 记录下来,用于策略网络的训练。代码如下:

```
    def put_data(self, item):
        ♯ 记录 r,log_P(a|s)
        self.data.append(item)
```

14.1.4 梯度更新

如果需要利用梯度下降算法来优化网络,需要知道每个输入 s_t 的标注信息 a_t,并且确保从输入到损失值是连续可导的。但是强化学习与传统的有监督学习并不相同,主要体现为强化学习在每一个时间戳 t 上面的动作 a_t 并没有一个明确的好与坏的标准。奖励 r_t 可以在一定程度上反映动作的好坏,但不能直接决定动作的好坏,甚至有些游戏交互过程只有一个最终的代表游戏结果的奖励 r_t 信号,如围棋。那么给每个状态定义一个最优动作 a_t^* 作为神经网络输入 s_t 的标注可行吗? 首先是游戏中的状态总数通常是巨大的,如围棋的状态数共有约 10^{170} 之多。再者每个状态很难定义一个最优动作,有些动作虽然短期回报不高,但是长期回报却是较好的,而且有时甚至连人们自己都不知道哪个动作才是最优的。

因此,策略的优化目标不应该是让输入 s_t 的输出尽可能地逼近标注动作,而是要最大化总回报的期望值。总回报可以定义为从游戏回合开始到游戏结束前的激励之和 Σr_t。一个好的策略,应能够在环境上面取得总的回报的期望值 $J(\pi_\theta)$ 最高。根据梯度上升算法的原理,如果能求出 $\frac{\partial J(\theta)}{\partial \theta}$,那么策略网络只需要按照

$$\theta' = \theta + \eta \cdot \frac{\partial J(\theta)}{\partial \theta}$$

即可迭代优化策略网络,从而获得较大的期望总回报。

很遗憾的是,总回报期望 $J(\pi_\theta)$ 是由游戏环境给出的,如果无法得知环境模型,$\frac{\partial J(\theta)}{\partial \theta}$ 是不能通过自动微分计算的。那么即使 $J(\pi_\theta)$ 表达式未知,能否直接求解偏导数 $\frac{\partial J(\theta)}{\partial \theta}$?

答案是肯定的。这里直接给出 $\frac{\partial J(\theta)}{\partial \theta}$ 的推导结果,具体的推导过程会在 14.3 节详细

介绍。

$$\frac{\partial J\left(\theta\right)}{\partial\theta}=E_{\tau\sim p_{\theta}\left(\tau\right)}\left[\left(\sum_{t=1}^{T}\frac{\partial}{\partial\theta}\mathrm{log}\pi_{\theta}\left(a_{t}\mid s_{t}\right)\right)R\left(\tau\right)\right]$$

利用上式，只需要计算出$\frac{\partial}{\partial\theta}\mathrm{log}\pi_{\theta}(a_{t}|s_{t})$，并乘以$R(\tau)$即可更新计算出$\frac{\partial J\left(\theta\right)}{\partial\theta}$，按照$\theta'=\theta-\eta\cdot\frac{\partial L\left(\theta\right)}{\partial\theta}$方式更新策略网络，即可最大化$J(\theta)$函数。其中$R(\tau)$为某次交互的总回报，$\tau$为交互轨迹$s_{1},a_{1},r_{1},s_{2},a_{2},r_{2},\cdots,s_{T}$，$T$是交互的时间戳数量或步数，$\mathrm{log}\pi_{\theta}(a_{t}|s_{t})$为策略网络的输出中$a_{t}$动作的概率值取$\log$函数，$\frac{\partial}{\partial\theta}\mathrm{log}\pi_{\theta}(a_{t}|s_{t})$可以通过 TensorFlow 自动微分求解出网络的梯度，这一部分是连续可导的。

损失函数的代码实现为：

```
for r, log_prob in self.data[::-1]:        # 逆序取轨迹数据
    R = r + gamma * R                      # 累加计算每个时间戳上的回报
    # 每个时间戳都计算一次梯度
    # grad_R = - log_P * R * grad_theta
    loss = - log_prob * R
```

完整的训练及更新代码如下：

```
def train_net(self, tape):
    # 计算梯度并更新策略网络参数. tape 为梯度记录器
    R = 0                                           # 终结状态的初始回报为0
    for r, log_prob in self.data[::-1]:             # 逆序取
        R = r + gamma * R                           # 累加计算每个时间戳上的回报
        # 每个时间戳都计算一次梯度
        # grad_R = - log_P * R * grad_theta
        loss = - log_prob * R
        with tape.stop_recording():
            # 优化策略网络
            grads = tape.gradient(loss, self.trainable_variables)
            # print(grads)
            self.optimizer.apply_gradients(zip(grads, self.trainable_variables))
    self.data = []                                  # 清空轨迹
```

14.1.5 平衡杆游戏实战

一共训练 400 个回合，在回合的开始，复位游戏状态，通过送入输入状态来采样动作，从而与环境进行交互，并记录每一个时间戳的信息，直至游戏回合结束。

交互和训练部分代码如下：

```
for n_epi in range(10000):
    s = env.reset()                        # 回到游戏初始状态，返回 s0
```

```
with tf.GradientTape(persistent = True) as tape:
    for t in range(501): # CartPole－v1 forced to terminates at 500 step.
        # 送入状态向量,获取策略
        s = tf.constant(s,dtype = tf.float32)
        # s: [4] => [1,4]
        s = tf.expand_dims(s, axis = 0)
        prob = pi(s) # 动作分布:[1,2]
        # 从类别分布中采样1个动作, shape: [1]
        a = tf.random.categorical(tf.math.log(prob), 1)[0]
        a = int(a)                                    # Tensor 转数字
        s_prime, r, done, info = env.step(a)          # 与环境交互
        # 记录动作 a 和动作产生的奖励 r
        # prob shape:[1,2]
        pi.put_data((r, tf.math.log(prob[0][a])))
        s = s_prime                                   # 刷新状态
        score += r                                    # 累积奖励

        if done:                                      # 当前 episode 终止
            break
    # episode 终止后,训练一次网络
    pi.train_net(tape)
del tape
```

模型的训练过程如图 14.6 所示,横轴为训练回合数量,纵轴为回合的平均回报值。可以看到随着训练的进行,网络获得的平均回报越来越高,策略越来越好。实际上,强化学习算法对参数极其敏感,甚至修改随机种子都会导致截然不同的性能表现,在实现的过程中需要精挑参数才能发挥出算法的潜力。

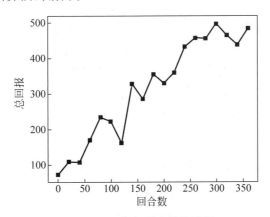

图 14.6 平衡杆游戏训练过程

通过这个实例,对强化学习算法和强化学习的交互过程有了初步的印象和了解,接下来介绍强化学习问题。

14.2 强化学习问题

在强化学习问题中,具有感知和决策能力的对象称为智能体(Agent),它可以是一段算法代码,也可以是具有机械结构的机器人软硬件系统。智能体通过与外界的环境进行交互从而完成某个任务,这里的环境(Environment)是指能受到智能体的动作而产生影响,并给出相应反馈的外界环境的总和。对于智能体来说,它通过感知环境的状态(State)而产生决策动作(Action);对于环境来说,它从某个初始状态 s_1 开始,通过接受智能体的动作来动态地改变自身状态,并给出相应的奖励(Reward)信号。

从概率角度描述强化学习过程,它包含了如下 5 个基本对象:

❑ 状态 s 反映了环境的状态特征,在时间戳 t 上的状态记为 s_t,它可以是原始的视觉图像、语音波形等信号,也可以是高层抽象过后的特征,如小车的速度、位置等数据,所有的(有限)状态构成了状态空间 S。

❑ 动作 a 是智能体采取的行为,在时间戳 t 上的状态记为 a_t,可以是向左、向右等离散动作,也可以是力度、位置等连续动作,所有的(有限)动作构成了动作空间 A。

❑ 策略 $\pi(a|s)$ 代表了智能体的决策模型,接受输入为状态 s,并给出决策后执行动作的概率分布 $p(a|s)$,满足

$$\sum_{a \in A} \pi(a \mid s) = 1$$

这种具有一定随机性的动作概率输出称为随机性策略(Stochastic Policy)。特别地,当策略模型总是输出某个动作的概率为 1,其他为 0 时,这种策略模型称为确定性策略(Deterministic Policy),即

$$a = \pi(s)$$

❑ 奖励 $r(s,a)$ 表达环境在状态 s 时接受动作 a 后给出的反馈信号,一般是一个标量值,它在一定程度上反映了动作的好与坏,在时间戳 t 上获得的激励记为 r_t(部分资料上记为 r_{t+1},这是因为激励往往具有一定滞后性)。

❑ 状态转移概率 $p(s'|s,a)$ 表达了环境模型状态的变化规律,即当前状态 s 的环境在接受动作 a 后,状态改变为 s' 的概率分布,满足

$$\sum_{s' \in S} p(s' \mid s,a) = 1$$

智能体与环境的交互过程可以用图 14.7 来表示。

图 14.7 智能体与环境交互过程

14.2.1　马尔科夫决策过程

智能体从环境的初始状态 s_1 开始,通过策略模型 $\pi(a|s)$ 采样某个具体的动作 a_1 执行,环境受到动作 a_1 的影响,状态根据内部状态转移模型 $p(s'|s,a)$ 发生改变,变为新的状态 s_2,同时给出智能体的反馈信号:奖励 r_1,由奖励函数 $r(s_1,a_1)$ 产生。如此循环交互,直至达到游戏终止状态 s_T,这个过程产生了一系列的有序数据:

$$\tau = s_1,a_1,r_1,s_2,a_2,r_2,\cdots,s_T$$

这个序列代表了智能体与环境的一次交换过程,称为轨迹(Trajectory),记为 τ,一次交互过程称为一个回合(Episode),T 代表了回合的时间戳数(或步数)。有些环境有明确的终止状态(Terminal State),如太空侵略者中小飞机被击中后则游戏结束;而部分环境没有明确的终止标志,如部分游戏只要保持健康状态,则可以无限玩下去,此时 T 代表 ∞。

在状态 $s_1,s_2,\cdots,s_t$ 后出现 s_{t+1} 条件概率 $P(s_{t+1}|s_1,s_2,\cdots,s_t)$ 是非常重要的,但它需要考虑多个历史状态,计算非常复杂。为了简化,假设下一个时间戳上的状态 s_{t+1} 只受当前时间戳 s_t 的影响,而与其他的历史状态 $s_1,s_2,\cdots,s_{t-1}$ 无关,即:

$$P(s_{t+1}|s_1,s_2,\cdots,s_t) = P(s_{t+1}|s_t)$$

这种下一个时同戳上的状态 s_{t+1} 只与当前状态 s_t 相关的性质称为马尔科夫性(Markov Property),具有马尔科夫性的序列 $s_1,s_2,\cdots,s_T$ 称为马尔科夫过程(Markov Process)。

如果将执行动作 a 也考虑进状态转移概率,同样地应用马尔科夫假设:下一个时间戳的状态 s_{t+1} 只与当前的状态 s_t 和当前状态上执行的动作 a_t 相关,则条件概率:

$$P(s_{t+1}|s_1,a_1,\cdots,s_t,a_t) = P(s_{t+1}|s_t,a_t)$$

把状态和动作的有序序列 $s_1,a_1,\cdots,s_T$ 称为马尔科夫决策过程(Markov Decision Process,MDP)。有些场景中智能体只能观察到环境的部分状态,称为部分可观察马尔可夫决策过程(Partially Observable Markov Decision Process,POMDP)。尽管马尔科夫性假设并不一定符合实际情况,但却是强化学习中大量理论推导的基石,将在后续推导中看到马尔科夫性的应用。

现在考虑某个轨迹

$$\tau = s_1,a_1,r_1,s_2,a_2,r_2,\cdots,s_T$$

发生的概率 $P(\tau)$:

$$\begin{aligned} P(\tau) &= P(s_1,a_1,s_2,a_2,\cdots,s_T) \\ &= P(s_1)\pi(a_1|s_1)P(s_2|s_1,a_1)\pi(a_2|s_2)P(s_3|s_1,a_1,s_2,a_2)\cdots \\ &= P(s_1)\prod_{t=1}^{T-1}\pi(a_t|s_t)p(s_{t+1}|s_1,a_1,\cdots,s_t,a_t) \end{aligned}$$

应用马尔科夫性后,将上述表达式简化为:

$$P(\tau) = P(s_1)\prod_{t=1}^{T-1}\pi(a_t|s_t)p(s_{t+1}|s_t,a_t)$$

马尔科夫决策过程如图 14.8 所示。

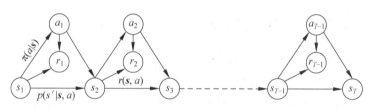

图 14.8　马尔科夫决策过程

如果能够获得环境的状态转移概率 $p(s'|s,a)$ 和激励函数 $r(s,a)$，可以直接迭代计算值函数，这种已知环境模型的方法统称为基于模型的强化学习（Model-based Reinforcement Learning）。然而现实世界中的环境模型大都是复杂且未知的，这类模型未知的方法统称为模型无关的强化学习（Model-free Reinforcement Learning），接下来主要介绍模型无关的强化学习算法。

14.2.2　目标函数

在每次智能体与环境的交互过程中，均会得到一个（滞后的）激励信号：

$$r_t = r(s_t, a_t)$$

一次交互轨迹 τ 的累积奖励称为总回报（Return）：

$$R(\tau) = \sum_{t=1}^{T-1} r_t$$

其中 T 为轨迹的步数。如果只考虑从轨迹的中间状态 s_t 开始 $s_t, s_{t+1}, \cdots, s_T$ 的累积回报，可以记为：

$$R(s_t) = \sum_{k=1}^{T-t-1} r_{t+k}$$

有些环境的激励信号是非常稀疏的，如围棋，前面的下子动作的激励均为 0，只有游戏结束时才有代表输赢的激励信号。

因此，为了权衡近期奖励与长期奖励的重要性，更多地使用随着时间衰减的折扣回报（Discounted Return）：

$$R(\tau) = \sum_{t=1}^{T-1} \gamma^{t-1} r_t$$

其中 $\gamma \in [0,1]$ 称为折扣率。可以看到，近期的激励 r_1 全部用于总回报，而远期的激励 r_{T-1} 则衰减 γ_{T-2} 后才能用于贡献总回报 $R(\tau)$。当 $\gamma \approx 1$ 时，短期激励和长期激励权值近似相同，算法更具有远瞻性；当 $\gamma \approx 0$ 时，靠后的长期激励衰减后接近于 0，短期激励变得更重要，算法更具有近视性。对于没有终止状态的环境，即 $T = \infty$，折扣回报变得非常重要，因为 $\sum_{t=1}^{\infty} \gamma^{t-1} r_t$ 可能趋于无穷大，而折扣回报可以近似忽略远期的激励，从而方便算法实现。

希望找到一个策略 $\pi(a|s)$ 模型，使在策略 $\pi(a|s)$ 控制下的智能体与环境交互产生的

轨迹 τ 的总回报 $R(\tau)$ 越高越好。由于环境状态转移和策略都具有随机性,同样的策略模型作用于同初始状态的同一环境,也可能产生截然不同的轨迹序列 τ。因此,强化学习的目标是最大化期望回报(Expected Return):

$$J(\pi_\theta) = E_{\tau \sim p(\tau)} [R(\tau)] = E_{\tau \sim p(\tau)} \left[\sum_{t=1}^{T-1} \gamma^{t-1} r_t \right]$$

训练的目标是寻找一组参数 θ 代表的策略网络 π_θ,使得 $J(\pi_\theta)$ 最大:

$$\theta^* = \underset{\theta}{\arg\max} E_{\tau \sim p(\tau)} [R(\tau)]$$

其中 $p(\tau)$ 代表了轨迹 τ 的分布,它由状态转移概率 $p(s'|s,a)$ 和策略 $\pi(a|s)$ 共同决定。策略 π 的好坏可以通过 $J(\pi_\theta)$ 衡量,期望回报越大,策略越优良;反之则策略越差。

14.3 策略梯度方法

既然强化学习的目标是找到某个最优策略 $\pi_\theta(a|s)$ 使期望回报 $J(\theta)$ 最大,这类优化问题和有监督学习类似,需要求解期望回报对网络参数 θ 的偏导数 $\frac{\partial J}{\partial \theta}$,并采用梯度上升算法更新网络参数:

$$\theta' = \theta + \eta \cdot \frac{\partial J}{\partial \theta}$$

即可,其中 η 为学习率。

策略模型 $\pi_\theta(a|s)$ 可以采用多层神经网络参数化 $\pi_\theta(a|s)$,网络的输入为状态 s,输出为动作 a 的概率分布,这种网络称为策略网络。

要优化此网络,只需要求得每个参数的偏导数 $\frac{\partial J}{\partial \theta}$ 即可,现在推导 $\frac{\partial J}{\partial \theta}$ 的表达式。首先按轨迹分布展开:

$$\frac{\partial J}{\partial \theta} = \frac{\partial}{\partial \theta} \int \pi_\theta(\tau) R(\tau) \, d\tau$$

将导数符号转移到积分符号内部:

$$\frac{\partial J}{\partial \theta} = \int \left(\frac{\partial}{\partial \theta} \pi_\theta(\tau) \right) R(\tau) \, d\tau$$

增加 $\pi_\theta(\tau) \cdot \frac{1}{\pi_\theta(\tau)}$ 项不改变计算结果:

$$\frac{\partial J}{\partial \theta} = \int \pi_\theta(\tau) \left(\frac{1}{\pi_\theta(\tau)} \frac{\partial}{\partial \theta} \pi_\theta(\tau) \right) R(\tau) \, d\tau$$

考虑到:

$$\frac{d\log(f(x))}{dx} = \frac{1}{f(x)} \cdot \frac{df(x)}{dx}$$

因此:

$$\frac{1}{\pi_\theta(\tau)} \frac{\partial}{\partial\theta}\pi_\theta(\tau) = \frac{\partial}{\partial\theta}\log\pi_\theta(\tau)$$

代入可得：

$$= \int \pi_\theta(\tau)\left(\frac{\partial}{\partial\theta}\log\pi_\theta(\tau)\right)R(\tau)\,\mathrm{d}\tau$$

即：

$$\frac{\partial J}{\partial\theta} = E_{\tau\sim p_\theta(\tau)}\left[\frac{\partial}{\partial\theta}\log\pi_\theta(\tau)R(\tau)\right]$$

其中，$\log\pi_\theta(\tau)$ 代表了轨迹 $\tau = s_1,a_1,s_2,a_2,\cdots,s_T$ 的概率值再取 log。考虑到 $R(\tau)$ 可由采样得到，因此 $\frac{\partial J}{\partial\theta}$ 的关键变为求解 $\frac{\partial}{\partial\theta}\log\pi_\theta(\tau)$，分解 $\pi_\theta(\tau)$ 可得：

$$\frac{\partial}{\partial\theta}\log\pi_\theta(\tau) = \frac{\partial}{\partial\theta}\log\left(p(s_1)\prod_{t=1}^{T-1}\pi_\theta(a_t\mid s_t)p(s_{t+1}\mid s_t,a_t)\right)$$

将 $\log\prod$ ·转换为 $\sum\log(\cdot)$ 形式：

$$= \frac{\partial}{\partial\theta}\left(\log p(s_1) + \sum_{t=1}^{T-1}\log\pi_\theta(a_t\mid s_t) + \log p(s_{t+1}\mid s_t,a_t)\right)$$

考虑到 $\log p(s_{t+1}|s_t,a_t)$、$\log p(s_1)$ 均与 θ 无关，因此上式可变为：

$$\frac{\partial}{\partial\theta}\log\pi_\theta(\tau) = \sum_{t=1}^{T-1}\frac{\partial}{\partial\theta}\log\pi_\theta(a_t\mid s_t)$$

可以看到，$\frac{\partial}{\partial\theta}\log\pi_\theta(\tau)$ 偏导数最终可以转换为策略网络的输出 $\log\pi_\theta(a_t|s_t)$ 对网络参数 θ 的偏导数 $\frac{\partial}{\partial\theta}\log\pi_\theta(a_t|s_t)$ 上，与状态概率转移 $p(s'|\boldsymbol{s},a)$ 无关，即不需要知道环境模型也可以求解 $\frac{\partial}{\partial\theta}\log p_\theta(\tau)$，这一点非常重要。

代入到 $\frac{\partial J}{\partial\theta}$ 的表达式，可得：

$$\frac{\partial J(\theta)}{\partial\theta} = E_{\tau\sim p_\theta(\tau)}\left[\frac{\partial}{\partial\theta}\log\pi_\theta(\tau)R(\tau)\right]$$

$$= E_{\tau\sim p_\theta(\tau)}\left[\left(\sum_{t=1}^{T-1}\frac{\partial}{\partial\theta}\log\pi_\theta(a_t\mid s_t)\right)R(\tau)\right]$$

我们直观地来理解上式，当某个回合的总回报 $R(\tau)>0$ 时，$\frac{\partial J(\theta)}{\partial\theta}$ 与 $\frac{\partial}{\partial\theta}\log\pi_\theta(\tau)$ 同向，因此根据梯度上升算法更新 θ 参数时，既是朝着 $J(\theta)$ 增大的方向更新，也是朝着 $\log\pi_\theta(a_t|s_t)$ 增大的方向更新，即鼓励产生更多的这样的轨迹 τ。当某个回合的总回报 $R(\tau)<0$ 时，$\frac{\partial J(\theta)}{\partial\theta}$ 与 $\frac{\partial}{\partial\theta}\log\pi_\theta(\tau)$ 反向，因此根据梯度上升算法更新 θ 参数时，既是朝着 $J(\theta)$ 增大的方向更新，也是朝着 $\log\pi_\theta(a_t|s_t)$ 减少的方向更新，即避免产生更多的这样的轨迹 τ。通过这种

理解,可以非常直观地理解网络是如何调整自身 θ 来取得更大的期望回报值。

有了上述 $\frac{\partial J}{\partial \theta}$ 的表达式后,就可以通过 TensorFlow 的自动微分工具方便地求解出 $\frac{\partial}{\partial \theta}\log\pi_\theta(a_t|s_t)$,从而计算出 $\frac{\partial J}{\partial \theta}$,最后利用梯度上升算法更新即可。策略梯度算法的大致流程如图 14.9 所示。

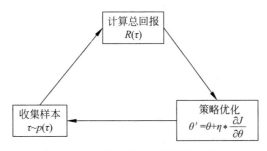

图 14.9 策略梯度方法训练流程

14.3.1 REINFORCE 算法

根据大数法则,将期望形式写成多条 τ^n,$n\in[1,N]$ 采样轨迹的均值:

$$\frac{\partial J(\theta)}{\partial \theta} \approx \frac{1}{N}\sum_{n=1}^{N}\left(\left(\sum_{t=1}^{T-1}\frac{\partial}{\partial \theta}\log\pi_\theta(a_t^{(n)}|s_t^{(n)})\right)R(\tau^{(n)})\right)$$

其中 N 为轨迹数量,$a_t^{(n)}$ 和 $s_t^{(n)}$ 分布代表第 n 条轨迹 τ^n 的第 t 个时间戳的执行的动作和输入状态。再通过梯度上升算法训练更新 θ 参数。这种算法称为 REINFORCE 算法[4],这也是最早期使用策略梯度思想的算法。算法流程如算法 1 所示。

算法 1:REINFORCE 算法

随机初始化参数 θ

repeat

    根据策略 $\pi_\theta(a_t|s_t)$ 与环境交互,生成多条轨迹 $\{\tau^{(n)}\}$

    计算 $R(\tau^{(n)})$

    计算 $\frac{\partial J(\theta)}{\partial \theta} \approx \frac{1}{N}\sum_{n=1}^{N}\left(\left(\sum_{t=1}^{T-1}\frac{\partial}{\partial \theta}\log\pi_\theta(a_t^{(n)}|s_t^{(n)})\right)R(\tau^{(n)})\right)$

    更新网络参数 $\theta' \leftarrow \theta + \eta \cdot \frac{\partial J}{\partial \theta}$

until 训练回合数达到要求

输出:策略网络 $\pi_\theta(a_t|s_t)$

14.3.2 原始策略梯度的改进

原始的 REINFORCE 算法因为优化轨迹之间的方差很大,收敛速度较慢,训练过程并不足够平滑。可以通过方差缩减(Variance Reduction)思想从因果性和基准线两个角度进行改进。

❑ **因果性**:考虑 $\frac{\partial J(\theta)}{\partial \theta}$ 的偏导数表达式,对于时间戳为 t 的动作 a_t,它对 $\tau_{1:t-1}$ 并没有影响,而只是对后续的轨迹 $\tau_{t:T}$ 产生作用,因此对于 $\pi_\theta(a_t|s_t)$,只考虑从时间戳为 t 开始的累积回报 $R(\tau_{t:T})$。$\frac{\partial J(\theta)}{\partial \theta}$ 的表达式由

$$\frac{\partial J(\theta)}{\partial \theta} = E_{\tau \sim p_\theta(\tau)} \left[\left(\sum_{t=1}^{T-1} \frac{\partial}{\partial \theta} \log \pi_\theta \left(a_t \mid s_t \right) \right) R(\tau_{1:T}) \right]$$

可转换为:

$$\frac{\partial J(\theta)}{\partial \theta} = E_{\tau \sim p_\theta(\tau)} \left[\sum_{t=1}^{T-1} \left(\frac{\partial}{\partial \theta} \log \pi_\theta(a_t \mid s_t) R(\tau_{t:T}) \right) \right]$$

$$= E_{\tau \sim p_\theta(\tau)} \left[\sum_{t=1}^{T-1} \left(\frac{\partial}{\partial \theta} \log \pi_\theta(a_t \mid s_t) \hat{Q}(s_t, a_t) \right) \right]$$

其中 $\hat{Q}(s_t, a_t)$ 函数代表了从状态 s_t 开始执行 a_t 动作后 π_θ 的回报估计值,在 14.4 节也会介绍 Q 函数的定义。由于只考虑 a_t 开始的轨迹 $\tau_{t:T}$,$R(\tau_{t:T})$ 方差变小了。

❑ **基准线**:真实环境中的奖励 r_t 并不是分布在 0 周围,很多游戏的奖励全是正数,使 $R(\tau)$ 总是大于 0,网络会倾向于增加所有采样到的动作的概率,而未采样到的动作出现的概率也就相对下降。这并不是希望看到的。希望 $R(\tau)$ 能够分布在 0 周围,因此引入一个偏置变量 b,称为基准线,它代表了回报 $R(\tau)$ 的平均水平。$\frac{\partial J(\theta)}{\partial \theta}$ 的表达式转换为:

$$\frac{\partial J(\theta)}{\partial \theta} = E_{\tau \sim p_\theta(\tau)} \left[\sum_{t=1}^{T-1} \frac{\partial}{\partial \theta} \log \pi_\theta(a_t \mid s_t)(R(\tau) - b) \right]$$

结合因果性后,$\frac{\partial J(\theta)}{\partial \theta}$ 也可以表达为:

$$\frac{\partial J(\theta)}{\partial \theta} = E_{\tau \sim p_\theta(\tau)} \left[\sum_{t=1}^{T-1} \left(\frac{\partial}{\partial \theta} \log \pi_\theta(a_t \mid s_t)(\hat{Q}(s_t, a_t) - b) \right) \right]$$

其中 $\delta = R(\tau) - b$ 称为优势值函数(Advantage),它代表了当前动作序列的回报相对于平均回报的优势程度。

那么添加了偏置 b 后,会不会改变 $\frac{\partial J(\theta)}{\partial \theta}$ 值? 要回答这个问题,只需要考虑 $E_{\tau \sim p_\theta(\tau)}[\nabla_\theta \log \pi_\theta(\tau) \cdot b]$ 是不是等于 0 即可。如果为 0,则不会改变 $\frac{\partial J(\theta)}{\partial \theta}$ 值。将

$E_{\tau \sim p_\theta(\tau)} \left[\nabla_\theta \log \pi_\theta(\tau) \cdot b \right]$ 展开为：

$$E_{\tau \sim p_\theta(\tau)} \left[\nabla_\theta \log \pi_\theta(\tau) \cdot b \right] = \int \pi_\theta(\tau) \nabla_\theta \log \pi_\theta(\tau) \cdot b \, d\tau$$

由于

$$\pi_\theta(\tau) \nabla_\theta \log \pi_\theta(\tau) = \nabla_\theta \pi_\theta(\tau)$$

代入可得：

$$E_{\tau \sim p_\theta(\tau)} \left[\nabla_\theta \log \pi_\theta(\tau) \cdot b \right] = \int \nabla_\theta \pi_\theta(\tau) b \, d\tau$$
$$= b \, \nabla_\theta \int \pi_\theta(\tau) \, d\tau$$

考虑到 $\int \pi_\theta(\tau) d\tau = 1$，于是

$$E_{\tau \sim p_\theta(\tau)} \left[\nabla_\theta \log \pi_\theta(\tau) \cdot b \right] = b \, \nabla_\theta 1 = 0$$

所以，添加偏置 b 后，并不会改变 $\dfrac{\partial J(\theta)}{\partial \theta}$，但是却减少了 $\sum\limits_{t=1}^{T-1} \left(\dfrac{\partial}{\partial \theta} \log \pi_\theta(a_t \mid s_t)(\hat{Q}(s_t, a_t) - b) \right)$ 的方差。

14.3.3 带基准的 REINFORCE 算法

基准线 b 可以通过蒙特卡罗方法进行估计：

$$b = \frac{1}{N} \sum_{n=1}^{N} R(\tau^{(n)})$$

如果考虑因果性，则：

$$b = \frac{1}{N} \sum_{n=1}^{N} R(\tau_{t:T}^{(n)})$$

基准线 b 同样可以采用另一个神经网络来估计，这也是 14.5 节要介绍的 Actor-Critic 方法，实际上很多策略梯度算法也经常使用神经网络来估计基准线 b。算法可灵活调整，掌握算法思想最重要。带基准的 REINFORCE 算法流程如算法 2 所示。

算法 2：带基准的 REINFORCE 算法

随机初始化参数 θ

repeat

　　根据策略 $\pi_\theta(a_t \mid s_t)$ 与环境交互，生成多条轨迹 $\{\tau^n\}$

　　计算 $\hat{Q}(s_t, a_t)$

　　通过蒙特卡罗方法估计基准 b

　　计算 $\dfrac{\partial J(\theta)}{\partial \theta} \approx \dfrac{1}{N} \sum\limits_{n=1}^{N} \left(\left(\sum\limits_{t=1}^{T-1} \dfrac{\partial}{\partial \theta} \log \pi_\theta(a_t^{(n)} \mid s_t^{(n)}) \right)(\hat{Q}(s_t, a_t) - b) \right)$

更新策略网络 $\theta' \leftarrow \theta + \eta \cdot \dfrac{\partial J}{\partial \theta}$

until 训练回合数达到要求

输出：策略网络 $\pi_\theta(a_t | s_t)$

14.3.4　重要性采样

前面介绍的策略梯度方法在更新网络参数后，策略网络 $\pi_\theta(a|s)$ 即发生了改变，必须使用新的策略网络进行采样，而之前的历史轨迹数据则不能使用，采样效率非常低下。如何提高采样效率，重用过去旧策略产生的轨迹数据？

在统计学中，重要性采样技术可以从另一个分布 q 来估计原分布 p 的期望。考虑轨迹 τ 采样自原分布 p，希望估计轨迹 $\tau \sim p$ 的函数的期望 $E_{\tau \sim p}\big[f(\tau)\big]$，展开可得：

$$
\begin{aligned}
E_{\tau \sim p}\big[f(\tau)\big] &= \int p(\tau) f(\tau)\, \mathrm{d}\tau \\
&= \int \frac{p(\tau)}{q(\tau)} q(\tau) f(\tau)\, \mathrm{d}\tau \\
&= E_{\tau \sim q}\left[\frac{p(\tau)}{q(\tau)} f(\tau)\right]
\end{aligned}
$$

通过推导，发现 $f(\tau)$ 的期望值可以不从原分布 p 中进行采样，而通过另一个分布 q 中进行采样，只需要乘以 $\dfrac{p(\tau)}{q(\tau)}$ 比率即可。这在统计学中称为重要性采样（Importance Sampling）。

令待优化的目标策略分布为 $p_\theta(\tau)$，历史的某个策略分布为 $p_{\bar\theta}(\tau)$，希望利用历史采样轨迹 $\tau \sim p_{\bar\theta}(\tau)$ 来估计目标策略网络的期望回报：

$$
\begin{aligned}
J(\theta) &= E_{\tau \sim p_\theta(\tau)}\big[R(\tau)\big] \\
&= \sum_{t=1}^{T-1} E_{(s_t, a_t) \sim p_\theta(s_t, a_t)}\big[r(s_t, a_t)\big] \\
&= \sum_{t=1}^{T-1} E_{s_t \sim p_\theta(s_t)} E_{a_t \sim \pi_\theta(a_t|s_t)}\big[r(s_t, a_t)\big]
\end{aligned}
$$

应用重要性采样技术，可得：

$$
J_{\bar\theta}(\theta) = \sum_{t=1}^{T-1} E_{s_t \sim p_{\bar\theta}(s_t)}\left[\frac{p_\theta(s_t)}{p_{\bar\theta}(s_t)} E_{a_t \sim \pi_{\bar\theta}(a_t|s_t)}\left[\frac{\pi_\theta(a_t|s_t)}{\pi_{\bar\theta}(a_t|s_t)} r(s_t, a_t)\right]\right]
$$

其中 $J_{\bar\theta}(\theta)$ 表示通过 $p_{\bar\theta}(\tau)$ 分布估计出原分布 $p_\theta(\tau)$ 的 $J(\theta)$ 值。在近似忽略 $\dfrac{p_\theta(s_t)}{p_{\bar\theta}(s_t)}$ 项的

假设下，即认为状态 s_t 在不同策略下出现的概率近似相等，$\dfrac{p_\theta(s_t)}{p_{\bar\theta}(s_t)} \approx 1$，可以得到：

$$
J_{\bar\theta}(\theta) = \sum_{t=1}^{T-1} E_{s_t \sim p_{\bar\theta}(s_t)}\left[E_{a_t \sim \pi_{\bar\theta}(a_t|s_t)}\left[\frac{\pi_\theta(a_t|s_t)}{\pi_{\bar\theta}(a_t|s_t)} r(s_t, a_t)\right]\right]
$$

$$= \sum_{t=1}^{T-1} E_{(s_t, a_t) \sim p_{\bar{\theta}}}(s_t, a_t) \left[\frac{\pi_{\theta}(a_t \mid s_t)}{\pi_{\bar{\theta}}(a_t \mid s_t)} r(s_t, a_t) \right]$$

这种采样策略 $p_{\bar{\theta}}(\tau)$ 和待优化的目标策略 $p_{\theta}(\tau)$ 不是同一策略的方法称为离线(Off-Policy)方法;反之,采样策略和当前待优化的策略是同一策略的方法称为在线(On-Policy)方法,REINFORCE 算法就是属于在线方法。离线方法可以利用历史采样数据来优化当前策略网络,大大提高了数据利用率,但同时也引入了计算复杂度。特别地,重要性采样通过蒙特卡罗采样方法实现时,如果分布 p 和 q 差别过大,期望估计会偏差较大,因此实现时需要保证分布 p 和 q 尽可能地相似,如添加 KL 散度约束 p 和 q 的差别。

把原始策略梯度版本的训练目标函数也称为 $\mathcal{L}^{PG}(\theta)$:

$$\mathcal{L}^{PG}(\theta) = \hat{E}_t \left[\log \pi_{\theta}(a_t \mid s_t) \hat{A}_t \right]$$

其中 PG 代表策略梯度(Policy Gradient),$\hat{E}_t$ 和 $\hat{A}_t$ 代表经验估计值。基于重要性采样的目标函数称为 $\mathcal{L}^{IS}_{\bar{\theta}}(\theta)$:

$$\mathcal{L}^{IS}_{\bar{\theta}}(\theta) = \hat{E}_t \left[\frac{\pi_{\theta}(a_t \mid s_t)}{\pi_{\bar{\theta}}(a_t \mid s_t)} \hat{A}_t \right]$$

其中 IS 代表 Importance Sampling,θ 代表目标策略的分布 p_{θ},$\bar{\theta}$ 代表采样策略的分布 $p_{\bar{\theta}}$。

14.3.5 PPO 算法

应用重要性采样后,策略梯度算法大大提升了数据利用率,使得性能和训练稳定性都有了不小的提升。比较流行的 Off-Policy 策略梯度算法有 TRPO 算法和 PPO 算法等,其中 TRPO 是 PPO 算法的前身,PPO 算法可以看成 TRPO 算法的近似简化版本。

❑ **TRPO** 算法:为了约束目标策略 $\pi_{\theta}(\cdot \mid s_t)$ 和采样策略 $\pi_{\bar{\theta}}(\cdot \mid s_t)$ 之间的距离,TRPO 算法利用 KL 散度来计算 $\pi_{\theta}(\cdot \mid s_t)$ 和 $\pi_{\bar{\theta}}(\cdot \mid s_t)$ 之间的期望距离,并作为优化问题的约束项。TRPO 算法实现比较复杂,计算代价较高。TRPO 算法的优化目标为:

$$\theta^* = \underset{\theta}{\arg\max} \hat{E}_t \left[\frac{\pi_{\theta}(a_t \mid s_t)}{\pi_{\bar{\theta}}(a_t \mid s_t)} \hat{A}_t \right]$$

$$s.t. \hat{E}_t \left[D_{KL}(\pi_{\theta}(\cdot \mid s_t) \| \pi_{\bar{\theta}}(\cdot \mid s_t)) \right] \leqslant \delta$$

❑ **PPO** 算法:为了解决 TRPO 计算代价较高的缺陷,PPO 算法将 KL 散度约束条件作为惩罚项添加进损失函数。优化目标为:

$$\theta^* = \underset{\theta}{\arg\max} \hat{E}_t \left[\frac{\pi_{\theta}(a_t \mid s_t)}{\pi_{\bar{\theta}}(a_t \mid s_t)} \hat{A}_t \right] - \beta \hat{E}_t \left[D_{KL}(\pi_{\theta}(\cdot \mid s_t) \| \pi_{\bar{\theta}}(\cdot \mid s_t)) \right]$$

其中 $D_{KL}(\pi_{\theta}(\cdot \mid s_t) \| \pi_{\bar{\theta}}(\cdot \mid s_t))$ 指策略分布 $\pi_{\theta}(\cdot \mid s_t)$ 和 $\pi_{\bar{\theta}}(\cdot \mid s_t)$ 之间的距离,超参数 β 用于平衡原损失项与 KL 散度惩罚项。

❑ **自适应 KL 惩罚项**(Adaptive KL Penalty)算法:通过设置 KL 散度的阈值 KL_{max} 来

动态调整超参数 β。调整规则如下：如果 $\hat{E}_t\left[D_{\mathrm{KL}}(\pi_\theta(\,\cdot\,|s_t)\,\|\,\pi_{\bar{\theta}}(\,\cdot\,|s_t))\right]>\mathrm{KL}_{\max}$，则增加 β；如果 $\hat{E}_t\left[D_{\mathrm{KL}}(\pi_\theta(\,\cdot\,|s_t)\,\|\,\pi_{\bar{\theta}}(\,\cdot\,|s_t))\right]<\mathrm{KL}_{\max}$，则减少 β。

❑ **PPO2 算法**：PPO2 算法在 PPO 算法的基础上，对损失函数进行了调整：

$$\mathcal{L}_{\bar{\theta}}^{\mathrm{CLIP}}(\theta)=\hat{E}_t\left[\min\left(\frac{\pi_\theta(a_t\mid s_t)}{\pi_{\bar{\theta}}(a_t\mid s_t)}\hat{A}_t,\mathrm{clip}\left(\frac{\pi_\theta(a_t\mid s_t)}{\pi_{\bar{\theta}}(a_t\mid s_t)},1-\epsilon,1+\epsilon\right)\hat{A}_t\right)\right]$$

误差函数如图 14.10 所示。

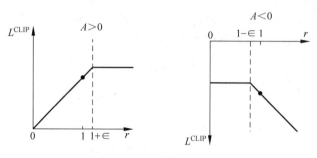

图 14.10　PPO2 算法误差函数

14.3.6　PPO 实战

本节基于重要性采样技术来实现 PPO 算法，并在平衡杆游戏环境测试 PPO 算法的性能。

❑ **策略网络**：也称 Actor 网络，策略网络的输入为状态 s_t，4 个输入节点，输出为动作 a_t 的概率分布 $\pi_\theta(a_t|s_t)$，采用 2 层的全连接层网络实现。代码如下：

```
class Actor(keras.Model):
    def __init__(self):
        super(Actor, self).__init__()
        # 策略网络,也称 Actor 网络,输出为概率分布 pi(a|s)
        self.fc1 = layers.Dense(100, kernel_initializer = 'he_normal')
        self.fc2 = layers.Dense(2, kernel_initializer = 'he_normal')

    def call(self, inputs):
        # 策略网络前向传播
        x = tf.nn.relu(self.fc1(inputs))
        x = self.fc2(x)
        # 输出 2 个动作的概率分布
        x = tf.nn.softmax(x, axis = 1)                        # 转换成概率
        return x
```

❑ **基准线 b 值网络**：也称 Critic 网络，或 V 值函数网络。网络的输入为状态 s_t，4 个输入节点，输出为标量值 b，采用 2 层全连接层来估计 b。代码实现如下：

```
class Critic(keras.Model):
    def __init__(self):
        super(Critic, self).__init__()
        ♯ 偏置 b 的估值网络,也称 Critic 网络,输出为 v(s)
        self.fc1 = layers.Dense(100, kernel_initializer = 'he_normal')
        self.fc2 = layers.Dense(1, kernel_initializer = 'he_normal')

    def call(self, inputs):
        x = tf.nn.relu(self.fc1(inputs))
        x = self.fc2(x)                                    ♯ 输出基准线 b 的估计
        return x
```

接下来完成策略网络、值函数网络的创建工作,同时分别创建两个优化器,用于优化策略网络和值函数网络的参数,创建在 PPO 算法主体类的初始化方法中。代码如下:

```
class PPO():
    ♯ PPO 算法主体
    def __init__(self):
        super(PPO, self).__init__()
        self.actor = Actor()                              ♯ 创建 Actor 网络
        self.critic = Critic()                            ♯ 创建 Critic 网络
        self.buffer = []                                  ♯ 数据缓冲池
        self.actor_optimizer = optimizers.Adam(1e-3)      ♯ Actor 优化器
        self.critic_optimizer = optimizers.Adam(3e-3)     ♯ Critic 优化器
```

❑ **动作采样**：通过 select_action 函数可以计算出当前状态的动作分布 $\pi_\theta(a_t|s_t)$，并根据概率随机采样动作，返回动作及其概率。代码如下：

```
def select_action(self, s):
    ♯ 送入状态向量,获取策略:[4]
    s = tf.constant(s, dtype = tf.float32)
    ♯ s:[4] => [1,4]
    s = tf.expand_dims(s, axis = 0)
    ♯ 获取策略分布:[1, 2]
    prob = self.actor(s)
    ♯ 从类别分布中采样 1 个动作, shape:[1]
    a = tf.random.categorical(tf.math.log(prob), 1)[0]
    a = int(a) ♯ Tensor 转数字
    return a, float(prob[0][a]) ♯ 返回动作及其概率
```

❑ **环境交互**：在主函数 main 中，与环境交互 500 个回合，每个回合通过 select_action 函数采样策略，并保存进缓冲池，在间隔一段时间调用 agent.optimizer() 函数优化策略。代码如下：

```
def main():
    agent = PPO()
    returns = []                                          ♯ 统计总回报
```

```
total = 0                                              # 一段时间内平均回报
for i_epoch in range(500):                             # 训练回合数
    state = env.reset()                                # 复位环境
    for t in range(500):                               # 最多考虑 500 步
        # 通过最新策略与环境交互
        action, action_prob = agent.select_action(state)
        next_state, reward, done, _ = env.step(action)
        # 构建样本并存储
        trans = Transition(state, action, action_prob, reward, next_state)
        agent.store_transition(trans)
        state = next_state                             # 刷新状态
        total += reward                                # 累积激励
        if done:                                       # 合适的时间点训练网络
            if len(agent.buffer) >= batch_size:
                agent.optimize()                       # 训练网络
            break
```

❑ **网络优化**：当缓冲池达到一定容量后，通过 optimizer() 构建策略网络的误差和值网络的误差，优化网络的参数。首先将数据根据类别转换为 Tensor 类型，然后通过 MC 方法计算累积回报 $R(\tau_{t, T})$。代码如下：

```
def optimize(self):
    # 优化网络主函数
    # 从缓存中取出样本数据,转换成 Tensor
    state = tf.constant([t.state for t in self.buffer], dtype = tf.float32)
    action = tf.constant([t.action for t in self.buffer], dtype = tf.int32)
    action = tf.reshape(action, [-1,1])
    reward = [t.reward for t in self.buffer]
    old_action_log_prob = tf.constant([t.a_log_prob for t in self.buffer], dtype = tf.float32)
    old_action_log_prob = tf.reshape(old_action_log_prob, [-1,1])
    # 通过 MC 方法循环计算 R(st)
    R = 0
    Rs = []
    for r in reward[::-1]:
        R = r + gamma * R
        Rs.insert(0, R)
    Rs = tf.constant(Rs, dtype = tf.float32)
    ...
```

然后对缓存池中的数据按 Batch Size 取出，迭代训练 10 遍。对于策略网络，根据 PPO2 算法的误差函数计算 $\mathcal{L}_{\theta}^{CLIP}(\theta)$；对于值网络，通过均方差计算值网络的预测与 $R(\tau_{t, T})$ 之间的距离，使得值网络的估计越来越准确。

```
def optimize(self):
```

```
...
# 对缓冲池数据大致迭代 10 遍
for _ in range(round(10 * len(self.buffer)/batch_size)):
    # 随机从缓冲池采样 batch size 大小样本
    index = np.random.choice(np.arange(len(self.buffer)), batch_size, replace = False)
    # 构建梯度跟踪环境
    with tf.GradientTape() as tape1, tf.GradientTape() as tape2:
        # 取出 R(st),[b,1]
        v_target = tf.expand_dims(tf.gather(Rs, index, axis = 0), axis = 1)
        # 计算 v(s)预测值,也就是偏置 b,我们后面会介绍为什么写成 v
        v = self.critic(tf.gather(state, index, axis = 0))
        delta = v_target - v                    # 计算优势值
        advantage = tf.stop_gradient(delta)         # 断开梯度连接
        # 由于 TF 的 gather_nd 与 pytorch 的 gather 功能不一样,需要构造
        # gather_nd 需要的坐标参数,indices:[b, 2]
        # pi_a = pi.gather(1, a)                 # pytorch 只需要一行即可实现
        a = tf.gather(action, index, axis = 0)      # 取出 batch 的动作 at
        # batch 的动作分布 pi(a|st)
        pi = self.actor(tf.gather(state, index, axis = 0))
        indices = tf.expand_dims(tf.range(a.shape[0]), axis = 1)
        indices = tf.concat([indices, a], axis = 1)
        pi_a = tf.gather_nd(pi, indices)            # 动作的概率值 pi(at|st), [b]
        pi_a = tf.expand_dims(pi_a, axis = 1)        # [b] => [b,1]
        # 重要性采样
        ratio = (pi_a / tf.gather(old_action_log_prob, index, axis = 0))
        surr1 = ratio * advantage
        surr2 = tf.clip_by_value(ratio, 1 - epsilon, 1 + epsilon) * advantage
        # PPO 误差函数
        policy_loss = - tf.reduce_mean(tf.minimum(surr1, surr2))
        # 对于偏置 v 来说,希望与 MC 估计的 R(st)越接近越好
        value_loss = losses.MSE(v_target, v)
    # 优化策略网络
    grads = tape1.gradient(policy_loss, self.actor.trainable_variables)
    self.actor_optimizer.apply_gradients(zip(grads, self.actor.trainable_variables))
    # 优化偏置值网络
    grads = tape2.gradient(value_loss, self.critic.trainable_variables)
    self.critic_optimizer.apply_gradients(zip(grads, self.critic.trainable_variables))

self.buffer = []                                # 清空已训练数据
```

❑ **训练结果**: 在训练 500 个回合,绘制出总回报的变化曲线,如图 14.11 所示,可以看出,对于平衡杆这种简单的游戏,PPO 算法显得游刃有余。

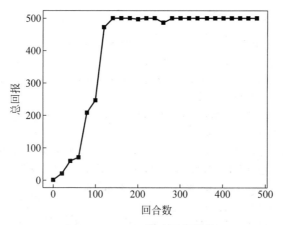

图 14.11　PPO 算法回报曲线

14.4　值函数方法

策略梯度方法通过直接参数化策略网络,来优化得到更好的策略模型。在强化学习领域,除了策略方法外,还有另外一类通过建模值函数而间接获得策略的方法,把它统称为值函数方法。

接下来将介绍常见值函数的定义,怎么估计值函数以及值函数是如何帮助产生策略的。

14.4.1　值函数

在强化学习中,有两类值函数:状态值函数和状态-动作值函数,两者均表示在策略 π 下的期望回报,轨迹起点定义不一样。

(1) **状态值函数**(State Value Function,简称 V 函数),它定义为从状态 s_t 开始,在策略 π 控制下能获得的期望回报值:

$$V^\pi(s_t) = E_{\tau \sim p(\tau)} \left[R(\tau_{t:T}) \mid \tau_{s_t} = s_t \right]$$

将 $R(\tau_{t:T})$ 展开为:

$$
\begin{aligned}
R((\tau_{t:T})) &= r_t + \gamma r_{t+1} + \gamma^2 r_{t+2} + \cdots \\
&= r_t + \gamma(r_{t+1} + \gamma^1 r_{t+2} + \cdots) \\
&= r_t + \gamma R((\tau_{t+1:T}))
\end{aligned}
$$

因此:

$$
\begin{aligned}
V^\pi(s_t) &= E_{\tau \sim p(\tau)} \left[r_t + \gamma R(\tau_{t+1:T}) \right] \\
&= E_{\tau \sim p(\tau)} \left[r_t + \gamma V^\pi(s_{t+1}) \right]
\end{aligned}
$$

这也称为状态值函数的贝尔曼方程。在所有策略中,最优策略 π^* 是指能取得 $V^\pi(s)$ 最大值的策略,即:

$$\pi^* = \arg\max_{\pi} V^\pi(s) \quad \forall s \in S$$

此时状态值函数取得最大值:

$$V^*(s) = \max_{\pi} V^\pi(s) \quad \forall s \in S$$

对于最优策略,同样满足贝尔曼方程:

$$V^*(s_t) = E_{\tau \sim p(\tau)}[r_t + \gamma V^*(s_{t+1})]$$

称为状态值函数的贝尔曼最优方程。

考虑图 14.12 中的走迷宫问题,图中 3×4 的格子,坐标为(2,2)的格子无法通行,坐标为(4,2)的格子奖励为 -10,坐标为(4,3)的格子奖励为 10,智能体可以从任意位置出发,每多走一步奖励 -1,游戏目标是最大化回报。对于这种简单的迷宫,可以直接绘制出每个位置的最优向量,即在任意的起点,最优策略 $\pi^*(a|s)$ 是确定性策略,动作如图 14.12(b)中标注。令 $\gamma = 0.9$,则:

❑ 起点为 $s_{(4,3)}$,即在坐标(4,3)处,则最优策略下的 $V^*(s_{(4,3)}) = 10$。

❑ 起点为 $s_{(3,3)}$,则 $V^*(s_{(4,3)}) = -1 + 0.9 \times 10 = 8$。

❑ 起点为 $s_{(2,1)}$,则 $V^*(s_{(2,1)}) = -1 - 0.9 \times 1 - 0.9^2 \times 1 - 0.9^3 \times 1 + 0.9^4 \times 10 = 3.122$。

注意,状态值函数的前提是在某个策略 π 下,上述所有的计算均是计算最优策略下的状态值函数。

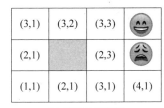 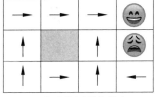

(a) 迷宫及其坐标   (b) 每个位置最优策略

图 14.12 迷宫问题-V 函数

状态值函数的数值反映了当前策略下状态的好坏,$V^\pi(s_t)$ 越大,说明当前状态的总回报期望越大。以更符合实际情况的太空侵略者游戏为例,智能体需要开火射击图中的飞碟、乌贼、螃蟹、章鱼等物体,射中即可得分,同时也要避免自己被这些物体击中,图中 3 个防护罩可以保护智能体,但防护罩可以被击中逐渐摧毁。在图 14.13 中,处于游戏初始状态,图中物体较多,在良好的策略 π 下,应该能取得较大的 $V^\pi(s)$ 值;图 14.14 中物体较少,策略再好,也不可能取得较大的 $V^\pi(s)$ 值;策略的好坏也会影响 $V^\pi(s)$ 值,如图 14.15 所示,不好的策略(如向右移动)将使得智能体被击中,从而 $V^\pi(s) = 0$,但是良好的策略还能击落图中的物体,取得一定的回报。

(2) **状态-动作值函数**(State-Action Value Function,简称 Q 函数),它定义为从状态 s_t 并执行动作 a_t 的双重设定下,在策略 π 控制下能获得的期望回报值:

$$Q^\pi(s_t, a_t) = E_{\tau \sim p(\tau)}[R(\tau_{t:T}) \mid \tau_{a_t} = a_t, \tau_{s_t} = s_t]$$

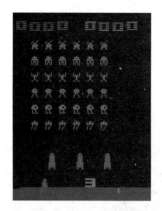

图 14.13　在策略 π 下可能具有较大 $V^{\pi}(s)$

图 14.14　任何策略 π 下 $V^{\pi}(s)$ 都是较小

图 14.15　坏的策略(如向右)将终结游戏 $V^{\pi}(s)=0$,好的策略还能取得少量回报

Q 函数和 V 函数虽然都是期望回报值,但是 Q 函数的动作 a_t 是前提条件,与 V 函数的定义不同。将 Q 函数展开为:

$$Q^{\pi}(s_t,a_t)=E_{\tau \sim p(\tau)}\left[r(s_t,a_t)+\gamma r_{t+1}+\gamma^2 r_{t+2}+\cdots\right]$$
$$=E_{\tau \sim p(\tau)}\left[r(s_t,a_t)+r_t+\gamma(r_{t+1}+\gamma^1 r_{t+2}+\cdots)\right]$$

因此:

$$Q^{\pi}(s_t,a_t)=E_{\tau \sim p(\tau)}\left[r(s_t,a_t)+\gamma V^{\pi}(s_{t+1})\right]$$

由于 s_t,a_t 已确定,$r(s_t,a_t)$ 也是确定值。

Q 函数与 V 函数直接存在如下关系:

$$V^{\pi}(s_t)=E_{a_t \sim \pi(a_t|s_t)}\left[Q^{\pi}(s_t,a_t)\right]$$

即当 a_t 采样自 $\pi(a_t|s_t)$ 策略时,$Q^{\pi}(s_t,a_t)$ 的期望值与 $V^{\pi}(s_t)$ 相等。在最优策略 $\pi^*(a|s)$ 下,具有以下关系:

$$Q^*(s_t,a_t)=\max_{\pi}Q^{\pi}(s_t,a_t)$$

$$\pi^{*} = \arg\max_{a_t} Q^{*}(s_t, a_t)$$

也满足：

$$V^{*}(s_t) = \max_{a_t} Q^{*}(s_t, a_t)$$

此时：

$$Q^{*}(s_t, a_t) = E_{\tau \sim p(\tau)}\left[r(s_t, a_t) + \gamma V^{*}(s_{t+1})\right]$$
$$= E_{\tau \sim p(\tau)}\left[r(s_t, a_t) + \gamma \max_{a_{t+1}} Q^{*}(s_{t+1}, a_{t+1})\right]$$

上式称为 Q 函数的贝尔曼最优方程。

把 $Q^{\pi}(s_t, a_t)$ 与 $V^{\pi}(s)$ 的差定义为优势值函数：

$$A^{\pi}(\boldsymbol{s}, \boldsymbol{a}) \stackrel{\triangle}{=} Q^{\pi}(\boldsymbol{s}, \boldsymbol{a}) - V^{\pi}(\boldsymbol{s})$$

它表明在状态 s 下采取 a 动作比平均水平的优势程度：$A^{\pi}(\boldsymbol{s}, \boldsymbol{a}) > 0$ 时说明采取动作 a 要优于平均水平；反之则劣于平均水平。其实在 14.3.3 节就已经应用了优势值函数的思想。

继续考虑迷宫的例子(见图 14.16)，令起始状态为 $s_{(2,1)}$，a_t 可以向右或者向左，分析此时的 $Q^{*}(s_t, a_t)$ 函数。其中 $Q^{*}(s_{(2,1)}, 向右) = -1 - 0.9 \times 1 - 0.9^2 \times 1 - 0.9^3 \times 1 + 0.9^4 \times 10 = 3.122$，而 $Q^{*}(s_{(2,1)}, 向左) = -1 - 0.9 \times 1 - 0.9^2 \times 1 - 0.9^3 \times 1 - 0.9^4 \times 1 - 0.9^5 \times 1 + 0.9^6 \times 10 = 0.629$。已经计算获得 $V^{*}(s_{(2,1)}) = 3.122$，可以直观地看到，它们满足 $V^{*}(s_t) = \max_{a_t} Q^{*}(s_t, a_t)$ 关系。

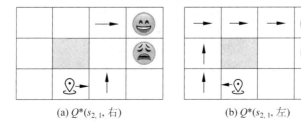

(a) $Q^*(s_{2,1}, 右)$ (b) $Q^*(s_{2,1}, 左)$

图 14.16　迷宫问题-Q 函数

以太空侵略者游戏为例，直观地理解 Q 函数的概念。图 14.17 中，智能体处于防护罩下，如果此时选择开火，一般认为是不好的动作，所以在良好的策略 π 下 $Q^{\pi}(s, 不开火) > Q^{\pi}(s, 开火)$；图 14.18 中如果此时选择向左移动，则很有可能因为时间不够而错失右边的物体，因此 $Q^{\pi}(s, 向左)$ 可能较小；图 14.19 中选择向右移动并开火 $Q^{\pi}(s, 向右)$ 会较大。

在介绍完 Q 函数与 V 函数的定义后，主要来解答以下两个问题：

❑ 值函数怎么计算(估计)？

❑ 由值函数怎么推导出策略？

图 14.17　$Q^\pi(s,不开火)$很可能大于$Q^\pi(s,开火)$　　　　图 14.18　$Q^\pi(s,向左)$可能会较小

图 14.19　在好的策略π下,$Q^\pi(s,向右)$还能取得少量回报,坏的策略将回报甚微

14.4.2　值函数估计

值函数的估计主要有蒙特卡罗方法和时序差分方法。

1. 蒙特卡罗方法

蒙特卡罗方法其实就是通过采样策略$\pi(a|s)$生成的多条轨迹$\{\tau^{(n)}\}$来估计V函数和Q函数。考虑Q函数的定义:

$$Q^\pi(s,a) = E_{\tau \sim p(\tau)}\left[R(\tau_{s_0=s,a_0=a})\right]$$

根据大数定律,可以通过采样的方式来估算

$$Q^\pi(s,a) \approx \hat{Q}^\pi(s,a) = \frac{1}{N}\sum_{n=1}^{N} R(\tau_{s_0=s,a_0=a}^{(n)})$$

其中$\tau_{s_0=s,a_0=a}^{(n)}$表示第$n \in [1,N]$个采样轨迹,每个采样轨迹的起始状态为s,起始动作为a,N为轨迹总数。V函数可以根据同样的方法进行估计:

$$V^\pi(s) \approx \hat{V}^\pi(s) = \frac{1}{N}\sum_{n=1}^{N} R(\tau_{s_0=s}^{(n)})$$

这种通过采样轨迹的总回报来估算期望回报的方法称为蒙特卡罗方法（Monte Carlo，简称MC 方法）。

通过神经网络参数化 Q 函数或者 V 函数时，网络的输出记为 $Q^\pi(s,a)$ 或者 $V^\pi(s)$，它的真实标签记为蒙特卡罗估计值 $\hat{Q}^\pi(s,a)$ 或 $\hat{V}^\pi(s)$，可以通过均方差等误差函数计算网络输出值与估计值直接的误差，并利用梯度下降算法循环优化值函数神经网络。从这个角度来看，值函数的估计可以理解为回归问题。蒙特卡罗方法简单容易实现，但是需要获得回合的完整轨迹，计算效率较低，而且部分环境并没有明确的终止状态。

2. 时序差分方法

时序差分方法（Temporal-Difference，TD 方法）利用了值函数的贝尔曼方程性质，在计算时只需要交互一步或者多步即可获得值函数的误差，并优化更新值函数网络，因此比蒙特卡罗方法计算效率更高。

回顾 V 函数的贝尔曼方程：

$$V^\pi(s_t) = E_{\tau \sim p(\tau)}\left[r_t + \gamma V^\pi(s_{t+1})\right]$$

因此构造 TD 误差项 $\delta = r_t + \gamma V^\pi(s_{t+1}) - V^\pi(s_t)$，通过如下方式更新：

$$V^\pi(s_t) \leftarrow V^\pi(s_t) + \alpha(r_t + \gamma V^\pi(s_{t+1}) - V^\pi(s_t))$$

其中 $\alpha \in [0,1]$ 为更新步长。

Q 函数的贝尔曼最优方程为：

$$Q^*(s_t,a_t) = E_{\tau \sim p(\tau)}\left[r(s_t,a_t) + \gamma \max_{a_{t+1}} Q^*(s_{t+1},a_{t+1})\right]$$

同样的方式，构造 TD 误差项 $\delta = r(s_t,a_t) + \gamma \max_{a_{t+1}} Q^*(s_{t+1},a_{t+1}) - Q^*(s_t,a_t)$，并利用

$$Q^*(s_t,a_t) \leftarrow Q^*(s_t,a_t) + \alpha(r(s_t,a_t) + \gamma \max_{a_{t+1}} Q^*(s_{t+1},a_{t+1}) - Q^*(s_t,a_t))$$

循环更新即可。

14.4.3 策略改进

通过值函数估计方法可以获得较为准确的值函数估计，但是并没有直接给出策略模型。因此需要根据值函数来间接地推导出策略模型。

首先来看如何从 V 函数推导策略模型：

$$\pi^* = \arg\max_\pi V^\pi(s) \, \forall s \in S$$

考虑到状态空间 S 和动作空间 A 通常是巨大的，这种遍历获取最优策略的方式不可行。那么能否通过 Q 函数推导出策略模型？考虑

$$\pi'(s) = \arg\max_a Q^\pi(s,a)$$

通过这种方式即可在任意状态 s 下遍历离散动作空间 A 选出动作，这种策略 $\pi'(s)$ 是确定性策略。由于

$$V^\pi(s_t) = E_{a_t \sim \pi(a_t|s_t)}\left[Q^\pi(s_t, a_t)\right]$$

因此

$$V^{\pi'}(s_t) \geqslant V^\pi(s_t)$$

即策略 π' 总是好于或等于策略 π，从而实现了策略改进。

确定性策略在相同的状态下产生的动作也是相同的，那么每次交互此产生的轨迹有可能是相似的，策略模型总是倾向于利用（Exploitation）却缺少探索（Exploration），从而使得策略模型局限在局部区域，缺乏对全局状态和动作的了解。为了能够在 $\pi'(s)$ 确定性策略上添加探索能力，可以让 $\pi'(s)$ 策略有少量概率 ε 采取随机策略，从而去探索未知的动作与状态

$$\pi'(s_t) = \begin{cases} \arg\max_a Q^\pi(s, a), & 1-\varepsilon \text{ 的概率} \\ \text{随机选取动作}, & \varepsilon \text{ 的概率} \end{cases}$$

这种策略称为 ε-贪心法。它在原有的策略的基础上做少量的修改，通过控制超参数 ε 即可平衡利用与探索，实现简单高效。

值函数进行训练的流程如图 14.20 所示。

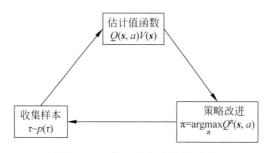

图 14.20　值函数方法训练过程

14.4.4　SARSA 算法

SARSA 算法[5] 通过

$$Q^\pi(s_t, a_t) \leftarrow Q^\pi(s_t, a_t) + \alpha(r(s_t, a_t) + \gamma Q^\pi(s_{t+1}, a_{t+1}) - Q^\pi(s_t, a_t))$$

方式估计 Q 函数，在轨迹的每一步，只需要 s_t、a_t、r_t、s_{t+1}、a_{t+1} 数据即可更新一次 Q 网络，所以称为 SARSA 算法（State Action Reward State Action）。SARSA 算法的 s_t、a_t、r_t、s_{t+1}、a_{t+1} 来自同一策略 $\pi'(s_t)$，因此属于 On-Policy 算法。

14.4.5　DQN 算法

2015 年，DeepMind 提出了利用深度神经网络实现的 Q Learning[4] 算法，发表在 *Nature* 期刊上[1]，并在 Atari 游戏环境中的 49 个小游戏上训练学习，取得了人类水平相当甚至超人类水平的表现，激发起业界和大众对强化学习研究的强烈兴趣。

Q Learning 算法通过

$$Q^*(s_t,a_t) \leftarrow Q^*(s_t,a_t) + \alpha(r(s_t,a_t) + \gamma \max_{a_{t+1}} Q^*(s_{t+1},a_{t+1}) - Q^*(s_t,a_t))$$

方式估计 $Q^*(s_t,a_t)$ 函数,并利用 $\pi'(s_t)$ 策略来获得策略改进。深度 Q 网络(Deep Q Network,DQN)用深层的神经网络来参数化 $Q^*(s_t,a_t)$ 函数,并利用梯度下降算法循环更新 Q 网络,损失函数为:

$$\mathcal{L} = (r_t + \gamma \max_a Q_\theta(s_{t+1},a) - Q_\theta(s_t,a_t))^2$$

由于训练目标值 $r_t + \gamma \max_a Q_\theta(s_{t+1},a)$ 和预测值 $Q_\theta(s_t,a_t)$ 都来自同一网络,同时训练数据存在强烈相关性,[1] 提出了 2 项措施来解决:通过添加经验回放池(Experience Relay Buffer)来减轻数据之前的强相关性;通过冻结目标网络(Freezing Target Network)技术来固定目标估值网络,稳定训练过程。

经验回放池相当于一个大的数据样本缓存池,每次训练时,将最新策略产生的数据对 (s,a,r,s') 存入经验回放池,并从经验回放池中随机采样多个数据对 (s,a,r,s') 进行训练。通过这种方式可以减轻训练数据的强相关性,同时也可以发现,DQN 算法是 Off-Policy 算法,采样效率较高。

冻结目标网络是一种训练技巧,在训练时,目标网络 $Q_{\bar\theta}(s_{t+1},a)$ 和预测网络 $Q_\theta(s_t,a_t)$ 来自同一网络,但是 $Q_{\bar\theta}(s_{t+1},a)$ 网络的更新频率会滞后 $Q_\theta(s_t,a_t)$,相当于在 $Q_{\bar\theta}(s_{t+1},a)$ 未更新时处于冻结状态,冻结结束后再从 $Q_\theta(s_t,a_t)$ 拉取最新网络参数:

$$\mathcal{L} = (r_t + \gamma \max_a Q_{\bar\theta}(s_{t+1},a) - Q_\theta(s_t,a_t))^2$$

通过这种方式可以让训练过程变得更加稳定。

DQN 算法流程如算法 3 所示。

算法 3:DQN 算法

随机初始化参数 θ

repeat

　复位并获得游戏初始状态 **s**

　repeat

　　采样动作 $a = \pi'(s)$

　　与环境交互,获得奖励 r 和状态 s'

　　优化 Q 网络:

$$\nabla_\theta(r(s_t,a_t) + \gamma \max_{a_{t+1}} Q^*(s_{t+1},a_{t+1}) - Q^*(s_t,a_t))$$

　　刷新状态 $s \leftarrow s'$

　until 回合结束

until 训练回合数达到要求

输出:策略网络 $\pi_\theta(a_t|s_t)$

14.4.6　DQN 变种

尽管 DQN 算法在 Atari 游戏平台取得了巨大的突破,但是后续研究发现 DQN 中的 Q 值经常被过度估计(Overestimation),针对 DQN 算法的缺陷,一些变种算法相继被提出。

- **Double DQN**[6]中目标 $r_t + \gamma \overline{Q}(s_{t+1}, \max_a Q(s_{t+1}, a))$ 的 Q 网络和估值的 $\overline{Q}$ 网络被分离,并按着误差函数

$$\mathcal{L} = (r_t + \gamma \overline{Q}(s_{t+1}, \max_a Q(s_{t+1}, a)) - Q(s_t, a_t))^2$$

优化更新如图 14.21(a)所示。

- **Dueling DQN**[7]将网络的输出首先分开为 $V(s)$ 和 $A(s, a)$ 两个中间端,如图 14.21(b)所示,并通过

$$Q(s, a) = V(s) + A(s, a)$$

合成 Q 函数估计 $Q(s, a)$,其他部分和 DQN 保存不变。

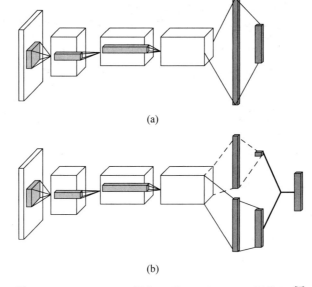

(a)

(b)

图 14.21　Double DQN 网络(a)和 Dueling DQN 网络(b)[7]

14.4.7　DQN 实战

这里继续基于平衡杆游戏环境实现 DQN 算法。

- **Q 网络**:平衡杆游戏的状态是长度为 4 的向量,因此 Q 网络的输入设计为 4 个节点,经过 256-256-2 的全连接层,得到输出节点数为 2 的 Q 函数估值的分布 $Q(s, a)$,网络的实现如下:

```
class Qnet(keras.Model):
```

```
def __init__(self):
    # 创建 Q 网络,输入为状态向量,输出为动作的 Q 值
    super(Qnet, self).__init__()
    self.fc1 = layers.Dense(256, kernel_initializer = 'he_normal')
    self.fc2 = layers.Dense(256, kernel_initializer = 'he_normal')
    self.fc3 = layers.Dense(2, kernel_initializer = 'he_normal')

def call(self, x, training = None):
    x = tf.nn.relu(self.fc1(x))
    x = tf.nn.relu(self.fc2(x))
    x = self.fc3(x)
    return x
```

❑ **经验回放池**：在 DQN 算法中使用了经验回放池来减轻数据之间的强相关性,利用 ReplayBuffer 类中的 Deque 对象来实现缓存池的功能。在训练时,通过 put(transition) 方法将最新的 (s,a,r,s') 数据对存入 Deque 对象,并通过 sample(n) 方法从 Deque 对象中随机采样出 n 个 (s,a,r,s') 数据对。经验缓冲池的代码实现如下：

```
class ReplayBuffer():
    # 经验回放池
    def __init__(self):
        # 双向队列
        self.buffer = collections.deque(maxlen = buffer_limit)

    def put(self, transition):
        self.buffer.append(transition)

    def sample(self, n):
        # 从回放池采样 n 个 5 元组
        mini_batch = random.sample(self.buffer, n)
        s_lst, a_lst, r_lst, s_prime_lst, done_mask_lst = [], [], [], [], []
        # 按类别进行整理
        for transition in mini_batch:
            s, a, r, s_prime, done_mask = transition
            s_lst.append(s)
            a_lst.append([a])
            r_lst.append([r])
            s_prime_lst.append(s_prime)
            done_mask_lst.append([done_mask])
        # 转换成 Tensor
        return tf.constant(s_lst, dtype = tf.float32),\
                    tf.constant(a_lst, dtype = tf.int32), \
                    tf.constant(r_lst, dtype = tf.float32), \
                    tf.constant(s_prime_lst, dtype = tf.float32), \
                    tf.constant(done_mask_lst, dtype = tf.float32)
```

❑ **策略改进**：这里实现了ε-贪心法。在采样动作时，有 $1-\varepsilon$ 的概率选择 $\arg\max_a Q^{\pi}(s,a)$，有 ε 的概率随机选择一个动作。代码如下：

```python
def sample_action(self, s, epsilon):
    # 送入状态向量，获取策略：[4]
    s = tf.constant(s, dtype = tf.float32)
    # s:[4] => [1,4]
    s = tf.expand_dims(s, axis = 0)
    out = self(s)[0]
    coin = random.random()
    # 策略改进:e-贪心方式
    if coin < epsilon:
        # epsilon 大的概率随机选取
        return random.randint(0, 1)
    else:
        return int(tf.argmax(out))                    # 选择 Q 值最大的动作
```

❑ **网络主流程**：网络最多训练 10000 个回合，在回合开始时，首先复位游戏，得到初始状态 s，并从当前 Q 网络中间采样一个动作，与环境进行交互，得到数据对 (s,a,r,s')，并存入经验回放池。如果当前经验回放池样本数量足够多，则采样一个 Batch 数据，根据 TD 误差优化 Q 网络的估值，直至游戏回合结束。代码如下：

```python
for n_epi in range(10000):                            # 训练次数
    # epsilon 概率也会 8% 到 1% 衰减，越到后面越使用 Q 值最大的动作
    epsilon = max(0.01, 0.08 - 0.01 * (n_epi / 200))
    s = env.reset()                                   # 复位环境
    for t in range(600):                              # 一个回合最大时间戳
        # if n_epi > 1000:
        # env.render()
        # 根据当前 Q 网络提取策略，并改进策略
        a = q.sample_action(s, epsilon)
        # 使用改进的策略与环境交互
        s_prime, r, done, info = env.step(a)
        done_mask = 0.0 if done else 1.0              # 结束标志掩码
        # 保存 5 元组
        memory.put((s, a, r / 100.0, s_prime, done_mask))
        s = s_prime                                   # 刷新状态
        score += r                                    # 记录总回报
        if done:                                      # 回合结束
            break
    if memory.size() > 2000:                          # 缓冲池只有大于 2000 就可以训练
        train(q, q_target, memory, optimizer)
    if n_epi % print_interval == 0 and n_epi != 0:
        for src, dest in zip(q.variables, q_target.variables):
            dest.assign(src)                          # 影子网络权值来自 Q
```

在训练时,只会更新 Q_θ 网络,而冻结 $Q_{\bar{\theta}}$ 网络,在 Q_θ 网络更新多次后,通过

```
for src, dest in zip(q.variables, q_target.variables):
        dest.assign(src)                    # 影子网络权值来自 Q
```

将 Q_θ 网络中的最新参数复制给 $Q_{\bar{\theta}}$ 网络。

- ❏ **优化 Q 网络**:在优化 Q 网络时,会一次训练优化更新 10 次,每次从经验回放池中随机采样,并选择 s_{t+1} 状态 Q 函数估值最大的动作 $\max_a Q_{\bar{\theta}}(s_{t+1}, a)$ 的 Q 值来构造 TD 差,这里通过 Smooth L1 误差来构建 TD 误差:

$$\mathcal{L} = \begin{cases} 0.5 * (x - y)^2, & |x - y| < 1 \\ |x - y| - 0.5, & |x - y| \geqslant 1 \end{cases}$$

在 TensorFlow 中,Smooth L1 误差可以通过 Huber 误差类实现。代码如下:

```
def train(q, q_target, memory, optimizer):
    # 通过 Q 网络和影子网络来构造贝尔曼方程的误差,
    # 并只更新 Q 网络,影子网络的更新会滞后 Q 网络
    huber = losses.Huber()
    for i in range(10):                             # 训练 10 次
        # 从缓冲池采样
        s, a, r, s_prime, done_mask = memory.sample(batch_size)
        with tf.GradientTape() as tape:
            # s: [b, 4]
            q_out = q(s)                            # 得到 Q(s,a) 的分布
            # 由于 TF 的 gather_nd 与 pytorch 的 gather 功能不一样,需要构造
            # gather_nd 需要的坐标参数,indices:[b, 2]
            # pi_a = pi.gather(1, a)                # pytorch 只需要一行即可实现
            indices = tf.expand_dims(tf.range(a.shape[0]), axis=1)
            indices = tf.concat([indices, a], axis=1)
            q_a = tf.gather_nd(q_out, indices)      # 动作的概率值, [b]
            q_a = tf.expand_dims(q_a, axis=1)  # [b] => [b,1]
            # 得到 Q(s',a) 的最大值,它来自影子网络! [b,4] => [b,2] => [b,1]
            max_q_prime = tf.reduce_max(q_target(s_prime), axis=1, keepdims=True)
            # 构造 Q(s,a_t) 的目标值,来自贝尔曼方程
            target = r + gamma * max_q_prime * done_mask
            # 计算 Q(s,a_t) 与目标值的误差
            loss = huber(q_a, target)
        # 更新网络,使得 Q(s,a_t) 估计符合贝尔曼方程
        grads = tape.gradient(loss, q.trainable_variables)
        optimizer.apply_gradients(zip(grads, q.trainable_variables))
```

14.5　Actor-Critic 方法

在介绍原始的策略梯度算法时,为了缩减方差,引入了基准线 b 机制:

$$\frac{\partial J(\theta)}{\partial \theta} = E_{\tau \sim p_\theta(\tau)} \left[\sum_{t=1}^{T-1} \frac{\partial}{\partial \theta} \log \pi_\theta(a_t \mid s_t)(R(\tau) - b) \right]$$

其中b可以通过蒙特卡罗方法估计$b = \frac{1}{N} \sum_{n=1}^{N} R(\tau^{(n)})$。如果把$R(\tau)$理解为$Q^\pi(s_t, a_t)$的估计值$\hat{Q}^\pi(s_t, a_t)$,基准线$b$理解为状态$s_t$的平均水平$V^\pi(s_t)$,那么$R(\tau) - b$就(近似)是优势值函数$A^\pi(s, a)$。其中基准线$V^\pi(s_t)$值函数如果是采用神经网络来估计,就是本节要介绍的 Actor-Critic 方法(简称 AC 方法),其中策略网络$\pi_\theta(a_t \mid s_t)$称为 Actor,用来产生策略并与环境交互,$V^\pi_\phi(s_t)$值网络称为 Critic,用来评估当前状态的好坏,θ和ϕ分别是 Actor 网络和 Critic 网络的参数。

对于 Actor 网络π_θ,目标是最大化回报期望,通过$\frac{\partial J(\theta)}{\partial \theta}$偏导数来更新策略网络的参数$\theta$:

$$\theta' \leftarrow \theta + \eta \cdot \frac{\partial J}{\partial \theta}$$

对于 Critic 网络V^π_ϕ,目标是在通过 MC 方法或者 TD 方法获得准确的$V^\pi_\phi(s_t)$值函数估计:

$$\phi = \underset{\phi}{\operatorname{argmin}} \operatorname{dist}(V^\pi_\phi(s_t), V^\pi_{\text{target}}(s_t))$$

其中 $\operatorname{dist}(a, b)$为$a$和$b$的距离度量器,如欧氏距离等,$V^\pi_{\text{target}}(s_t)$为$V^\pi_\phi(s_t)$的目标值,通过 MC 方法估计时:

$$V^\pi_{\text{target}}(s_t) = R(\tau_{t:T})$$

通过 TD 方法估计时:

$$V^\pi_{\text{target}}(s_t) = r_t + \gamma V^\pi(s_{t+1})$$

14.5.1 Advantage AC 算法

上面介绍的通过计算优势值函数$A^\pi(s, a)$的 Actor Critic 算法称为 Advantage Actor-Critic 算法,它是目前使用 Actor Critic 思想的主流算法之一,其实 Actor Critic 系列算法不一定要使用优势值函数$A^\pi(s, a)$,还可以有其他变种。

Advantage Actor-Critic 算法在训练时,Actor 根据当前的状态s_t和策略π_θ采样获得动作a_t,并与环境进行交互,得到下一个状态s_{t+1}和激励r_t。通过 TD 方法即可估计每一步的$V^\pi_\phi(s_t)$的目标值$V^\pi_{\text{target}}(s_t)$,从而更新 Critic 网络使得值网络的估计更加接近真实环境的期望回报;通过$\hat{A}_t = r_t + \gamma V^\pi(s_{t+1}) - V^\pi(s_t)$来估计当前动作的优势值,并采用

$$\mathcal{L}^{PG}(\theta) = \hat{E}_t \left[\log \pi_\theta(a_t \mid s_t) \hat{A}_t \right]$$

方式计算 Actor 网络的梯度信息,如此循环往复,Critic 网络会判断得越来越精准,而 Actor 网络也会调整自己的策略,使得下一次做得更好。

14.5.2 A3C 算法

A3C 算法全称为 Asynchronous Advantage Actor-Critic 算法，是 DeepMind 基于 Advantage Actor-Critic 算法提出来的异步版本[8]，将 Actor-Critic 网络部署在多个线程中同时进行训练，并通过全局网络来同步参数。这种异步训练的模式大大提升了训练效率，训练速度更快，并且算法性能也更好。

如图 14.22 所示，算法会新建一个全局网络 Global Network 和 M 个 Worker 线程，Global Network 包含了 Actor 和 Critic 网络，每个线程均新建一个交互环境和 Actor 和 Critic 网络。初始化阶段 Global Network 随机初始化参数 θ 和 ϕ，Worker 中的 Actor-Critic 网络从 Global Network 中同步拉取参数来初始化网络。在训练时，Worker 中的 Actor-Critic 网络首先从 Global Network 拉取最新参数，然后在最新策略 $\pi_\theta(a_t|s_t)$ 才采样动作与私有环境进行交互，并根据 Advantage Actor-Critic 算法计算参数 θ 和 ϕ 的梯度信息。完成梯度计算后，各个 Worker 将梯度信息提交到 Global Network 中，利用 Global Network 的优化器完成 Global Network 的网络参数更新。在算法测试阶段，只使用 Global Network 与环境交互即可。

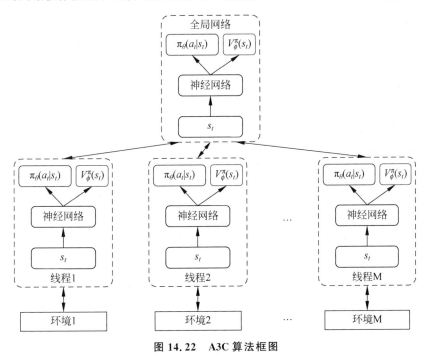

图 14.22 A3C 算法框图

14.5.3 A3C 实战

接下来实现异步的 A3C 算法。和普通的 Advantage AC 算法一样，需要创建 ActorCritic

网络大类,它包含了一个 Actor 子网络和一个 Critic 子网络,有时 Actor 和 Critic 会共享前面网络数层,减少网络的参数量。平衡杆游戏比较简单,使用一个 2 层全连接网络来参数化 Actor 网络,使用另一个 2 层全连接网络来参数化 Critic 网络。

Actor-Critic 网络代码如下:

```python
class ActorCritic(keras.Model):
    # Actor-Critic 模型
    def __init__(self, state_size, action_size):
        super(ActorCritic, self).__init__()
        self.state_size = state_size            # 状态向量长度
        self.action_size = action_size          # 动作数量
        # 策略网络 Actor
        self.dense1 = layers.Dense(128, activation='relu')
        self.policy_logits = layers.Dense(action_size)
        # V 网络 Critic
        self.dense2 = layers.Dense(128, activation='relu')
        self.values = layers.Dense(1)
```

Actor-Critic 的前向传播过程分别计算策略分布 $\pi_\theta(a_t|s_t)$ 和 V 函数估计 $V^\pi(s_t)$ 即可,代码如下:

```python
def call(self, inputs):
    # 获得策略分布 Pi(a|s)
    x = self.dense1(inputs)
    logits = self.policy_logits(x)
    # 获得 v(s)
    v = self.dense2(inputs)
    values = self.values(v)
    return logits, values
```

Worker 线程类:在 Worker 线程中,实现和 Advantage AC 算法一样的计算流程,只是计算产生的参数 θ 和 ϕ 的梯度信息并不直接用于更新 Worker 的 Actor-Critic 网络,而是提交到 Global Network 更新。具体地,在 Worker 类初始化阶段,获得 Global Network 传入的 server 对象和 opt 对象,分别代表了 Global Network 模型和优化器;并创建私有的 ActorCritic 网络类 client 和交互环境 env。代码如下:

```python
class Worker(threading.Thread):
    # 这里创建的变量属于类,不属于实例,所有实例共享
    global_episode = 0                          # 回合计数
    global_avg_return = 0                       # 平均回报
    def __init__(self, server, opt, result_queue, idx):
        super(Worker, self).__init__()
        self.result_queue = result_queue        # 共享队列
        self.server = server                    # 中央模型
        self.opt = opt                          # 中央优化器
```

```
self.client = ActorCritic(4, 2)                  # 线程私有网络
self.worker_idx = idx                            # 线程 id
self.env = gym.make('CartPole - v0').unwrapped
self.ep_loss = 0.0
```

　　在线程运行阶段,每个线程最多与环境交互 400 个回合,在回合开始,利用 client 网络采样动作与环境进行交互,并保存至 Memory 对象。在回合结束,训练 Actor 网络和 Critic 网络,得到参数 θ 和 ϕ 的梯度信息,调用 Global Network 的 opt 优化器对象更新 Global Network。代码如下:

```
def run(self):
    total_step = 1
    mem = Memory()                               # 每个 worker 自己维护一个 memory
    while Worker.global_episode < 400:           # 未达到最大帧数
        current_state = self.env.reset()         # 复位 client 游戏状态
        mem.clear()
        ep_reward = 0.
        ep_steps = 0
        self.ep_loss = 0
        time_count = 0
        done = False
        while not done:
            # 获得 Pi(a|s),未经 softmax
            logits, _ = self.client(tf.constant(current_state[None, :],
                            dtype = tf.float32))
            probs = tf.nn.softmax(logits)
            # 随机采样动作
            action = np.random.choice(2, p = probs.numpy()[0])
            new_state, reward, done, _ = self.env.step(action)      # 交互
            if done:
                reward = - 1
            ep_reward += reward
            mem.store(current_state, action, reward)        # 记录

            if time_count == 20 or done:
                # 计算当前 client 上的误差
                with tf.GradientTape() as tape:
                    total_loss = self.compute_loss(done, new_state, mem)
                self.ep_loss += float(total_loss)
                # 计算误差
                grads = tape.gradient(total_loss, self.client.trainable_weights)
                # 梯度提交到 server,在 server 上更新梯度
                self.opt.apply_gradients(zip(grads,
                                self.server.trainable_weights))
                # 从 server 拉取最新的梯度
                self.client.set_weights(self.server.get_weights())
```

```
        mem.clear()                                    # 清空 Memory
        time_count = 0

        if done:                                       # 统计此回合回报
            Worker.global_avg_return = \
                record(Worker.global_episode, ep_reward, self.worker_idx,
                    Worker.global_avg_return, self.result_queue,
                    self.ep_loss, ep_steps)
            Worker.global_episode += 1
        ep_steps += 1
        time_count += 1
        current_state = new_state
        total_step += 1
    self.result_queue.put(None)                        # 结束线程
```

❑ **Actor-Critic 误差计算**：每个 Worker 类训练时，Actor 和 Critic 网络的误差计算实现如下。这里采样蒙特卡罗方法来估算 $V_\phi^\pi(s_t)$ 的目标值 $V_{\text{target}}^\pi(s_t)$，并计算两者之间的距离作为 Critic 网络的误差函数 value_loss；Actor 网络的策略损失函数 policy_loss 来自

$$-\mathcal{L}^{PG}(\theta) = -\hat{E}_t\left[\log\pi_\theta(a_t \mid s_t)\hat{A}_t\right]$$

等。其中 $-\hat{E}_t\left[\log\pi_\theta(a_t \mid s_t)\hat{A}_t\right]$ 采用 TensorFlow 的交叉熵函数实现。各个损失函数聚合后，形成总的损失函数，返回即可。代码如下：

```
def compute_loss(self,
                done,
                new_state,
                memory,
                gamma = 0.99):
    if done:
        reward_sum = 0.                                # 终止状态的 v(终止) = 0
    else:
        reward_sum = self.client(tf.constant(new_state[None, :],
                        dtype = tf.float32))[-1].numpy()[0]
    # 统计折扣回报
    discounted_rewards = []
    for reward in memory.rewards[::-1]: # reverse buffer r
        reward_sum = reward + gamma * reward_sum
        discounted_rewards.append(reward_sum)
    discounted_rewards.reverse()
    # 获取状态的 Pi(a|s)和 v(s)
    logits, values = self.client(tf.constant(np.vstack(memory.states),
                        dtype = tf.float32))
    # 计算 advantage = R() - v(s)
    advantage = tf.constant(np.array(discounted_rewards)[:, None],
                        dtype = tf.float32) - values
```

```
# Critic 网络损失
value_loss = advantage ** 2
# 策略损失
policy = tf.nn.softmax(logits)
policy_loss = tf.nn.sparse_softmax_cross_entropy_with_logits(
            labels = memory.actions, logits = logits)
# 计算策略网络损失时,并不会计算 V 网络
policy_loss *= tf.stop_gradient(advantage)

entropy = tf.nn.softmax_cross_entropy_with_logits(labels = policy,
                                    logits = logits)
policy_loss -= 0.01 * entropy
# 聚合各个误差
total_loss = tf.reduce_mean((0.5 * value_loss + policy_loss))
return total_loss
```

❑ **智能体**：智能体负责整个 A3C 算法的训练。在智能体类初始化阶段,新建 Global Network 全局网络对象 server 和它的优化器对象 opt。代码如下：

```
class Agent:
    # 智能体,包含了中央服务器网络 server
    def __init__(self):
        # server 优化器,client 不需要,直接从 server 拉取参数
        self.opt = optimizers.Adam(1e-3)
        # 中央模型,类似于参数服务器
        self.server = ActorCritic(4, 2)                 # 状态向量,动作数量
        self.server(tf.random.normal((2, 4)))
```

在训练开始时,创建各个 Worker 线程对象,并启动各个线程对象与环境交互,每个 Worker 对象在交互时均会从 Global Network 中拉取最新的网络参数,并利用最新策略与环境交互,计算各自损失函数,最后提交梯度信息给 Global Network,调用 opt 对象完成 Global Network 的优化更新。训练代码如下：

```
    def train(self):
        res_queue = Queue()                     # 共享队列
        # 创建各个交互环境
        workers = [Worker(self.server, self.opt, res_queue, i)
                    for i in range(multiprocessing.cpu_count())]
        for i, worker in enumerate(workers):
            print("Starting worker {}".format(i))
            worker.start()
        # 统计并绘制总回报曲线
        moving_average_rewards = []
        while True:
            reward = res_queue.get()
            if reward is not None:
                moving_average_rewards.append(reward)
```

```
else:                                    ♯ 结束标志
    break
[w.join() for w in workers]               ♯ 等待线程退出
```

本章介绍了强化学习的问题设定和基础理论,并引出解决强化学习问题的两个系列算法:策略梯度方法和值函数方法。策略梯度方法直接优化策略模型,简单直接,但是采样效率较低,可以通过重要性采样技术提高算法采样效率。值函数方法采样效率较高,容易训练,但是策略模型需由值函数间接推导。最后,介绍了结合策略梯度方法和值函数方法的Actor-Critic方法,几种典型算法的原理,并利用平衡杆游戏环境进行算法实现和测试。

参考文献

[1] Mnih V,Kavukcuoglu K,Silver D,et al. Human-level control through deep reinforcement learning [J]. Nature,2015,518(2):529-533.

[2] Silver D,Huang A,Maddison C J,et al. Mastering the game of Go with deep neural networks and tree search[J]. Nature,2016,529:484-503.

[3] Silver D,Schrittwieser J,Simonyan K,et al. Mastering the game of Go without human knowledge [J]. Nature,2017,550:354.

[4] Williams R J. Simple statistical gradient-following algorithms for connectionist reinforcement learning [J]. Machine Learning,1992,8:229-256.

[5] Rummery G A,Niranjan M. On-Line Q-Learning Using Connectionist Systems[R]. Cambridge University Engineering Department,Cambridge,England,1994.

[6] Hasselt H,Guez A,Silver D. Deep Reinforcement Learning with Double Q-learning[DB/OL]. (2019-11-03)[2015-09-22]. https://arxiv.org/abs/1509.06461.

[7] Wang Z,Freitas N,Lanctot M. Dueling Network Architectures for Deep Reinforcement Learning [DB/OL].(2019-11-03)[2015-11-20]. https://arxiv.org/abs/1511.06581.

[8] Mnih V,Badia A P,Mirza M,et al. Asynchronous Methods for Deep Reinforcement Learning[DB/OL].(2019-11-03)[2016-02-04]. https://arxiv.org/abs/1602.01783.

[9] Watkins C J C H,Dayan P. Q-learning[J]. Machine Learning,1992,8:279-292.

[10] Schulman J,Levine S,Abbeel P,et al. Trust Region Policy Optimization[C]//Proceedings of the 32nd International Conference on Machine Learning,Lille,2015.

[11] Schulman J,Wolski F,Dhariwal P,et al. Proximal Policy Optimization Algorithms[DB/OL]. (2019-11-03)[2017-07-20]. https://arxiv.org/abs/1707.06347.

## 第 15 章

自定义数据集

在人工智能上花一年时间,这足以让人相信上帝的存在。——艾伦·佩利

深度学习已经被广泛地应用在医疗、生物、金融等各行各业中,并且被部署到网络端、移动端等各种平台上。前面在介绍算法时,使用的数据集大部分为常用的经典数据集,可以通过 TensorFlow 几行代码即可完成数据集的下载、加载以及预处理工作,大大地提升了算法的研究效率。在实际应用中,针对不同的应用场景,算法的数据集也各不相同。那么针对自定义的数据集,使用 TensorFlow 完成数据加载,设计优秀的网络模型训练,并将训练好的模型部署到移动端、网络端等平台是将深度学习算法落地的必不可少的环节。

本章将以一个具体的图片分类的应用场景为例,介绍自定义数据集的下载、数据处理、网络模型设计、迁移学习等一系列实用技术。

15.1 精灵宝可梦数据集

本章精灵宝可梦(Pokemon GO)是一款通过增强现实(Augmented Reality,AR)技术在室外捕捉、训练宝可梦精灵,并利用它们进行格斗的移动端游戏。游戏在 2016 年 7 月上线 Android 和 iOS 端程序,一经发布,便受到全球玩家的追捧,一度由于玩家太多引起了服务器的瘫痪。如图 15.1 所示,一名玩家通过手机扫描现实环境,收集到了虚拟的宝可梦"皮卡丘"。

利用从网络爬取的宝可梦数据集[①]来演示如何完成自定义数据集实战。宝可梦数据集共收集了皮卡丘(Pikachu)、超梦(Mewtwo)、杰尼龟(Squirtle)、小火龙(Charmander)和妙蛙种子(Bulbasaur)共 5 种精灵生物,每种精灵的信息如表 15.1 所示,共 1168 张图片。这些图片中存在标注错误的样本,因此人为剔除其中错误标注的样本,获得共 1122 张有效图片。

---

① 数据集整理自 https://www.pyimagesearch.com/2018/04/16/keras-and-convolutional-neural-networks-cnns/

图 15.1　精灵宝可梦游戏画面

表 15.1　宝可梦数据集信息

精灵	皮卡丘	超梦	杰尼龟	小火龙	妙蛙种子
数量	226	239	209	224	224
样图					

用户自行下载提供的数据集文件,解压后获得名为 pokemon 的根目录,它包含了 5 个子文件夹,每个子文件夹的文件名代表了图片的类别名,每个子文件夹下面存放了当前类别的所有图片,如图 15.2 所示。

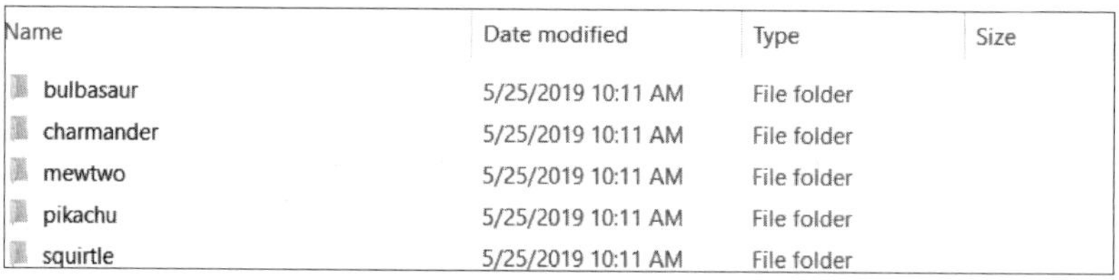

Name	Date modified	Type	Size
bulbasaur	5/25/2019 10:11 AM	File folder	
charmander	5/25/2019 10:11 AM	File folder	
mewtwo	5/25/2019 10:11 AM	File folder	
pikachu	5/25/2019 10:11 AM	File folder	
squirtle	5/25/2019 10:11 AM	File folder	

图 15.2　宝可梦数据集存放目录

15.2　自定义数据集加载

实际应用中,样本以及样本标签的存储方式可能各不相同,如有些场合所有的图片存储在同一目录下,类别名可从图片名字中推导出,例如文件名为 pikachu_asxes0132.png 的图片，其类别信息可从文件名 pikachu 提取出。有些数据集样本的标签信息保存为 JSON 格式的文本文件中，需要按照 JSON 格式查询每个样本的标签。不管数据集是以什么方式存储的，总是能够用过逻辑规则获取所有样本的路径和标签信息。

这里将自定义数据的加载流程抽象为如下步骤。

15.2.1 创建编码表

样本的类别一般以字符串类型的类别名标记，但是对于神经网络来说，首先需要将类别名进行数字编码，然后在合适的时候再转换成 One-hot 编码或其他编码格式。考虑 n 个类别的数据集，将每个类别随机编码为 $l \in [0, n-1]$ 的数字，类别名与数字的映射关系称为编码表，一旦创建后，一般不能变动。

针对精灵宝可梦数据集的存储格式，通过如下方式创建编码表。首先按序遍历 pokemon 根目录下的所有子目录，对每个子目录，利用类别名作为编码表字典对象 name2label 的键，编码表的现有键值对数量作为类别的标签映射数字，并保存进 name2label 字典对象。实现如下：

```
def load_pokemon(root, mode = 'train'):
    # 创建数字编码表
    name2label = {}                                    # 编码表字典,"sq...":0
    # 遍历根目录下的子文件夹,并排序,保证映射关系固定
    for name in sorted(os.listdir(os.path.join(root))):
        # 跳过非文件夹对象
        if not os.path.isdir(os.path.join(root, name)):
            continue
        # 给每个类别编码一个数字
        name2label[name] = len(name2label.keys())
        ...
```

15.2.2 创建样本和标签表格

编码表确定后，需要根据实际数据的存储方式获得每个样本的存储路径以及它的标签数字，分别表示为 images 和 labels 两个 List 对象。其中 images List 存储了每个样本的路径字符串，labels List 存储了样本的类别数字，两者长度一致，且对应位置的元素相互关联。

将 images 和 labels 信息存储在 csv 格式的文件中，其中 csv 文件格式是一种以逗号符号分隔数据的纯文本文件格式，可以使用记事本或者 MS Excel 软件打开。通过将所有样本信息存储在一个 csv 文件中有诸多好处，如可以直接进行数据集的划分、可以随机采样 Batch 等。csv 文件中可以保存数据集所有样本的信息，也可以根据训练集、验证集和测试集分别创建 3 个 csv 文件。最终产生的 csv 文件内容如图 15.3 所示，每行的第一个元素保存了当前样本的存储路径，第二个元素保存了样本的类别数字。

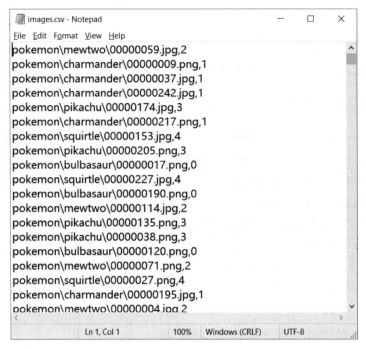

图 15.3　csv 文件保存的样本路径和标签

csv 文件创建过程为：遍历 pokemon 根目录下的所有图片，记录图片的路径，并根据编码表获得其编码数字，作为一行写入 csv 文件中，代码如下：

```
def load_csv(root, filename, name2label):
    # 从 csv 文件返回 images, labels 列表
    # root:数据集根目录, filename:csv 文件名, name2label:类别名编码表
    if not os.path.exists(os.path.join(root, filename)):
        # 如果 csv 文件不存在,则创建
        images = []
        for name in name2label.keys():              # 遍历所有子目录,获得所有的图片
            # 只考虑后缀为 png,jpg,jpeg 的图片:'pokemon\\mewtwo\\00001.png
            images += glob.glob(os.path.join(root, name, '*.png'))
            images += glob.glob(os.path.join(root, name, '*.jpg'))
            images += glob.glob(os.path.join(root, name, '*.jpeg'))
        # 打印数据集信息:1167, 'pokemon\\bulbasaur\\00000000.png'
        print(len(images), images)
        random.shuffle(images)                      # 随机打散顺序
        # 创建 csv 文件,并存储图片路径及其 label 信息
        with open(os.path.join(root, filename), mode = 'w', newline = '') as f:
            writer = csv.writer(f)
            for img in images: # 'pokemon\\bulbasaur\\00000000.png'
                name = img.split(os.sep)[-2]
                label = name2label[name]
```

```
                # 'pokemon\\bulbasaur\\00000000.png', 0
                writer.writerow([img, label])
        print('written into csv file:', filename)
    …
```

创建完 csv 文件后,下一次只需要从 csv 文件中读取样本路径和标签信息即可,而不需要每次都生成 csv 文件,提高计算效率,代码如下:

```
def load_csv(root, filename, name2label):
    …
    # 此时已经有 csv 文件在文件系统上,直接读取
    images, labels = [], []
    with open(os.path.join(root, filename)) as f:
        reader = csv.reader(f)
        for row in reader:
            # 'pokemon\\bulbasaur\\00000000.png', 0
            img, label = row
            label = int(label)
            images.append(img)
            labels.append(label)
    # 返回图片路径 list 和标签 list
    return images, labels
```

15.2.3　数据集划分

数据集的划分需要根据实际情况来灵活调整划分比率。当数据集样本数较多时,可以选择 80%-10%-10% 的比例分配给训练集、验证集和测试集;当样本数量较少时,如这里的宝可梦数据集图片总数仅 1000 张左右,如果验证集和测试集比例只有 10%,则其图片数量约为 100 张,因此验证准确率和测试准确率可能波动较大。对于小型的数据集,尽管样本数量较小,但还是需要适当增加验证集和测试集的比例,以保证获得准确的测试结果。这里将验证集和测试集比例均设置为 20%,即有约 200 张图片用作验证和测试。

首先调用 load_csv 函数加载 images 和 labels 列表,根据当前模式参数 mode 加载对应部分的图片和标签。具体地,如果模式参数为 train,则分别取 images 和 labels 的前 60% 数据作为训练集;如果模式参数为 val,则分别取 images 和 labels 的 60%～80% 区域数据作为验证集;如果模式参数为 test,则分别取 images 和 labels 的后 20% 作为测试集。代码实现如下:

```
def load_pokemon(root, mode = 'train'):
    …
    # 读取 Label 信息
    # [file1,file2,], [3,1]
    images, labels = load_csv(root, 'images.csv', name2label)
    # 数据集划分
```

```
        if mode == 'train': # 60%
            images = images[:int(0.6 * len(images))]
            labels = labels[:int(0.6 * len(labels))]
        elif mode == 'val': # 20% = 60% -> 80%
            images = images[int(0.6 * len(images)):int(0.8 * len(images))]
            labels = labels[int(0.6 * len(labels)):int(0.8 * len(labels))]
        else: # 20% = 80% -> 100%
            images = images[int(0.8 * len(images)):]
            labels = labels[int(0.8 * len(labels)):]
    return images, labels, name2label
```

注意，每次运行时的数据集划分方案需固定，防止使用测试集的样本训练，导致模型泛化性能不准确。

15.3　宝可梦数据集实战

在介绍完自定义数据集的加载流程后，进行实战宝可梦数据集的加载以及训练。

15.3.1　创建 Dataset 对象

首先通过 load_pokemon 函数返回 images、labels 和编码表信息，代码如下：

```
# 加载 pokemon 数据集，指定加载训练集
# 返回训练集的样本路径列表，标签数字列表和编码表字典
images, labels, table = load_pokemon('pokemon', 'train')
print('images:', len(images), images)
print('labels:', len(labels), labels)
print('table:', table)
```

构建 Dataset 对象，并完成数据集的随机打散、预处理和批量化操作，代码如下：

```
# images: string path
# labels: number
db = tf.data.Dataset.from_tensor_slices((images, labels))
db = db.shuffle(1000).map(preprocess).batch(32)
```

在使用 tf.data.Dataset.from_tensor_slices 构建数据集时传入的参数是 images 和 labels 组成的 tuple，因此在对 db 对象迭代时，返回的是 $(\boldsymbol{X}_i, \boldsymbol{Y}_i)$ 的 tuple 对象，其中 $\boldsymbol{X}_i$ 是第 i 个 Batch 的图片张量数据，$\boldsymbol{Y}_i$ 是第 i 个 Batch 的图片标签数据。可以通过 TensorBoard 可视化来查看每次遍历的图片样本，代码如下：

```
# 创建 TensorBoard summary 对象
writter = tf.summary.create_file_writer('logs')
for step, (x,y) in enumerate(db):
    # x: [32, 224, 224, 3]
```

```
                                          # y: [32]
with writter.as_default():
    x = denormalize(x)                    # 反向 normalize,方便可视化
    # 写入图片数据
    tf.summary.image('img', x, step = step, max_outputs = 9)
    time.sleep(5)                         # 延迟 5s,再次循环
```

15.3.2　数据预处理

前面在构建数据集时通过调用.map(preprocess)函数来完成数据的预处理工作。由于目前 images 列表只是保存了所有图片的路径信息,而不是图片的内容张量,因此需要在预处理函数中完成图片的读取以及张量转换等工作。

对于预处理函数(x,y)=preprocess(x,y),它的传入参数需要和创建 Dataset 时给的参数的格式保存一致,返回参数也需要和传入参数的格式保存一致。特别地,在构建数据集时传入(**x**,**y**)的 tuple 对象,其中 **x** 为所有图片的路径列表,**y** 为所有图片的标签数字列表。考虑到 map 函数的位置为 db=db.shuffle(1000).map(preprocess).batch(32),那么 preprocess 的传入参数为(x_i,y_i),其中 x_i 和 y_i 分别为第 i 个图片的路径字符串和标签数字。如果 map 函数的位置为 db=db.shuffle(1000).batch(32).map(preprocess),那么 preprocess 的传入参数为(x_i,y_i),其中 x_i 和 y_i 分别为第 i 个 Batch 的路径和标签列表。代码如下:

```
def preprocess(x, y):                        # 预处理函数
    # x:图片的路径,y:图片的数字编码
    x = tf.io.read_file(x)                   # 根据路径读取图片
    x = tf.image.decode_jpeg(x, channels = 3)  # 图片解码,忽略透明通道
    x = tf.image.resize(x, [244, 244])       # 图片缩放为略大于 224 的 244

    # 数据增强,这里可以自由组合增强手段
    # x = tf.image.random_flip_up_down(x)
    x = tf.image.random_flip_left_right(x)   # 左右镜像
    x = tf.image.random_crop(x, [224, 224, 3])  # 随机裁剪为 224
    # 转换成张量,并压缩到 0~1
    # x:[0,255] => 0~1
    x = tf.cast(x, dtype = tf.float32) / 255.
    # 0~1 => D(0,1)
    x = normalize(x)                         # 标准化
    y = tf.convert_to_tensor(y)              # 转换成张量

    return x, y
```

考虑到数据集规模非常小,为了防止过拟合,做了少量的数据增强变换,以获得更多样式的图片数据。最后将 0~255 的像素值缩放到 0~1,并通过标准化函数 normalize 实现数据的标准化运算,将像素映射为 0 周围分布,有利于网络的优化。最后将数据转换为张量数

据返回。此时对 db 对象迭代时返回的数据将是批量形式的图片张量数据和标签张量。

标准化后的数据适合网络的训练及预测，但是在进行可视化时，需要将数据映射回 $0\sim1$ 的范围。实现标准化和标准化的逆过程如下：

```
# 这里的 mean 和 std 根据真实的数据计算获得,比如 ImageNet
img_mean = tf.constant([0.485, 0.456, 0.406])
img_std = tf.constant([0.229, 0.224, 0.225])
def normalize(x, mean = img_mean, std = img_std):
    # 标准化函数
    # x: [224, 224, 3]
    # mean: [224, 224, 3], std: [3]
    x = (x - mean)/std
    return x


def denormalize(x, mean = img_mean, std = img_std):
    # 标准化的逆过程函数
    x = x * std + mean
    return x
```

使用上述方法，分别创建训练集、验证集和测试集的 Dataset 对象。一般来说，验证集和测试集并不直接参与网络参数的优化，不需要随机打散样本次序。代码如下：

```
batchsz = 128
# 创建训练集 Dataset 对象
images, labels, table = load_pokemon('pokemon', mode = 'train')
db_train = tf.data.Dataset.from_tensor_slices((images, labels))
db_train = db_train.shuffle(1000).map(preprocess).batch(batchsz)
# 创建验证集 Dataset 对象
images2, labels2, table = load_pokemon('pokemon', mode = 'val')
db_val = tf.data.Dataset.from_tensor_slices((images2, labels2))
db_val = db_val.map(preprocess).batch(batchsz)
# 创建测试集 Dataset 对象
images3, labels3, table = load_pokemon('pokemon', mode = 'test')
db_test = tf.data.Dataset.from_tensor_slices((images3, labels3))
db_test = db_test.map(preprocess).batch(batchsz)
```

15.3.3　创建模型

前面已经介绍并实现了 VGG13 和 ResNet18 等主流网络模型，这里不再赘述模型的具体实现细节。在 keras.applications 模块中实现了常用的网络模型，如 VGG 系列、ResNet 系列、DenseNet 系列、MobileNet 系列等，只需要一行代码即可创建这些模型网络。例如：

```
# 加载 DenseNet 网络模型,并去掉最后一层全连接层,最后一个池化层设置为 max pooling
net = keras.applications.DenseNet121(include_top = False, pooling = 'max')
```

```
# 设置为 True,即 DenseNet 部分的参数也参与优化更新
net.trainable = True
newnet = keras.Sequential([
    net,                                      # 去掉最后一层的 DenseNet121
    layers.Dense(1024, activation = 'relu'),  # 追加全连接层
    layers.BatchNormalization(),              # 追加 BN 层
    layers.Dropout(rate = 0.5),               # 追加 Dropout 层,防止过拟合
    layers.Dense(5)                           # 根据宝可梦数据的类别数,设置最后一层输出节点
                                              # 数为 5
])
newnet.build(input_shape = (4,224,224,3))
newnet.summary()
```

上面使用 DenseNet121 模型来创建网络,由于 DenseNet121 的最后一层输出节点设计为 1000,将 DenseNet121 去掉最后一层,并根据自定义数据集的类别数,添加一个输出节点数 为 5 的全连接层,通过 Sequential 容器重新包裹成新的网络模型。其中 include_top=False 表明去掉最后的全连接层,pooling = 'max' 表示 DenseNet121 最后一个 Pooling 层设计为 Max Polling,网络模型结构如图 15.4 所示。

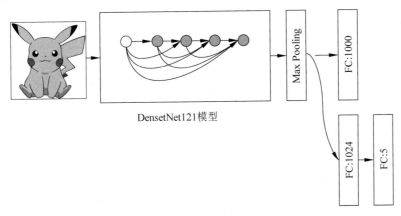

图 15.4 网络模型结构

15.3.4 网络训练与测试

直接使用 Keras 提供的 Compile&Fit 方式装配并训练网络,优化器采用最常用的 Adam 优化器,误差函数采用交叉熵损失函数,并设置 from_logits=True,在训练过程中关 注的测量指标为准确率。网络模型装配代码如下:

```
# 装配模型
newnet.compile(optimizer = optimizers.Adam(lr = 1e-3),
            loss = losses.CategoricalCrossentropy(from_logits = True),
            metrics = ['accuracy'])
```

通过 fit 函数在训练集上面训练模型，每迭代一个 Epoch 测试一次验证集，最大训练 Epoch 数为 100，为了防止过拟合，采用了 Early Stopping 技术，在 fit 函数的 callbacks 参数中传入 Early Stopping 类实例。代码如下：

```
# 训练模型,支持 early stopping
history = newnet.fit(db_train, validation_data = db_val, validation_freq = 1, epochs = 100,
          callbacks = [early_stopping])
```

其中 early_stopping 为标准的 EarlyStopping 类，它监听的指标是验证集准确率，如果连续 3 次验证集的测量结果没有提升 0.001，则触发 EarlyStopping 条件，训练结束。代码如下：

```
# 创建 Early Stopping 类,连续 3 次不上升则终止训练
early_stopping = EarlyStopping(
    monitor = 'val_accuracy',
    min_delta = 0.001,
    patience = 3
)
```

将训练过程中的训练准确率、验证准确率以及最后测试集上面获得的准确率绘制为曲线，如图 15.5 所示。可以看到，训练准确率迅速提升并维持在较高状态，但是验证准确率比较差，同时并没有获得较大提升，Early Stopping 条件触发，训练很快终止，网络出现了非常严重的过拟合现象。

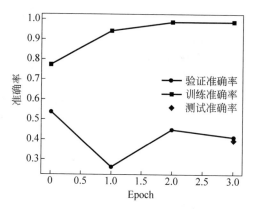

图 15.5 从零训练 DenseNet 网络

那么为什么会出现过拟合现象？考虑使用的 DensetNet121 模型的层数达到了 121 层，参数量达到了 7M 个，是比较大型的网络模型，而大数据集仅有约 1000 个样本。根据经验，这远远不足以训练好如此大规模的网络模型，极其容易出现过拟合现象。为了减轻过拟合，可以采用层数更浅、参数量更少的网络模型，或者添加正则化项，甚至增加数据集的规模等。除了这些方式以外，另外一种行之有效的方式就是迁移学习技术。

15.4 迁移学习

15.4.1 迁移学习原理

迁移学习(Transfer Learning)是机器学习的一个研究方向,主要研究如何将任务 A 上学习到的知识迁移到任务 B 上,以提高在任务 B 上的泛化性能。例如任务 A 为猫、狗分类问题,需要训练一个分类器能够较好的分辨猫和狗的样本图片,任务 B 为牛、羊分类问题。可以发现,任务 A 和任务 B 存在大量的共享知识,如这些动物都可以从毛发、体型、形态、发色等方面进行辨别。因此在任务 A 训练获得的分类器已经掌握了这部分知识,在训练任务 B 的分类器时,可以不从零开始训练,而是在任务 A 上获得的知识的基础上面进行训练或微调(Fine-tuning),这和"站在巨人的肩膀上"思想非常类似。通过迁移任务 A 上学习的知识,在任务 B 上训练分类器可以使用更少的样本和更少的训练代价,并且获得不错的泛化能力。

介绍一种比较简单,但是非常常用的迁移学习方法:网络微调技术。对于卷积神经网络,一般认为它能够逐层提取特征,越末层的网络的抽象特征提取能力越强,输出层一般使用与类别数相同输出节点的全连接层,作为分类网络的概率分布预测。对于相似的任务 A 和 B,如果它们的特征提取方法是相近的,则网络的前面数层可以重用,网络后面的数层可以根据具体的任务设定从零开始训练。

如图 15.6 所示,左边的网络在任务 A 上面训练,学习到任务 A 的知识,迁移到任务 B 时,可以重用网络模型的前面数层的参数,并将后面数层替换为新的网络,并从零开始训练。把在任务 A 上面训练好的模型称为预训练模型,对于图片分类来说,在 ImageNet 数据集上面预训练的模型是一个较好的选择。

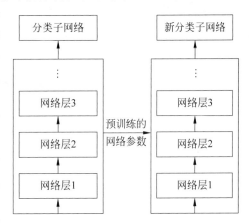

图 15.6 神经网络迁移学习

15.4.2 迁移学习实战

在 DenseNet121 的基础上,使用 ImageNet 数据集上预训练好的模型参数初始化 DenseNet121 网络,并去除最后一个全连接层,追加新的分类子网络,最后一层的输出节点数设置为 5。代码如下:

```
# 加载 DenseNet 网络模型,并去掉最后一层全连接层,最后一个池化层设置为 max pooling
# 并使用预训练的参数初始化
net = keras.applications.DenseNet121(weights = 'imagenet', include_top = False, pooling = 'max')
```

```
# 设计为不参与优化,即 DenseNet 这部分参数固定不动
net.trainable = False
newnet = keras.Sequential([
    net,                                    # 去掉最后一层的 DenseNet121
    layers.Dense(1024, activation = 'relu'),  # 追加全连接层
    layers.BatchNormalization(),            # 追加 BN 层
    layers.Dropout(rate = 0.5),             # 追加 Dropout 层,防止过拟合
    layers.Dense(5)                         # 根据宝可梦数据的任务,设置最后一层输出节点数为 5
])
newnet.build(input_shape = (4,224,224,3))
newnet.summary()
```

上述代码在创建 DenseNet121 时,通过设置 weights＝'imagenet'参数可以返回预训练的 DenseNet121 模型对象,并通过 Sequential 容器将重用的网络层与新的子分类网络重新封装为一个新模型 newnet。在微调阶段,可以通过设置 net.trainable＝False 来固定DenseNet121 部分网络的参数,即 DenseNet121 部分网络不需要更新参数,从而只需要训练新添加的子分类网络部分,大大减少了实际参与训练的参数量。当然也可以通过设置 net.trainable＝True,像正常的网络一样训练全部参数量。即使如此,由于重用部分网络已经学习到良好的参数状态,网络依然可以快速收敛到较好性能。

基于预训练的 DenseNet121 网络模型,将训练准确率、验证准确率和测试准确率绘制为曲线图,如图 15.7 所示。和从零开始训练相比,借助于迁移学习,网络只需要少量样本即可训练到较好的性能,提升十分显著。

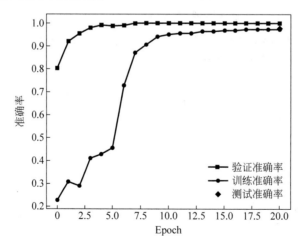

图 15.7 采用预训练的 DenseNet 模型性能

图 书 资 源 支 持

感谢您一直以来对清华大学出版社图书的支持和爱护。为了配合本书的使用，本书提供配套的资源，有需求的读者请扫描下方的"书圈"微信公众号二维码，在图书专区下载，也可以拨打电话或发送电子邮件咨询。

如果您在使用本书的过程中遇到了什么问题，或者有相关图书出版计划，也请您发邮件告诉我们，以便我们更好地为您服务。

我们的联系方式：

地　　址：北京市海淀区双清路学研大厦 A 座 701

邮　　编：100084

电　　话：010-83470236　010-83470237

资源下载：http://www.tup.com.cn

客服邮箱：tupjsj@vip.163.com

QQ：2301891038（请写明您的单位和姓名）

用微信扫一扫右边的二维码，即可关注清华大学出版社公众号。

教学资源·教学样书·新书信息

人工智能科学与技术
人工智能|电子通信|自动控制

资料下载·样书申请

书圈